科学出版社"十四五"普通高等教育本科规划教材

资源昆虫学

（第二版）

主 编 严善春

科学出版社

北 京

内 容 简 介

本书以国内外资源昆虫学的最新研究进展为主,同时包括部分第一手研究资料,全面、系统地介绍了昆虫的资源价值,以及我国常见资源昆虫的种类、分布、形态特征、生活习性、利用价值、应用方式及人工繁殖技术。全书共分为 11 章,包括绪论、食用和饲用昆虫、药用昆虫、工业原料昆虫、观赏娱乐昆虫、天敌昆虫、环保昆虫、传粉昆虫、法医昆虫、仿生与科学实验昆虫、昆虫与文化。

本书可作为高等院校农、林、医等相关专业的本科生、研究生的教材和参考书,也可供从事资源昆虫学研究的科技人员,以及有志从事资源昆虫开发利用的企业家、医疗保健工作者和其他对资源昆虫感兴趣的人员参考。

图书在版编目(CIP)数据

资源昆虫学 / 严善春主编. —2 版. —北京:科学出版社,2023.9
科学出版社"十四五"普通高等教育本科规划教材
ISBN 978-7-03-076313-6

Ⅰ. ①资… Ⅱ. ①严… Ⅲ. ①经济昆虫–高等学校–教材 Ⅳ. ①Q969.9
中国国家版本馆 CIP 数据核字(2023)第 170737 号

责任编辑:张会格 刘 晶 / 责任校对:严 娜
责任印制:肖 兴 / 封面设计:刘新新

科学出版社 出版
北京东黄城根北街 16 号
邮政编码:100717
http://www.sciencep.com
北京建宏印刷有限公司印刷
科学出版社发行 各地新华书店经销
*
2018 年 12 月第 一 版 开本:720×1000 1/16
2023 年 9 月第 二 版 印张:24
2024 年 1 月第二次印刷 字数:479 000
定价:**198.00 元**
(如有印装质量问题,我社负责调换)

《资源昆虫学》（第二版）
编 委 会

主 编 严善春

副 主 编 景天忠 孟昭军

编写人员 （按汉语拼音排序）

曹传旺 东北林业大学

景天忠 东北林业大学

孟昭军 东北林业大学

吴韶平 东北林业大学

严善春 东北林业大学

前　言

从 20 世纪 80 年代起，随着我国经济建设的迅猛发展，资源昆虫的开发与利用受到了高等院校和科研机构的极大关注。许多科研工作者投入了大量的时间和精力开展对资源昆虫的基础与应用研究，不仅对家蚕、紫胶虫、白蜡虫、五倍子蚜虫、蜜蜂等传统资源昆虫进行了深入、系统的研究，还对大量有潜在开发价值的其他种类资源昆虫开展了研究；探索了害虫的利用价值和应用方式，如松毛虫的食用价值，家蝇的食用、饲用和药用价值等，大大丰富和拓宽了资源昆虫的研究领域。同时，一些企业家和农副业个体经营者也都看好资源昆虫的市场前景，纷纷投资开发昆虫产品，如蚂蚁系列保健饮品、斑蝥素片等抗癌药品、蝴蝶标本等观赏工艺品。至此，对资源昆虫的研究从一些传统意义上的开发利用，逐步走向更加广阔的昆虫资源领域。

为适应我国经济社会发展的需求，国内很多高等农林院校开设了"资源昆虫学"这门课程，东北林业大学于 1997 年开设此课。为满足和适应教学的需要，在教学实践和科学研究的基础上，严善春教授于 2001 年编著了《资源昆虫学》一书，全书共分 5 章：食用昆虫、药用昆虫、观赏娱乐昆虫、工业原料昆虫及饲料昆虫，在东北林业大学优秀教材及学术著作出版基金资助下，由东北林业大学出版社出版。

为了更好地为经济社会发展服务，严善春教授教学团队对"资源昆虫学"的教学模式进行了改革创新，对教学内容进行了优化，收到了很好的教学效果。这门课程于 2009 年被评为国家级精品课程，于 2016 年由教育部确定为第一批国家级精品资源共享课。资源昆虫学是一门新兴学科，具有内容更新快、发展势头强、研究领域宽的特点。为了能够全面、系统、客观地反映当前我国昆虫资源领域的研究水平及开发现状，我们在 2001 版《资源昆虫学》的基础上，对全书的内容进行了修改和扩充，于 2018 年由科学出版社出版。全书共分为 11 章：第 1 章绪论由严善春编写，第 2 章食用和饲用昆虫由孟昭军编写，第 3 章药用昆虫由严善春编写，第 4 章工业原料昆虫由曹传旺编写，第 5 章观赏娱乐昆虫由景天忠编写，第 6 章天敌昆虫由孟昭军编写，第 7 章环保昆虫由曹传旺编写，第 8 章传粉昆虫、第 9 章法医昆虫、第 10 章仿生与科学实验昆虫及第 11 章昆虫与文化由吴韶平编写。

　　本次再版，对全书内容再次进行了全面的修改完善和扩充，新增内容包括：2.5 大黑甲（大麦虫）、3.12 溃疡修复看蟑螂、4.5 胭脂虫、5.5.2 环氧树脂为封埋剂的工艺品制作、5.5.3 聚酯铸造树脂为封埋剂的工艺品制作、5.5.4 松香为封埋剂的工艺品制作、5.11 昆虫观赏与生物安全、6.7 天敌昆虫基因修饰的研究、7.6 餐厨垃圾处理昆虫、10.4.5 按蚊、11.2 昆虫与民俗文化。

　　感谢科学出版社对本书的大力支持！

　　由于作者的水平和时间有限，书中纰漏之处在所难免，敬请读者批评指正。

作　者

2023 年 2 月 27 日于哈尔滨

目　录

第1章 绪 论

这部分内容介绍昆虫的种类、昆虫与人类的关系、资源昆虫的概念和用途，以及我国对资源昆虫的开发利用状况。

1.1 昆虫与人类的关系

在整个自然界中，昆虫虽然个体小，但是种类和数量极为庞大，是自然界中最为繁盛的动物类群。全世界现有昆虫约 1000 万种，已描述的昆虫种类约 110 万种，约占整个已知动物种类总数的 60%以上。被描述的昆虫种类仍以每年 7000 种的速度增加。我国的昆虫种类约占世界昆虫种类的 1/10，按这个比例推算，我国昆虫应超过 100 万种。昆虫分布范围非常广泛，地球上的每个角落几乎都有它们的踪迹，其中有很多种类与人类有着极为密切的利害关系。

一方面，昆虫与人类争夺资源。昆虫危害人类所有的栽培植物。大面积栽培的农林植物，为昆虫提供了十分充足的食物，因而其害虫种类或数量都十分可观。仅据我国记载，水稻害虫有 300 种，棉花害虫已超过 300 种，苹果害虫超过 160 种，桑树害虫多达 200 种。害虫对主要农作物的损害是十分惊人的，根据资料记载，从公元前 707 年至公元 1935 年的 2642 年中，我国共发生蝗灾 796 次，平均每 3 年发生一次，尤其是 1944 年发生的严重蝗灾，使作物受害面积达到 33.35 万 hm^2，消灭蝗虫 917.5 万 kg。果树、蔬菜受昆虫危害更加严重。

另一方面，昆虫本身又是一种资源。众所周知，蜜蜂可酿蜂蜜，蚕丝可纺织丝绸，虫白蜡可用作药丸的外壳、制造科学模型、制作绝缘材料，蜂蜡可用来生产雪花膏、地板蜡、蜡笔等。在显花植物中，约有 85%属于虫媒植物，自花授粉和风媒传粉的植物分别仅占 5%和 10%。苹果有 70%靠蜜蜂授粉。蜜蜂授粉创造的财富，要比生产蜂蜜和蜂蜡的价值大得多。昆虫还有治疗和药用作用，如用蝇蛆清除伤口的腐肉、用蜜蜂蜇刺来医治关节炎。腐食性昆虫占昆虫种类的 17.3%，以生物的尸体为食，或将尸体掩埋入土，是地球上数量最大的"清洁工"，在生物圈能量循环中起着重要的作用。

资源昆虫学主要介绍昆虫给人类带来的好处。昆虫不仅可以作为人类的食物、药品、工业原料，还可供人们观赏娱乐，丰富人们的文化生活，为人类的设计和发明创造提供灵感，点亮创意，装扮生活。

1.2 资源昆虫的概念与用途

1.2.1 资源昆虫的概念

资源昆虫是指昆虫产物、虫体本身或昆虫行为可直接或间接为人类所利用，满足人们某种物质需求或精神享受，具有经济价值，其种群数量具有资源特征的一类昆虫。

1.2.2 资源昆虫的用途

按资源昆虫的用途不同，可将其划分为以下 10 类。

（1）食用昆虫：蛋白质含量高，营养丰富，无异味、无毒副作用的昆虫，如蝗虫、蚕蛹、龙虱。

（2）药用昆虫：具有药用作用，可以治疗或协助治疗某种疾病，增强机体免疫力的昆虫，如冬虫夏草、斑蝥、九香虫、螳螂。

（3）工业原料昆虫：虫体产物可作为重要工业原料的昆虫，如绢丝昆虫、白蜡虫、紫胶虫和五倍子蚜虫等。

（4）饲料昆虫：蛋白质含量高、养殖成本低的昆虫，一般为腐食性、粪食性或杂食性昆虫，可作为其他经济动物的饲料或饲料添加剂，如家蝇、黄粉虫。

（5）观赏娱乐昆虫：色彩鲜艳、图案精美、形态奇特、鸣声动听、好斗成性或会发荧光的一类昆虫，如蝴蝶、萤火虫、蟋蟀等。

（6）天敌昆虫：可寄生或捕食农林害虫、抑制害虫危害的昆虫，如寄生蜂类。

（7）环保昆虫：能协助监测环境质量、处理垃圾等废物的一类昆虫，如用水生昆虫监测水质、用蜣螂掩埋牧场的牲畜粪便。目前，对这方面的研究方兴未艾。

（8）传粉昆虫：可为经济植物传粉、增产的昆虫，如蜜蜂。

（9）法医昆虫：在死亡调查与案件侦破过程中，根据案件现场出现的昆虫种类及其生长发育和生态学习性，能提供参考信息与证据的昆虫，如丽蝇、埋葬虫。

（10）科学实验昆虫：用于遗传学、仿生学等科学研究的昆虫，如果蝇等。

1.3　我国对资源昆虫的利用和研究概况

我国是历史悠久的文明古国，我们的祖先经历了漫长的、与自然环境艰辛抗争的发展历程。通过历史的遗迹和文字记载，今天我们依稀能够看到古人充分发挥聪明才智饲养和利用昆虫的一幕幕生活场景。

1.3.1 食用和饲用昆虫

我国是把昆虫作为食物最早的国家之一，一些昆虫在秦朝以前就是帝王食品。至今，许多地区和民族仍保留了丰富多彩的昆虫食用习俗和文化。20 世纪 80 年代以来，人们陆续对蚕蛹、稻蝗、知了（蝉的末龄若虫）、白蚁、家蝇和黄粉虫等的营养成分进行了分析，对一些食用昆虫种类进行了急性毒性实验，为开发和利用昆虫食品提供依据。昆虫体内含有丰富的蛋白质、氨基酸等营养成分，在未来可成为人类重要的食用和饲用蛋白质来源。联合国粮食及农业组织（Food and Agriculture Organization of the United Nations，FAO）非常重视对昆虫蛋白的利用，把它视为未来保障人类发展的重要营养来源。美国、欧洲各国、泰国、韩国等许多国家对食用和饲用昆虫给予了极大关注。自 20 世纪 90 年代后，我国在营养分析和规模化养殖技术研究的基础上，对食用和饲用昆虫进行了新的、深层次的加工技术研究，开发出大量昆虫保健食品、饮品。

1.3.2　药用昆虫

中医对药物统称为"本草"，包括药用昆虫。公元前 1～2 世纪的《神农本草经》是介绍本草的最古老著作，该书收集了昆虫类药物 21 种。随后李时珍在《本草纲目》中把昆虫类药物扩充到 73 种。中药中最常用的昆虫是蜜蜂，古人一直把其产品——蜂蜜直接当作补剂使用。五倍子中含有大量单宁，一直被用作收敛剂，治疗肺病和咯血等。此外，斑蝥、蝉蜕、螳螂卵块即桑螵蛸、蛴螬等都是非常好的中药材，对这些药用昆虫的药性及作用都有比较深入的了解。

进入 20 世纪后，随着昆虫分类系统的建立和化学分析技术的进步，药用昆虫的发展也进入了一个全新时期，对药用昆虫的种类记述更为科学，对药效成分的分析和利用更加可行和精准，对药用昆虫的认识更加全面而深入。一些药用昆虫人工养殖技术的发展和成熟极大地拓展了对该类药材研究利用的广度和深度。通过昆虫分类学、药学相关专家和学者的研究考证，1979 年出版的《中国药用动物志》，记载了药用昆虫 13 目 51 科 143 种。改革开放以来，有关专家、学者对一些重要药用昆虫的生物学特性及饲养技术进行了大量研究，对斑蝥等 20 多种药用昆虫的药理、化学成分和临床也进行了不同程度的研究，取得了可喜的成果和突破性进展。特别是对冬虫夏草的研究成果最为显著，使药用昆虫及其产品在医疗上的应用范围得以进一步扩大。蜜蜂的蜂王浆被用于治疗糖尿病、关节炎、白血病、肿瘤和某些神经系统疾病，蜂毒可用于治疗风湿病和风湿性关节炎，蜂胶可治疗寻常疣。

分子生物学尤其是基因工程技术和蛋白质组学技术的迅猛发展，为抗菌肽研究提供了新的技术支撑。人们从最初简单的分离纯化到现在的基因表达调控，对抗菌肽的研究越来越广泛、深入，已发现昆虫抗菌肽 200 多种，一些抗菌肽的结构和药理功能也得到了深入和系统的研究。在抗癌研究方面，已证实冬虫夏草、斑蝥素、蛴螬毒素、僵蚕、蝶类异黄蝶呤、蟑螂半乳甘露糖和土鳖虫浸膏等有抗癌活性。

1.3.3　工业原料昆虫

我国的传统工业原料昆虫包括绢丝昆虫、紫胶虫、白蜡虫和五倍子蚜虫。紫胶、虫白蜡、五倍子既是许多工业部门的重要原料和配料，又都是重要的中草药，在国民经济发展中起着举足轻重的作用。

1.3.3.1 绢丝昆虫

1）家蚕

家蚕 *Bombyx mori* 是由野桑蚕 *B. mandarina* 经过祖先长期驯养改良的一个物种，是人类改造自然的一个伟大成就。中国是世界上最早饲养家蚕和缫丝织绸的国家，对蚕丝的利用开始于渔猎时代末期，即传说中的伏羲时代。最早可能是利用蚕丝作为弓弦，进而作为乐器的弦和衣服的原料。传说养蚕技术开始于黄帝时代，由黄帝的元妃嫘祖所发明。考古资料显示，早在 5500 年前，中华民族的祖先在山西、河南等黄河中游地区就已基本完成了对蚕的驯化（陈隆文，2021），开始养蚕，将蚕丝用于穿着。到了殷代，出现了更多关于养蚕利用的证据。随后各个朝代对蚕的饲养利用越来越重视，养蚕技术逐渐得到改进和完善，出现了"农桑并举"的记载。我国通过陆路和海路对外传播养蚕技术及丝织产品，使丝织产品享誉世界，我国也被称为"丝绸之国"。

自明代（公元 1368～1644 年）以后，我国开始种植棉花，养蚕业因此受到了冲击，日趋衰落，到 19 世纪初，曾一度出现出口危机。在这种背景下，各地相继出现了一些农学会和新型农业学校，兴办培养蚕业人才的学校始于清末、兴于民国。例如，1896 年在江西高安建立"蚕桑学堂"；1898 年在浙江杭州创办"蚕学馆"等；1905 年京师大学堂农科大学（后发展为北京大学农学院）在北京创建，对推动我国蚕业技术的应用和培养农业科技人才发挥了积极作用。20 世纪 20 年代前后，蚕业高等教育兴起，5 所专门以培养蚕业人才为主的专业化教育机构相继成立，包括南京私立金陵大学蚕桑系（1918）、国立中央大学蚕桑系（其前身是东南大学于 1923 年设立的蚕桑系）、广州私立岭南大学蚕桑系（1922）、国立中山大学蚕桑系（1937），以及杭州的国立浙江大学蚕桑系（1927）。20 世纪 50～70 年代，我国对家蚕的品种品系改良、病虫害防治和饲养方法改进做了大量创新性工作，对发展壮大养蚕业起到了有力的推动作用，桑蚕茧的年产量位居世界第一。到 20 世纪末，家蚕遗传育种、生理生化、养蚕技术、蚕体病理学、病害防治及蚕桑副产物的综合利用等研究都取得了长足进步，一些领域甚至达到了国际领先水平。2008 年，中日科学家合作，公布了家蚕基因组精细图。

2）野蚕

野蚕的种类很多，常见的有柞蚕 *Antheraea pernyi*、天蚕 *A. yamamai*、樗蚕 *Philosamia cynthia*、蓖麻蚕 *P. cynthia ricini*、樟蚕 *Eriogyna pyretorum* 等。

（1）柞蚕：我国是柞蚕的故乡，山东的东南丘陵山区柞树多，放养柞蚕得天独厚，是柞蚕生产的发源地。据《尔雅》和《尚书·禹贡》记载，柞蚕在 3000 年前已被古人利用，2700 年前其茧丝被织成丝绸作为贡品。公元 25 年，汉武帝开始提倡饲养柞蚕。清代是我国柞蚕业传播盛期，康熙年间，柞蚕饲养方法通过海路和陆路两条路线，由山东传播到了辽东半岛，后来再由辽东向北扩展，遍及东北各地。乾隆年间，柞蚕被带到四川、贵州和陕西。光绪年间，浙江、江苏和湖北都曾提倡饲养柞蚕。目前，柞蚕饲养和利用的地域范围扩展到了全国十多个省（自治区、直辖市）。20 世纪 50～70 年代，各地先后选育出了一大批各具特色的柞蚕新品种，并进行了大力推广；研究了防治柞蚕病虫害的有效方法，扩大了饲养的规模，改进了放养技术。对柞蚕品种的选育、杂种优势的利用、白茧品种的推广，以及室内制种、固定蚁场和稚蚕保育技术的研究与应用，有力地促进了柞蚕生产的发展，使蚕茧产量占到世界总产量的 75% 以上。

（2）天蚕：天蚕在我国主要集中分布在黑龙江省，是黑龙江省一种得天独厚的资源。在长江以南直至亚热带地区的广东、广西、四川、贵州、云南、台湾等地也有少量天蚕分布。人类对其蚕丝的利用已有 1000 多年的历史。天蚕丝有着"丝中皇后"的美称，色泽美观，呈葱绿色，不褪色，抻力强。1958 年在黑龙江发现天蚕的分布，其集生区主要在宁安县（现宁安市）小北湖一带和鸡东县曙光林场范围内。1990 年在宁安县建立了黑龙江省天蚕保护站，1992 年在黑龙江省鸡东县建立了世界上唯一的天蚕自然保护区，使这一珍稀物种得到有效的保护。自此，除黑龙江蚕业站外，辽宁、吉林、山东、浙江和安徽等省的蚕业工作者从黑龙江引进种源，开展了室内饲养、缫丝与加工技术及天蚕丝理化性状等多方面的研究，成功地将天蚕引入江南，结束了天蚕茧只能依靠野生采集的状况，开启了人工饲育的新篇章。1990 年在原浙江农业大学召开了全国天蚕学术研讨会，出版了《天蚕研究文集》。

（3）樗蚕：樗蚕在历史上明确记载的年代为乾隆年间，称为"椿蚕"，饲养规模不大，集中在山东一带。

（4）蓖麻蚕：蓖麻蚕原产印度阿萨姆邦，当地人对它的利用已有 300 多年的历史，1951 年我国引进蓖麻蚕并饲养成功，对蓖麻蚕进行了大量驯化研究。

（5）樟蚕：樟蚕原产广东、广西一带，其丝为上等纺织原料，强度极大，人们对其的利用在公元 885 年前后已有记载。古时将樟蚕丝腺经醋浸泡后拉丝作为弓弦，现在作为钓鱼线和手术缝合线出口。

1.3.3.2　其他工业原料昆虫

1）紫胶虫

紫胶是紫胶虫的分泌物，在家具、军工产品、电器产品、橡胶制品、印刷油墨、药品、食品、水果保鲜等方面具有广泛的用途，是枪支、子弹壳、炮弹、军舰、飞机翼、高级木器家具等的良好涂饰剂或保护剂。我国对紫胶最早的记载是公元 265～289 年间张勃的《吴录》，记述了紫胶作为染料的用途。公元 864 年，段成式在《皇图要览》中记述了紫胶的产地和紫胶树的形态。李时珍的《本草纲目》记载了紫胶的形成，对紫胶用于医治血症进行了总结。目前，在西南、华南和华东等地对紫胶虫的成功引种，使我国的紫胶生产已经扩大到了南方 9 个省份，确定了各地的优势品种，提高了原胶产量。

2）白蜡虫

虫白蜡是白蜡虫的分泌物，能防潮、润滑、着光，用途十分广泛，是国防、医药、食品及其他轻工业、重工业不可缺少的原料，也是我国传统的出口物资。虫白蜡是最好的模型材料，具有成型精密度高、不变形、可长期保存等优点，被广泛用于飞机制造和精密仪器生产。根据《癸辛杂识》中记载，对白蜡虫的饲养历史应该始于距今七八百年前的宋代。明代以后的著作记载了白蜡虫的产地和生活习性、寄主植物的种类，以及采蜡方法。英国传教士特里高特在中国东南沿海地区传教过程中，发现并记述了当地农民大量饲养的白蜡虫，把白蜡虫的相关信息传到了欧洲。目前，我国已对白蜡虫的生物生态学进行了系统研究，明确了白蜡虫的最适种虫生产基地和产蜡基地。

3）五倍子蚜虫

五倍子是五倍子蚜虫在寄主植物上形成的虫瘿。五倍子富含可溶性物质单宁，提炼后的单宁酸及其再加工产品倍酸、没食子酸和焦倍酸，在医药、纺织印染、矿冶、化工、机械、国防、轻工业、塑料、食品、农业等多种行业用途广泛。根据考证，在秦代以前，人们就注意到了五倍子。宋代苏颂在《图经本草》（公元1018 年）中记述了它的寄主植物与用途。后来，明代李时珍对五倍子的生长和形成进行了较为详细的描述。目前，五倍子蚜虫的生物生态学特性和环境影响因素已得到广泛研究，其人工繁殖方法在湖南和广西获得成功，促进了对该虫的推广，使五倍子的产量有所提高。

1.3.4 观赏娱乐昆虫

观赏娱乐昆虫是生态旅游的项目之一，具有重要的生态价值和文化价值，并能产生显著的经济效益。当前，生态旅游的发展促进了昆虫资源的保护利用，同时也给旅游业带来了可观的经济效益。国内一些大型昆虫博物馆的先后建立和开放，在创造经济效益的同时，极大地提高了民众对我国昆虫资源的认识和保护意识，对观赏娱乐昆虫的可持续开发利用起到了极大的促进作用。

1.3.4.1 斗蟋

关于斗蟋的最早记载可追溯到唐朝天宝年间（公元 742～756 年），当时在皇宫中有斗蟋之风。到了宋朝末期，此风更甚，上至皇亲国戚，下至普通百姓，都对此活动乐此不疲。南宋"蟋蟀宰相"贾似道（1213—1275 年）沉迷于斗蟋，编著了世界上第一部蟋蟀专著《促织经》（刘立祥，2016）；据《王孙鉴续》记载，清朝时期苏杭地区斗蟋之风极盛，每年的秋天都会由织造府牵头，张榜告示举行斗蟋大赛。西太后慈禧也喜欢斗玩蟋蟀，光绪年间她每年都要住进颐和园，在重阳节这天斗蟋。清朝有多部关于蟋蟀的著作出现，如石莲的《蟋蟀秘要》、朱翠庭的《蟋蟀谱》和方旭的《促织谱》等。20 世纪 80 年代以后，斗蟋文化在京、津、沪、杭等地都有所发展，一些地方建有专门的场所，有的地方还成立了蟋蟀研究会或协会。山东宁津县的蟋蟀体魄魁伟，牙齿尖利，剽悍好斗，因多次获得国内外大赛冠军而著称。1991 年 8 月，山东德州市宁津县政府举办了首届"中国宁津蟋蟀节"；2020 年 9 月，举行第八届中国（宁津）蟋蟀文化博览会；"中华蟋蟀第一县"已成为宁津县的一张文化名片。山东泰安市宁阳县泗店镇的蟋蟀市场长达5km，吸引了京、沪、津、苏、浙、粤、港、澳、台，以及美国、英国、日本、新加坡、泰国、印尼、马来西亚等国内外蟋蟀行家和爱好者前来交易；每年一度的"中华蟋蟀友谊大赛"，被纳入为"泰山国际登山节"的活动之一。

1.3.4.2 鸣虫

我国对鸣虫的记载最早见于《诗经》和《尔雅》。最早记录饲养鸣虫的著述是五代时期（公元 907~960 年）王仁裕所著《开元天宝遗事》中的《金笼蟋蟀》篇。除了养蟋蟀，唐代的长安还有人用笼养蝉取乐。明代，鸣虫的饲养活跃，上至王公贵族，下至平民百姓，都以饲养鸣虫为乐。清朝玩养鸣虫之风更盛，几代皇帝都喜欢玩鸣虫，其中尤以康熙为甚。20 世纪 90 年代以后，鸣虫玩赏活动在各地又兴盛起来，畜养鸣虫也逐渐成了人们生活中的一大乐事。2003 年 11 月，北京市工商联文化产业商会鸣虫专业委员会成立。2004 年 7 月，中国蟋蟀文化的最高组织机构——中国民间文艺家协会蟋蟀艺术专业委员会在北京成立。2004 年在河北易县举办了首届蝈蝈节。2008 年中秋节期间，全国各地的 1300 多只鸣虫在上海科技馆举行了"鸣虫音乐会"，让鸣虫的天籁之音成了高雅艺术。随着社会的不断发展，利用昆虫娱乐的方式和途径也在发生着变化。2009 年 7 月，台北市举办了"鸣虫特展"，通过先进的声、光和动画等高科技手段的融合，深入浅出地展示了鸣虫的文化背景和艺术欣赏价值。

1.3.4.3 蝴蝶

我国的观赏昆虫以蝴蝶为主。古往今来，漂亮的蝴蝶一直是人们喜爱的对象。在浙江河姆渡新石器时期的遗迹中，发掘出距今 6000 年前的玉制、石制和土制的蝶形装饰品。在民间，"梁祝化蝶"的传说家喻户晓，蝴蝶成为自由和爱情的象征。除了爱情，蝴蝶也代表着喜庆、吉祥和幸福长寿，是中国古代吉祥图案之一，猫蝶图是国画中常见的祝寿图。蝴蝶也是喻义梦幻和神秘的精灵，如《庄子》中的庄周梦蝶，喻为人生的虚幻。20 世纪 80 年代以来，各地陆续出版了一批地方蝴蝶志和地方蝴蝶名录。1994 年，周尧编写的《中国蝶类志》首次出版，1999 年修订再版，该书共记载中国蝴蝶 369 属 1222 种 1851 亚种，是我国目前记载蝴蝶种类最全的著作。同时，在人工饲养名贵珍稀蝴蝶方面也做了很多工作，为保护和科学利用蝴蝶资源开辟了道路。

1.3.5 多用途昆虫——蜜蜂

蜜蜂及其产物有着多种用途,不仅可以食用、入药,还可以为作物传粉增产。周尧(1980)根据甲骨文的考证,认为在 3000 年前的殷代人们就已经开始养蜂了。2300 年前的《山海经》记载了山民养蜂的事实。到了宋代,更多的著作中记载了蜜蜂和蜂蜜。将养蜂作为农业科学来研究始于元代,其后很多相关著作都有蜜蜂的饲养和利用的记载,如形态、生活习性、社会组织、饲养技术和分蜂方法等。

19 世纪末至 20 世纪初,随着西方蜜蜂和活框养蜂技术传入我国,我国的养蜂业经历了快速的发展过程。1875 年《万国公报》刊登了首篇介绍美国养蜂情况的文章。1876~1877 年由英国传教士傅兰雅翻译的《西国养蜂法》在《格致汇编》期刊上连载刊出,是传入我国的首部养蜂专著。19 世纪末,随着沙皇俄国侵略势力在中国的扩张,俄国侨民将黑色蜜蜂(东北黑蜂和高加索蜂)带到黑龙江、吉林和新疆。在东北地区主要沿着滨绥铁路线饲养东北黑蜂,在新疆主要于伊犁和阿尔泰饲养高加索蜂(也就是后来的新疆黑蜂)。1903 年,清朝政府将养蜂列为高等农工商实业学堂的内容,对科学养蜂起到了很大的促进作用。中国利用活框蜂箱养蜂的历史,始于 1913 年福建闽侯县张品南,他到日本学习新法养蜂技术,并把新法养蜂器具运回国内,开始了我国的新法养蜂事业。20 世纪 20 年代初,该技术首先在江浙一带盛行,之后传遍全国并兴盛于华北地区。1934 年 1 月黄子固创办了《中国养蜂杂志》,直到 1956 年该杂志更名为《中国养蜂》,至今仍然沿用这个刊名,这个期刊对我国养蜂业的发展起到了一定的指导作用。科技的进步推动了我国养蜂业的蓬勃发展,目前,我国在蜜蜂产品方面,无论是产量还是出口量均为世界首位。利用蜜蜂给作物授粉增加作物产量(如辽宁省利用蜜蜂为苹果授粉),增产效果显著,并逐步得到了推广。20 世纪 80 年代,通过成功地给油茶授粉的研究,扩大了蜜蜂授粉的范围,开发了新蜜源。1990 年以来,温室大棚蔬菜和瓜果生产的迅速发展,使蜜蜂的授粉作用得到更为广泛的利用,大大提高了农作物的产量,改善了农产品的品质。

1.3.6 昆虫的其他用途

昆虫的许多特有能力让人类惊奇不已,其独特的本能和器官系统结构是一座知识的宝库,学习昆虫的特殊能力为人类的科技进步提供了有益的启示,形成了方兴未艾的昆虫仿生学。2003 年,上海交通大学研制出了仿昆虫蠕动微型车,打破了近年来微小型机器人大多采用腿式结构的传统模式,是开发轮式微小型机器人的全新尝试。金晓怡(2007)报道了扑翼飞行机器人的成功研制。

利用昆虫还可以侦破案件,南宋《洗冤集录》中有相关的文字记载。在南宋年间(公元 1235 年)发生一起谋杀案,县官根据杀人凶器——镰刀上残留的血腥味对蝇类有吸引力的现象，找到杀人凶手。这是国际公认的有关法医昆虫学的最早文献记载。2000 年，胡萃主编的《法医昆虫学》首次全面和系统地总结了我国在法医昆虫方面的研究成果。

昆虫对环境的特殊适应和感知能力，也可被人类用来检测环境质量。20 世纪 70 年代以来，我国开始了很多利用水生昆虫进行水质监测的研究工作，如利用摇蚊作为生物监测指标评价黄河支流和官厅水库的水质，用毛翅目等水生昆虫监测和评价自然保护区主要水体的水质等。

参 考 文 献

白耀宇. 2010. 资源昆虫及其利用. 重庆: 西南师范大学出版社.

陈连忠. 2002. 关于《黑龙江省曙光天蚕自然保护区》的评价. 中国蚕业, 23(2): 71-73.

陈隆文. 2021. 黄帝淳化蛾与双槐树牙雕蚕. 中原文化研究, 9(3): 13-20.

陈晓明, 冯颖. 2009. 资源昆虫学概论. 北京: 科学出版社.

方三阳, 严善春. 1995. 昆虫资源开发、利用和保护. 哈尔滨: 东北林业大学出版社.

侯印宝, 王立志, 任淑文, 等. 2010. 黑龙江野生天蚕发生范围与现状分析. 特种经济动植物, 13(9): 10-11.

胡萃. 1996. 资源昆虫及其利用. 北京: 中国农业出版社.

金晓怡. 2007. 仿生扑翼飞行机器人飞行机理及其翅翼驱动方式的研究. 南京: 东南大学博士学位论文.

李孟楼. 2005. 资源昆虫学. 北京: 中国林业出版社.

廖承琳, 李延华. 2002. 近代中国早期实业学堂举要: 杭州蚕学馆. 邢台职业技术学院学报, 19(3): 41-44.

刘立祥. 2016. "蟋蟀宰相"贾似道. 文史天地, 22(9): 27-29.

陶战, 蔡罗保, 周健. 1994. 论我国天蚕资源的保护//中国科学院生物多样性委员会. 生物多样性研究进展——首届全国生物多样性保护与持续利用研讨会论文集: 160-164.

严善春. 2001. 资源昆虫学. 哈尔滨: 东北林业大学出版社.

杨直民, 沈凤鸣, 狄梅宝. 1985. 清末议设京师大学堂农科和农科大学的初建. 北京农业大学学报, 11(8): 229-237.

苑朋欣. 2011. 清末蚕桑教育的兴办及其影响. 职业技术教育, 32(4): 72-79.

张志勇. 2005. 我国药用昆虫研究历史浅析. 北京农学院学报, 20(2): 76-80.

周尧. 1980. 中国昆虫学史. 咸阳: 昆虫分类学报社.

第 2 章　食用和饲用昆虫

自古以来，人类在生存斗争的历史长河中，就有以昆虫为食的习俗。例如，中国早在 3000 多年前就已有采食蚁卵的记载，世界各地的人们也早有食用昆虫的习俗。

我国各地均有食用、饲用昆虫的习俗，部分昆虫如黄粉虫，已产业化养殖；部分地方经常可以见到名目繁多的昆虫菜肴；部分家禽家畜养殖者以昆虫作为饲料；养蜂的历史更加悠久。开发利用食用和饲用昆虫资源不仅具有商业价值，更重要的是使人类的食物资源结构多样化，使我们看到了一个产量更高、营养更加丰富、总体上还处于开发阶段的食物供给资源库。

当前，世界人口暴增与日益短缺的食物源供求矛盾日益加剧，能否在有限的土地上生产出更多的营养物质供给人类，正成为生物学家们孜孜探索的全球性重大课题。昆虫因其种类多、数量大、分布广和繁殖快，被认为是一种重要的食物源。研究发现，昆虫体内含有丰富的蛋白质、氨基酸、脂肪、甲壳素、维生素和微量元素等营养物质。因此，昆虫源营养物质的研究和利用正成为解决人类食物源不足困境的重要途径之一。

2.1　食用和饲用昆虫概述

2.1.1　食用和饲用昆虫的种类

在全世界范围内，已知的食用昆虫近 3700 种，其中，鳞翅目 1560 种，直翅目 730 种，鞘翅目 495 种，半翅目 370 种，双翅目 230 种，其他目 305 种。墨西哥已记载的食用昆虫种类有 549 种；泰国食用昆虫种类有 200 多种；巴布亚新几内亚食用昆虫种类至少 95 种；在东南亚的婆罗洲，至少有 80 种食用昆虫；日本有食用昆虫 55 种；老挝当地人们采集食用的常见昆虫有 21 种；我国的食虫历史悠久，各地可以食用的昆虫种类已达 170 多种。

人类几乎品尝了昆虫纲中各目的昆虫，多见于蜉蝣目、蜻蜓目、直翅目、半翅目、鞘翅目、鳞翅目、膜翅目、双翅目、蜚蠊目中的部分种类，它们既可以食用也可以饲用。常见的食用昆虫有蜜蜂、蚂蚁、白蚁、蝗虫、蚱蝉、家蚕、柞蚕、龙虱、水龟虫等；常见的饲用昆虫有黄粉虫、蝇蛆等。

2.1.2　食用和饲用昆虫的营养价值

昆虫营养丰富，含有大量优质动物蛋白、不饱和脂肪酸、矿物质、微量元素及维生素，并且其营养物质容易被人体吸收。

2.1.2.1 蛋白质

昆虫虫体干物质中蛋白质含量较高，一般在 33%～63%，不同昆虫具有不同的蛋白质含量（表 2-1）。我们平常吃的肉干和鱼干等食物的蛋白质含量，普遍在 45%以上。

表 2-1 不同昆虫的蛋白质含量（引自严善春，2001）

昆虫	蛋白质含量/%
蚂蚁	40～67
蝗虫	58
家蝇	63
蝴蝶	71
蚕蛹	71
蝉	72
蟋蟀	75
黄蜂	81

2.1.2.2 氨基酸

昆虫体内氨基酸含量丰富、种类齐全，含有人体所需的 8 种必需氨基酸，且搭配合理，易于被人体吸收。在食用昆虫中，其必需氨基酸（essential amino acid，EAA）含量为 9%～25%，占总氨基酸（total amino acid，TAA）含量的 28%～45%（E/T 值），且多数种类食用昆虫蛋白质中的必需氨基酸含量与非必需氨基酸（non-essential amino acid，NEAA）含量的比值（E/N 值）在 0.6 左右，接近联合国粮农组织提出的人体必需氨基酸需求模式——E/T 值为 0.4、E/N 值为 0.6（FAO/WHO，1973）。

2.1.2.3 脂肪

许多食用昆虫含有 10%～50%脂肪。直翅目昆虫脂肪含量较低，平均 10%；一些鳞翅目幼虫和蛹脂肪含量较高，平均 28.34%；膜翅目蜂类和蚁类粗脂肪含量也较高。食用昆虫幼虫、蛹的亚油酸含量达 10%～40%，其中鞘翅目、鳞翅目昆虫亚油酸含量高达 25%以上；大部分昆虫的饱和脂肪酸与不饱和脂肪酸的比值低于 40%，远优于猪、牛、鸡肉，部分接近鱼脂肪酸组成。

2.1.2.4 维生素

昆虫体内富含维生素，如蚂蚁体内维生素 B_1、维生素 B_2 含量比鱼、肉、蛋都高；蜜蜂老熟幼虫体内维生素 A 和维生素 D 含量极为丰富，1g 新鲜幼虫维生素 A 含量为 89～119IU（国际单位），维生素 D 含量为 6130～7430IU，而维生素 D 在鱼肝油和蛋黄中含量分别为 100～600IU、2.6IU。

2.1.2.5 矿物质和微量元素

大部分昆虫体内都含有丰富的矿物质和微量元素。例如，钙含量在双齿多刺蚁成虫和桑蚕4、5龄幼虫体内高达500mg/kg以上，在铜绿丽金龟和华北大黑鳃金龟幼虫体内达300mg/kg以上；镁含量在华北大黑鳃金龟幼虫体内高达456mg/kg，在桑蚕4龄幼虫体内达300mg/kg以上。

由此可见，昆虫是富含蛋白质、不饱和脂肪酸、维生素和微量元素的高营养食物源。

2.1.3 食虫习俗

世界各地的食虫习俗各不相同。

大洋洲：澳大利亚人爱吃木蠹蛾科、蝙蝠蛾科、蜜蜂科和天牛科等昆虫幼虫。

美洲：印第安人喜食蚂蚁；美国人把蚂蚁加工成了罐头和夹心巧克力，还喜欢吃炒蚕蛹、糖水蚕蛹、油炸蚂蚱、蝗虫蜜饯等；巴拉圭、圭亚那、巴西等地的人们喜欢吃切叶蚁。墨西哥是世界上最著名的食虫之国，其昆虫食品中以蚂蚁卵、幼虫和蛹最为珍贵；"墨西哥鱼子酱"在世界范围内极负盛名，但它其实并不是用鱼子做成的，而是用一种蝇卵或蚂蚁幼虫做成。

欧洲：在法国巴黎昆虫餐厅可以吃到油炸苍蝇、蚂蚁狮子头、清蒸蛐蛐汤、烤蟑螂、蒸蛆、甲虫馅饼，以及用蝴蝶、蝉等昆虫幼虫或蛹做成的昆虫菜肴，其菜品样式多达100多种。

非洲：刚果、索马里、加纳、科特迪瓦和中非人都喜欢吃蚂蚁，坦桑尼亚、津巴布韦和博茨瓦纳某些居民爱吃蟋蟀。

亚洲：印度人常吃纺织蚁，泰国、朝鲜和日本人最喜欢吃蝗虫，印度尼西亚马里岛居民对油炸飞蛾感兴趣，而尼泊尔人却对炒蜜蜂幼虫情有独钟。

中国早在3000多年前的《尔雅》、《周礼》和《礼记》中就记载了将蚁、蝉和蜂三种昆虫加工后，用以供皇帝祭祀和宴饮之用，还被列为帝王的御膳食品。生活在中国西南部的仡佬族，农历六月初二为他们传统的吃虫节，节日期间户户设宴，其中就有油炸蝗虫、腌酸蚂蚱、甜炒蝶蛹等昆虫菜品。澜沧江、西双版纳等地少数民族，将蜻蜓作为美味佳肴。云南西南部的佤族，喜欢根据季节变换更替食用昆虫，吃竹象、蚂蚱、柴虫、蚂蚁等近10多种昆虫。其中，柴虫是云南少数民族对天牛、小蠹虫、吉丁虫幼虫的总称。福建、广东、广西一带将龙虱视为珍品，而江苏、浙江的人们喜吃蚕蛹。北京、天津人喜吃油炸蝗虫。湖南通道、城步等地喜喝虫茶，湘西一带喜食炒、烤胡蜂巢。在东北地区，柞蚕蛹是副食品市场的畅销货，仅吉林省每年销售量就高达350t。哈尔滨有的酒家以野味昆虫作为其特色菜肴之一，其中有油炸蝗虫、水龟虫、天蛾幼虫、柞蚕蛹及蜻蜓。台北啤酒饮食店的油炸蟋蟀常常供不应求。

2.1.4　昆虫的食用和加工方法

2.1.4.1　昆虫可食的虫态

昆虫各个不同发育阶段的虫体均可直接加工为各种各样的食品。不完全变态昆虫,如蝗虫、蟫象和角蝉等大多数种类,其成、若虫均可食用;完全变态昆虫,其卵、幼虫、蛹、成虫均可食用,如蚂蚁、胡蜂、蜜蜂、螳螂。有些食用昆虫主要食用其幼虫,如豆天蛾、天牛、胡蜂的幼虫及蝇蛆等;一般幼虫能被作为食品利用的昆虫,其蛹也能被利用,如蚕蛹、蜂蛹和蝇蛹等。相比较而言,昆虫蛹的蛋白质含量常比其幼虫的高。鞘翅目、鳞翅目及蜻蜓目成虫去头、翅、足后食用。

2.1.4.2　昆虫的食用方法

（1）直接生食:将蜂巢、蚁巢和胡蜂巢内的各龄幼虫从巢内取出即食,不做任何处理。

（2）烹调:将虫体洗净后,加入各种调料,像烹饪虾、鱼等水产品一样进行各种烹调。

（3）虫酱和虫粉:用研钵将蟫象与辣椒、盐和胡椒等调味品混在一起研磨成蟫象酱,可作为菜的调味品,也可直接涂到各种糕点上一起食用。

（4）虫酒和虫茶:在我国,人们喜欢将九香虫(一种蟫象)泡入酒类饮料中制成高级补品。蚕沙(家蚕的排泄物)、三叶虫茶(取食三叶海棠树叶的米缟螟幼虫排泄物)和化香虫茶(取食化香树叶的化香夜蛾幼虫排泄物)可直接作为饮料泡饮。

2.1.4.3　食用昆虫的商业加工方法

上述常规食用方法不能去除食用昆虫虫体中的几丁质成分。为了生产出味道更加鲜美、营养更加丰富的商业昆虫食品,一般采取一些化学的方法将虫体中的不适气味和几丁质成分除掉,以提高其商业价值。

（1）完全变态昆虫幼虫:可将鳞翅目、鞘翅目、双翅目、膜翅目等完全变态昆虫幼虫用开水或蒸汽杀死后,加 2%的活性炭脱色除臭,再经洗涤、研磨,压制成各种形状,经调味后制成各种罐头食品出售。

（2）不完全变态昆虫成虫:首先要将蝗虫等虫体的头、足和翅去掉,再用上述完全变态昆虫幼虫的加工方法对虫体的胸、腹部进行加工。

（3）鞘翅目昆虫成虫:鞘翅目成虫有坚硬的外壳,可用开水或蒸汽杀死,再用 1%亚硫酸处理,或用 1‰几丁质分解酶在 30℃下分解软化 24h。软化的虫体脱色和压制后,再加工成菜肴或直接出售。

（4）昆虫蛋白质提纯:虫体→预检→杀灭→脱脂→酸沉淀→脱色→除臭→烘干→研磨→水沉淀→洗涤→过滤→除糖→沉淀→过滤→浓缩干燥→昆虫蛋白质。

按照科学方法提纯的昆虫蛋白质是食品和医药工业中的重要原料。

（5）昆虫蛋白食品加工：提纯的食用昆虫蛋白可与面粉混合加工成各类昆虫蛋白食品，世界许多国家的一些食品加工厂都有昆虫蛋白食品出售。在食品中，加 20%以上昆虫蛋白的称为高蛋白制品；加 10%～15%昆虫蛋白的称为中蛋白制品，又称常蛋白制品；加 10%以下昆虫蛋白的制品，适于消化不良或患肠胃病的患者食用，称为低蛋白制品，又称为药用昆虫蛋白。

2.1.4.4 昆虫食谱

由于各民族风俗习惯的不同，对食用昆虫的烹调方法也不尽相同，风味各具特色。下面简单介绍几种常见食用昆虫的烹饪方法。

1）蝗虫的烹饪方法

（1）蚂蚱过雪山：蝗虫俗称蚂蚱。先将蚂蚱洗净，去足和翅，用盐腌制 20min或 1h；将粉丝过热油炸膨胀捞出装盘；当蚂蚱炸至金黄色时，将其放到粉丝上，最后撒上椒盐或孜然粉等佐料即可。

图 2-1　菜品——飞蝗腾达

（2）花生爆蝗虫：首先把花生去壳，蝗虫去翅、头和足，用开水烫过；然后将二者同时倒入已加热的植物油中，文火加热，不断翻炒，直至花生香熟；最后装盘即可。

（3）飞蝗腾达：将蝗虫用浓盐水清洗干净，再将水沥干，油炸后蘸椒盐食用，香脆可口，味美如虾（图 2-1）。

2）蚕蛹的烹饪方法

（1）蛋黄蚕蛹：将蚕蛹洗净，加入水、盐、葱、姜、八角煮熟，稍焖一会儿；晾凉，沥干水，将蚕蛹对半切开；将鸡蛋黄取出加少许盐搅匀，淋在切开的蚕蛹上，拌匀；锅内花生油烧到七成熟，放入裹有蛋黄液的蚕蛹，中火炸制；待蚕蛹剖面炸至金黄，捞出控油装盘即可。

（2）水煮蚕蛹：将蚕蛹洗净入锅，加入葱、姜和八角，大火煮开；添加盐和料酒继续煮 5min，关火；将煮好的蚕蛹浸泡在卤水中，随吃随取（图 2-2）。

（3）五香蚕蛹：蚕蛹洗净后用水略泡 5min，取出沥干水待用；炒锅内倒油，放入切碎的葱、姜、蒜大火煸出香味；立即放入蚕蛹翻炒，放入花椒粉、盐和老抽调味；然后再放入生抽，加入适量清水，

图 2-2　菜品——水煮蚕蛹

盖上锅盖焖 3min，出锅前加鸡精即可装盘。

3）蝉的烹饪方法

（1）爆炒金蝉：将金蝉用清水冲洗干净，用淡盐水泡半天左右以入味；将水沥干，葱切片，锅中放油，烧热后，放入花椒和葱片爆香，随即放入金蝉大火爆炒，并快速翻炒，最后加少许的酱油入味，放少许盐，再继续翻炒至表面焦黄即可（图 2-3）。

图 2-3　菜品——爆炒金蝉

（2）金蝉脱壳：也叫唐僧肉、油炸知了猴。把新鲜蝉若虫（俗称蝉蛹）投沸水中汆水后，捞出沥干水待用；把熟芝麻面与盐混匀后铺在盘子里垫底；锅里放色拉油烧制五成熟时，蝉蛹稍炸一下捞出来，然后在脆皮水里浸湿，待重新捞出沥干后，再放热油锅里炸至金黄酥脆，倒出后沥油待用；锅里留底油，放入辣椒面、花椒面、孜然粉、味精和蝉蛹翻炒均匀，出锅摆在装有熟芝麻面的盘内即成。

2.1.5　食用和饲用昆虫开发利用应具备的特点

（1）虫体干物质中蛋白质含量较高，一般要求占虫体干物质的 50% 以上，体质柔软。

（2）昆虫繁殖指数高，对环境适应性强，易于人工繁殖。

（3）用于饲养昆虫的饲料来源容易获得，昆虫食性以腐食性和广谱的植食性为宜。

（4）无毒、无臭，没有其他不能去除的特殊不适气味。

2.1.6　人工繁殖食用和饲用昆虫注意事项

2.1.6.1　采用昆虫喜欢取食的饲料

选择昆虫喜欢的食料，能满足其营养生理需要，对其生长发育最为有利。

（1）单食性昆虫：必须采用其专食寄主植物进行饲养，才能获得良好的效果。例如，饲养家蚕，桑叶为其唯一饲料，如采用别的饲料，蚕就会发育不良，或者不能完成生命周期。

（2）寡食性和多食性昆虫：虽然它们取食的寄主植物较多，如柞蚕幼虫可取食 11 科 30 多种植物，但通常食用的是柞树树叶。

（3）新饲养的昆虫：可事先通过饲养试验筛选出最适合的饲料种类。

（4）同种昆虫成、幼虫：所需饲料不同，例如，家蝇幼虫饲料可用禽畜粪渣等配制，而成虫饲料则要求用奶粉、红糖等较精的材料配制，否则就会影响成蝇的产卵量。

（5）大规模养殖昆虫：常会遇到自然饲料缺乏的情况，可采用人工合成饲料饲养。制作人工饲料时，也要考虑昆虫喜食性和营养要求。在人工合成饲料的成分中，加入一点昆虫喜食的寄主植物，常能收到良好的饲养效果。例如，在苍耳螟幼虫人工饲料中加入苍耳叶的提取液或苍耳叶粉，不但可以增进苍耳螟幼虫的食欲，还能使其更顺利地化蛹、羽化。

2.1.6.2 创造适于昆虫生活的环境条件

在饲养昆虫时，必须根据其生活习性，人工创造适合昆虫、近于自然的环境条件，才能使昆虫正常地生活和繁殖后代，达到预期目的。饲养地下生活的昆虫，必须设计适合其在土中生活的环境，如对蚂蚁、蝼蛄、地鳖虫等土栖昆虫，可采用大口缸或水泥池，放入泥土进行饲养。水生昆虫必须养在水中，并注意其原来生活用水的性质，如水龟甲、龙虱、划蝽、仰泳蝽等水生昆虫，可在室外池塘或水泥池中饲养。钻蛀性昆虫用自然饲料进行规模饲养不易成功，应采用人工饲料，如螟虫、木蠹蛾、天牛、吉丁虫等。有些昆虫的老熟幼虫需要入土化蛹（如小地老虎、烟青虫、棉铃虫、斜纹夜蛾、甘蓝夜蛾等），还有一些昆虫的成虫产卵于土中（如蝗虫），对于这类昆虫，要在养虫器具的底部加入一定深度的潮湿沙土，以满足它们的习性要求。有些昆虫的成虫在羽化后就能交尾产卵；有的则需要取食，补充营养；还有的需在比较宽敞的空间内，经过追逐飞舞，然后才能交尾产卵，如许多蝶类就具有这种习性。

2.1.6.3 注意温、湿度的调控

各种昆虫都有它的适宜温、湿度范围，在温、湿度适宜的条件下，昆虫才能正常生长发育，温、湿度过高或过低，都会抑制昆虫的生长发育，甚至造成死亡。因此，在整个饲养过程中，必须根据饲养对象对温、湿度的要求，调控其生长发育的最适温、湿度。养虫室的温、湿度控制，要视饲养的昆虫种类而定，一般温度为 25～28℃、湿度为 60%～80%即可。在高温季节，若室内温度超过 32℃，会影响饲料的质量和昆虫的生长，因此要有降温设备。

2.1.6.4 注意清洁与消毒

室内饲养昆虫的环境、工具和采用的饲料等，必须经常保持清洁，要清除虫粪，清洁器具与环境，必要时还需进行消毒灭菌。如果清洁工作做得不好，饲养环境过湿、过干或污浊，常招致虫体被微生物寄生、发霉、腐烂，引起昆虫大量死亡。

（1）饲养器具消毒：常用肥皂、去污粉或烧碱洗涤干净。如果玻璃器具被细菌、病毒感染，则须置入烘箱中在 160℃下加热处理 1h。此外，也可用沸水煮或用化学药品消毒。

（2）饲养室消毒：可用 1∶50 的漂白粉水悬液喷洗或擦洗。此外，使用 1.5% 的福尔马林溶液消毒，也有良好的效果。

（3）饲料消毒：若采用天然饲料，要求新鲜干净，不喂腐败或浸过水的饲料，而且要每天更新。若使用人工饲料，要进行高压高温消毒，并在饲料中加入一些霉菌抑制剂，如苯甲酸钠、山梨酸等。

（4）虫卵消毒：常用 1%～2% 次氯酸钠和过氧化氢、0.1% 氯化汞、1.5% 甲醛、75% 乙醇或 2% 漂白粉等消毒剂对昆虫卵进行消毒，但要注意消毒时间。

2.1.6.5　设置合理饲养密度

在保证昆虫正常生活的前提下，用较少的饲料和较小的空间获得最多的昆虫生物量是饲养昆虫所追求的经济目标之一。在鞘翅目和双翅目中较容易达到这个目的。例如，在一个直径 22cm、高 14cm 的瓷钵中，可以饲养数百头家蝇幼虫。在较高的密度下，家蝇幼虫取食活跃，发育整齐，即使不加防腐剂，饲料也不会发霉。除了容器中饲养昆虫的密度需要控制以外，整个养虫室中昆虫的饲养数量也要有所控制，在饲养量较大的情况下，要注意经常通风。此外，要尽量避免在同一养虫室内饲养不同习性的昆虫。

2.2　蚂　　蚁

蚂蚁属膜翅目 Hymenoptera 蚁科 Formicidae，是一种非常古老的昆虫，它在地球上生活的历史已经超过了一亿年，其踪迹几乎遍布全球，除南极洲之外，其他各洲都可以见到它们，但以热带地区居多。蚂蚁是一类特殊的社会性昆虫，种类繁多。世界上已知的蚂蚁约 10 000 种，中国已知近 1000 种。

2.2.1　常见食用蚂蚁概述

目前，我国食用蚂蚁主要有 3 个属：多刺蚁属 *Polyrhachis*、蚁属 *Formica* 和弓背蚁属 *Camponotus*。常见的食用蚂蚁种类有双齿多刺蚁 *P. dives*、叶形多刺蚁 *P. lamellidens*、梅氏多刺蚁 *P. illaudata*、丝光蚁 *F. fusca*、北方蚁（阿基隆林蚁）*F. aquilonia*、凹唇蚁（血红林蚁）*F. sanguinea*、日本弓背蚁 *C. japonicus*，以及黄猄蚁 *Oecophlla smargdina*、黄毛蚁（黄墩蚁）*Lasius flavus* 等 10 余种。其中，对双齿多刺蚁食用价值的研究最多。

中国食用蚂蚁有 3000 多年的历史，最早记载蚂蚁食用价值的是《周礼·天官》和《礼记·内则》。这两本著作记载了秦代以前，用蚂蚁和蚁卵制成蚁子酱，作为佳肴招待贵客的故事。我国民间食用蚂蚁也十分普遍，常用蚂蚁泡酒饮用。云南哈尼族、傣族、彝族等少数民族将蚂蚁制成酸醋，做成蚁酱，或炸或煎，用蚂蚁待客仍是当地少数民族招待贵宾的一种方式。

但并非所有的蚂蚁都适合食用，有的蚂蚁有毒（含臭蚁素、杂醇等），或者受到环境、农药污染，人食后会引起恶心、呕吐、腹胀、腹泻、胃痛、视线模糊、皮肤过敏等症状。这类蚂蚁的主要特征是：有特殊臭味，爬行时尾部高翘，称臭蚂蚁或举尾蚁；体较小，多呈黄褐色、黄色或红色。

蚂蚁因种类不同，个头相差很大，大的超过花生米粒，小的如芝麻般大小。蚂蚁的颜色有黑色、褐色、黄色、红色等，体壁具有弹性，光滑或有毛；口器为咀嚼式，上颚发达；触角呈膝状，有 4～13 节；柄节很长，末端 2～3 节膨大；腹部第 1 节或第 1～2 节特化成独立于其他腹节的结节状；有翅或无翅；前足距大，呈梳状，为净角器，起到清理触角的作用。蚂蚁的寿命很长，工蚁的寿命少则几周，多则 7 年；蚁后则可存活十几年，或几十年；1 个蚁巢在一个地方可存在几年，甚至 50 多年。蚂蚁为完全变态，一生要经历卵、幼虫、蛹和成虫四个阶段，发育全过程需要 8～10 周的时间。蚂蚁食性复杂，一般来说，比较低级的种类为肉食性或杂食性，比较高级的种类为植食性。

蚂蚁是典型的多态型社会昆虫。蚂蚁成虫一般可以分为蚁后、雄蚁和工蚁 3 个类型，蚁后和工蚁均为雌性。雌蚁中只有极少数个体具有生育能力，它们长大后成为蚁后，必须自立门户；而那些不能生育的雌蚁长大后成为工蚁。工蚁都没有翅，在地面爬行的基本上都是工蚁。雄蚁和具有生育能力的雌蚁都具翅，交尾后不久雄蚁便会死去；雌蚁翅脱落，并开始营巢、产卵、繁育后代。雌蚁最早所产的卵，从幼虫孵化到发育为成虫，全都由雌蚁亲自照料，这些小家伙们的食物都来自于雌蚁体中，相当于哺乳动物的乳汁。随着时间的推移，这批"子女"慢慢地发育为成虫，所有的"家务事"都由这些"子女"来承担，雌蚁则成为这个"家族"中专门负责产卵的蚁后。蚁后每天产卵的数量因种类的不同而略有差异，一般在 500～1000 粒。一只蚁后一生能产几万粒、几十万粒甚至更多的卵。由于卵巢发育使腹部不断膨胀，最后须由工蚁来喂食，行动也依靠工蚁来抬。蚁后可以产两种类型的卵，即未受精卵和受精卵，未受精卵发育成雄蚁，受精卵则发育成雌蚁。

蚂蚁具有社会昆虫的三大要素，即同种个体间能相互合作照顾幼体，个体间具有明确的劳动分工，以及种群内至少有两个世代重叠且子代能在一段时间内照顾上一代。

2.2.2 双齿多刺蚁

双齿多刺蚁属于膜翅目 Hymenoptera 蚁科 Formicidae 多刺蚁属 Polyrhachis，别名鼎突多刺蚁、黑蚂蚁、拟黑多刺蚁。

2.2.2.1 双齿多刺蚁的形态特征

（1）工蚁：体长 5.3～6.3mm，雌性，无翅，体较粗壮，黑色；前胸背板两前侧角各具 1 个向前外方下弯的长刺，并胸腹节背板两侧各具 1 个直的长刺，腹柄节顶端两侧角各具 1 个向后弯并包围后腹的长刺，两刺之间有 3 个齿状突起，一前两后呈鼎足状排列（图 2-4）。

图 2-4　双齿多刺蚁工蚁

（2）蚁后：体长 8.6～9.8mm，体粗壮，胸部特别发达。前胸背板、并胸腹节及腹柄节各具 1 对刺，较小，比工蚁稍短。初羽化具 2 对翅，交尾后翅脱落。

（3）雄蚁：体长 5.7～6.5mm，体较纤细；前胸背板及并胸腹节无刺状物，腹柄节背面刺状物较明显；具翅 2 对，翅不脱落。

（4）卵：椭圆形，呈乳白色。长 0.9～1.0mm，宽 0.3～0.4mm。

（5）幼虫：初孵幼虫体长 1.0～1.2mm，呈长椭圆形；以后虫体渐呈圆锥形，体前端尖细，弯曲成钩状；老熟幼虫体长 7～10mm，体宽 2～2.5mm。

（6）蛹：幼虫老熟后，吐丝结茧化蛹；蛹为裸蛹，呈乳白色至黑色，体长 5.0～6.0mm，体宽 2.0mm。蛹外茧为棕黄色，呈椭圆形。

2.2.2.2　双齿多刺蚁的营养成分

（1）蛋白质与氨基酸：双齿多刺蚁体内蛋白质含量为 42%～67%，含游离氨基酸 20 种、蛋白质水解氨基酸 17 种，其中人体必需的异亮氨酸、亮氨酸、赖氨酸、甲硫氨酸、苯丙氨酸、苏氨酸、色氨酸、缬氨酸均齐全，含量约占 44%。

（2）脂肪酸：双齿多刺蚁体内含有丰富的脂肪酸，其中油酸（十八碳烯酸）为 62.44%、棕榈油酸（十六碳烯酸）为 11.03%、亚油酸（十八碳二烯酸）为 1.39%、亚麻酸（十八碳三烯酸）为 1.21%、棕榈酸（十六碳烷酸）为 21.14%、豆蔻酸（十四碳烷酸）为 0.53%、硬脂酸（十八碳烷酸）为 2.29%。

（3）草体蚁醛：蚂蚁体腔内 90% 以上是草体蚁醛（$C_{10}H_{16}O_2$），该物质可激活人体免疫系统，全面增强人体的抗病、抗衰老、抗疲劳能力，是保健物质。

（4）矿物质与微量元素：双齿多刺蚁体内含有矿物元素 28 种，其中以钙、磷、铁、硒、锌含量较多，尤以锌含量突出，达 100～120mg/kg，为大豆锌含量的 8 倍，为猪肝锌含量的 2 倍。猪瘦肉干锌含量只有 9.9mg/kg。

（5）维生素与多种激素：双齿多刺蚁体内含维生素 A、B_1、B_2、B_{12}、D、E，以及 19 种酶和辅酶、高能含磷化合物 ATP、三萜化合物，还含有各种激素，如性激素、胆固醇、类肾上腺皮质激素、保幼激素和生长激素。

2.2.2.3　双齿多刺蚁的生物学特性

（1）生活史：双齿多刺蚁在长江流域、浙江 1 年 1 代，完成 1 代一般需 2 个月左右，以各种虫态越冬；在广东、广西、海南、福建和云南等地，可全年活动。

（2）食性特点：双齿多刺蚁喜食昆虫（蚜虫、介壳虫等）分泌的蜜露、植物（如八宝树、豇豆等）分泌的甜质物，以及一些小型节肢动物（如松毛虫 1～3 龄幼虫）。

（3）活动习性与范围：双齿多刺蚁为日出性昆虫，夜间不出巢穴，阴雨天很少活动，抗寒能力强。其活动范围与气温和季节有关，春秋季活动距离较近，夏季较远。一般活动距离为 8～14m，最远达 30～40m。

（4）筑巢：多在树上筑巢而居，少数建巢于草丛、石块下。筑巢活动在雨后最为频繁，一般 3～6 天即可筑一个巢。蚁巢由树木枝叶、杂草碎屑、吐丝物等构成，巢表面有数个出入孔，巢内呈蜂窝状，有许多小室（图 2-5）。

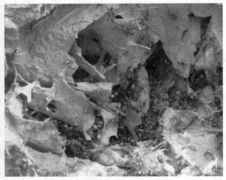

图 2-5　双齿多刺蚁的蚁巢

蚁巢内同时有卵、幼虫、蛹、成虫 4 个虫态的个体。每巢蚂蚁个体数从几千只到四五万只。平均每巢有 11 431 只个体，其中卵有 432 粒，幼虫有 1654 头，蛹有 1210 个，工蚁有 6162 只，雄蚁有 1948 只，雌蚁有 25 只。蚁巢受干扰后，大量工蚁迅速涌出防卫，后又归返原巢。

（5）移巢：当老巢受到外界干扰、巢内环境发生变化、发生天敌入侵时，常常整个蚁群会舍弃旧巢而搬入另筑的新巢内。例如，巢内发霉，或冬季蚁巢由树上转移至地面等。

（6）分巢：当蚁群数量不断增加，原来的巢无法容纳时，蚁群就会分巢；此时，只有部分雌蚁、工蚁和幼蚁在新巢筑好后，从老巢搬至新巢；分巢后，新巢与老巢间的蚁群常进行工蚁、幼蚁、食物等交换。1 个蚁巢 1 年最多可发展至 9

个蚁巢。蚁巢大小相差很大，长 10～39cm，宽 6～20cm，高 5～17cm。

2.2.2.4　双齿多刺蚁的养殖技术

1）养蚁方法

（1）水沟阻隔养殖法，即岛式养蚁法（图 2-6）：在露地上选一片较空旷并无污染的土地作为养蚁区，四周开沟；养蚁区划成每块长、宽各为 2m 左右的方块小区——蚁岛，蚁岛之间开成沟渠，各蚁岛之间沟沟相连，水沟深为 15～20cm、宽为 20cm。槽内侧呈斜面状，避免蚂蚁落水；水沟内需要常年灌水，阻隔蚁群逃逸。蚁岛内填放红黄壤土，蚁巢摆在地面并覆盖少许土；一般每个蚁岛放一群蚁或同一群蚁的 2～3 个蚁巢，巢外适当加盖土、瓦、植物秸秆（如稻草、麦秆等）。

图 2-6　岛式养蚁法（引自严善春，2001）

（2）林地放蚁养殖法：适宜在山区较大范围的林地养蚁，最好与害虫生物防治结合起来。放蚁应控制在一定的密度范围，一般每亩①林地控制在 20 个蚁巢以内，各巢之间相距 5m 以上。

2）引种、采种、放蚁

双齿多刺蚁的引种、放蚁最好在春末、夏初进行，此时温度高、湿度大，食料丰富，有利于蚁群的定居、繁殖、分巢；秋天以后引种、放蚁效果就比较差。人工养殖的蚁种一般直接从南方林区采集，取巢、保存和运输是关键。

（1）取巢：套袋法，先将巢体周围障碍物轻轻剪除，再套上布袋剪下蚁巢。砍去法，利用蚂蚁受惊出逃、平静后归返原巢的习性，先用利刀砍下巢体，将巢放原处 5min 左右再装袋。取巢最好在阴雨天进行，此时蚂蚁基本在巢内。

（2）保存：采来的蚁巢需长途运输的，应放于开口的笼、箱内，开口蒙上尼龙纱，容器底部放少许湿土保湿，并投少许活体昆虫、稀蜜水等食物。

（3）运输：蚁巢需要集中运输，装车不能堆压，装车后应立即运输，并防止日晒雨淋。在调运蚁种时，还要注意蚁群质量。一般蚁多、窝大的老巢较好；新巢、小巢因巢体薄且蚁少，运输时易受损坏，引放效果差。

（4）放蚁：将蚁巢直接放进蚁岛或林地，一般放在茅草丛、灌木丛基部，雨

①1 亩≈667m²。

季可挂、绑在树杈上。放巢点可插上竹竿等作标记，便于观察。将蚁巢适当撕碎，以促进蚁群分巢。放蚁初期补充一些饲料、糖水，有助于提高放蚁效率。

3）管理

（1）投食：最好能配套饲养昆虫，如黄粉虫、家蝇等。需要每天向蚁岛上投放适量黄粉虫等幼虫，间或撒一点拌过稀糖水或蜜水的糠、麸皮、果皮，以及新鲜的家畜内脏等；要注意清除腐烂变质的食物。通常每只蚁每天取食 0.01mg，在食盒内放 2/3 饲料，以食光为度；食物少时，蚂蚁会因抢食而打架。

（2）搭架遮阴：以岛式法养蚁时，蚁岛上常用打通竹节的毛竹为材料搭建低棚架，毛竹的空心可供蚁群栖息和筑新巢。夏天气温高时，架子上加盖树枝、遮阳网，降温遮光。一般采用棚下种瓜类植物使藤蔓长在架子上的办法，此方法还可招引蚜虫，效果较好。

（3）繁殖：蚂蚁生长、繁殖的最适宜温度为 20～35℃。自然条件下 4～9 月交尾，若温度保持在 25℃以上，可全年交尾。交尾后 8～10 天开始产卵。第一批产卵 300～500 粒。孵化后发育 14 天，数次蜕皮后变成工蚁。

（4）越冬期保暖：南方越冬期，蚁巢一般仍可在露地越冬，但需要在巢外加盖稻草、麦秆等，再盖上尼龙薄膜保暖。北方地区需要进入温室或塑料大棚内保暖越冬。

（5）换水和排水：以岛式法养蚁时，水沟要保持清洁及一定水位；缺水时要及时灌水；雨天水位过高时要排水；干旱时，蚁岛上要适当洒水保湿。

（6）防止敌害：青蛙、鼠类、蟾蜍、家禽等都会对蚁群造成危害，要经常防患；注意养蚁场及周围不能喷洒杀虫剂，以免杀伤蚁群。

4）采收

每年 9～10 月蚁群较集中，空巢较少，此时蚁体内养分积累也较多，采集的蚁干质量较好。常用的采蚁方法主要有以下两种。

（1）捕捉法：将蚁巢放入口袋后，用手拍几下，将蚁群大部分赶出巢后，留下一定数量的后代，将巢放回原址供作留种。

（2）诱集法：采收时，先使蚂蚁饥饿 3～5 天，确保全群蚂蚁至少有 80%以上处于饥饿状态；然后，用一块大塑料布铺在蚁群经常出入的地方，上面撒上蜜水或糖水，当大量蚁群聚集在塑料布上取食时，用毛刷将蚂蚁迅速扫入小簸箕里，装在小塑料袋内，扎紧袋口，窒息而死，晒干即可。

5）初加工

采收得到的蚂蚁，进行晒干、炒干或烘干（水分低于 10%）等初步加工。炒干时，需用文火；烘干时，温度不宜超过 80℃，时间不宜超过 10min。去除杂质、霉变虫体后装入麻袋或布袋中，或将干蚁粉碎成粉，经 80 目筛过筛，保存于阴凉干燥处。

2.2.2.5　双齿多刺蚁产品

1992 年经国家卫生部批准,双齿多刺蚁可用于新资源食品生产。以蚂蚁为原料生产加工的营养保健品主要有两大类:一类是中药保健品,如广西生产的"大力神口服液"、辽宁生产的"蚁康胶囊"等;另一类是保健食品,如浙江生产的"宫廷蚁酒"和"纯蚁粉",江苏生产的"蚁王口服液"等。初级加工产品有蚁粉、蚁粉胶囊、蚁粉袋泡茶、蚁酒等;精加工产品有用其提取物生产的口服液、饮料、冲剂、片剂等。

1) 纯蚁粉及蚁粉胶囊

纯蚁粉由干燥的蚁干直接打粉而成,细度在 80 目以上。其主要工艺流程包括:蚁干清洗去杂、晒干、烘干(80℃,10min)、打粉、过筛(80～120 目)、塑袋包装灭菌(钴-60 辐照)、质检(卫生指标)、成品出厂。如将蚁粉装入药用空心胶囊,即制成纯蚁粉胶囊。

2) 蚁酒

(1) 自制自饮蚁酒。一般家庭自饮蚁酒的制作比较方便,即用清洁后的蚁干冷浸白酒 15～20 天,取上清液即可饮用。30～50g 蚁干可配体积分数为 60%(即 60°)的白酒 1L。此外,还可根据传统习惯,加配人参、枸杞、红枣等中药与蚁干一起泡成药酒。

(2) 蚂蚁补酒。①原料:主料蚁干,辅料枸杞、红参等;特级食用酒精;黄酒用糯米酿制。②酿造工艺:蚂蚁及中药材辅料用酒精进行浸提、过滤,回收酒精(浸提液);黄酒酿成后与备用蚂蚁浸提液进行勾兑,兑至体积分数为 28%～30%(28°～30°)。③质量标准:酒液橘黄色,透明,有酒香、药香味;总糖 80g/L、酸度＜0.40、甲醇＜0.40、杂醇油＜0.15、铅＜1.0mg/L;卫生指标应符合 GB2757—81 及 GB 2758—81 国家标准。

3) 蚂蚁片(蚁精片)

(1) 处方:蚁干 1000g,淀粉适量,共制成 1000 片。

(2) 制法:蚁干用水冲洗、搅拌,按渗滤法用 60% 乙醇作溶媒渗滤,收集初滤液 4000mL,续滤液作下次渗滤用;初滤液减压回收乙醇至稠膏状,倒入有淀粉的托盘里,烘干、粉碎、制粒、压片、包衣即可。

4) 蚂蚁冲剂

(1) 处方:蚁干 1000g,糖 7500g,香精适量,共制成 500 小包。

(2) 制法:同蚂蚁片的渗滤操作;初滤液减压回收至相对密度 1.35～1.38,清膏加适量乙醇与糖粉混合制成颗粒,进行干燥处理,加入适量香精焖 15min,整粒、包装。

2.3　蜜　　蜂

蜜蜂属于膜翅目 Hymenoptera 蜜蜂科 Apidae 蜜蜂属 Apis,是饲养历史悠久的昆虫之一。目前，我国饲养的蜜蜂种类主要为东方蜜蜂（中华蜜蜂）*A. cerana* 和西方蜜蜂（意大利蜜蜂）*A. mellifera*，也是主要的食用蜂类。大蜜蜂 *A. dorsata* 和小蜜蜂 *A. florea* 等种类处于野生状态，至今尚未人工驯养。

我国东北地区及内蒙古、新疆等地以饲养西方蜜蜂为主；四川、云南、广东、广西等地区以饲养东方蜜蜂为主；中部地区是西方蜜蜂与东方蜜蜂交错饲养地带。

2.3.1 蜜蜂常见种类的形态特征

2.3.1.1 东方蜜蜂的形态特征

东方蜜蜂又称为中华蜜蜂、中蜂，除新疆外，在我国各省（自治区、直辖市）均有分布。蜂群中的个体分为三种类型，即工蜂、蜂王、雄蜂（图 2-7）。

图 2-7　东方蜜蜂工蜂（左）、蜂王（中）、雄蜂（右）

（1）工蜂：体长 10～13mm，体呈黑色；唇基中央具三角形黄斑；后翅中脉分叉（图 2-8A）；后足具采粉结构。

（2）蜂王：体长 13～16mm；体色分为黑色和棕红色两种类型；体被黑色及深黄色混杂的绒毛。

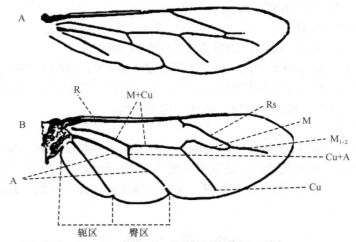

图 2-8　东方蜜蜂（A）和西方蜜蜂（B）的后翅特征（引自 Snodgrass，1956）

A，臀脉；R，径脉；M+Cu，中肘脉；Rs，径分脉；M，中脉；M₁₊₂，第 1、2 中脉；Cu+A，肘臀脉；Cu，肘脉

（3）雄蜂：体长 11～14mm；体呈黑色或棕黑色；复眼大，在头顶处靠近；后足无采粉结构。

2.3.1.2 西方蜜蜂的形态特征

西方蜜蜂又称意大利蜜蜂、意蜂、西蜂，除西藏外，在我国其他各省（自治区、直辖市）均有分布。三型蜂的形态特征见图 2-9。

图 2-9 西方蜜蜂蜂王（A）、雄蜂（B）、工蜂（C）

（1）工蜂：体长 12～13mm；体色变化较大，一般呈深灰褐色至黄色或黄褐色；唇基呈黑色，不具黄色斑；后翅中脉不分叉（图 2-8B）。

（2）蜂王：体长 16～17mm；形态特征似东方蜜蜂，个体比东方蜜蜂大。

（3）雄蜂：体长 14～16mm；形态特征似东方蜜蜂，个体比东方蜜蜂大。

2.3.2 西方蜜蜂生物学特性

2.3.2.1 三型蜂

蜜蜂是一类高度进化、具有社会性结构和习性的昆虫。一群蜂通常由一只蜂王和几千只到几万只工蜂组成，在繁殖季节还会出现雄蜂，数量从几十只到千余只不等。蜜蜂的卵呈香蕉形，卵期 3 天。受精卵发育成蜂王和工蜂，未受精卵则发育成雄蜂。下面以西方蜜蜂为例说明蜜蜂的生物学特性。

1）工蜂

（1）发育期：工蜂发育期共 21 天。工蜂出房后 3 天就能试飞，接着开始多次认巢飞翔。

（2）职能：工蜂的工作按日龄计算。工蜂出房 3 日内只做清巢和保温工作；出房 4 日后能调制乳糜，饲喂大幼虫和小幼虫；出房 6～12 日龄，咽下腺充分发育，能分泌王浆，饲喂小幼虫和蜂王；出房 12～18 日龄，蜡腺最为发达，适宜担任造脾工作。工蜂在 18 日龄以前，主要担任饲育蜂王、调节巢温、清理巢箱、拖弃死蜂、夯实花粉、酿制蜂蜜、堵塞缝隙等内勤工作；从 19 日龄开始进行外勤采集；20 日龄后，采集花蜜、花粉、水分、蜂胶的能力才充分发挥。老蜂的绒毛脱落，失去了采粉能力，主要参与采水和采蜜，直至死亡。

（3）寿命：在采蜜期，工蜂的寿命为 1 个多月，最长的可达 2 个月；越冬期，浙江一带为 3 个月，北方为 4～5 个月甚至半年以上。

2）蜂王

（1）职能：蜂王是性器官发育完全的雌性蜂，负责产卵。

（2）发育期：蜂王的发育期为 16 天。

（3）食物：蜂王的食物是蜂王浆。

（4）独霸性：新蜂王出房后遇到其他蜂王会互相斗杀，直到留下一只。蜂王发现王台，就用上颚咬穿台壁，用螫针把台内的幼王刺死。

（5）性成熟：蜂王出房后 3 天就会试飞，4～5 天达到性成熟。

（6）交尾期：蜂王出房后 6～7 天是交尾高峰期，一只处女王要和 17 只雄蜂交尾，直到储精囊内储满 300 万～500 万精子为止。

（7）产卵期：蜂王在最后一次交尾后 1～2 天开始产卵；从此不再出巢交尾，除了飞逃、分蜂外，也不再出巢，一生留在巢内产卵。

（8）产卵量：蜂王产卵能力以出房后 2～18 个月最强。初产卵时，日产几十粒；随着日龄增长，产卵量不断增多，产卵后半个月，日产卵可达千余粒。最多每分钟可产卵 4～6 粒，连续产卵 15～30min 需要休息和饲喂一次，再继续产卵。产卵盛期，一昼夜可产卵 1500 粒，最多时超过 2000 粒。

（9）寿命：蜂王寿命长达数年，蜂场一般只用 1 年。当蜂王储精囊内的精液耗尽后，也会产下未受精卵。

3）雄蜂

（1）职能：雄蜂唯一的职能是交尾，所以只在留种蜂群内培育，在非分蜂季节加以限制。

（2）发育期：雄蜂发育期共 24 天，体型比工蜂大得多。

（3）交尾期：雄蜂出房 7 天后才试飞，12 天开始交尾，此后的半个月是雄蜂的青春期。雄蜂常于 12：00～17：00 出巢，并在蜂巢附近 30m 以上高空集结，当处女王进入集结区后，雄蜂急起直追。

（4）寿命：雄蜂的寿命由环境和蜂群状况决定，一般寿命为 54 天，长的可活 3～4 个月。

2.3.2.2 蜜蜂结成群体的纽带

蜂群内三型蜂各司其职，分工明确，互相依赖，协调一致，有条不紊。它们是如何联系在一起的呢？

1）脑高度进化

蜜蜂的神经系统和感觉器官非常发达，脑占总体积的 1/174（0.57%），而金龟子的脑仅占其总体积的 1/3290；成人的大脑平均重量约为 1400g，占人体总重量的 3%左右。脑的高度发达，为蜜蜂个体生活、社会性群体生活等极其复杂的活动奠定了基础。

2）外激素的作用

（1）王质：也叫蜂王信息素，它是蜂王上颚腺分泌的外激素，组成成分很复杂，已知有 30 多种成分，其中 2 种主要成分能够人工合成，为反式-9-氧代-2-葵烯酸（9-ODA）和反式-9-羟基-2-葵烯酸（9-HDA）。王质有稳定和聚集蜂群、抑制工蜂卵巢发育和筑造王台、引诱雄蜂追逐和交尾、吸引工蜂的作用。

（2）标识性气味：也称引导信息素，该气味是工蜂腹末纳氏腺分泌的一种芳香物质，能借助扇风等方法尽快扩散到空间，刺激其他蜜蜂的嗅觉。标识性气味的作用包括：①饲料信号，在飞往蜜源途中和蜜源周围散发，帮助其他工蜂识途，找到蜜源；②定向信号，在初认新址、认巢飞翔及自然分蜂时，帮助飞散的蜜蜂聚集到集结的地方；③聚集信号，自然分蜂团飞往新址途中，引导蜜蜂集体行动，不至于迷路掉队。

（3）脚印物质：也称示踪信息素，由工蜂足上发出，有促进蜜蜂向巢内聚集的作用。

（4）报警外激素：蜜蜂发怒蜇刺时，会散发出报警外激素，刺激其他蜜蜂也向蜇刺目标攻击。这种外激素能从工蜂的头、尾两处分泌。工蜂头部上颚腺分泌的主要是 2-庚酮，工蜂尾部螫腺分泌的是乙酸异戊酯等化学物质。

（5）蜂乳酸：也叫王浆酸，为反式-10-羟基-2-葵烯酸，存在于王浆中。其作用是促进卵巢发育，增强蜂王产卵机能。蜂王在工蜂饲喂王浆频繁时，卵巢充分发育，产卵甚多；如果停止饲喂，蜂王的卵巢就会萎缩，停止产卵。

3）磁感应

工蜂腹部细胞内含有磁铁矿晶体，而且有神经进入这些细胞。这些含铁的细胞在腹节环状排列，形成的磁场和体纵轴成直角。蜜蜂可利用地球磁场来感觉方向。在不同的磁场内，蜜蜂舞蹈所指示的方向不同。在高压线下的蜂场容易发生乱蜂团，这和蜜蜂的磁感觉器官有关。

4）蜂舞

蜂舞是蜜蜂招引其他蜜蜂去采集的一种传递信息的方式，类似人类的语言，主要分为圆舞、镰刀形舞、"8"字形舞。

（1）圆舞：蜜源距离蜂群 50m 左右时，蜜蜂跳圆舞。在同一位置转直径约 2cm 的圆圈，一次向左，一次向右，起劲地重复多次。约半分钟后，转移他处重复舞蹈。圆舞只表明蜜源在近处，不表明方向。

（2）镰刀形舞：蜜源距离蜂群 50～100m 时，蜜蜂以一种镰刀形舞来表示。

（3）"8"字形舞：蜜源距蜂群 100m 以上时，蜜蜂跳"8"字形舞，又称摆尾舞。蜜蜂摆动着腹部直线爬行 2cm 左右，停止摆尾，从左边绕半个圈，回到原位，然后又沿原来的直线摆尾爬行 2cm 左右，再从右边绕半个圈，回到原位。如此重复多次。"8"字形舞不仅表示距离，还能表示方向，以 15s 内的舞圈数和直线爬行的摇尾数来反映，距离越远、圈数越少、摆尾越多。100m 处飞回的蜜蜂舞蹈为 9～10 圈，200m 时舞蹈为 7 圈，1km 时舞蹈为 4.5 圈，6km 时舞蹈为 2 圈。"8"字形舞以太阳为准，指示取食地点的方向。沿舞圈中轴爬行时，蜜蜂头朝上，表示蜜源在太阳方向；头朝下表示蜜源在背太阳方向。舞圈中轴在逆时针方向和地心引力线形成一定角度，表示蜜源位于太阳左方相应的角度上；舞圈中轴在顺时针方向和地心引力线形成一定角度，表示蜜源位于太阳右方相应的角度上。

2.3.2.3 调节巢温

蜜蜂对温度特别敏感，能觉察到 0.25℃ 的温度变化，育子温度为 34～35℃。

（1）低温调节：当巢温偏低时，蜜蜂就会增加食蜜和运动，产生热量；同时增加覆盖子脾的蜜蜂的厚度，防止热量散失，以此来提高巢温。冬季，蜜蜂结成一个蜂球过冬。蜂球外层蜜蜂密集，中心比较稀疏。天气越冷，蜂球结得越紧，蜜也吃得越多。这时吃蜜靠传递供给，这样可以减少运动，保持蜂球安静，延长寿命。球心温度始终维持在 14℃ 以上，蜂王一般都在球心。球缘的温度比球心低，球缘的蜜蜂头朝球心慢慢往里爬，球心的蜜蜂不知不觉地被挤到球缘；当它们感到冷时，又会重新往球心移动。越冬期的蜜蜂就是这样不断地交换着位置，使自己不致冻死。

（2）高温调节：如果巢温偏高，蜜蜂会从子脾上散开，同时还会在巢门口扇风，加强空气流通。如果外界气温过高，巢温仍然降不下来，蜜蜂还会增加采水，并有大量工蜂在巢前扇风，加速水分蒸发，进行降温。

2.3.2.4 饲育蜂儿

（1）工蜂的饲育：1～3 日龄的工蜂幼虫取食王浆，由 6 日龄以上的工蜂将王浆吐在幼虫四周，任其自由取食。自 4 日龄起，工蜂幼虫被停止饲喂王浆，由 4～6 日龄的幼蜂从巢房取食蜂粮和蜂蜜，在蜜囊内变成半消化的乳糜，重新吐出，饲喂工蜂幼虫。

工蜂每天要为每头幼虫饲喂 1300～1500 次，幼虫期的 6 天中，对每头幼虫约饲喂 8000 多次，接近每分钟喂一次。工蜂幼虫发育到第 6 天（雄蜂 6.5 天）已经老熟，工蜂会把巢房口用花粉和蜂蜡的混合物封住，中间留下极小的通气孔。幼虫在黑暗的封盖房里吐丝作茧，经第 5 次蜕皮后，变成蜂蛹，再过 10 天，羽化为成蜂，咬破茧和封盖，爬出巢房。

（2）蜂王的饲育：新蜂王也由工蜂饲育，只是从幼虫孵化到羽化为蜂王前一直以王浆为食。培养新蜂王前，工蜂临时在巢脾的下缘或边缘造出比雄蜂房大的几个或十几个台基，供蜂王产卵。蜂王因故死亡，工蜂会在巢房中间，把 2～3 日龄的工蜂幼虫巢房改造成王台。工蜂不断往王台里吐王浆，蜂王幼虫在王浆上生长发育。随着王浆的加满和幼虫的增大，工蜂不断把王台口加高，到孵化前约 5.5 天，王台高达 2cm 左右，此时工蜂就把台口封盖，蜂王幼虫在封盖的王台里作茧化蛹。封盖后 7.5 天，新蜂王就能出房了。

2.3.2.5　制作蜂粮

（1）花粉的采集：工蜂采集花粉时，先用喙湿润一下花粉，再用身体和附肢黏附、刷集花粉，最后通过前、中、后足的协作把花粉挤压成花粉团。1 只工蜂 1 天平均采集 10 次，每次采粉量为 12～29mg（图 2-10）。工蜂采够花粉后离花回巢，找到未装满的花粉房或空巢房，把花粉团推落房内。

图 2-10　蜜蜂在采集花粉

（2）蜂粮的制作：花粉团经工蜂咬碎，并吐蜜湿润，再经过乳酸菌的作用，最后工蜂用头部捣实，储存在巢房内，这样储存的花粉称为蜂粮。当巢房中蜂粮储存至 70%左右时，工蜂在蜂粮表面吐上一层蜜，并封上蜡盖，蜂粮就可以长期保存了。

2.3.2.6　分蜂繁殖

蜜蜂育儿繁殖是分蜂的准备阶段，而育王、分蜂是繁殖的完成阶段。

图 2-11　自然分蜂

（1）培育雄蜂和蜂王：分蜂前，蜂群先培育雄蜂，在雄蜂出房后，再建造王台、培育蜂王。王台封盖后，工蜂减少或停止给原蜂王饲喂王浆，阻止老蜂王接近封盖王台。到新蜂王出房前，老蜂王腹部收缩，在工蜂的催促下，一般在雨后刚晴或晴天上午、中午，与全部 4 日龄的新蜂及部分内勤蜂一起准备分蜂。

（2）自然分蜂：参加分蜂的工蜂吃饱蜂蜜，涌出巢门，绕圈飞行，大约在 1/3 蜜蜂飞出时，老蜂王就夹在工蜂中间，离开原巢，加入蜂场前的蜂云中。最后这些蜜蜂在附近的树木或建筑物上集结，形成一个蜂球，这叫自然分蜂（图 2-11），即蜜蜂的分蜂繁殖。经过自然分蜂的这些蜜蜂，会忘掉原址，在新巢里安居乐业，成为一个新的蜂群。

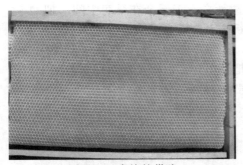

图 2-12　蜜蜂的巢脾

2.3.2.7　筑造巢脾

工蜂出房后 12～18 天，腹部 4 对蜡腺已完成发育。吃饱蜂蜜的蜜蜂，蜡腺就会渗出很多液体蜂蜡。在蜜蜂失去蜂巢，或蜂巢受损，或缺少产卵、储蜜空间时，这些工蜂就会投入造脾工作（图 2-12）。

蜜蜂以触角为尺度，细心塑造，筑成规则的六角形新巢房。建筑一个工蜂巢房要用掉 50 片蜡鳞，而雄蜂房约需 120 片。由于上百只工蜂共同参与筑造一个巢房，所以平均每只工蜂的工作时间很短，有的只需半分钟。

2.3.2.8　清巢活动与守门防卫

（1）清巢活动：蜜蜂爱整洁，除严重下痢之外，从来不在巢内排泄，整个冬季也是如此。强盛阶段，每天约有上千只蜜蜂死亡，约有 95% 老蜂死在蜂巢外。个别死在巢内的，在天刚亮时，即被工蜂清理出巢房。中毒、得病时，死蜂多，一时来不及清理，工蜂也要先将死蜂拉出巢门，再慢慢清理。天蛾、老鼠若被蜜蜂刺死在蜂箱内，太重拖不出，蜜蜂会用蜂胶封闭，防止腐败气味外溢。

（2）守门防卫：守卫活动是保卫蜂群安全的本能行为。在大流蜜期，由于采蜜忙碌和蜜味冲淡了群味，通常守卫工作比较松懈，巢门板上只有几只守卫蜂，一般的蜜蜂进出也不检查。当大流蜜期结束或断蜜时，巢门口常有十余只或更多的蜜蜂守卫，看到行踪可疑的蜜蜂进入蜂箱时都要检查。守卫蜂根据群味用触角辨别是否是本群的蜜蜂。检查后，本群的蜜蜂都可以顺利进巢，外群来的盗蜂就会受到拦截。有时外群蜂吃饱了蜂蜜或带来两团花粉，也可以免除守卫蜂的盘查。

2.3.3　西方蜜蜂养殖技术

2.3.3.1　饲养蜜蜂所用器具

蜜蜂饲养管理用具很多，其中，蜂箱、巢础、摇蜜机、蜂帽、起刮刀、喷烟器、蜂刷、隔王板等都是必需的，根据养蜂的规模选用。其他蜂具，如生产蜂王浆、蜂花粉等的用具，可根据需要购置。

（1）蜂箱：目前，我国普遍使用的蜂箱是叠加式十框标准箱，又称郎氏十框蜂箱。它由 10 个巢框、箱体、箱底、巢门板、副盖（纱盖）、箱盖及隔板组成。蜂箱可用不易变形的红白松、杉木、青杨等坚固耐用的木材制作，板的厚度不少于 2cm。箱内围长 465mm×宽 380mm×高 245mm；前后壁外侧各有一个扣手，便于搬运。标准蜂箱的巢框可容纳 7200～7400 个巢房，除满足蜂王产卵外，尚余一半位置储存蜜粉。

（2）巢础：巢础是安装在巢框内供蜜蜂筑造巢脾的基础，它是人工制造的蜂蜡片，经巢础机压制而成，是巢房底和巢房壁的板基。每张巢础由几千个排列整齐、相互衔接的六角形房眼组成。使用巢础筑造的巢脾整齐、平整、坚固，雄蜂房少。

（3）蜂帽：蜂帽是管理蜂群时，保护操作者头部和颈部免遭蜂蜇的用具。

（4）起刮刀：一端是弯刀，一端是平刀，用它撬动、刮、铲东西，如启蜂箱盖、撬副盖和巢框、刮铲蜂箱内和巢框上的污物。

（5）喷烟器：喷烟器是镇服或驱赶蜜蜂的工具，由发烟筒和网箱两部分组成。使用时，把纸、干草或麻布等点燃，置入发烟筒内，盖上盖嘴，鼓动风箱，使其喷出浓烟，但不要喷出火星。

（6）蜂刷：蜂刷主要用来扫除巢脾、箱体、巢框等蜂具上附着的蜜蜂，是长扇形的长毛刷。一般有两排刷毛，刷毛长 65mm，用不易吸水的白色马鬃或马尾毛制成。

（7）移虫针：培育蜂王或生产蜂王浆时，用来移取蜜蜂幼虫的工具。

（8）隔王板：隔王板是控制蜂王产卵和活动的栅板，可以用隔王板把蜂群严格分隔为育虫区和产蜜区，使幼虫、蛹、花粉等不会与蜂蜜相混杂，且工蜂可以自由通过。隔王板分为平面隔王板和框式隔王板两种。平面隔王板用来分隔育虫的巢箱和储蜜的继箱，便于取蜜和提高蜂蜜的质量；框式隔王板插在蜂箱内，把蜂王控制在几个脾上产卵，常用的为竹丝制作的竹丝隔王板。

（9）饲喂器：①巢门饲喂器，也称瓶式饲喂器，由一个广口瓶和底座组成，瓶盖用寸钉钉出若干个小孔，将装满蜜汁的瓶子倒放，插入底座，在大气压力下，蜜汁能被蜜蜂吸出而不滴落。晚间将巢门饲喂器的底座口从巢门插入巢内，适合进行奖励饲喂，能避免出现盗蜂。对于未满箱的弱群，可将它放在蜂箱内的隔板外面饲喂。②框式饲喂器，为大小与标准巢框相似的长扁形饲喂槽，有木制的和塑料的，也可用粗竹子制作。饲喂器内有薄木片浮条，饲喂时供蜜蜂立足吸食，适合进行补助饲喂。③巢顶饲喂器，为放置在蜂箱上面的大型饲喂器，大小类似浅继箱的盘状，适合紧急补充饲料和饲喂越冬饲料，一次可装 5～10L 糖浆。

（10）蜂王笼：蜂王笼可用来诱入王台或蜂王，也可以囚禁蜂王。近年来广泛使用一种竹丝制作的蜂王笼，以四周钻有小孔的塑料片作上、下两端，用直径 2mm 的竹丝插入小孔，围成长方形小笼，体积约 20mm×33mm×50mm，每根竹丝间距 3mm，其中有一根竹丝较长，是活动的，可以拉出，由此处放入蜂王。蜂王笼多用于晚秋或冬季，将蜂群的蜂王关入竹丝蜂王笼，使蜂王停产，便于防治蜂螨。

2.3.3.2　养蜂场地选择

养蜂场地的好坏是养蜂成败的关键，尤其是定地放蜂，更要认真选择场地。

（1）蜜源选择：蜜粉源植物是发展养蜂业生产的物质基础，选择场地时必须了解附近蜜源植物的种类、种植面积、生长情况、开花时间等。在养蜂场地周围 2~5km 半径范围内，全年必须有 1~2 种比较稳定的主要蜜源，还应具有多种花期交错的辅助蜜粉源，无其他蜂场，无有害蜜源，确保蜂群正常繁殖。

（2）水源选择：在蜂场周围要有洁净的自然水源，如果没有水，蜜蜂就无法生存。最好选择附近有洁净的山泉或细水长流的小溪。在水源缺乏的地方，必须采取人工喂水的方法来满足蜂群的需要。

（3）气候选择：蜂场所在地应具有相对稳定、适宜的小气候，适宜设置在地势较高的地方，避免在风口设置蜂场。山区蜂场可设置在蜜源所在区的南坡下，而平原地区蜂场应设在蜜源的中心或北面位置。早春应保证场地向阳、避风、干燥；夏季应具有较好的遮阴条件，避免遭受烈日暴晒。

（4）地点选择：蜜蜂喜欢栖息在安静的环境中，外界的骚扰会造成蜂群不安，引起结群飞逃。因此，放蜂场地应选在距公路、工厂、铁路、学校等较远的地方，地势应平缓、干燥、通风，交通方便。

2.3.3.3 排列蜂群

蜂群排列的方法应以管理方便、流蜜期便于蜜蜂采蜜、不易引起盗蜂为原则。通常蜂群的巢门宜朝南或西南、东南，门前不能有高的障碍物、杂草、垃圾，且巢门忌对着路灯、诱虫灯等，以免夜间蜜蜂趋光飞出造成损失。蜂箱间距 1~2m、排间距 2~3m，前后排蜂箱可单箱排列、双箱排列、多箱排列或交错排列。蜂箱垫高离地 20~30cm，前低后高，相差 3~5cm，以防止敌害侵入或雨水倒流进箱内，也便于蜜蜂清理箱底。

2.3.3.4 蜂群的日常管理

1）蜂群检查

蜂群检查是为了解蜂群活动和内部变化情况，以便及时采取相应措施进行调整，为蜜蜂创造有利的生活条件。其分为箱外观察、箱内全面检查和箱内局部抽查三种方式。

（1）箱外观察：通过观察蜜蜂在蜂箱外、巢门口等处的状态、行为及箱内发出的声音等来判断蜂群的内部状况，如蜂群的越冬状况、是否失王、是否有某些病虫害、是否农药中毒、是否发生盗蜂等情况。如箱外观察蜂群正常，则不需要开箱检查；如情况异常，应仔细观察、判断，必要时再开箱检查。

观察内容：①巢门口秩序井然，蜜蜂活动积极主动，说明蜂群兴旺正常。②天气晴好但部分工蜂在巢门口振翅，不安地来回爬动，则已失王。③阴冷天气，个别蜂群的工蜂仍出巢活动，或在箱底蠕动，并有弃出的幼虫、蛹及死蜂，说明蜂群饲料短缺或耗尽。④工蜂消极怠工，巢门口有蜂胡子，说明即将自然分蜂。

⑤若蜜蜂颜色变黑发亮，腹部变小或膨大，身体颤抖，无力爬行呈瘫痪状，则蜂群患有蜜蜂慢性麻痹病。⑥蜜蜂颜色发黑，腹部膨大，飞翔困难，巢门附近发现稀粪便，则蜂群患下痢病。⑦巢门前地面有缺翅和发育不全的幼蜂，则蜂群可能发生蜂螨危害。⑧巢门前有携带花粉和花蜜的蜜蜂在地上打滚，而且死后伸喙、腹部弯曲，则为农药中毒。⑨如蜜蜂出勤稀少，巢门口守卫森严，门前有工蜂撕咬，工蜂出巢门加快，出巢蜂腹部较大，说明已发生盗蜂。

（2）箱内全面检查：打开蜂箱的大盖及副盖，逐一提出巢脾进行仔细检查，全面了解蜂群内部情况，有助于采取相应措施。全面检查会影响巢内温度、湿度和蜂群的正常生活，且费工费时，一般以 10～15 天一次为宜，操作时间越短越好。春季应选择气温 14℃ 以上、晴暖无风的天气，夏天应在早晨和傍晚，大流蜜期宜在蜜蜂出勤少时，盗蜂较多时应在早晨和傍晚进行。

检查内容：①检查蜂王是否存在：从巢箱中央提出巢脾，如果看不到蜂王也看不到卵，蜜蜂四处乱爬，并发出振翅的"嗡嗡"声，说明蜂群丧失蜂王；如果巢房中有多粒卵，而且多产于蜂房壁上，很凌乱，表明失王很久，工蜂已经开始产卵。检查要进行 2～3 次，确认没有蜂王了，才能放入新王；否则，一旦两只蜂王相遇，就会两败俱伤。②检查蜂王产卵情况：开箱盖，蜜蜂工作有条不紊，巢脾上可以看到卵，表明蜂王在产卵。一个单王的蜂群中，卵、幼虫、封盖子脾的比例应为 1:2:4，即 1 个卵脾、2 个虫脾、4 个封盖子脾，以及 1～2 框蜜、粉脾。如果子脾上产卵面积大，表明蜂王产卵旺盛，群势正常；如果蜂王胸腹部小，颜色变深，跛行，缺翅，表明这是劣质蜂王；如果脾上没有卵，而有自然王台，蜜蜂怠工，预示将要分蜂；如果子脾面积小，蜂群比其他蜂群发展慢，表明蜂王产卵力差，或产卵处于低潮。③检查蜜蜂和巢脾的关系：开副盖时，如果发现副盖上、隔板外、边脾上挤满了蜜蜂，表明蜜蜂多于巢脾，需要加脾；如果巢脾上蜜蜂稀少，隔板上没有蜜蜂，说明巢脾多于蜜蜂；如果隔板上蜜蜂多，而巢脾上蜜蜂少，则说明巢内温度高、湿度低，蜜蜂离脾。④检查箱内储蜜情况：开巢盖时，能够闻到蜜的香味，可以看到各巢脾上部有加高的白色蜜房盖，提起边脾，感到沉重，表明箱内蜜足；如果开箱后，蜜蜂表现出不安或惊慌，提脾感到轻，并且有蜜蜂掉落，说明箱内缺蜜；如果无病情，但子脾上蜂子不整齐，表明曾经缺过蜜；如果子脾有抛弃蜂子的现象，表明严重缺蜜。

（3）箱内局部抽查：通过检查巢内的部分巢脾，从而对蜂群内的某些状况做出判断。局部抽查省时省工，可减少对蜂群的惊扰，一般在气温较低或容易出现盗蜂时采用。

抽查内容：①查看边脾上有无储蜜，或隔板内侧第 2 个巢脾的上角部位有无封盖蜜，即可判断巢内有无饲料。②检查蜂王情况，从巢中央提出巢脾，若巢房内有直立的卵，则蜂王健在；若无卵又无虫，且工蜂不安地振翅，则巢内已失王。

③若蜂巢偏中部的封盖子脾整齐，幼虫丰满鲜亮，则蜂子发育正常；若幼虫干瘪或变色、变形、发臭，则发育不良或患病。④打开大盖，若见副盖或覆布下、隔板外、边脾上布满蜜蜂，表明需加脾扩巢；若隔板内侧第 2 巢脾的产卵圈达到边缘、有蜜蜂 80%～90%，且边脾为蜜脾，则应加脾；若边脾蜜蜂稀疏，应抽脾，缩小蜂巢；若巢脾上有新蜡，则表示蜂群有修造新脾的能力。

（4）蜂群检查注意事项：①穿、戴无异味，一旦被蜇，切勿惊慌，先用指甲反向刮掉螫针，再用清水或肥皂水将被蜇处洗净擦干即可。②盗蜂多的季节，少查或不查，或在早晚进行，并注意将糖汁、蜜汁水冲或土埋。③操作时应一短（时间短）、二直（提脾、放脾直上直下）、三防（防挡住巢门、防压死蜜蜂、防任意扑打蜜蜂）、四轻稳（提脾、放脾、揭盖、覆盖要轻稳）。④刚开始产卵的蜂王易惊飞。此时应停止检查，撤离，蜂王会在工蜂标识性气味的作用下返巢。⑤巢脾检查以后，必须按原位装回。装回时，注意蜂路，应保持在 8～9mm，插上隔板，轻轻地上下摇动副盖，催促蜜蜂离开箱沿；最后盖好箱盖。

2）蜂群的饲喂

当蜂群无法从外界获得足够食物时，或者为了促进蜂群繁殖、保证蜂群正常发展，需要对蜂群进行饲喂，包括奖励饲喂和补助饲喂。饲料主要有蜂蜜或糖浆、花粉、水和盐等，其中蜂蜜是蜜蜂的主要饲料，一个正常蜂群年消耗 70～100kg 蜂蜜。

（1）饲喂蜂蜜或糖浆：当巢内储蜜不足且外界蜜源缺乏时，应在短时间内给予蜂群大量的蜂蜜或糖浆，使蜂群备足饲料，即补助饲喂，多在越冬期和早春繁殖期进行。当巢内储蜜较足，但外界蜜源较差时，给予蜜蜂连续数日或隔日喂以少量的蜜汁，以造成外界有流蜜的错觉，促进蜂王产卵和工蜂育子，同时促进工蜂繁殖或生产王浆，即奖励饲喂，多在早春繁殖巢内储蜜较充足后、秋繁前、越冬饲料喂到 80%后、大流蜜期结束、粉足蜜差、产浆与脱粉时进行。

（2）饲喂花粉：花粉是蜜蜂蛋白质、脂肪、维生素和矿物质的自然来源。哺育 1 只蜜蜂需要 120mg 花粉，1 群蜂年消耗花粉达 20～30kg。蜂群缺乏花粉时，幼蜂的舌腺、脂肪体和其他器官发育不全；蜂王产卵减少甚至停产；幼虫发育不良甚至不能发育；成蜂会早衰，泌蜡和泌浆能力下降。饲喂花粉脾时，应把储备的花粉脾喷上少量稀薄蜜汁或糖水，直接加到蜂巢内供蜜蜂取食；或将少许蜜汁或糖浆与蜂花粉或其替代品用温水湿润，充分搅拌均匀做成饼状或条状，置于蜂巢框梁上喂食。

（3）饲喂水或盐类：一个中等蜂巢内有大量幼虫时，1 天需水 20～250mL。早春和冬季可在箱内喂水；春末到秋季可在蜂场内设置饲水器；转地时可在空脾上灌水，放在巢外供其饮用；越冬期饲水应于晴暖的中午在隔板外加装饲水器。在外界无蜜粉源时，可结合喂水给蜂群适当喂以盐分，即在糖浆中加入 1%的食盐。

3）巢脾的修造和保存

（1）巢脾的修造：蜂群本身有扩大蜂巢的本能，但为了扩大生产，在蜂群发展到一定群势后、外界有充足的蜜粉源时，人工造脾，加入蜂群，以增加蜂产品的产量。

（2）巢脾的保存：每张巢脾使用时间不超过 2 年或 3 年。巢脾从蜂群中撤出后，必须清洁并保存于洁净、干燥、密闭的仓库中；对患病或怀疑患病蜂群的巢脾，存放或重新使用前应进行严格消毒。

4）蜂群的合并和调整

为了保证蜂群正常、健康发展，必须根据蜂群的群势情况，如无王群、蜂王衰老而又无新王可供替代的蜂群、无法越冬的蜂群、不利于生产和繁殖的弱群，以及育王结束后的小交尾群，都应进行合并。合并时应注意不同蜂群有独特的群味，群味是合并蜂群的主要障碍。群味的成分很复杂，包括蜂王的气味、蜜粉源的气味、蜂箱和巢脾的气味等，所以应该选择适宜的时机，采用"弱入强，无王入有王，老王入新王"等原则。蜂群的调整主要是针对越冬后蜂群进行的，如采蜜期主副群的调整、内勤蜂的调整、巢脾中蜜粉脾和子脾的调整等。

5）人工分蜂

人工分蜂是蜂场有计划地增加蜂群数量的手段，也是防止自然分蜂的有效措施。根据外界条件，从一群或几群蜂中抽出部分蜜蜂、子脾、蜜粉脾，放入事先准备好的空巢箱中，再诱入王台或蜂王，组成一个新蜂群。

6）防止盗蜂

盗蜂是指工蜂进入别的蜂群盗取蜂蜜或储蜜场采集蜂蜜的行为。其攻击的对象是弱群、无王群、交尾群和病群等。被盗蜂巢内的储蜜可被盗光，工蜂大量死亡，蜂王被咬死，整个蜂群被毁灭。其主要原因有：外界缺乏蜜粉源、蜂群群势悬殊、中华蜜蜂和意大利蜜蜂同场饲养或蜂场相距较近、巢门过大或蜂箱裂缝较大、巢内储蜜不足或脾多蜂少、长时间开箱检查等。蜂农常采用以下方式防止盗蜂：缩小被盗蜂群巢门，用煤油、石炭酸等涂抹巢门，调换盗蜂群和被盗蜂群位置，把盗蜂群移走，远离原址，或囚禁盗蜂群蜂王等。

2.3.3.5　蜂群的四季管理

1）春季管理

春季管理的主要任务是延长越冬蜂群的寿命，加速蜂群繁殖，为春末夏初大流蜜期培育足量、健壮的工蜂。该阶段的管理包括：促进蜜蜂飞行排泄、检查蜂群、科学饲喂、适时扩巢、分蜂控制和病虫螨害防治等。

（1）促进蜜蜂飞行排泄：北方蜜蜂越冬期间不能随时排泄，应在早春蜜源植物开花前 20～30 天，选择晴暖无风、气温 8℃ 以上的天气，取下蜂箱上部保护物，打开箱盖，让阳光晒暖蜂巢促使蜜蜂飞行排泄。

（2）检查蜂群，控制病虫螨害：蜂群进入早春繁殖期，应选择晴暖天气全面检查，及时抽除多余空脾，加入粉脾，补充蜜脾，合并蜂群，并清理箱底死蜂、蜡屑，保持箱内清洁、干燥。检查蜂群时，抽出带蜂螨的子脾，集中治螨，并在原群中插入浸有药剂的片条；若检查发现其他疾病，应立即换箱、换脾，同时进行治疗和消毒，以免病害蔓延。

（3）加强蜂巢保温，注意除湿：紧缩蜂巢，密集群势，便于保温、产热；可用锯末或干草围着蜂箱左右箱壁和后箱壁，垫实箱底，再用干草等物填满箱内空隙处保温；适当调节巢门大小，有助于蜂巢保温。

（4）科学饲喂：早春蜂王开始产卵后，消耗的蜂蜜、花粉、水分和无机盐日益增多，应采取奖励饲喂和补助饲喂相结合的方式饲喂蜂群，同时用饲喂器在巢门或巢内喂水，并适当加喂食盐，以免外出采水蜂冻死。

（5）扩大卵圈，适时扩巢：早春蜂王产卵正常后，经过一段时间应采取子脾调头、调整和加脾扩巢等措施，以加速蜂群的繁殖与发展。若产卵圈被封盖蜜包围，应用快刀由内向外割开蜜盖，使蜜蜂把储蜜移到巢脾的边缘；若此时巢内蜂多于脾或蜂脾相称，应将子脾相间隔地调头调换，以扩大产卵圈。

（6）分蜂热及其解除方法：蜂群准备分蜂的表现即分蜂热。我国蜂群分蜂的时间，长江流域以南地区最早2～3月，一般4～5月；北方和东北地区最常见在5～6月。蜜蜂自然分蜂，一年大多数蜂群只分蜂一次，只有少数蜂群会分两次，但强群有时一年分蜂四五次之多。分蜂会给蜂农带来巨大的损失。当蜂巢内出现封盖王台、蜂王腹部缩小，甚至停止产卵的现象，即为分蜂群准备分蜂的前兆，可利用强弱蜂群互换箱位、更换新王及调入卵虫脾或空脾的方法解除分蜂热。

2）夏季管理

（1）蜂群平衡发展：春季新分群、繁殖群，一律组成4框以上的双王群繁殖；不足4框的弱群，要"以强助弱"，每6天自强群中抽一框封盖子脾补充，使所有的繁殖群、新分群在大流蜜期均能以继箱强群投放生产。

（2）流蜜期管理：在流蜜期开始后，双王群要扣一王在继箱上，抽掉中隔板，用单王生产，控制蜂王产卵。夏季气温高，应将蜂群置阴凉、通风处或搭凉棚遮阴，或在巢箱的纱盖上加空继箱避免太阳直晒，扩大散热空间；除去覆盖布、草帘、巢门档，打开箱盖侧条，加强通风散热。

（3）流蜜后期管理：巢、继箱间恢复调脾，蜂路调至12mm，蜂场转地采集花粉，继续产浆脱粉；进蜜差或缺蜜时，根据存蜜情况用1:2的糖水，每群每晚奖励饲喂白糖0.2～0.3kg。

（4）蜂群的越夏管理：①越夏前的准备工作：更换老劣王，培育越夏蜂；保证充足饲料；整理蜂巢，调整群势；及时防除病虫螨害。②越夏管理：除控制蜂箱温度外，越夏期间还要减少开箱次数，全面检查宜在早晚进行，以减少干扰和预防盗蜂。要经常巡视蜂场，防止胡蜂和蚂蚁袭击。垫高蜂箱以防止蛙类吞食蜜蜂。经常清除箱底杂物，防止滋生巢虫。当蜂群内断子和封盖子少时，用杀螨剂治 2 次，同时注意防止蜂群农药中毒，防止水淹蜂箱。

3）秋季管理

（1）适期秋繁：蜂群越夏度秋后，产浆群群势仅维持在 10 框左右，则要利用外界蜜源，及时调脾、加脾，做到蜂脾相称。

（2）缺粉、缺蜜期管理：外界缺蜜时，应用 1∶1 的糖水奖励饲喂；产浆群保持 1～2 张大蜜脾，若饲料不足，先用 2∶1 的浓糖水迅速补足，再进行奖励饲喂；群内缺粉时，应及时补充饲喂花粉或人工花粉。

（3）流蜜期管理：进入秋季流蜜期，控制子脾间蜂路 10mm，蜜粉脾间 12mm，边繁殖、边取浆、边脱粉、边取蜜；在最后蜜源结束前 10 天，要扣王断子，扣王后 9 天内，每 3 天检查 1 次，除去急造王台。

（4）流蜜后期管理：外界流蜜期结束时，严防盗蜂；对饲料不足的蜂群，及时用 2∶1 的浓糖水喂数晚，每框蜂备足 1～1.5kg 饲料。

（5）培育适龄越冬蜂：适龄越冬蜂是羽化出房后尚未参加过采集和哺育工作，但已经过排泄飞行的蜜蜂。培育越冬蜂群应在防治蜂螨后，蜂场周围有较丰富的蜜粉源植物时进行。秋末，将不能安全越冬的弱小群合并，结合淘汰老劣蜂王，调整群势。控制蜂王产卵，早断子，一般要比正常断子提前 15～20 天，大多在"秋分"后断小子，"霜降"前后断老子，以保持充足的越冬蜂，并节省饲料。

（6）留足越冬饲料：在最后一个大流蜜期，要留足蜂群的越冬饲料，选留巢框结实、蜂蜜储满、无雄蜂房、繁殖过数代、重为 2～3kg 的封盖蜜脾，存放于室内空继箱内。北方越冬蜂群每框蜂需留 1 个整蜜脾，严寒地区留 1.5 个，冬季转地到南方的留 0.5～1 个。将未封盖蜜脾放在蜂巢外侧，巢脾间距 8～9mm 可促使蜜蜂及时封盖。如所留蜜脾不足，则必须在 9 月中旬（高寒地区）或 9 月下旬到 10 月上旬补喂。补喂须在 3～5 天内喂足喂完，以免发生盗蜂。补喂蜂蜜时可加水约 10%，补饲白糖则加水约 30%，以减轻蜜蜂酿蜜的负担。

4）冬季管理

（1）越冬场地选择：室外越冬场地可选择背风、向阳、干燥、安静、卫生、有足够阳光照射蜂箱的僻静处。室内越冬场所应是隔热性能良好、室内空气畅通、温度和湿度稳定、黑暗安静之处。

（2）合理布置越冬蜂巢：越冬蜂巢宜在早晚蜂群结团时进行布置。蜂数不足 4 框的半蜜脾要放在闸板的两侧，大蜜脾放在半蜜脾的外侧，以双群同箱饲养越冬。5 框以上的蜂群，可以单群平箱越冬，蜂巢中间放半蜜脾、两侧放整蜜脾。布置越冬蜂巢时，群势较弱的蜂群要蜂脾相称或蜂略多于脾；强群则蜂少于脾，以利于蜂团随气温的升降而伸缩。

（3）室外越冬的蜂群管理：冬季最低气温低于−20℃的高寒地区，如在室外越冬，蜂箱上下和周边可用帆布包围覆盖，贴地面要铺一层旧麻袋，箱顶覆盖小草垫或麻袋片，巢门缩小 1～2cm。40 群以下按双层双列巢门相对放置，40～80 群按三层三列、边列巢门向内放置，180 群以上可采用四层三列式摆放，列间过道为 50cm，以利于通风。夜间温度−5～−15℃时，帆布仅盖箱顶；夜间温度−15～−20℃时，放下周围帆布；−20℃以下时四周用帆布覆盖严实，并用重物压牢；帆布内气温高于−5℃时要进行通风。春季气温渐高后注意散热，及时撤除覆盖物。

冬季气温高于−20℃的地区，可用锯末、干草、秸秆把蜂箱的两侧、后面和箱底包围、垫实，副盖上盖草帘，箱内空间大时应缩小巢门，箱内空间小时放大巢门。

中原地区立冬后，在蜂箱四周和上部覆盖较厚的玉米秆，开大巢门，撩起覆布一角；5～7 天让蜜蜂排泄。气温达−5℃时，去掉覆盖物检查蜂群，撤回食料不足的边脾，换上蜜脾，使蜂脾相称。

（4）室内越冬的蜂群管理：东北和西北等严寒地区为节省饲料，把蜂群放在室内，以地下、半地下和地上等形式越冬。越冬室高约 240cm，宽度约 270cm 和 500cm 两种，可单排放置或并排放置；墙厚 30～50cm，保温性能好，温差小，可防雨雪和调节湿度、光线，同时设有进气孔和出气孔。

蜂群入室前室内要灭鼠，并驱杀蜂场与越冬室周围的老鼠。入室时间选在水面结冰、阴处冻结不融化时。越冬蜂箱距墙 20cm 排列，放在 40～50cm 高的支架上；支架可叠放继箱 2 层，巢箱 3 层；强群在下，弱群在上；成行排列并留 80cm 通道；巢口留通道，便于管理。入室初期室内要黑暗、通风，开大蜂箱巢门，撩起覆布，中午温度高时搬出室外进行排泄，检查蜂群，抽出多余巢脾，留足蜜脾。

2.3.3.6 蜂群的病虫螨害及其防治

蜜蜂的病害包括由病毒、细菌、真菌及原虫引起的传染性病害，以及由饲料、气候和毒物等不良环境引起的非传染性病害。蜜蜂的虫、螨害包括直接捕杀蜜蜂或骚扰危害蜜蜂的有害昆虫和有害螨类（如蜡螟、胡蜂、蚂蚁、蜂螨等）。

1）蜜蜂病毒病

A. 蜜蜂囊状幼虫病

（1）病原：蜜蜂囊状幼虫病由囊状幼虫病毒（sacbrood virus，SBV）侵染幼虫并传染所致。西方蜜蜂感染后常可治愈；东方蜜蜂抗性较弱，感染后常造成严重损失。该病南方多发生于 2～4 月和 11～12 月，北方多发生于 5～6 月。

（2）症状：封盖后 3～4 天的前蛹期发病，感病成蜂不表现任何症状。初期脾面呈现卵、大幼虫、小幼虫和封盖子排列不规则现象，即"花子症状"。病情严重时，患病幼虫死于封盖之后，死幼虫囊状，尖头，头部上翘，白色，无臭味，无黏性，表皮增厚，逐渐由乳白色变成褐色，最后呈棕褐色干片，易清除。

（3）防治：选育抗病蜂种，加强饲养管理。药物治疗：用蜂王笼将蜂王关闭10 多天，等清除死蜂后，在傍晚将碘酊加水配成 1%～3% 的溶液，再加少量白糖配成稀糖液喷脾防治；或每 10 框蜂用 0.1g 盐酸金刚烷胺粉末或用 0.1g 吗啉胍调入 300～500mL 糖浆或 100～150g 的湿花粉喂蜂，每日 1 次，连喂 5～7 次后停药4～5 天，再喂 5～7 次；用同样药物饲喂与病蜂有密切接触的蜂群，每 2 天喂 1次，连喂 3 次；被污染的蜂箱、蜂具及衣物均要严格消毒。

B. 蜜蜂慢性麻痹病

（1）病原：蜜蜂慢性麻痹病由慢性麻痹病病毒（chronic paralysis virus，CPV）侵染成蜂并传染所致。该病传染性强，春、秋季为发病高峰期，发病时间由南向北、由东向西逐渐推迟。

（2）症状：早春或晚秋群势较弱时，症状以大肚型为主，病蜂身体和翅颤抖不停，腹部膨大，蜜囊充满液体，不能飞翔，翅和足伸展呈麻痹状态，缓慢爬行于蜂箱周围或集中于巢脾框梁或蜂箱底部。夏、秋季群势较强时，症状以黑蜂型为主，病蜂体瘦小，体表绒毛脱落，腹部末节黝黑发亮，翅常缺损，身体和翅颤抖，失去飞翔能力，不久衰竭而死。

（3）防治：选育抗病蜂种，及时更换病蜂王，加强饲养管理，及时驱杀病蜂、清除死蜂，并治理螨害等。药物治疗：每群可用 4～5g 升华硫，撒在蜂路、巢框上梁和箱底，每周 1～2 次；或每 10 框蜂用盐酸金刚烷胺 0.05g/次，调糖浆配制后喂蜂或喷脾，每 2 天喷 1 次，连用 5～6 次。

2）蜜蜂细菌病

A. 蜜蜂美洲幼虫腐臭病

（1）病原：蜜蜂美洲幼虫腐臭病由幼虫芽孢杆菌 *Bacillus larvae* 侵染蜜蜂幼虫并传染所致。中蜂对此病具抗性，西蜂易感此病。常年均可发病，夏、秋高温季节流行。

（2）症状：1～2 日龄幼虫感病后至 4～5 日龄发病，感病幼虫多在封盖后 3～4 天（前蛹期）死亡，蛹期死亡的虫体部分已腐烂，但口喙朝巢房口前伸，形如舌状。病虫体色由正常的珍珠白色变黄色、淡褐色、褐色直到黑褐色。病脾封盖子蜡盖下陷，颜色加深呈湿润状，有的穿孔。烂虫有腥臭味，具黏性，用镊子或竹签可拉出长细丝；干尸呈黑色鳞片状，紧贴于巢房壁上不易清除。发病严重时，蜂群出现"见子不见蜂"现象。

（3）防治：选育抗病蜂种，加强检疫，禁止病群流动，对患病蜂群及时隔离、就地治疗，及时对蜂具进行彻底消毒等；重病群，换箱换脾，换下的蜂箱严格消毒，换下的蜂脾烧毁处理；轻病群，换下的蜂脾用 0.1% 新洁尔灭消毒。药物治疗：按每 10 框蜂用红霉素 0.05g，加 250mL 50% 糖水喂蜂，或用 250mL 25% 糖水喷脾，每 2 天喷 1 次，连续喷 5～7 次；或用盐酸土霉素可溶性粉 200mg，加 1∶1 的糖水 250mL 喂蜂，每 4～5 天喂 1 次，连喂 3 次。采蜜前 6 周停药。

B. 蜜蜂欧洲幼虫腐臭病

（1）病原：蜜蜂欧洲幼虫腐臭病由蜂房球菌 *Melissococcus pluton* 侵染蜜蜂幼虫并传染所致。中蜂普遍发生，西蜂中也有发生。南方 3 月初至 4 月中旬的春繁期、8 月下旬至 10 月初的秋繁期发病。

（2）症状：1～2 日龄幼虫感病后至 3～4 日龄未封盖时死亡。患病幼虫无光泽，卷曲，浮肿发黄，体节逐渐消失或紧缩于巢房底，或虫体两端伸向巢房口。烂虫具黏性和酸臭味，但不能拉丝，易清除。由于幼虫大量死亡，巢脾上"花子现象"明显；严重时，巢内无封盖子，幼虫全部腐烂发臭，蜜蜂离脾飞逃，蜂群出现"见子不见封"现象。

（3）防治：选育抗病蜂种，加强饲养管理；若蜂多于脾，则供给充足饲料，还要及时对病群换出的蜂具进行彻底消毒。药物治疗：每 10 框蜂用红霉素 0.25g 或先锋霉素粉末，加到 300～500mL 糖浆或 80～100g 湿花粉中混匀，每天喂 1 次，连续喂 5 天。采蜜前 6 周停药。

C. 蜜蜂败血病

（1）病原：蜜蜂败血病由蜜蜂假单胞菌 *Pseudomonas apiseptica* 侵染成年西方蜜蜂并传染所致，多发生于春季和夏季。

（2）症状：病蜂烦躁不安，拒食，爬出巢外无力飞翔，最后抽搐而死。死蜂迅速腐败，肢体关节处分离。病蜂血淋巴浓稠，变为乳白色。

（3）防治：防止蜜蜂采集污水是主要预防手段，蜂场应选在高燥、向阳、通风处，场地用 5%漂白粉液泼浇地面消毒。药物治疗：每 10 框蜂用 0.25g 土霉素或 0.1g 诺氟沙星粉末，加到 500mL 糖浆中混匀喂蜂，每日 1 次，连续喂 5～7 天。采蜜前 6 周停药。

D. 蜜蜂副伤寒病

（1）病原：蜜蜂副伤寒病由副伤寒杆菌 *Bacterium paratyphosum* 侵染成年西方蜜蜂并传染所致，多发生于冬末。

（2）症状：病蜂外表无特殊症状，表现腹胀、行动迟缓、不能飞翔、下痢。取病蜂消化道观察，可见中肠灰白色，中肠和后肠膨大，后肠积满棕黄色粪便。

（3）防治：采用优质饲料，蜂场应选在高燥、向阳、通风、有清洁水源处，晴暖天气促蜂飞翔、排泄等可预防该病。药物治疗可参考蜜蜂败血病。

3）蜜蜂真菌病

蜜蜂真菌病主要有蜜蜂白垩病。

（1）病原：蜜蜂白垩病由蜜蜂球囊菌 *Ascosphaera apis* 侵染蜜蜂幼虫并传染所致，仅危害西方蜜蜂，多发生于春末夏初。

（2）症状：蜜蜂球囊菌子囊孢子被 3～4 日龄幼虫摄入后，进入中肠，孢子萌发，3 天后病虫体表长出菌丝体，病虫软塌，后变硬呈白色块状，幼虫在封盖后的前 2 天或前蛹期死亡。待长出子实体后，虫尸体暗灰色或具黑色斑块，或黑绿色，易从巢房中取出。房盖常被工蜂咬开，巢门前能找到块状干尸。开箱检查时，如见子脾不整齐，卵、幼虫及蛹同存，巢房内有白色块状物，即为蜜蜂白垩病。

（3）防治：选育抗病蜂王；蜂场应选在高燥、通风处；不饲喂带菌花粉，可喂茶花粉预防该病；及时防治蜂螨，减少传播源；一旦发病，应立即用 10%漂白粉液对地面、蜂箱、巢脾和蜂体消毒，或地面撒布石灰粉后洒水；或每天用 0.1%～0.2%新洁尔灭喷蜂箱内及巢脾，至蜂体蒙上一层薄雾为止。药物治疗：按每 10 框峰每次用制霉菌素 200mg，加入 250mL 50%糖水中饲喂，每 3 天喂 1 次，连喂 5 次；或用制霉菌素（1 片/10 框）碾粉掺入花粉饲喂病群，连续 7 天。采蜜前 6 周停药。

4）蜜蜂原虫病

A. 蜜蜂微孢子虫病

（1）病原：蜜蜂微孢子虫病由蜜蜂微孢子虫 *Nosema apis* 侵染成年蜂并传染所致。

（2）症状：病蜂初期无明显症状，但行动迟缓，萎靡不振；后期腹部瘦小，两翅散开，失去飞行能力；腹部末端呈暗黑色；死蜂吻不伸出。病蜂中肠灰白色、环纹模糊、失去弹性，将中肠置于 400～600 倍显微镜下，可见长椭圆形、淡蓝色孢子，即可确诊。

（3）防治：注意培育健壮适龄越冬蜂，常检查蜂群，发现可疑症状应及时采取措施；采用优质饲料，蜂场应选高燥、向阳、通风处；晴暖天气促蜂飞翔、排泄等可预防该病。一旦发病，可在每 1000g 糖浆中加 1g 柠檬酸或 3～4mL 食醋，每 10 框蜂每次喂 500g，每 3～4 天喂 1 次，连续喂 4～5 次。

B. 蜜蜂阿米巴病

（1）病原：蜜蜂阿米巴病由蜜蜂马氏管变形虫 *Malpighamoeba mellificae* 侵染成蜂并传染所致，中蜂和西蜂均受害。该病常与蜜蜂微孢子虫病并发，多发生于 4～5 月。

（2）症状：病蜂腹部膨大，偶见下痢症状，无力飞行。拉出中肠，可见末端变为红褐色；显微镜下的马氏管变肿胀、透明；后肠膨大，积满大量黄色粪便。

（3）防治：采用优质饲料，蜂场放置清洁饮水，可预防此病。药物治疗可参照蜜蜂微孢子虫病。

5）蜜蜂螺原体病

（1）病原：蜜蜂螺原体病由蜜蜂螺原体 *Spiroplasma melliferum* 侵染成年蜂

并传染所致。该病由南向北随蜜源植物开花而逐渐北移，江苏、浙江 4～5 月为发病高峰期，油菜花结束后病情趋于好转；华北地区 6～7 月的刺槐和荆条花期为发病高峰期，尤以刺槐花后期严重。

（2）症状：主要危害青壮年蜂，病蜂在蜂箱周围爬行、不能飞翔，或三五成堆聚于土凹或草丛里，或双翅展开、吻吐出，似中毒症状，但病蜂不旋转翻跟斗。将病蜂研磨后，取离心后的上清液于 1500 倍显微镜下观察，如有大量螺旋状、运动的菌体，即可确诊为该病。

（3）防治：加强饲养管理、增强蜂群的体质，提高蜂群自身的抗病力最为重要。一旦发病，按每 10 框蜂用 0.1g 红霉素或 0.05g 诺氟沙星粉末，调入 500mL 糖浆中喂蜂，1 次/天，连续 5～7 天。被药物污染的蜂蜜应在喂药结束后 15 天内摇出留作饲料，或作为工业酒精原料，不得流入食品市场。

6）蜜蜂的螨害

危害蜜蜂的螨类主要有狄斯瓦螨（大蜂螨）*Varroa destructor*、梅氏热厉螨（小蜂螨）*Tropilaelaps clareae* 和武氏蜂盾螨 *Acarapis woodi*。其中，武氏蜂盾螨为对外检疫对象，在许多国家已普遍发生，我国尚未发现。

A. 狄斯瓦螨（大蜂螨）

（1）形态特征：卵乳白色，卵圆形，0.6mm×0.43mm，初产即可见拳状的 4 对肢芽。前若螨近圆形，乳白色，刚毛稀疏，4 对附肢粗壮。后若螨横椭圆形，体背具褐色斑纹。雄成螨体呈卵圆形，0.88mm×0.72mm，导精管明显。雌成螨长 1.11～1.17mm，宽 1.60～1.77mm，横椭圆形，深红棕色。

（2）生物学特性：大蜂螨完成 1 个世代必须寄生于蜜蜂的封盖幼虫和蛹体内，其生活史分为体外寄生期和蜂房内繁殖期。大蜂螨由蜜蜂接触而传播，主要危害西方蜜蜂，东方蜜蜂虽被寄生但不造成危害。

（3）危害：被寄生的成年蜂体质衰弱，烦躁不安，体重减轻，寿命缩短。幼虫受害后发育不正常，出房的蜜蜂翅残、畸形，失去飞翔能力，四处乱爬。受害蜂群哺育力和采集力下降，成年蜂减少，群势下降，直至全群死亡。若发现蜂箱前有翅残缺的幼蜂，应开箱检查若干较稚嫩的工蜂腹部两侧是否有大蜂螨寄生，再挑取若干封盖子观察，蛹体内若有大蜂螨寄生，即可诊断为大蜂螨危害。

（4）防治：大蜂螨防治应在断子期进行，平时若蜂螨寄生率较高，要人为制造断子期，此时大蜂螨暴露在蜂体和巢脾上，易于有效扑灭。气温 16℃以上时，可用 2%的草酸水溶液直接提脾喷于蜂体两侧，每脾喷 10～12mL，螨害严重的，12 天后再喷治 1 次即可。草酸对皮肤和黏膜有强烈的刺激作用，操作时要注意防护，喷药后用肥皂水或稀苏打水清洗皮肤。非断子期，可将浸渍有氟胺氰菊酯（螨扑）药液的木片或塑料片插入箱内第 2 个蜂路中，强群 2 片，弱群 1 片，保持 3 周为一个疗程。螨扑药效长，能将陆续出房的螨类相继杀灭。

B. 梅氏热厉螨（小蜂螨）

（1）形态特征：卵近圆形，0.66mm×0.54mm，似紧握的拳头。幼螨椭圆形，白色，3 对足。若螨足 4 对。前若螨椭圆形，乳白色，0.54mm×0.38mm，体背刚毛细小。后若螨卵圆形，0.90mm×0.61mm。雄成螨卵圆形，0.92mm×0.49mm，淡棕色。雌成螨 0.97mm×0.49mm，浅褐色，导精趾狭长而卷曲。

（2）生物学特性：小蜂螨主要寄生在子脾上，完成 1 个世代经历卵、幼螨、若螨和成螨 4 个虫态。世代历期短，仅 6 天，新成螨常咬破房盖爬出，转房繁殖危害，造成严重烂子现象，甚至导致全群消亡。小蜂螨由蜜蜂接触而传播，可寄生东方蜜蜂、西方蜜蜂、大蜜蜂、黑色大蜜蜂和小蜜蜂等。

（3）危害：小蜂螨危害封盖后的老幼虫和蛹，使幼虫无法化蛹或蛹体腐烂于巢房；出房的幼蜂翅残而不全；受害幼虫乳白色或浅黄色，表皮破裂，组织溶解，但无特殊臭味。

（4）防治：将升华硫均匀地撒在蜂路和框梁上，或直接涂抹于封盖子脾上，或在升华硫中掺入适量的细玉米粉或滑石粉撒施。每 10 框蜂用 3g 升华硫，每 5～7 天用药 1 次，连续用 3～4 次。也可同时使用升华硫与螨扑，共同防治小蜂螨和大蜂螨。注意用药适量，撒抹应均匀，以免蜜蜂中毒。

7）蜜蜂的虫害

危害蜜蜂的有害昆虫主要有蜡螟、胡蜂、蚂蚁等。

A. 蜡螟

蜡螟属于鳞翅目螟蛾科 Pyralidae，包括大蜡螟 *Galleria mellonella* 和小蜡螟 *Achroia grisella* 两种，是世界性养蜂害虫。

（1）危害：蜡螟幼虫称为巢虫，可潜入巢脾取食蜂蜡，伤害蜜蜂幼虫和蛹。蛹被害后工蜂即打开房盖，清除白头死蛹。东方蜜蜂有咬脾的习性，箱底常堆有蜡屑，易招引蜡螟产卵危害；西方蜜蜂受害较轻。

（2）防治：加强饲养管理，保持强群；及时清洁蜂箱，防止蜡螟幼虫滋生。蜡螟幼虫喜食旧巢脾，应及时造新脾换旧脾，及时清除蜂箱内的蜡屑并修补箱内缝隙；旧脾及时化蜡处理，铲除蜡螟滋生环境；发现被巢虫侵害的巢脾，可先清除白头蛹，再将房底的蜡螟幼虫挑杀；若为空脾，可将巢脾浸于凉水中淹死巢虫，或在烈日下暴晒杀死巢虫。

B. 胡蜂

危害蜜蜂的胡蜂主要有金环胡蜂 *Vespa mandarinia*、黑胸胡蜂 *V. velutina nigrithorax*、基胡蜂 *V. basalis*、黑尾胡蜂 *V. ducalis* 和黄腰胡蜂 *V. affinis*。

（1）危害：胡蜂在南方 4～5 月开始捕食蜜蜂，8～10 月是危害高峰期，常造成蜜蜂越夏困难；山区蜜蜂受害较重。胡蜂常在蜂箱前 1～2m 处飞行，伺机抓捕正在飞行中的蜜蜂；或伺机上巢门口直接咬杀蜜蜂，甚至攻进蜂群捕食，造成全群飞逃。

（2）防治：捣毁蜂场附近的胡蜂巢，捉打来犯胡蜂，尤其注意扑打第 1 只来犯胡蜂；或将捕捉到的胡蜂敷药后放其回巢，污染其巢穴，毒杀其余胡蜂。药剂毒杀胡蜂时，可选用敌百虫、对硫磷等有机磷粉剂。将 1g 农药粉剂放入广口瓶内，同时将网捕胡蜂诱入瓶中、盖上瓶盖，待其沾满药粉后打开瓶盖放飞。

C. 蚂蚁

攻击蜜蜂的常见蚂蚁种类有大黑蚁 *Camponotus japonicus* 和棕黄色家蚁 *Monomorium pharaonis*。

（1）危害：害蚁常由蜂箱裂缝或弱群巢门侵入箱内，盗食或搬运蜂蜜、花粉和蜡屑，有的在箱盖上或蜂箱内营巢等扰乱蜂群的生活，导致蜂群群势削弱，或弃巢飞逃。

（2）防治：可采用驱避、引诱或药物毒杀等方法。用明矾或硫黄粉及经微火烘烤过的鸡蛋壳粉撒在蚁路上和蜂箱周围，可驱避蚂蚁，促其举巢搬迁。将垫高蜂箱的蜂箱架 4 条腿插在水碗中（经常保持碗中有水），在水面上滴几滴柴油或煤油，可以预防蚂蚁上箱危害。用硼砂 60g、白糖 400g、蜂蜜 100g 充分溶于 1000mL 水中后，分装于小碟内，置于蚂蚁经常出没的地方可诱杀之；或将灭蚁灵（十二氯五环癸烷）毒饵撒在蚁路上，害蚁将其拖回巢中共同食用时，可导致全巢蚂蚁产生慢性胃中毒而死。

2.3.4 西方蜜蜂的产品及其营养成分

蜜蜂产品简称蜂产品，目前作为商品的可分为三类：第一类，蜜蜂采集获得的产品，有蜂蜜、蜂花粉、蜂胶，其特点是不同程度地保留着自然界原料的原有成分和性质；第二类，蜜蜂腺体分泌的产品，有蜂王浆、蜂蜡、蜂毒，这些是工蜂特有腺体的分泌物，各具独特的成分和特性；第三类，蜜蜂生长发育的产品，有蜂蛹、蜂幼虫、蜂尸。

2.3.4.1 蜂蜜

1）蜂蜜的酿制

（1）采集花蜜：蜜蜂采集 1kg 花蜜，需要采回 12 万～15 万囊的花蜜，飞行 36 万～45 万 km。蜜蜂的蜜囊一般能容纳 40mg 花蜜，最多时可容纳 70mg，大约要采集几百朵花才能装满。如果花多或花上的花蜜也多，那么蜜蜂只要在 2km 范围内就能采满蜜囊；如果蜜源缺少，要飞出 3～4km，甚至 8km，还不一定能采满蜜囊。当蜜蜂采够花蜜后，就会以 20～24km 的时速飞回蜂巢。

（2）酿造蜂蜜（图 2-13）：采够花蜜的蜜蜂飞回巢后，收缩蜜囊，从口中吐出花蜜，分散到巢箱上部的空巢房里。采回的花蜜，其中的糖分主要是蔗糖，水分含量高达 80% 左右。为了促进水分蒸发，蜜蜂到巢门口扇风，加强空气流通；

蜜蜂甚至会把蜜珠挂在喙上，使花蜜尽快浓缩；同时，在蜜蜂唾液中转化酶的作用下，花蜜中的蔗糖、多糖就会逐渐水解成葡萄糖和果糖。通常酿造过程需要 7 天的时间，水分才能减少到 20%以下，双糖才能充分转化为单糖，这时蜂蜜就酿好了。

（3）储存蜂蜜：蜜蜂把酿好的蜂蜜集中到巢房中，大约装到九成满时，巢房口被封上一层不透气的蜡盖，蜂蜜就被保存起来，可留到断蜜期食用（图 2-14、图 2-15）。

图 2-13　蜜蜂在酿蜜

图 2-14　蜜蜂在储蜜

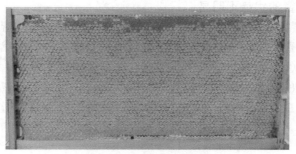

图 2-15　储存的封盖蜜

图 2-16　巢蜜（封盖蜜）

2）蜂蜜的种类

（1）根据生产方式分为巢蜜和分离蜜：①巢蜜（又称封盖蜜、格子蜜）（图 2-16）指利用蜜蜂的生物学特性，在规格化的蜂巢中，蜜蜂经过 7 天左右酿制成熟并封上蜡盖的连巢带蜜的蜂蜜块。巢蜜既具有分离蜜的功效，又具有蜂巢的特性。由于巢蜜未经人为加工，不易掺杂作假和污染，较分离蜜酶值含量高，还含有蜂蜡、生物蜂胶等天然营养成分，而羟甲基糠醛、重金属含量低，比分离蜜的营养成分和活性物质更丰富，堪称蜜中之极品。②分离蜜（又称离心蜜、机蜜或压榨蜜）（图 2-17）指把蜜蜂经过 7 天左右酿制并封上蜡盖的成熟蜜蜜脾取出，置于摇蜜机中，通过离心力的作用摇出并过滤的蜂蜜；或用压榨巢脾的方法，从蜜脾中分离出来并过滤的蜂蜜。

图 2-17　成熟蜜蜜脾（左）及采集分离蜜（右）

（2）根据蜜源植物分为单花蜜和杂花蜜：①单花蜜指主要来源于同一蜜源植物，根据蜜源植物的不同分为以某一植物花期为主的各种单花蜜，如椴树蜜、槐花蜜、荔枝蜜等。②杂花蜜（百花蜜）指在多种植物同时开花期间而采到的花蜜，其中单一植物花蜜的优势不明显。

（3）根据蜜源来源分为天然蜜、甘露蜜和蜜露蜜：①天然蜜指蜜蜂采集植物花蜜酿造而成的蜜，来源于植物的花内蜜腺或花外蜜腺，通常我们所说的蜂蜜指的就是天然蜜。②甘露蜜指蜜蜂采集植物甘露，即植物的嫩枝、幼叶或花蕾等表皮渗出像露水似的含糖甜液，并将其酿制成的蜜。③蜜露蜜指蜜蜂采集的蜜露，即刺吸式口器昆虫（如蚜虫、介壳虫、木虱、蝉等）吸食某些植物芽、幼枝、幼叶、花的汁液后，通过其体内特殊过滤器官排出体外的含糖甜味物质，并将其酿制成的蜜。

（4）根据物理状态分为液态蜜和结晶蜜：蜂蜜在常温、常压下，具有两种不同的物理状态，即液态和结晶态。一般情况下，刚分离出来的蜂蜜都是液态的，澄清透明、流动性良好；经过一段时间放置以后或在低温下，大多数蜂蜜形成固态的结晶。

3）蜂蜜的营养成分

蜂蜜的主要成分如下：总糖含量 70%～80%，其中葡萄糖、果糖占总糖的 80%～90%；含有丰富的 B 族维生素及维生素 A、维生素 C 等其他维生素；含有铁、铜、钾、钠、锰、镁、磷、钙等矿物质元素；含赖氨酸、组氨酸、精氨酸、天冬氨酸等十几种氨基酸；每 100g 蜂蜜中含乙酸胆碱 1200～1500μg。因此，食用蜂蜜能消除疲劳、振奋精神、增强体力。

2.3.4.2 蜂花粉

蜂花粉（图 2-18）是蜜蜂从被子植物雄蕊花药和裸子植物小孢子叶上的小孢子囊内采集的花粉粒，经蜜蜂加工而成的花粉团状物。蜂花粉生产蜂群必须是有王群，且蜂王产卵能力要强，能长期保持群内有较多的幼虫，以刺激工蜂采集花粉。在采集花粉前 45 天，应开始培育大量的适龄采

图 2-18　蜂花粉

集蜂。在蜂群活动季节，只要外界有花粉源，蜜蜂都会采集花粉。

1）蜂花粉的收集与加工

当外界花粉源充足、群势强大时，工蜂采回花粉团经过巢门，即可用脱粉器截留下花粉（图 2-19），每天坚持采收花粉 2～3h，同时保持蜂箱前壁清洁，以免杂物污染花粉团。新鲜花粉团含水量常在 15%～40%，容易发霉、发酵，且质地疏松，容易散团，应及时进行干燥处理，使其含水量降到 5% 以下，并经消毒灭菌后密封储存即可。

图 2-19　蜂花粉的收集

2）蜂花粉的营养成分

蜂花粉含蛋白质 15%～20%，几乎含有人类迄今发现的所有氨基酸，部分以游离形式存在，能直接被人体所吸收；碳水化合物主要是葡萄糖、果糖、蔗糖、淀粉、糊精、半纤维素、纤维素等；含类脂约 9.2%；含有丰富的维生素、矿物质和微量元素；含有 80 多种对摄入人体的营养成分有促进分解和重新合成作用的酶类；核酸含量达 21.2mg/g，是富含核酸的鸡肝和虾米含量的 5～10 倍；还含有丰富的黄酮类化合物、多种有机酸等。

2.3.4.3 蜂蛹

1）蜂蛹营养成分

新鲜雄蜂蛹蛋白质含量为 20.3%，脂肪为 7.5%，碳水化合物为 19.5%，灰分为 9.5%，微量元素为 0.5%，水分为 47.7%，此外氨基酸和维生素含量也很丰富。

2）蜂蛹食品

（1）蜂蛹蜜酒：1kg 雄蜂蛹加入 50°～60°白酒 5kg，密封浸泡 1 个月，过滤后在滤液内加蜂蜜调味装瓶。

（2）蜂蛹甜奶：将冷冻后的雄蜂蛹解冻，用搅拌机打成浆，过滤后加入果汁、蜜水、香精等配成奶饮料。

（3）蜂蛹饮料：将蜂巢中的鲜活蜂蛹取出放在茶杯中（约 1/3 杯），捣碎，加入冰块或冰水搅匀即可饮用，口味类似蜂王浆。

（4）其他制品：日本有老人酥点心、蜂子罐头；美国有虫蛹饼干；罗马尼亚用蜂王胎制成的蜂胎灵、强化蜂蜜维生素、尼古丁制止剂、补胎蜂蜜、蜂胎生精素等保健食品。

3）蜂蛹菜品

（1）油炸蜂蛹（图 2-20）：将鲜活蜂蛹放在干面粉中滚拌，待蛹体均匀裹上一层面粉后，放入滚热油锅中炸，稍停即可捞出，蘸胡椒盐食用，味道极佳。

（2）干炒蜂蛹：将蜂蛹放入干锅中，干炒至焦黄后即可食用。常吃这些食品，可使人振奋精神，消除疲劳，增加食欲，益智安神。

图 2-20　油炸蜂蛹

（3）蜂蛹炒蒜薹：把蒜薹与黄豆芽洗净，蒜薹切段；锅内加入适量清水煮沸，然后倒入已经准备好的蜂蛹，烫一下捞出来沥干；锅里水倒掉，热锅，然后加入适量花生油；当油温达到一定程度时，把已经沥干的蜂蛹倒入锅里，炒出香味；放入蒜薹，继续炒 2～3min，放入豆芽，加入适量食盐，等炒熟时，加入适量味精，翻炒均匀就可以食用了。

（4）蜂蛹花生羹：油温烧至七成热时，将蜂蛹放入油锅小火炸 1min 至颜色金黄；炸熟的花生去皮，剁成碎粒，西芹洗净切碎；净锅上火加入清汤，烧开后放入花生碎粒、葱姜末、西芹丁、盐、鸡精、味精、料酒等调料调味，然后用淀粉勾芡，出锅前均匀倒入蛋清，最后撒上炸好的蜂蛹即可。

2.3.4.4 蜂王浆

1）蜂王浆营养成分

蜂王浆是一类成分相当复杂的蜂产品，随着蜜蜂种类、季节、花粉植物的不同，其化学成分也有所不同。主要成分为：水分 64.5%～69.5%、粗蛋白 11.0%～14.5%、碳水化合物 13.0%～15.0%、脂类 6.0%、矿物质 0.4%～2.0%、未确定物质 2.8%～3.0%。蜂王浆含有 26 种以上的脂肪酸，目前已被鉴定的有 12 种，其中反式-10-羟基-2-葵烯酸为蜂王浆独有，也称之为王浆酸。蜂王浆含有肾上腺素、肾上腺皮质激素及多种酶类，还含有以 B 族为主的多种维生素。

2）蜂王浆生产程序

蜂群中哺育蜂过剩时即筑造自然王台培育蜂王。蜂王浆的生产是利用人造台基，移入培育蜂王的小幼虫，让工蜂吐浆饲喂，然后再取出蜂王幼虫，收集台基内剩余的蜂王浆。生产环节如图 2-21 所示。

图 2-21 蜂王浆（右）及其采集（左）

（1）培育蜂王幼虫：生产蜂王浆需大量 3 日龄以内的小幼虫，在移虫前 5 天，可将蜂王用框式隔王板或蜂王产卵控制器限制在 1 张脾上产卵，取出卵脾加入巢内孵化，即可定时获得整批供移入人造台基的蜂王幼虫。

（2）组织产浆群：春天当蜜粉源植物开花、群内饲料日趋充足时，即可用隔王板将巢箱与继箱隔开，将蜂王留在巢箱内组成繁殖区；继箱按每足框蜂 7～10 个台基量的比例，放入移入蜂王幼虫的王浆框，组成无王产浆区和产浆群。

（3）适时取浆：蜂王幼虫孵化 90～96h 后王台内积蓄的王浆最多。取浆前先用 75% 乙醇消毒取浆用具和储浆容器；然后取出王浆框，抖落或刷去工蜂，用刀削去王台条台基口加高部分的蜂蜡，逐一轻轻钳出但不要钳伤幼虫；再用塑料刮浆片或真空泵吸浆器取出王浆；取浆后应随即移入幼虫，再放入产浆群。取出的王浆应及时过滤除杂，冷冻储藏。

3）蜂王浆六大功效

（1）预防癌症：国外学者认为，蜂王浆对预防癌症有一定的功效。蜂王浆中含有丰富的维生素 B_2，人体内氧化和分解致癌物或者毒素都需要维生素 B_2。

（2）保护肝脏：蜂王浆中的蛋白质、碳水化合物对肝组织的损伤有修复作用，对肝中毒有保护作用。磷脂类物质可促进肝细胞再生，提高血浆蛋白量，增强免疫功能及代谢能力。

（3）延缓衰老：蜂王浆有促进受伤组织再生的作用，使衰老和受伤组织被新生细胞所代替，使功能恢复正常化。服用蜂王浆会消除因年老和创伤产生的功能障碍，对延缓衰老、延年益寿有特效。

（4）调节血压、防止动脉硬化：蜂王浆中的磷脂有降低胆固醇的作用，对冠状血管疾病、恶性贫血和动脉粥样硬化症有效。

（5）健脑益智：蜂王浆中的磷脂类、类固醇和其他有机物质，对神经系统及身体发育起到很大作用，是青少年特别需要的物质。此外，蜂王浆中的磷脂类可提高人体大脑的记忆力，增强活力。因此，少年、老年服适量的蜂王浆是很有益处的。

（6）美容润肤：蜂王浆与维生素 E 相配合的美容制品，可促使面部皱纹、粉刺消除。蜂王浆中的烟酸具有保护皮肤机能正常、防止皮肤粗糙的作用。

4）食用蜂王浆注意事项

（1）服用量：应该视不同需要而定。儿童服用量极少，每日仅 1mg。成人用于营养美容，日服 2～5g；用于防病保健约 10g；用于治疗重症时需每日服用 20g。大剂量进服 1 个月后可进行检验，效果不明显者应该向医生或有关专家咨询。

（2）蜂王浆与性早熟：蜂王浆含有的固醇类物质也是儿童发育所需要的。所谓"激素与性早熟"是需要一定数量的。儿童服用蜂王浆每日为 1mg，而要出现"性早熟"症状则需要日服 100g 蜂王浆，数量相差万倍。

（3）服用方法：可直接口服，或以温开水送服，也可兑蜜、糖服用，以早晚空腹服用效果最好。

（4）蜂王浆要适量服用，多食会导致肥胖。

2.4 黄 粉 虫

黄粉虫 *Tenebrio molitor* 属鞘翅目 Coleoptera 拟步甲科 Tenebrionidae 粉甲属 *Tenebrio*，又名黄粉甲，俗称面包虫、旱虾，广泛分布于世界各地，是一种仓库害虫。其幼虫、蛹和成虫均富含蛋白质，营养价值很高。由于黄粉虫的饲料来源广泛，容易进行大规模饲养，现已普遍用作食品添加成分，以及甲鱼、蝎、观赏鸟类和鱼类等特种经济动物的活体饵料。

2.4.1 黄粉虫的形态特征

（1）成虫（图 2-22 左）：体长约 18mm，扁平、长椭圆形，颜色为深褐色并带有光泽。头密布刻点；复眼红褐色；触角近念珠状，11 节；前胸背板呈弧形，前缘凹入，前角钝、后角尖锐，表面密布刻点；鞘翅密生 9 行刻点，末端圆滑。

（2）幼虫：老熟幼虫体长为 28～33mm；体壁坚硬，无大毛，有光泽；初孵幼虫白色，后转黄褐色；各足转节腹面近端部有 2 根粗刺；第 9 腹节宽大于长，背端臀突的纵轴与体背面呈直角。

（3）卵：白色，椭圆形，有光泽，长
1.2～1.4mm。卵一般呈团状或散产于饲料中。

（4）蛹（图 2-22 右）：蛹长 15～
20mm，浅黄褐色。第 3 腹节以后背面两
侧各有 1 对刺突，腹末有 1 对褐色尖刺，
腹末节腹面有 1 对不分节的乳状突。雄蛹
乳状突小而不显著，端部呈圆形，不弯曲，
基部愈合，端部伸向后方；雌蛹乳状突大
而显著，端部扁平，显著向两边弯曲。

图 2-22　黄粉虫成虫（左）和蛹（右）

2.4.2　黄粉虫的生物学特性

2.4.2.1　生活史

在自然界一般 1 年发生 1 代，有时 2 年 1 代。在室内人工控温条件下饲养的
黄粉虫，1 年则可发生 3～5 代，主要以幼虫越冬，但无滞育现象，冬季仍缓慢生
长发育；在我国北方以幼虫越冬。4 月上旬开始活动，5 月中、下旬开始化蛹、羽
化为成虫。个体发育很不整齐，所以在各个时期可同时出现卵、幼虫、蛹和成虫。

2.4.2.2　生活习性

成虫、幼虫皆为杂食性，喜食麸皮、黄豆粉、菜叶、瓜皮、果皮等。

1）成虫习性

黄粉虫成虫羽化的最适温度为 25～30℃，相对湿度为 50%～70%。湿度过大，
蛹背裂线不易开口，成虫会死在蛹壳内；空气太干燥，也会造成成虫蜕壳困难、
畸形或死亡。

初羽化的成虫为乳白色，2 天后逐渐变硬，颜色也逐渐变为褐红色。成虫一
般在羽化后 3～5 天开始交尾、产卵，一生多次交尾。雌虫羽化后 10～30 天为其
产卵高峰，产卵量为 50～680 粒/头，平均为 260 粒/头。若条件适宜，平均产卵量
可达 580 粒/头以上。其卵散产于饲料、麦麸、米糠中，或黏附于饲料下的饲养器
皿底部。雌虫产卵时应以纱网隔离卵，以防成虫取食卵粒。

卵壳表面带有黏液，常十余粒黏成一团。卵壳薄而软，易受机械损伤。卵期
在 25～30℃时，为 5～8 天；在 19～22℃时，为 12～20 天；温度在 15℃以下时，
卵很少孵化。

成虫饲养 1 个月后，产卵量下降，可视情况予以淘汰；寿命变异很大，为 50～
160 天，平均为 60 天；其后翅退化，不能飞行，但爬行速度快；喜黑暗，怕光，
夜间活动较多；有自相残杀习性。

2）幼虫习性

幼虫一般 10～15 龄，生长期为 90～480 天。平均生长期为 120 天。幼虫喜黑暗，群体生存较散居生长得好些，因为群居运动互相摩擦，可促进虫体代谢循环，增加活性。幼虫耐饥可达 6 个月以上，但有时会自相残杀。

幼虫在 13℃以上活动取食，35℃以上表现出不适现象。幼虫蜕皮时常爬到食物表面，由此可见温度对于幼虫的活动有很大影响。

老熟幼虫在食物表面化蛹。初化蛹时为乳白色，体壁较软，隔日后逐渐变为淡黄色，体壁也变得较坚硬。在密集混养情况下，蛹期较易受成、幼虫的危害，成、幼虫随时都可能将其作为饲料。因此，蛹应分开饲养。

2.4.3 黄粉虫的饲养技术

小批量饲养可在普通房屋内进行，大规模饲养要在冬暖夏凉处修建专门的饲养场。饲养场包括成虫饲养室、低龄幼虫饲养室、大龄幼虫饲养室、饲料库房和其他辅助室。成虫饲养室和低龄幼虫饲养室与大龄幼虫饲养室面积比为 1：10～15。饲养室应通风良好，最好有温控设施，以便调节温度。门窗应安装纱网，以防成虫逃逸和室外天敌入侵。

2.4.3.1 饲养设备

（1）集卵箱：即成虫饲养箱，用于饲养成虫和收集卵，由内箱和外箱两部分组成。内箱用 0.3～0.5cm 厚的木板制成 25cm×20cm×8cm 的木框，底部为 30 目的铁纱网，上部为 1 个 12～16 目的纱网盖；外箱底部为木板，高度比内箱少 2cm。

（2）饲养箱：用于饲养幼虫，为铁皮或木板制成 60cm×40cm×10cm 的箱，内壁上部应贴 3～5cm 高的光滑带以防幼虫爬出；交错叠放，也可以放在饲养架上。小规模饲养时可用各种盆及小木箱等。

（3）饲养架：用于放置饲养箱和集卵箱的多层架，可用角铁、钢筋或木料制作。饲养架高 1.8～2m，宽 30～40cm，长度可依需要而定；层间距 30～50cm，底层离地约 20cm。

（4）粪筛：为了筛除不同虫龄的粪便，应准备 100 目、60 目、40 目和普通铁窗纱 4 种规格的粪筛，大小可依据需要确定，内侧也应有光滑的防逃带。

2.4.3.2 饲养室

饲养室温度，夏季控制在 33℃以下；冬季 4℃以上，黄粉虫在此温度下可以越冬。若在冬季继续繁殖，则需升温至 20℃以上。饲养室要防鼠害、鸟害；防止光线直射，保持黑暗；保证通风。

2.4.3.3 饲料

一般以麦麸为主饲料，在不同发育阶段，适当添加一定比例的玉米粉、大豆粉、维生素和食糖等，可满足其对营养的要求。根据饲养目的按以下配方配制人工饲料。

（1）幼虫饲料：可将 70.5%麦麸、25%玉米粉、4%大豆粉、0.5%饲用复合维生素混合拌匀，用饲料颗粒机膨化成颗粒，或用 16%的开水拌匀成团后再压成小饼状，晾晒后使用。为降低成本，也可以用黄豆渣、木薯渣、酒糟或发酵后的秸秆与麦麸按一定比例混合作为饲料。

（2）产卵期成虫饲料：麦麸 75%、鱼粉 4%、玉米粉 16%、食糖 4%、饲用复合维生素 0.8%、饲用混合盐适量。该饲料可提高成虫产卵量、延长其寿命。加工方法同上。

（3）育种成虫的饲料：纯麦粉 97%、食糖 2%、蜂王浆 0.2%、复合维生素 0.4%、饲用混合盐适量。加工方法同上。

（4）种用幼虫或成虫饲料：麦麸 44%、玉米粉 40%、豆饼 15%、饲用混合维生素 0.5%、饲用混合盐适量。加工方法同上。

2.4.3.4　成虫饲养

长期人工饲养的种群，常会出现发育迟缓、个体小、抗病力弱、生殖力下降等现象。因此，选择好的种虫是提高繁殖系数、保证种质量、增加经济效益的重要前提。

（1）种虫选择与饲养：种虫宜从 8～10 龄的幼虫中选取，要求虫体发育整齐，体大而健壮，体壁光亮，行动快，取食活跃。特大个体可用于选育优良品种。选出的种虫应用营养丰富的饲料并适量投喂菜叶和瓜果皮进行饲养，饲养温度控制在 24～30℃，相对湿度 60%～75%。

（2）蛹的分离：黄粉虫的蛹没有行动能力，尤其在空气干燥和饲料含水量不足时易被幼虫咬伤，甚至被吃掉。因此，应及时把蛹从幼虫饲养箱中拣出，剔除受伤和弱小个体，然后按所需性比分批保养在饲养箱中，雌雄性比控制在 3∶2 左右即可。

（3）成虫分离与饲养：分离保养的蛹一旦羽化，应将成虫及时分出放入产卵箱，否则成虫会咬伤蛹。可在蛹的表面覆盖一张薄纸，羽化后的成虫大部分会爬上纸面，然后将其收入产卵箱中，如此反复 2～3 次即可。饲养密度以 5000～10 000 头/m² 为宜，温度控制在 24～27℃，并适当遮光。饲养成虫时，在其饲料中加入适量的蜂王浆可促进其性腺发育。为提高产卵量，每天应喂适量菜叶、土豆片或瓜果皮等鲜饲料，但鲜饲料投放不要过量，以免湿度过大导致饲料霉变。

（4）收卵：成虫羽化 3～4 日龄后应开始收卵，即在产卵箱的外箱底部铺一张旧报纸，撒 5mm 厚的饲料，然后将装有成虫的内箱放入外箱内，适当抖动使部分饲料上升到筛网之上以便成虫取食；每 2～3 天将产有卵的纸取出，更换上新的集卵纸。若饲料较潮湿或饲料中产的卵较多，应立即更换并将卵筛出。将集卵纸按收卵日期分批放入不同的饲养箱中孵化。当成虫饲养达 45 日龄后，产卵高峰期已过，则不宜继续饲养，应予淘汰。

2.4.3.5 幼虫饲养

黄粉虫幼虫孵化后即取出集卵纸，将初孵幼虫仔细抖落于饲养箱中，给予幼虫饲料供其取食。要使幼虫生长速度快、体大而健壮、死亡率小，应把握好以下几个环节。

（1）饲料含水量：体长小于 5mm 的低龄幼虫只需投喂干的主饲料；体长达 5mm 以上时，可以开始投喂适量的菜叶、瓜果皮或土豆片等干净并切成小块状的含水饲料。需要注意的是，投放量视空气湿度和饲料含水量而定，以 6h 内能吃完为标准，2 天投喂一次，切忌造成饲料结块发霉，化蛹前尽量少喂含水饲料。

（2）饲养密度：黄粉虫幼虫适于高密度饲养，但密度过高会因相互摩擦而导致饲料和虫群温度过高，影响其发育甚至引起其死亡。因此，一般以虫重 3.5～6kg/m^2 的密度，或虫层厚度与虫体长度相当时较为适宜。

（3）筛粪管理：虫粪中具有保幼激素活性的法尼醇和有助于消化的肠道微生物，其存留对幼虫的生长发育有一定的促进作用，但过多的虫粪堆积会恶化饲养环境，应在适当时间筛除虫粪。一般在幼虫孵化 7～15 天后第 1 次筛除虫粪，以后每 3～5 天筛 1 次；3 龄以下时用 100 目，3～8 龄用 60 目，10 龄以上用 40 目，老熟幼虫用普通窗纱筛粪。筛粪后加入主饲料，加入量以下一次筛粪时能食完为度；高温、多湿时，每次宜减少添加量、增加添料次数，以免饲料变质。

（4）幼虫和蛹的收集：待幼虫成熟后，收集幼虫时将饲料和虫粪筛除即可。人工挑拣收获蛹的速度慢、工效低，只适用于种虫饲养管理；大规模收获蛹时，将饲养箱中的蛹、幼虫及饲料复合层均放入老熟幼虫能通过的大孔径筛网中过筛，将筛放入饲养箱内的饲料上，让幼虫钻入饲料中，蛹则留在筛中。蛹期约 1 周，分离的蛹应及时处理，以免羽化。

2.4.4 黄粉虫的营养成分及其加工利用

2.4.4.1 营养成分

黄粉虫富含蛋白质、脂肪、无机盐、维生素等营养物质，既是人类理想的食品资源，也是优良的动物性蛋白饲料。

黄粉虫幼虫蛋白质含量48%～59%，蛹38%～50%、成虫53%；脂肪含量28%～41%，脂肪酸含量达 66.28%，其中不饱和脂肪酸占 77.05%；幼虫干粉中维生素 B$_1$、维生素 B$_2$、维生素 E、维生素 A 的含量分别是 0.65mg/kg、5.2mg/kg、4.4～8.98mg/kg、3.37mg/kg；各种无机盐含量均较高，且各种元素的含量可随饲料中所含元素的含量变化而变化。例如，在饲料中加入适量的亚硒酸钠、硫酸锌等，经虫体吸收可转化为有机态的硒、锌，因而可定量生产富硒、富锌食品，以利于人体吸收和利用。

2.4.4.2 加工应用

（1）作为饲料：黄粉虫已广泛应用于多种饲养业，作为经济动物如蝎子、蛤蚧、牛蛙、鳖、鱼、家禽及鸟类的高级饲料，使经济动物生长快、抗病力强、繁殖量大、存活率高。

（2）作为食品：黄粉虫幼虫和蛹可以加工成原形食品，亦可作为风味小食品、旅游特色食品或特色菜肴；还可以加工成调味粉、酱油或虫虾酱，作为小食品加工或烹饪的调味品。

（3）作为肥料：黄粉虫的虫粪可作为基础肥料。

（4）提取脂类和蛋白质：通过深加工可制成纯蛋白粉、氨基酸口服液、胶囊及食用油等。

（5）提取甲壳素、壳聚糖：甲壳素（chitin）是节肢动物外壳的重要成分，它是一种高分子聚合物。甲壳素若脱去分子中的乙酰基，就会转变为壳聚糖（chitosan），可应用于食品、医学、纺织印染、造纸等领域（严善春，2001）。

2.5 大黑甲（大麦虫）

大黑甲 *Zophobas opacus* 隶属于鞘翅目 Coleoptera 拟步甲科 Tenebrionidae，俗称大麦虫、麦片虫、超级面包虫等（图2-23），原产于南美洲巴拿马、巴西及秘鲁等国家，现主要分布于中美洲、南美洲、西印度群岛等地区，在亚马孙地区常作为捕鱼诱饵。21 世纪初，我国由东南亚地区引进该虫，进行人工养殖，经过多年的发

图 2-23 大黑甲成虫

展，已形成一定的养殖规模和消费市场。该虫幼虫可作为鸟类、鱼类、两栖类及爬行类特种经济动物的鲜活饲料，也可用来开发蛋白粉、虫油和甲壳素等产品，同时，其幼虫和蛹常作为昆虫菜肴的食材而被人们食用；国内除西藏、青海和黑龙江等地，绝大多数省份均有养殖。

2.5.1 大黑甲形态特征

（1）成虫：体长 21～30mm，长椭圆形，黑色，腹面光亮。头近圆形，颈部显著收缩，雄虫头部较雌虫稍大；额微隆，有粗刻点。复眼大而突出，肾形，前

缘微凹。触角近念珠状，向后达到前胸背板基部；各节均密布圆刻点及淡黄色短毛，尤以端部 3 节较密。前胸背板倒梯形，前缘直；前角钝圆，后角近直角。小盾片三角形，刻点细疏。中胸腹板刻点密布，中央有 2 条纵脊。后胸光滑，具可数横纹。鞘翅长卵形，肩圆；两侧前半部近平行，末端略尖。腿节下缘两侧具不明显齿突，通常雄多雌少，前足齿突较中足和后足大；胫节内侧齿突较小，端部具稠密淡黄色长毛，端距 2 枚，内侧的较外侧的大；跗节密布细刻点和短毛。

（2）卵：椭圆形，白色，长 1.2～1.5mm，宽 0.5～0.8mm。

（3）幼虫：体长圆筒形。初孵时白色，老熟时体长 40～65mm，头深褐色，各节背面褐色，背面由第 1 腹节向尾端颜色渐深，各节后缘深褐色，节间及腹面淡黄色。前胸发达，中胸侧板近前缘有 1 对气门。前足稍大于中足和后足；基节刚毛多，长度不一；各足转节腹面 2 刺毛，腿节及胫、跗节 3～5 刺毛；爪上 2 刺毛。腹部背线明显，前 8 腹节有对称分布的 10 个色点，第 4 节至第 7 节的斑纹呈"ω"状排列；各节腹面及尾端背面具刚毛；腹板四角处各 1 长刚毛；第 1 腹板前缘刚毛密生；末节近三角形，背面近端部两侧各具 2 根短刺，1 对足突明显（图 2-24）。

图 2-24　大黑甲幼虫（向蜀霞等，2019）

（4）蛹：体长 30～40mm，淡黄色，鲜亮。初化蛹为乳白色，以后逐渐变成淡黄褐色。头部和前胸向腹面弯曲。前胸背板周缘以蜕裂线为对称轴着生 8 根尖刺，每根刺旁着生 1 根刚毛。前 8 腹节侧刺突阱铗状，尤以第 2 节至第 6 节发达，其上 2 对骨化角褐色；腹末 1 对长尾突基部分开，顶尖，深褐色；末节腹面 1 对短生殖乳突，雄蛹乳突短小，其端部互相接近；雌蛹乳突大而突出，其端部分开，呈"八"字形。

2.5.2　大黑甲生物学特性

大黑甲在 28℃、相对湿度 75%条件下，完成 1 个世代需要 110～140 天；成虫寿命 60～90 天，羽化 5～7 天后即交尾产卵；卵经过 6～7 天孵化；幼虫生长90～110 天进入预蛹期；预蛹期 3～5 天，蛹期 10～11 天。

大黑甲成虫为负趋光性，喜在夜间活动，喜干燥，生命力强，耐饥、耐渴，为杂食性，以农林加工剩余物麸皮、废弃蔬菜、瓜果等作为饲料，全年都可以生长繁殖。成虫羽化后 2～3 天，体色经由白、黄、红、褐至全黑。成虫爬行速度快，极少飞行，喜攀爬于朽木上或躲于瓦片、枯叶下。成虫有自相残杀的习性，如捕食初孵幼虫和处于预蛹期、蛹期等活动能力弱的个体；有多次交尾、产卵习性。成虫在 6℃ 以下时进入冬眠，其生长发育最适温度为 18～30℃，39℃ 以上可致死；空气相对湿度在 60%～70% 较适宜。成虫在环境温度 26～32℃ 下产卵最多，每只雌成虫最多产卵 1000 粒左右；19～25℃ 下产卵 500 粒左右；15～18℃ 下产卵 150 粒左右；低于 15℃ 时，成虫行动迟缓，很少交尾产卵，群聚于瓦片或朽木下；低于 10℃ 不交尾，肢体僵硬，静伏不动，触角偶尔晃动，个体极易死亡。

大黑甲幼虫为负趋光性，遇光则钻入饲料或土壤中。1 龄幼虫体表呈白色，2 龄后变为黄褐色，以后每 4～6 天蜕皮 1 次，幼虫期共蜕皮 9～14 次。刚完成蜕皮的幼虫不活跃，体色乳白色，随后逐渐加深至褐色。幼虫在室温 13℃ 时活动取食，25～32℃ 下生长最快，35℃ 以上则大批死亡。幼虫食性杂，喜欢群集，对密度敏感，存在自相残杀现象；在幼虫生长到 8 龄以后至化蛹前，可通过降低老熟幼虫的密度或者老熟幼虫单独饲养等方法减少这种现象发生。在群集环境中，老熟幼虫不能顺利进入预蛹期，而是继续生长，发生超龄蜕皮，出现化蛹抑制现象，直至死亡；而当活动空间较大或个体被孤立时，即停止活动，进入预蛹阶段。1kg 老熟幼虫有 700～800 条，体长 70～80mm，宽 5～6mm，单只体重 1.3～1.5g，其产量是黄粉的 5 倍，体长、体重、体宽是黄粉虫或黑粉虫的 3～4 倍。老熟幼虫在饲料中化蛹，化蛹时将头部倒立在饲料中，左右移动摩擦头部进行化蛹。初化蛹体壁较软，以后逐渐变得较坚硬。

2.5.3　大黑甲饲养技术

大黑甲适合大规模养殖，易产业化，开发潜力极大，将成为继家蚕和蜜蜂之后的第三大经济昆虫。

2.5.3.1　大黑甲饲料

大黑甲的食性为杂食性，不宜长时间饲喂单一食物。饲料可分为干饲料和青饲料两大类，以干饲料为主。干饲料既是大黑甲的主要营养来源，又为大黑甲活动栖息提供了舒适的场所。干饲料常用麦麸、玉米粉、豆渣和细米糠，也可以在鸡、鸭或猪全价饲料、木屑等干饲料中添加豆粉、酵母、味精、糖、复合维生素、鱼粉和骨粉等添加剂。传统上，干饲料均以麦麸为主，若多种原料搭配，合理混合成复合饲料喂养，不仅成本低，而且能加快生长速度，提高繁殖率。干饲料混合后，最好通过蒸煮、阳光暴晒、烘干等方式进行消毒。工厂化大规模生产时，将饲料加工成颗粒料最为理想。

大黑甲水分的获得主要通过青饲料的采食补充。青饲料可以用胡萝卜、马铃薯、青菜叶、南瓜、苹果、甘薯、甘薯叶、桑叶、榆叶、泡桐叶和豆科植物的叶片等。青饲料含水量高的应少喂一点，含水量低的可多喂一点。青饲料要清洗干净、晾干后再用。大规模饲养可根据当地资源，适当调节饲料的组合比例，也可对工农业有机废弃物资源进行全面开发利用，降低成本。需要注意的是，饲养箱中绝对不能放置水盘，饲料中不能有水珠，以免环境过于潮湿而导致虫体死亡。

2.5.3.2 大黑甲饲养设备

大黑甲主要饲养设备有饲养箱、网筛和产卵箱。

（1）饲养箱：饲养箱为木制或塑料箱、盒等，规格大小依虫量多少而定。容器要求内壁四周光滑，深达 15～18cm 为宜。因为大黑甲幼虫可以长到 5cm 以上，所以容器深度比饲养黄粉虫的容器要高一些，以防幼虫爬出。饲养箱最好规格统一，便于确定工艺流程和计算产量，一般为长 80cm、宽 40cm、高 18cm。

（2）网筛：网筛由木盒框或铁皮装上铁纱网制成，供成虫产卵、筛除虫粪用。筛除虫粪时，根据不同虫龄大小选择相应孔径的网筛。产卵筛即规格比标准饲养箱略小，网孔直径为 3mm 左右的网筛。

（3）产卵箱：放置有产卵筛的标准饲养箱即为产卵箱（接卵箱），供成虫产卵用。另外，还需准备好温度计、湿度计、旧报纸或白纸（成虫产卵用）、塑料盆（不同规格，放置饲料用）、喷雾器或洒水壶（用于调节饲养房内湿度）、镊子、放大镜、扫帚和拖把等物品。

2.5.3.3 大黑甲饲养管理

（1）饲养场所：大黑甲饲养场所最好选择在背风向阳、冬暖夏凉的房间，光线不宜太强，保持温暖，最适宜温度是 20～32℃，最佳温度是 27℃，最佳相对湿度为 60%～70%。夏季气温高时，在地上洒水降温；冬季要保温，以保证大黑甲正常生长发育。由于该虫有自相残杀习性，要将卵、同龄的幼虫、蛹、成虫筛出，分别饲养。

（2）幼虫饲养：幼虫 10～15 龄。饲养前，先在饲养箱内放入经纱网筛过的麸皮和其他饲料，再将大黑甲幼虫放入，幼虫密度以布满器具为准，最多不超过 3～5cm 厚。最后在上面铺放菜叶，让虫子生活于麸皮与菜叶之间，任其自由采食。每隔 1 周左右筛除 1 次虫粪，换上新饲料。

初孵幼虫密度很大，呈蠕动状态。在 2～3 周内，幼虫的生长速度很快，可以达到 0.5～1cm，经过 4～5 周的生长即可达到 5～6cm 的最大体型。饲养过程中要根据密度及时分箱，降低饲养密度，因为密度过高会引起大黑甲的相互残杀，可放入纸浆蛋托增加幼虫活动面积。幼虫越大，密度应越小一些，室温高、湿度大时密度也应小一些。幼虫因生长速度不同，出现大小不一的现象时，应按大小分箱饲养，一箱可养幼虫 3000～4000 头或老龄幼虫 2000～3000 头。当幼虫长到 5cm 左右时，颜色由黑褐色变浅，且食量减少，这是进入老熟幼虫后期的表现，很快将进入化蛹阶段，该阶段可采收用于饲喂经济动物。老熟幼虫密度一般保持在 4～6kg/m²。

夏季气温高，幼虫生长较快，蜕皮多，要多喂青料，供给充足的水分，可饲喂菜叶、瓜果等。气温高时多喂，气温低时少喂。幼虫初期或蜕皮时，少喂或不喂；蜕皮后，随着虫体长大而增加饲喂量。每日投喂量以过夜后箱内饲料吃光为宜，可采用早晚投足、中午补充的办法。在幼虫饲养期投料，要注意精料与青料搭配，前期以精料为主、青料为辅，后期以青料为主、精料为辅。幼虫将化蛹时多投青料，加喂鱼粉，可增强食欲，并有利于同步化蛹，对蛹和成虫的生长发育也有利。每天要及时把蛹拣到另一盒里，再撒上一层精料，以不盖过蛹体为宜，避免幼虫咬伤蛹。保持温度和气体交换。

（3）蛹期管理：幼虫平均生长 3 个月后开始化蛹，即将化蛹的幼虫表皮光泽度差，不太活动，此时将饲料压紧，有利于顺利化蛹。蛹经 2 周时间羽化为成虫。每天应及时把初蛹从幼虫中分拣出来放入孵化箱内集中管理。蛹期对温度和湿度要求也较严格，温度和湿度不合适，可能导致蛹期的过长或过短，增加蛹期感染疾病或死亡的可能性。蛹的羽化适宜温度为 25～30℃，适宜相对湿度为 65%～75%。

大黑甲幼虫有自相残杀的习性，因此幼虫在饲养箱内一般不会化蛹，或一旦化蛹就会被别的幼虫蚕食。要让大黑甲顺利化蛹，最好的方法是在其快进入化蛹期时，将其挑出单独饲养于一次性塑料杯或其他小盒子中；或者将行动缓慢、身体蜷曲的老熟幼虫集中放置于饲养箱中，再撒上一层麦麸。另外，在我国北方饲养中常常出现幼虫不化蛹，甚至老熟幼虫逐渐死亡的现象，此时需要强制化蛹，即将老熟幼虫分开单独饲养在小盒内，1～2 周即可化蛹。

（4）成虫饲养：先在产卵箱底部筛子上撒上成虫的食物，将羽化的成虫放置于产卵箱内，密度一般在 1000～1200 头/m²，饲喂优质饲料。刚羽化成虫呈灰白色，以后逐渐变为浅褐色，1 周左右逐渐变成黑褐色，这时便具备了持续交尾和产卵的能力。成虫羽化后 6～11 天开始产卵，产卵期长达 50 天，直至死亡。

成虫产卵 3～5 天后，将下面的筛子提起，轻筛一下，虫卵和麦麸等全部掉下去，筛子上面剩下的全为成虫，马上将筛子连同成虫放入另外一个产卵箱中，加入成虫饲料让其继续产卵（成虫将卵产在饲料中），如此周而复始。也可以在接卵箱底部铺上一层报纸或白纸，撒一层薄薄的麦麸在纸上，然后将产卵筛置于纸上，成虫就会产卵于纸上饲料中，每隔 2～3 天取卵纸一次，让其集中孵化。每次取卵后同时给成虫换饲料 1 次。若加强管理，可延长成虫产卵期、增加产卵量。

（5）卵的孵化：在饲养盘底部撒一层 1cm 厚的麦麸，然后放上收集的第 1 层卵纸，再撒少许麦麸，放上第 2 层卵纸，每盘中放置 4 层卵纸。卵孵化周期因温度条件不同而发生很大变化，当温度在 25～30℃时，卵期为 8～12 天；当温度为 19～22℃时，卵期为 15～20 天；温度在 15℃以下时，卵很少孵化。

2.5.3.4 注意事项

饲料中严禁积水，也不可向饲料中洒水。房间温度严格控制在 20～32℃，最适温度为 27℃，防止昼夜温差变化过大。房间有较好的通气条件，光线不宜太强，相对湿度控制在 60%～70%。室内严禁放置农药、有机溶剂、挥发性气体、杀虫剂、防腐剂等。防止鼠、蚁、苍蝇、蜘蛛、壁虎和蟑螂等伤害大黑甲。新购麦皮等饲料须放置 2 周后使用，注意密闭防虫；水果、菜叶等要用水浸泡，冲洗晾干后再投喂。及时清除死亡虫体和剩余青饲料。

2.5.4 大黑甲营养成分及其加工利用

大黑甲不同虫态的虫体都含有蛋白质、脂肪等营养成分，具有很高的营养价值，饲用市场前景广阔。干幼虫蛋白质含量 45%、脂肪含量 36%～41.71%；干成虫蛋白质含量 54.97%、脂肪含量 23.81%。大黑甲含有 18 种氨基酸，不同虫态的氨基酸含量有一定差异，范围为 36.26%～65.42%。大黑甲油脂中脂肪酸组成丰富，尤其是不饱和脂肪酸和必需脂肪酸含量都比较高，不饱和脂肪酸含量在 60%以上，其中油酸含量较高；幼虫油脂中含有丰富的 α-维生素 E，以及少量的 δ-维生素 E、β-维生素 E、γ-维生素 E，其中 α-维生素 E 的含量为 168.64～264.57mg/kg，明显高于一般畜禽肉蛋食物，与核桃仁的类似。大黑甲还含有多种糖类、激素、酶，以及磷、铁、钾、钠、钙、锌等矿物质元素。

（1）在动物饲料中的应用：大黑甲体壁甲壳质含量较低，容易被饲喂动物消化吸收，因此，越来越多的人选购大黑甲作为名贵观赏鱼、捕食性动物和两栖爬行类宠物的专用饵料。大黑甲粉可用于替代猪饲料中的鱼粉、豆粕和血浆蛋白粉等蛋白质原料，提高猪的采食量和饲料转化效率；在肉仔鸡生产中，大黑甲粉可提高仔鸡消化率、促进生长、改善机体代谢、提高免疫力和改善肠道菌群；在水产动物养殖方面，大黑甲粉可部分替代鱼粉，是较好的动物蛋白源。大黑甲不但可以直接为动物提供高档蛋白饲料，也可以为人类提供蛋白食品。

（2）可用于降解塑料：研究证明大黑甲幼虫肠道中的细菌可降解低密度聚乙烯（low-density polyethylene，LDPE）、聚苯乙烯（polystyrene，PS）、聚乙烯发泡片（EPE 珍珠棉）、可发性聚苯乙烯泡沫塑料（EPS 泡沫塑料）等，为生物降解塑料提供了新的理论依据与应用思路。

（3）在医药领域的应用：将大黑甲脱脂后用中性蛋白酶水解，再进行调配得到蛋白酶解液，最后可获得有大黑甲特殊香味的氨基酸口服液。其中，游离氨基酸含量最高可达 4.04mg/mL，必需氨基酸含量是游离氨基酸总量的 30.20%，因而营养价值高，独具风味且易于被人体吸收，是很好的保健品。采用喂养与喷菌液相结合的方法，用大黑甲幼虫接种虫草菌的成功率高达 85%，成本低，营养好，具有较高的开发价值。

（4）作为替代寄主繁育天敌昆虫：利用大黑甲蛹作为替代寄主，人工繁育天敌昆虫花绒寄甲 *Dastarcus helophoroides*，可用于防治松墨天牛 *Monochamus alternatus*、光肩星天牛 *Anoplophora glabripennis*、星天牛 *A. chinensis* 等蛀干害虫，取得了良好的繁育效果。

（5）用于培育食用真菌：大黑甲虫粪富含维生素、无机盐和矿物质，是不可多得的优质肥料，利用大黑甲粪栽培食用真菌——肺形侧耳 *Pleurotus pulmonarius*、大杯蕈 *Clitocybe maxima*，可起到增产和提高菌菇品质的作用。

2.6 家 蝇

家蝇 *Musca domestica* 属双翅目 Diptera 蝇科 Muscidae。在我国，除青藏高原等海拔较高地区外，各地均有家蝇分布。家蝇在我国有两个亚种，即欧洲亚种 *M. domestica domestica* 和东方亚种 *M. domestica vicina*。欧洲亚种只分布于我国新疆、甘肃和内蒙古呼伦贝尔；东方亚种又称舍蝇、饭蝇、南方家蝇和工程蝇，在我国广泛分布，是室内最常见的蝇种。家蝇幼虫俗称蝇蛆，成虫活动于滋生场所、人类居室及公共场所，能传播多种疾病，是一种重要的卫生害虫。但蝇蛆和蝇蛹都含有丰富的蛋白质、抗菌物质和其他营养物质，且繁殖快、易饲养，是一种生产成本低廉的优质饲料蛋白来源。

2.6.1 家蝇的形态特征

（1）成虫（图 2-25）：体长 5~8mm，灰褐色，复眼红褐色。雄蝇两复眼彼此接近（称合眼式），而雌蝇两复眼彼此分离（称离眼式）。触角灰黑色，触角芒短（图 2-26 右），上下侧有较长的羽状纤毛。舐吸式口器。胸部背面有 4 条等宽的黑色纵纹。前翅透明，第 4 纵脉末端向前上方弯曲，并几乎与第 3 纵脉相接（图 2-26 左）。足黑色至黑褐色，爪 1 对，爪间突刺状。腹部椭圆形，背面正中有 1 条黑色宽纵纹。

图 2-25 家蝇成虫

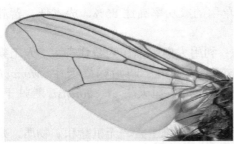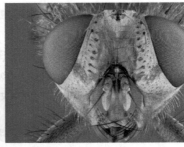

图 2-26　家蝇成虫前翅（左）和触角（右）

（2）卵：家蝇卵为长椭圆形，长约 1mm，乳白色；卵壳背面有 2 条脊。卵多粘在一起，块状（图 2-27 中）。1g 卵有 13 000～14 000 粒。

（3）幼虫：家蝇幼虫共 3 龄；乳白色，体表光滑，头端尖细，尾端钝圆，无足（图 2-27 左）；头小，口钩 1 对，爪状，左边的较右边的小。1 龄幼虫体长为 1～3mm，体透明，无前气门。2 龄幼虫体长为 3～5mm，乳白色，有前气门，后气门 2 裂。3 龄幼虫体长为 5～13mm，乳黄色，前气门由 6～8 个乳状突起排列而成，扇形；后气门 3 裂，"D" 形。

（4）蛹：家蝇蛹为围蛹，长椭圆形，长约 6.5mm。初化蛹黄白色，后逐渐变为棕红色、深褐色，有光泽，羽化前呈黑褐色。在第 1、2 腹节间有 1 对气门（图 2-27 左、右）。

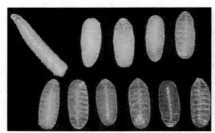

图 2-27　家蝇幼虫、蛹（左）、卵（中）和蛹壳（右）

2.6.2　家蝇的生物学特性

2.6.2.1　生活史

在自然条件下，家蝇一般 1 年 7～8 代。每年发生代数因地方而异，在热带和温带地区 1 年可繁殖 10～20 代。夏季卵期 1～2 天，幼虫期 4～6 天，蛹期 5 天，成蝇羽化后不久即行交尾产卵。在 25℃、30℃、35℃下，完成 1 代分别需要 14～16 天、10～13 天、8～10 天。在人工控温饲养条件下，每个世代约 15 天，全年可正常繁殖 24 代左右。在温暖地区终年繁殖，在寒冷地区主要以蛹越冬。成蝇寿命可达 1～2 个月，越冬蝇可达 4～5 个月。

2.6.2.2　生活习性

（1）成虫习性：成蝇羽化后 2～24h 开始活动与取食。在适宜温度条件下，雄性家蝇羽化后 18～24h、雌性家蝇羽化后约 30h 方能交尾，有效交尾时间约 1h，大多数一生仅交尾 1 次。产卵前期在 35℃下 1.8 天、27℃下 5 天、15℃下 9 天，低于 15℃一般不能产卵。

成蝇为杂食性昆虫，因此其营养对产卵量有较大影响，雌蝇如缺乏蛋白质或氨基酸，则会导致卵巢不能发育。雌蝇将卵产在幼虫可滋生的基质中稍深处，卵多黏结成块。雌蝇每次产卵 40～100 粒，5 天左右产 1 次卵，一生可产卵 4～6 次，多的可达 10 多次。

家蝇有趋光性，喜在白天有光亮处活动。在阴暗处或夜间，则常停落在天花板、悬挂的绳索、电灯线上。家蝇的活动受温度影响很大，在 4～7℃时仅能爬动；10～15℃时能起飞，但不能取食、交尾、产卵；20℃以上比较活跃；30～35℃时最活跃；35～40℃时静止；45～47℃为致死温度。室内饲养时，成虫产卵期一般不超过 30 天，在相对湿度 50%～80%条件下都能正常生活。

（2）幼虫习性：夏季，卵经 8～24h 即孵化，以含水量 60%～70%的可滋生有机质为食。幼虫具有负趋光性，喜欢钻入各种基质表层下群集潜伏取食，在食物充足的情况下一般不离开取食场所，25～35℃为其发育的适宜温度。幼虫成熟后，从滋生基质中爬出，在滋生场所附近较干燥的疏松泥土中化蛹，或在滋生基质干燥的表层化蛹。蛹宜在含水量 40%～50%的基质中发育，温度适宜时 5～7 天即羽化。

2.6.3　家蝇的饲养技术

2.6.3.1　饲养用具和设施

（1）成蝇饲养笼：用木条或钢筋做成长方形骨架，四周用塑料窗纱、铁纱或细眼铜纱封闭而成，大小视需要而定，同时在笼侧下部装 1 个直径为 20cm 的开口布套，以便操作。

（2）育蛆盘和育蛆池：小规模饲养，可用有盖的缸、盘、盆及其他塑料或者木制圆形或长方形容器作为育蛆盘。大规模饲养时，可用大规格的塑料盆，或修建育蛆池；可在饲养室的两侧靠墙处留出人行道后，用砖砌成高 30～40cm、每池面积为 1.2～1.5m² 的长方形单层育蛆池，池底、池壁用水泥抹平使之不漏水，池口设活动纱盖；建多层育蛆池时，层间距要便于操作，池面可适当小些。

（3）其他饲养用具：①饲养架是用木条或角铁做成的，放置饲养盘进行立体饲养，规格可参照黄粉虫的饲养架；②饮水盘、饲料盘为供成蝇饮水和取食的器具，可用塑料盘、搪瓷盘等较浅的容器；③集卵罐供成蝇产卵，可用直径约 6cm、高约 9cm 的废弃饮料罐、塑料杯、搪瓷杯等，要注意的是，其颜色最好为暗色且不透明；④蝇蛆分离箱用于从养殖饲料中分离蝇蛆，由暗箱、8 目或 16 目筛网和照明部分组成。该箱利用蝇蛆的负趋光性将其分离，其大小根据需要而定。大规模饲养时，可在室外用砖砌一个蝇蛆分离池，利用太阳光进行分离。

2.6.3.2 成蝇饲养

（1）种蝇的来源：直接从科研单位和专业养殖场引进的优良种蝇，产卵量高、生长发育整齐、繁殖速度快、蝇蛆产量高，易成功养殖。除此之外，也可诱集、捕捉自然环境中的野生家蝇作为种蝇，如在家蝇活动频繁的场所放置用水拌湿并加入 1/10 000 碳酸铵的麦麸、米糠、酒糟（含水量 60%），或腐肉或动物内脏，或笼养雏鸡的新鲜鸡粪等，作为产卵基质引诱家蝇产卵，卵孵化后进行人工饲养、驯化即可。

（2）成蝇饲料：成蝇的营养状况与产卵量的多少密切相关，其饲料主要用奶粉、红糖、白糖、鱼粉、家蝇幼虫糊、糖化发酵麦麸、糖化面粉糊、蚯蚓糊等配制而成。小规模饲养或专门培育种蝇时，可采用奶粉、鱼粉、红糖配制饲料；大规模生产时，则主要以蛆糨糊、糖化面粉（玉米粉）糊为主配制成蝇饲料。

（3）饲养密度：成蝇的饲养密度以每只成蝇占有空间 4～10cm³ 为宜。如果密度过大，每只成蝇占有空间小于 4cm³ 时，则取食和活动受到严重影响，会导致成蝇大量死亡；如果密度过小，产卵量较少，会影响饲养效益。一个 50cm×80cm×90cm 的种蝇饲养笼，可饲养成蝇 40 000～50 000 只，每天产卵量可供给 2～3m² 的饲养池。此外，为扩大成蝇停息面积，可在笼内悬挂一些布条。

（4）蝇群结构：蝇群中不同日龄的个体所占比例会直接影响到产卵量的稳定性、生产的连续性和日产鲜蛆量。控制蝇群结构的主要方法是每隔 7 天投放一次蛹，每次投放量为所需蝇群的 1/3 即可。

（5）饲养管理：成蝇饲养室要有一定的光照，但饲养室内要避免阳光直射；饲养室的温度和空气相对湿度分别以 24～30℃、50%～80%为宜。蝇蛹放入成蝇饲养笼内或饲养室内 3～4 天即可羽化，应及时用饲料盘和饮水盘供给饲料及清水，投喂饲料量以当天能吃完为准。一般于每天上午将饲料盘和饮水盘取出清洗干净，并添加新鲜饲料、更换清水，夏季高温季节宜每日上、下午各喂饲 1 次，并防止成蝇外逃，严格卫生防疫。

（6）蝇卵收集：成蝇羽化后 3 天开始交尾和产卵，在此期间，应及时将盛有诱集成蝇产卵基质的集卵罐放入成蝇饲养笼（室）中，装入的基质量应为罐高的 1/4～1/3，集卵罐的数量要能保证成蝇有充足的产卵空间。成蝇日产卵的高峰在 8：00～15：00，放置产卵罐应在上午 8：00 前，收取卵块应在 16：00 以后，也可于每天的 12：00 与 16：00 收集卵块。收取蝇卵时先摇晃集卵罐，待其中的成蝇飞出后再取出罐，然后将卵块与产卵基质一起倒入幼虫培养室培养；

将罐清洗干净后重新装入产卵基质,再放回饲养笼(室)中。成蝇产卵期约 25 天,产卵高峰在 15 天之内。一般成蝇羽化后饲养约 20 天就要淘汰,更换新的种蝇。

2.6.3.3 蝇蛆饲养

(1)蝇蛆饲料:蝇蛆的饲料来源极为广泛,农副产品下脚料如麦麸、米糠、酒糟、豆腐渣等,以及经配合沤制发酵后的畜禽粪便,都可作为蝇蛆的饲料。原料基质要求细致、新鲜,含水量为 65%~70%,饲料 pH 以 6.5~7.0 为宜,pH 不适宜时可用石灰水、稀盐酸调节。

(2)接卵:接卵前按 35~40kg/m^2、厚 4~6cm 的量将饲料加入育蛆池,为增强饲料的透气性,其表面可高低不平。接卵时要将卵块均匀撒在饲料中,适宜的接卵量为 20 万~25 万粒/m^2。

(3)饲养管理:蝇蛆饲养室应保持较为黑暗的条件,避免阳光直射或适当遮阴;饲料内温度应尽量保持在 25~35℃,并注意饲养室的通风换气。幼蛆从卵中孵化后即从饲料表面往下层取食,至 3 龄老熟后再返回表面化蛹。用农产品下脚料饲养时要注意观察,若饲料不足时应及时补充,发霉结块时要及时处理;用畜禽粪便饲养时初有臭味,但在幼虫不断取食活动下,则逐渐变成松散的海绵状残渣,臭味减少,含水量下降到约 50%,体积也大为缩小。饲料不足时要及时补充,以防幼虫从池中外爬。

(4)蝇蛆的分离采收:在 24~30℃适宜温度下,经 4~5 天后蝇蛆个体可发育至 20~25mg,趋于老熟、停止取食,爬离原来潮湿的滋生场所,寻找较干燥的化蛹场所,此时应及时利用其负趋光性进行分离采收。小规模饲养利用分离箱采收,大规模饲养利用室外分离池采收。如需要的是蛹,可在培养料表面铺上 3cm 厚的木屑、柴屑等,待老熟幼虫化蛹后,再分离采收;也可以将分离出的幼虫放入干燥的锯木屑等基质中化蛹、采收。

2.6.4 家蝇的营养成分及其加工利用

2.6.4.1 蝇蛆的营养成分

蝇蛆的营养成分全面,尤其粗蛋白含量较高,达 61%~73%,与鲜鱼、鱼粉及肉骨粉相近或略高;脂肪及碳水化合物等含量均高于鱼粉。除此之外,蝇蛆还含有较多的钾、钙、镁等常量元素,以及铁、铜、锌、锰、磷、硒、锗、硼等多种生命活动所必需的微量元素。

蝇蛆粉是一种廉价的优质饲料蛋白源,其中含有 17 种氨基酸,每一种氨基酸的含量均高于鱼粉,其必需氨基酸总量是鱼粉的 2.3 倍。甲硫氨酸、赖氨酸、苯丙氨酸的含量分别是鱼粉的 2.7 倍、2.6 倍、2.9 倍,这几种氨基酸对家禽的生长、产蛋有着非常重要的作用。

2.6.4.2 蝇蛆的加工利用

（1）鲜蛆利用：用分离采收后的鲜蛆直接饲喂家禽、鸟、貂、蛤蚧、鱼、蜈蚣、蝎子、牛蛙等。

（2）蝇蛆蛋白复合饲料：以农产品下脚料作培养基质的蝇蛆，可连同培养基一同烘干，并经灭菌、粉碎等工序加工成蝇蛆蛋白复合粉，作为精饲料按 5%～10% 的比例加入鸡的配合饲料中，具有很好的饲养效果。

（3）纯蝇蛆蛋白粉：将分离干净的纯蝇蛆经高温干燥、灭菌、粉碎加工成蝇蛆干粉，纯蛋白质含量在 60%左右，可用以代替秘鲁鱼粉添加到各种配合饲料中。

（4）抗菌肽（医药）：抗菌肽（antimicrobial peptide）是昆虫体内经诱导而产生的一类具有抗菌活性的碱性多肽物质，具有强碱性、热稳定性及广谱抗菌等特点。家蝇蝇蛆体内含有抗菌肽、几丁糖、凝集素等大量抗菌、抗癌活性物质，是很好的天然抗菌药物来源。

参 考 文 献

白耀宇. 2010. 资源昆虫及其利用. 重庆: 西南师范大学出版社.

陈晓明, 冯颖. 2009. 资源昆虫学概论. 北京: 科学出版社.

陈晓鸣, 冯颖. 1999. 中国食用昆虫. 北京: 中国科学技术出版社.

陈益, 唐觉. 1989. 鼎突多刺蚁群体结构和生活史的研究. 动物学研究, 10(1): 57-63.

陈振耀. 2008. 昆虫世界与人类社会(第 2 版). 广州: 中山大学出版社.

方三阳, 严善春. 1995. 昆虫资源开发、利用和保护. 哈尔滨: 东北林业大学出版社.

冯颖, 陈晓鸣, 赵敏. 2016. 中国食用昆虫. 北京: 科学出版社.

葛春华, 郑祖祥, 周威君, 等. 1995. 实用商品资源昆虫. 北京: 中国农业出版社.

胡萃. 1996. 资源昆虫及其利用. 北京: 中国农业出版社.

姜嫄, 张翌楠, 李志强. 2021. 大麦虫作为替代寄主和人工饲料繁育花绒寄甲对其繁殖生物学的影响. 中国生物防治学报, 37(2): 209-217.

李孟楼. 2005. 资源昆虫学. 北京: 中国林业出版社.

刘小雁, 容庭, 梁祖满, 等. 2013. 不同剂量大麦虫蛋白粉替代鱼粉对断奶仔猪生产性能的影响. 广东农业科学, (20): 119-121.

陆婕, 钟雅, 柳林, 等. 2007. 家蝇蛆抗菌肽提取工艺研究. 昆虫学报, 50(2): 106-112.

蒙健宗, 潘红平, 韦珂. 2011. 大麦虫沙栽培秀珍菇试验研究. 中国食用菌, 30(3): 32-33, 47.

苗少娟, 张雅林. 2010. 大麦虫 Zophobas morio 对塑料的取食和降解作用研究. 环境昆虫学报, 32(4): 435-444.

冉文波. 2014. 大麦虫复合氨基酸口服液工艺的研究. 乌鲁木齐: 新疆农业大学硕士学位论文.

唐启河, 董志祥, 李还原, 等. 2021. 昆虫降解塑料的机制及其研究方法. 生物学杂志, 38(5): 96-100.

王利娟. 2014. 大麦虫的人工饲养条件研究及生长发育性状评价. 成都: 四川农业大学硕士学位论文.

王孝妮. 2012. 大麦虫生物学及人工饲养条件研究. 成都: 四川农业大学硕士学位论文.

王志华, 于静亚, 沈锦, 等. 2018. 花绒寄甲人工繁育及应用研究. 中国生物防治学报, 34(2): 226-233.

韦珂, 蓝红新, 石杰东, 等. 2014. 大麦虫沙-桑枝杆栽培大杯蕈的研究. 南方园艺, 25(2): 6-8.

文礼章. 1998. 食用昆虫学原理与应用. 长沙: 湖南科学技术出版社.

向蜀霞, 艾为党, 张良长, 等. 2019. 密闭生态系统中大黑甲生长发育及虫沙营养成分的初步研究. 环境昆虫学报, 41(2): 394-398.

徐正华, 沈金德, 徐窕, 等. 2012. 大麦虫虫草人工培育试验. 食药用菌, 20(4): 227-228.

许浩, 文礼章. 2010. 大黑甲形态特征//文礼章, 李有志, 刘自力, 等. 华中昆虫研究(第六卷). 长沙: 中南大学出版社: 148-151.

许浩, 文礼章. 2011. 大黑甲的生活习性与行为特征. 湖南农业大学学报(自然科学版), 37(1): 43-46.

许培育. 2011. 虫虫攻略之"蚂蚁". 农村青少年科学探究, (10): 64.

严善春. 2001. 资源昆虫学. 哈尔滨: 东北林业大学出版社.

严善春, 赵垦田, 邹莉. 2007. 森林生物资源学. 哈尔滨: 东北林业大学出版社.

杨冠煌. 1998. 中国昆虫资源利用和产业化. 北京: 中国农业出版社.

杨莉, 刘颖, 高婕, 等. 2020. 大麦虫幼虫肠道菌群对聚苯乙烯泡沫塑料降解. 环境科学, 41(12): 5609-5616.

张传溪, 许文华. 1990. 资源昆虫. 上海: 上海科学技术出版社.

张婧, 王家祺, 陈潇, 等. 2017. 国内外蜂蜜标准对比及我国蜂蜜安全标准分析. 中国食品卫生杂志, 29(2): 203-208.

张雅琳. 2013. 资源昆虫学. 北京: 中国农业出版社.

郑华英, 丁秀凤, 解春霞, 等. 2016. 替代寄主繁育和饲料饲养对花绒寄甲成虫产卵及存活的影响. 江苏林业科技, 43(2): 13-16.

中国林业科学研究院资源昆虫研究所. 1999. 资源昆虫学研究进展. 昆明: 云南科技出版社.

FAO/WHO. 1973. Energy and protein requirements. Report of a joint FAO/WHO ad hoc expert committee. Rome, 22 March-2 April 1971. FAO Nutr Meet Rep Ser, 522(52): 1-118.

Snodgrass R E. 1956. Anatomy of the Honey Bee. XIV. New York: Cornell University Press: 334.

第3章 药用昆虫

在我国，昆虫入药的历史悠久，从有文字记载以来，就记录了药用昆虫可直接或间接地用于治疗多种疾病。药用昆虫备受昆虫学家和中医药学家的关注。

3.1 昆虫真能治病吗？

我国第一部药学专著《神农本草经》中，记述了 21 种昆虫类药物，并明确药用昆虫 8 种，分为上、中、下三品：上药养命，中药养性，下药治病。其中，上品者有蜂蜜、桑螵蛸；中品者有蜂房、土鳖虫、僵蚕和虻虫；下品者有斑蝥、蝼蛄。

《本草纲目》中记载了昆虫类药物 73 种，并将蜜蜂、蜂蜡及蜂蜜列为三味药。其中，蜜蜂包括蜂尸和蜂子，蜂尸是死亡成蜂的整体，经加工后可治疗流感、皮肤癣及风湿病；蜂子包括幼虫和蛹，又称为蜂胎，营养价值很高，是治疗风湿性关节炎、肝炎的辅助药物。蜂蜡是工蜂蜡腺分泌的脂类物质，在医疗上用作蜡疗，可治扭伤、关节炎、腱鞘炎及外伤性关节疾病。蜂蜜可以用于治疗肝、肾、心血管和呼吸道等疾病，对消化不良、慢性便秘都有较好疗效。

蚂蚁入药在国内外均有记载。在我国，李时珍在《本草纲目》中记载蚂蚁为"玄驹"，有益气、泽颜、催乳、补肾、养肝、健脾、活血、化瘀、驱风寒等功效，尤其是用蚂蚁治疗类风湿关节炎，有着独特功效。在国外，蚂蚁的药用范围更广。非洲人用蚂蚁缝合伤口，将伤口清理后，用几只切叶蚁咬住伤口创缘，之后剪去蚂蚁腹部，4～5 天后去除蚂蚁，伤口可痊愈。在南非，印第安人用蜇人蚁蜇刺患部治疗风湿，疗效优于蜜蜂。在南美洲，巴西北部人用切叶蚁制成饮料或用切叶蚁咬身体特定部位治疗癫痫病，有很好的疗效。早在 19 世纪，德国人就用红山蚁的蛹榨油，与蚯蚓酒精提取液混合，用于治疗麻痹。秘鲁人将姬蚁放入浴缸，姬蚁放出一种酸臭气味，可以用来治疗肠胀气。在现代，美国迈阿密大学的研究人员从一种蚂蚁体内提取毒液并注射到患者身上，用来治疗风湿性关节炎。澳大利亚人用蚂蚁后胸侧板腺的分泌物，即后胸侧板腺素，研制成能有效抑制真菌的新抗生素，可杀灭导致鹅口疮的白色念珠真菌，抑制化脓性金黄色葡萄球菌的繁殖，为治疗病原菌导致的疾病开辟了新途径。

除了蜜蜂和蚂蚁，像蝇蛆这样的昆虫，也具有显著的药用功效。《本草纲目》中记载，粪中蛆可以治疗小儿诸疳积、疳疮、热病谵妄、毒痢作吐；将泥中蛆洗净后，晒干研末贴之，用于治疗目赤；蛤蟆肉蛆则可以治疗小儿诸疳。不仅我国有用蝇蛆治病的记载，国外也有用蝇蛆治病的记载。早在几个世纪前，澳大利亚的土著人、北美的印第安人、南美的玛雅人就利用蛆虫治疗外伤感染。在 20 世纪二三十年代，美国一些外科医生应用蛆虫成功地治疗了几例骨髓炎病例，使这种方法得到了更广泛的应用。此后，由于抗生素的问世和创伤外科治疗技术的发展，蛆虫疗法逐渐被取代。但是，近年来随着抗生素的滥用和细菌耐药情况的日渐严重，同时又因蛆虫成本低、具有很高的性价比，人们又重新燃起了对蛆虫的应用热情。

目前，随着无菌活蛆养殖的成功，蝇蛆治疗日益受到国际医学界的重视，西方一些医疗机构已经开始规范化地采用这种既经济又无副作用的生物疗法。美国、德国、巴西和英国建立了研究蛆虫的科研机构。英国在南威尔士成立了生物外科研究所（BRU），BRU 在 1000 个医疗中心进行了 2 万人次的治疗，使该疗法在过去的几年中得到了迅猛的发展。巴西米纳斯吉拉斯州的圣路易斯医院，近几年一直致力于用蛆虫治疗患者感染伤口的临床研究，结果表明，使用蛆疗的患者伤口恢复比较快，而且留下的疤痕轻。该医院现已开发出一种用纱布包裹、外形类似茶叶包的"蛆包"为患者提供服务。"蛆包"里装有 200 条蛆，在使用时，医生将其覆盖在患者的伤口上，包中的蛆会透过纱布慢慢将患者的伤口清理干净。

全球医学界在新药研究中，已开始从大量的植物药研究转向动物药的研究，尤其是对一些治疗疑难病症药物的研究，相继发现在斑蝥、蜈蚣、虫草、蚂蚁、蜜蜂、胡蜂、蟑螂及一些蝶类体内含有抗癌活性物质。斑蝥素和蟑螂提取物可治疗原发性肝癌。

因此，根据上述记载和研究报道，我们可以肯定地说：昆虫能治病！

3.2 药用昆虫的种类和入药形式

3.2.1 药用昆虫的种类

从公元 2 世纪开始，先后在《神农本草经》《本草纲目》《本草纲目拾遗》3 部古书中记载的药用昆虫和产品已经达到了 100 多种。随着我国现代中医和中药学的不断发展，对药用昆虫的研究更加深入，使药用昆虫的种类在原有基础上增加了很多。在《中国药用动物志》中记载和描述了 143 种药用昆虫；在 1996 年出版的《全国中医名鉴》中收录了 14 目 61 科 208 种药用昆虫；1999 年，蒋三俊在《中国药用昆虫集成》中收录了 14 目 69 科 239 种药用昆虫。药用昆虫除了前面提到的蜜蜂、蚂蚁、蝇蛆、斑蝥、蜈蚣、虫草、胡蜂、蟑螂外，还有地鳖虫、洋虫、九香虫、螳螂，以及产虫茶昆虫等。我国幅员辽阔，气候条件差异非常大，药用昆虫资源在不同地区间的差别也比较大。

如何利用这些药用昆虫治病呢？

3.2.2 药用昆虫入药的形式

传统药用昆虫的利用比较原始，通常是将昆虫虫体或昆虫的分泌物和排泄物直接入药。昆虫的入药形式可以总结为如下几种。

（1）以成虫入药：大多数药用昆虫是用成虫虫体本身入药，如斑蝥、洋虫、九香虫、地鳖虫、美洲大蠊和蚂蚁等。

（2）以蛹入药：如蚕蛹和刺蛾类的蛹。

（3）以幼虫入药：如金龟子和丽蝇的幼虫。

（4）以卵入药：如螳螂的卵鞘桑螵蛸、桑蚕卵、蚂蚁卵。

（5）以昆虫生长发育产物入药：如蝉蜕。

（6）以昆虫排泄物入药：如虫茶，即用某些蛾类粪粒制成的药用茶，有清热明目的作用。

（7）以腺体分泌物入药：如白蜡虫分泌的虫白蜡，蜜蜂分泌的蜂蜡、蜂王浆，紫胶虫分泌的紫胶。

（8）以昆虫在植物上形成的虫瘿入药：如倍蚜虫寄生在青麸杨等植物上形成的虫瘿五倍子。在我国传统医药上，用五倍子为主要原料熬煎而成的"百虫煎"和"五倍子烧伤1号"，具有消炎、止血、镇痛，以及治疗肿毒和老年人支气管炎、痔疮、脚气病的功效，效果显著。在现代医学上，已经使用五倍子制造出了30多种合成药物，其中我们熟悉的复方新诺明，即单宁酸小磺胺甲基异噁唑，是疗效很好的抗菌药。用倍酸作起始原料加工成苯甲醛，再加工成"三甲氧基卞氨嘧啶"，简称"TMP"，是抗菌增效剂，除了对革兰氏阳性、阴性细菌感染有直接疗效外，还可以与四环素、小檗碱（黄连素）、卡那霉素、庆大霉素等抗生素合用，在减少这些药物所带来的副作用的同时，还可以使药效增加几倍至几十倍。

（9）以虫菌复合体入药：昆虫被真菌寄生以后，形成的菌虫复合体可以入药，如冬虫夏草、蛹虫草、僵蚕、蝉花等。

（10）以昆虫采集的天然产物入药：昆虫为了繁殖后代或者度过不良环境，经常从自然界采集大量的天然产物作为食物，这些食物也成为入药的重要成分，如蜂蜜和蜂花粉。

3.2.3 药用昆虫的药理作用

在不断挖掘昆虫药物资源新种类的同时，探索药用昆虫的药理作用及其医学用途，是当前中草药学研究领域的一个热点。目前昆虫的药理作用主要体现在以下几个方面。

（1）抗菌消炎和免疫调节作用。蚂蚁、蜂房和蜣螂的提取物都具有明显的抗菌消炎作用。蚂蚁具有广谱免疫增效作用，可以延缓衰老。

（2）抗肿瘤作用。越来越多的研究发现药用昆虫有抗肿瘤的作用，特别是对一些恶性肿瘤的治疗效果非常明显。

（3）抗溃疡作用。蜂蜜和蜂乳（蜂王浆）不仅能够促进溃疡的愈合，还能增强机体的抗病能力，临床上经常使用蜂蜜和蜂乳治疗十二指肠溃疡及胃溃疡，效果非常好。

（4）抗过敏作用。蜂毒具有比较强的抗过敏作用，国内外临床上用蜂毒来治疗荨麻疹和支气管哮喘等一些过敏性疾病。

（5）性激素样作用。蚂蚁的乙醇提取物可以增加大鼠精囊和睾丸的重量，显著增强大鼠的交尾能力。虫草和虫草菌的水提取液有类似雄激素的作用，临床上用来治疗性功能低下。

（6）对心血管系统疾病的治疗作用。虫草中的虫草素对于舒张血管、降低血压、抗心律失常和心肌缺氧，以及降低血液中甘油三酯含量，都有着非常好的效果，常用于冠心病、高血压和高脂血症的治疗。蚂蚁的醇浸膏和虻虫的水提取液含有抗凝血酶，具有溶解血栓的作用，临床上可用于脑血栓和脑动脉硬化的治疗。

（7）镇痛作用。一些昆虫的药用成分有明显的镇痛作用，能显著提高小鼠对热板所致疼痛的痛阈值。

（8）解热作用。蝉蜕水煎液对伤寒有解热作用。

（9）利尿作用。露蜂房具有轻度利尿作用，可以让家兔在 24h 内的尿量增加（倪士峰等，2009）。

（10）保肝护肝作用。蚂蚁具有明显的保肝作用，可以用于乙型肝炎的治疗。冬虫夏草对小鼠的免疫性损失有明显的保护作用。

为什么昆虫能有这些药理作用？它有什么样的物质基础呢？

3.3 昆虫治病的物质基础

药用昆虫体内含有很多种类的生物活性成分，是其可以治病的物质基础。

3.3.1 氨基酸类

氨基酸含有一个碱性氨基和一个酸性羧基，是构成蛋白质的基本物质。人体所需的氨基酸大约有 22 种，分为非必需氨基酸和必需氨基酸两类，必需氨基酸不能由人体合成，必须从食物中获取。下面了解一下昆虫体内氨基酸的种类及药用作用。

3.3.1.1 虫源氨基酸的种类

蚂蚁含游离氨基酸 26 种、蛋白质水解氨基酸 17 种；雄蚕蛾含游离氨基酸 20 种；蜂蜜含氨基酸 17 种，蜂乳含氨基酸 18 种。所有这些虫源氨基酸种类当中均含有人体必需的 9 种氨基酸，即赖氨酸、甲硫氨酸、亮氨酸、异亮氨酸、苏氨酸、丙氨酸、色氨酸、苯丙氨酸和组氨酸。

3.3.1.2 虫源氨基酸的药用作用

（1）虫源氨基酸能维持人体组织生长、更新和修补，特别在治疗慢性肾衰及研发抗肿瘤药物方面具有显著的作用。例如，以氨基酸为载体的抗肿瘤药物，主要含有谷氨酸、缬氨酸和赖氨酸等，以及氨基酸衍生物。

（2）虫源氨基酸衍生物在临床上常用于治疗肝脏和心血管系统疾病、溃疡病、神经系统疾病和炎症等。

3.3.2 多肽类

多肽是由两个或两个以上氨基通过肽键共价连接形成的聚合物，也是蛋白质不完全水解的产物。多肽有开链肽和环状肽之分，人体内的多肽主要是开链肽。多肽按其氨基酸组成数目的不同可分为二肽、三肽、四肽、寡肽和多肽等。一般由 10 个以下氨基酸组成的肽称寡肽，由 10 个以上氨基酸组成的肽称多肽。根据其功能，多肽可以分为多肽激素类、多肽毒素类和抗菌肽类等。

3.3.2.1 多肽激素类

激素是动物体内的一类化学信息分子。多肽类激素包括由下丘脑、脑垂体和胰腺所分泌的多种激素。昆虫激素是其内分泌器官或某些组织所分泌的具特殊作用的生理活性物质或特殊化学物质。例如，昆虫脑激素促前胸腺激素，是胰岛素的类似物，调控昆虫蜕皮激素的合成和分泌，对昆虫生长发育、蜕皮、变态和繁殖等生命活动起重要作用。

3.3.2.2 多肽毒素类

多肽毒素具有特殊生理活性，在药物应用和生理学研究上有重要价值。例如，蜂毒中至少含有 14 种生物活性肽，包括蜂毒肽、蜂毒明肽、肥大细胞脱颗粒肽、心脏肽等。

3.3.2.3 抗菌肽类

抗菌肽也叫抗微生物肽，在动植物体内分布非常广泛，是天然免疫防御系统的一部分。昆虫抗菌肽是昆虫在受到微生物感染或意外伤害时，在血淋巴及消化道中产生的一类物质，它具有分子质量小、热稳定性强、水溶性好、抗菌谱广和不破坏正常细胞的特点。根据其氨基酸组成和结构特点，昆虫抗菌肽可分为 5 类：天蚕素类、昆虫防御素、富含脯氨酸残基的抗菌肽、富含甘氨酸的抗菌肽、抗真菌肽。昆虫抗菌肽的生理活性主要表现在 3 个方面，即广谱杀菌、抗肿瘤、抑制病毒，因此可用于开发新型抗菌抗病毒药物。

3.3.3 多糖类

昆虫体内的多糖类物质含量一般为 1%~6%，是构成生命的四大基本物质之一。多糖类包括同多糖、杂多糖和复合糖。同多糖是指由一种单糖组成的多糖，如淀粉、纤维素和甲壳素；杂多糖由多种单糖组成，大多含两三种单糖，如琼脂糖；复合糖是指多糖或寡糖共价结合脂、肽或蛋白质形成的复合物，如糖蛋白、糖脂化合物。昆虫体壁中所含有的甲壳素就是以乙酰氨基葡萄糖为基本单位形成的。

现代医药研究表明，多糖及其衍生物具有多种生物活性，在抗肿瘤、抗炎、抗病毒、降血糖、抗衰老、抗凝血和免疫促进等方面发挥着生物活性作用，是一类十分有利用前景的新型抗癌药物资源。在昆虫体内发现了多种具有药用作用的多糖，例如，从牛虻中提取分离到了有抗凝血作用的多糖；从家蚕茧中分离得到一种具有增强机体免疫功能的多糖；从白蜡虫中提取的多糖具有提高免疫力和抗肿瘤等功效。多糖衍生物也常具有一些特殊的免疫活性，如羧甲基化多糖具有抗肿瘤活性。利用甲壳素制备的氨基葡萄糖能促进人体黏多糖的合成，提高关节润滑液的黏性，从而改善关节软骨的代谢和促进软骨组织的生长。据此，研究人员在氨基葡萄糖中加入消炎去痛药剂，制成了能医治关节类疾病的良药——复方氨基糖片，简称"复方氨糖片"。

3.3.4 脂肪类

昆虫体内脂肪类物质的组成受食物、发育、种类等的影响。药用昆虫脂肪类物质的药用价值主要体现在以下两个方面。

3.3.4.1 抗癌

蜂王酸是蜂王浆中含有的一种特有脂肪酸，含量一般在 2%左右。蜂王酸能强烈抑制移植性白血病、淋巴癌和乳腺癌等癌细胞的生长，明显提高患者淋巴细胞的免疫功能，常用于治疗白血病、肺癌、淋巴癌和乳腺癌。

蟑螂油存在于蜚蠊目昆虫成虫体中，有抗癌功能，已用于治疗肝癌和食道癌。

3.3.4.2 益智养脑防血栓

蚕蛹油中含有油酸、亚油酸和大量的亚麻酸等不饱和脂肪酸。亚麻酸是人体内合成 DHA（脑黄金）的原料，对增强智力和记忆力，以及保护视力有明显作用；同时其具有持续降低血脂、胆固醇和抗血小板凝集的作用，还有降血压、防止血栓形成、预防心血管疾病等功效。

3.3.5 生物碱类

生物碱是非肽含氮有机化合物，即除蛋白质、多肽、氨基酸和维生素 B 以外的含氮有机化合物，多为蛋白质代谢的次生产物，结构较为复杂，在动物中分布比较广泛，在昆虫体内主要分布在其毒素中。由于这类成分具有极其重要和特殊的生物活性，因此在动物药资源化研究开发中是绝对不能忽视的。现代研究表明，土鳖虫总生物碱除具有降压作用外，还对心脏缺氧有保护作用，同时也能使心脏缺血得以纠正。

3.3.5.1 胺类

胺类（amine）在昆虫体内种类较多，分布广泛。例如，青腰虫素（pederin）是在隐翅虫科昆虫血淋巴中发现的含量较高的酰胺类化合物，是该类昆虫的防御物质，可刺激肝细胞已癌化的小鼠肝组织生长，微量创面涂敷有促进组织再生、愈合的功效。在蜂毒中还发现有多巴胺、去甲肾上腺素和 5-羟色胺等。

3.3.5.2 咪唑类

咪唑类（imidazole）在昆虫体内主要有组胺（histamine）和尿囊素（allantoin）等（图 3-1）。

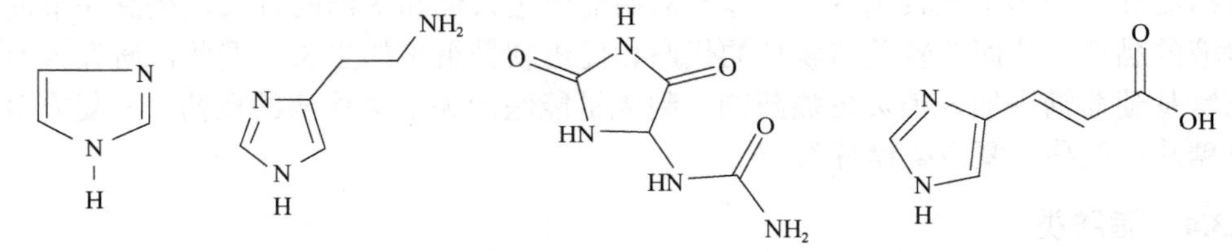

| 咪唑 | 组胺 | 尿囊素 | 尿刊酸 |

图 3-1　咪唑类化合物

组胺是组氨酸在组氨酸脱羧酶催化下脱羧基产生的，几乎存在于哺乳动物的所有组织中，特别是在皮肤、肠黏膜及肺中含量较多。蜂毒中含有组胺类物质。组胺能扩张毛细血管，使毛细血管的通透性增加；还可以引起平滑肌收缩；使腺体分泌亢进，胃液、唾液和胰液的分泌量增加，临床上用于检查胃液的分泌功能。尿囊素在哺乳动物中普遍存在，人尿中含有微量；其可促进细胞生长，加快伤口愈合，在哺乳动物体内是不可或缺的，但是含量比较少。在锯粉蝶 *Prioneris thestylis* 虫体中含有的尿刊酸（urocanic acid）具有抗癌作用。

3.3.6　甾类

甾类化合物（steroid）是具有甾核，即环戊烷多氢菲碳骨架化合物群的总称（图 3-2）。几乎所有的生物都能合成甾类化合物，它是天然物质中分布最广泛的成分之一。昆虫体内含有丰富的甾类化合物，如昆虫的蜕皮激素和性激素。该类物质化学结构多样。

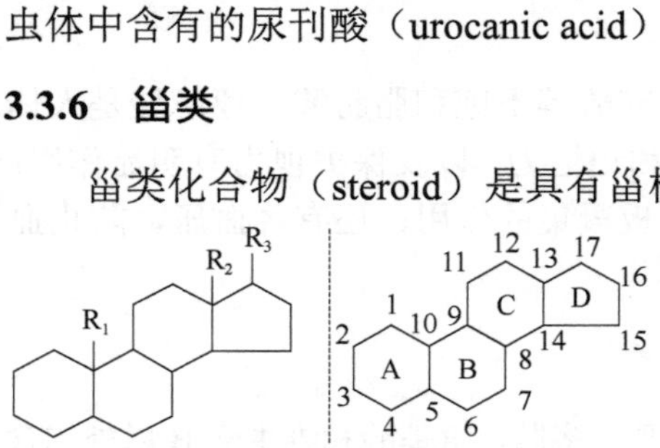

图 3-2　甾类化合物

甾类物质生物活性较为广泛，可促进人体蛋白质的合成，具有降血脂和抑制血糖升高的作用。例如，昆虫蜕皮激素为甾酮类及其代谢产物，具有强蜕皮活性，能促进细胞生长，刺激细胞分裂，产生新表皮；对人体具有促进蛋白质合成、排除体内胆甾醇、促进胰岛细胞的更新和再生、降血脂和抑制血糖升高等功效。甾类物质还具有抗菌、抗癌和增强白细胞吞噬能力的功效，在医学上常用于治疗癌症。僵蚕中的过氧毒角甾醇和 7-β-羟基胆甾醇在体外具有较强的抗癌活性。

3.3.7 萜类

萜类化合物是广泛分布于生物体内的具有 $(C_5H_8)_n$ 通式的化合物及其衍生物的总称，其基本结构是由不同个数的异戊二烯首尾连接构成。根据分子中所含异戊二烯的数量，将萜类化合物分成不同类别，即含 2 个异戊二烯分子的单萜、含 3 个异戊二烯分子的倍半萜、含 4 个异戊二烯分子的二萜等。例如，昆虫的保幼激素属于倍半萜类化合物；昆虫分泌的斑蝥素为单萜类防御物质，同时也是告警信息素。现代医学研究认为斑蝥素具有抗肿瘤作用，特别对原发性肝癌有特效，同时还是安全高效祛除皮肤上疣和瘤的药物。

综上所述，药用昆虫是中医药学必不可少的一个组成部分，甚至占有相当重要的地位。随着对药用昆虫研究的不断深入和医药技术的迅猛发展，必将会发现更多的药用昆虫种类和其功效。

3.4 滋补保健冬虫夏草

虫草是由虫草菌寄生于昆虫的幼虫、蛹或成虫，并长出子实体而形成的。全世界记录的虫草有 400 多种，我国已经收集记录的有 68 种，如冬虫夏草 *Ophiocordyceps sinensis*、亚香棒虫草（霍克斯虫草）*Cordyceps hawkesii*、蛹虫草 *C. militaris*、大团囊虫草 *C. ophioglossoides*、泰山虫草 *C. taishanensis*、大蝉虫草 *C. cicade* 等（图 3-3）。其中，最著名的虫草是冬虫夏草，被人们誉为是最为神奇的药材，俗话说"冬天是虫，夏天是草，浑身上下都是宝"。

图 3-3 虫草
左，冬虫夏草；右，蛹虫草

3.4.1 冬虫夏草概述

冬虫夏草在中国传统中医药学中，仅指分布于我国青藏高原及其边缘地区海拔 3000～5000m 的高寒草甸中的冬虫夏草菌（中华虫草菌）*Ophiocordyceps sinensis*，寄生于鳞翅目蝙蝠蛾科的幼虫后，形成的虫、菌结合体。从全世界范围来看，冬虫夏草菌只在中国、尼泊尔、不丹和印度 4 个国家有分布。中国是冬虫夏草菌最主要的分布地，占其总分布面积的 90%以上。冬虫夏草菌在我国的分布范围北起祁连山、南至滇西北高山、东至川西高原山地、西达喜马拉雅山的大部分地区（图 3-4），约占我国国土面积的 10%左右，涉及青海、西藏、四川、云南、甘肃五省（自治区）。

图 3-4 采挖冬虫夏草

冬虫夏草菌的寄主昆虫主要为蝙蝠蛾科钩蝙蛾属 *Thitarodes*、无钩蝙蛾属 *Ahamus*、蝙蛾属 *Hepialus*、拟蝙蛾属 *Parahepialus* 的种类，已经记录了 66 种。长期以来，蝙蛾属 *Hepialus* 的种类被认为是冬虫夏草菌最主要的寄主昆虫，但是，2000 年 Nielsen 建议将中国科学家在 1984 年以后报道的蝙蛾属几乎所有的种类都归到钩蝙蛾属 *Thitarodes* 中。2010 年，邹志文等对中国蝙蛾属昆虫的分类系统重新进行了修订，将中国蝙蛾属的 60 个种分别归入 4 个属中，即钩蝙蛾属 40 种、无钩蝙蛾属 18 种、蝙蛾属 1 种和拟蝙蛾属 1 种。在这 4 个属中都有冬虫夏草菌的寄主昆虫。虫草蝙蛾 *Hepialus armoricanus* 被归入钩蝙蛾属，种名变更为虫草钩蝙蛾 *Thitarodes armoricanus*（邹志文等，2010）。

以前人们将所有虫草菌全都归到麦角菌科虫草属中。但是近年来，科学家们发现传统的麦角菌科和虫草属都不是单系类群。广义的麦角菌科现在被划分成 3 个科，即狭义麦角菌科 Clavicipitaceae、虫草科 Cordycipitaceae 和线虫草科 Ophiocordycipitaceae。广义的虫草属被分成了 4 个属：①狭义虫草属 *Cordyceps*，隶属于虫草科 Cordycipitaceae；②异虫草属 *Metacordyceps*，隶属于狭义麦角菌科 Clavicipitaceae；③鹿虫草属 *Elaphocordyceps*，隶属于线虫草科 Ophiocordycipitaceae；④线虫草属 *Ophiocordyceps*，隶属于线虫草科 Ophiocordycipitaceae。广义虫草属的大部分种类现已被分别归到 5 个属中，即狭义虫草属 *Cordyceps*、鹿虫草属 *Elaphocordyceps*、异虫草属 *Metacordyceps*、线虫草属 *Ophiocordyceps* 和暴君虫草

属 *Tyrannicordyceps*。在新的分类体系中，冬虫夏草菌属于线虫草科线虫草属，学名由 *Cordyceps sinensis* 变更为 *Ophiocordyceps sinensis*（仇飞，2012；张姝等，2013）。

3.4.2　冬虫夏草形态

冬虫夏草僵虫体部分的形状与蚕很接近，长 2.5～5cm，直径为 0.3～0.6cm；其表面颜色为金黄色至深黄色，每个大环节中有 3～5 个不太明显的小环节；3 对胸足，5 对腹足。它的子座从僵虫的头顶长出，大多数是单生的，只有极少数形成 2～4 个子座；子座呈棒形，稍弯曲，长 3～6cm，个别的有 10cm 长，直径 1.5～4.2mm；表面灰棕色，有细纵纹（图 3-5）。

3.4.3　寄主昆虫——虫草钩蝠蛾的形态特征

冬虫夏草寄主昆虫有几十种，在此仅以虫草钩蝠蛾 *Thitarodes armoricanus* 为例，来介绍冬虫夏草寄主昆虫的形态特征（图 3-6）。

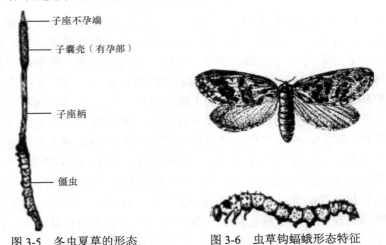

子座不孕端

子囊壳（有孕部）

子座柄

僵虫

图 3-5　冬虫夏草的形态　　　图 3-6　虫草钩蝠蛾形态特征

成虫：体长 14～20mm，翅展 37～45mm。没有下唇须，虫体黄褐色，被有灰黄色的长毛。前翅前缘深褐色，后翅为棕褐色。雌虫和雄虫的翅有很大的区别，雄虫的翅颜色鲜艳，雌虫的翅上黑斑明显。

幼虫：老熟幼虫体长 39～45mm，头部棕褐色，虫体乳白色，圆筒形；前胸背板乳黄色，骨化不十分明显；腹足趾钩圆形排列，臀足趾钩肾形排列。

3.4.4　寄主昆虫——虫草钩蝠蛾的生物学习性

虫草钩蝠蛾生活在青藏高原高寒草甸地区，3 年左右完成一个世代，即完成 1 个世代需 986～1060 天；世代重叠，以幼虫在土中越冬；完全变态，即每个世代包括成虫、卵、幼虫、蛹四个阶段。

成虫在 6～7 月羽化，羽化高峰期多在 6 月下旬至 7 月中旬左右；影响成虫羽化的环境因素很多，其中温度是非常关键的，最利于蝠蛾羽化的地表温度是 12.5～14.8℃，日平均气温是 7.0～9.5℃；相对湿度 72%～90%；土壤含水量 35%～45%。这些环境因素都会影响成虫的自然羽化率。成虫的自然羽化率为 75%～95%。蝠蛾不需要补充营养，羽化当天即可寻找配偶交尾。在寻找配偶的过程中，雄成虫的活动极为灵敏，它可以在距地面 0.2～1.8m 的空中快速飞翔寻找配偶，特别是在傍晚，飞翔活动最为频繁。一部分雄蛾个体有趋光性。雄蛾寿命 5.0～6.1 天，雌蛾寿命 5.5～7.2 天。雌、雄蛾仅交尾一次，极少数会交尾 2～3 次。雌蛾交尾后0.5h 左右开始产卵，喜欢选择缓坡、不积水和幼虫食物丰富且利于后代活动取食的高寒草甸地块产卵。雌蛾一生平均产卵 130～690 粒。

刚产下的卵为乳白色，产后 1～2h 变为黑色。地表温度的变化直接影响卵期的长短，当地表温度为 8.0～14.5℃时，卵期为 36～54 天。8 月中、下旬是卵的孵化高峰期。

幼虫 6～7 龄，发育历期为 760～1032 天。寄主植物有珠芽蓼、圆穗蓼、头花蓼、雪山黄芪、小大黄、金蜡梅等高原草甸植物，幼虫取食地下茎部。幼虫孵化后 26～40h，开始取食寄主植物的嫩芽、嫩根。虫草钩蝠蛾一生中最主要的活动场所是土壤。高山草甸土、高山棕色土壤和暗棕色土壤针、阔叶林等土壤，都是最适宜虫草钩蝠蛾生长的环境。这样的土壤富含钠、镁、钙、铁、磷等微量元素，结构疏松，孔隙性好。在幼虫的生长发育过程中，冬季漫长，其 1/3～2/3 的时间都处在越冬期，多以 3～5 龄幼虫越冬。越冬时潜于 50～60cm 冻土层下方 5～20cm处，冬季常微见活动。温度低于 2℃时，活动缓慢，到 0℃时不取食，少有活动。当高寒草甸深 5cm 左右的地温达 2℃时，幼虫开始取食；地温升至 6.2～16.0℃时，为取食、生长最活跃时期；地温高达 20～25℃时，幼虫活动加速，但不取食，会出现互相残杀的现象；当地温达到 25～30℃时，幼虫会兴奋跳跃，不久就出现死亡现象。老熟幼虫吐丝联结土粒筑茧室，在其中化蛹。

蛹期 45～59 天。老熟幼虫在化蛹前把离地表近的隧道拓宽，做成光滑的土室，上下不封闭，蛹能随温度的变化而上、下活动。发育最适平均温度为 11～13.4℃，相对湿度为 75%～90%。

3.4.5 冬虫夏草的形成

"冬虫"和"夏草"是虫草生活史中的两个重要阶段。

3.4.5.1 "冬虫"阶段

高寒草甸湿度和气温最高的季节是每年的 7～9 月，在这一时期，蝠蛾幼虫生长、活动和取食最为频繁。此时期正是虫草菌子囊孢子成熟并弹出落入土壤的时期，容易侵染蝠蛾幼虫。子囊孢子侵染幼虫有两个很重要的途径。①接触性侵染：

幼虫在土壤隧道中上、下活动时，孢子黏附于刚蜕皮的幼虫体壁节间膜皱褶或气门处而侵染。②食入性侵染：子囊孢子黏附在植物根部和土壤中，当幼虫取食时，随食物进入体内而感染。侵染后菌丝体吸收虫体内的营养而不断生长，与此同时，受感染的幼虫逐渐向地表蠕动，等菌丝充满虫体并消耗完营养后，幼虫正好在距地表 2～3cm 深的隧道，头上尾下僵化而死，这就是所谓的"冬虫"。

3.4.5.2 "夏草"阶段

自然条件下，在第二年的夏季之初，即 4 月底或 5 月初，当年生虫草菌有性阶段的子囊座出土。虫草菌可以在适宜的条件下由营养阶段转变为有性阶段，经过一定时间的生长之后，"夏草"孕育而出，在虫体头部长出紫褐色、形状好像是棒槌一样的子囊座。一般来说，不同海拔地区，虫草采集的最好时节不同：海拔 3800～4500m 地带最好在 5 月中旬至 6 月中旬采集；海拔 4500m 以上的地带最好在 6 月中旬至 7 月初采集，因为这时的冬虫夏草子座长出地面 2.0～4.0cm，子座头还处于尖细时期，即生长子囊孢子的有孕部还未发育膨大，虫草发育最饱满，体内有效成分含量最高。过了夏至之后，子囊孢子相继成熟并弹射而出，又开始侵染活的虫体。

在"夏草"初期阶段，虫草菌子座很不容易被发现，因为在出土 1～2cm 时，它的颜色是浅紫褐色，与土壤的颜色极为相近；当长到 3cm 左右时，子实体开始膨大，颜色也变为灰褐色；当长到 4cm 左右时，子座变为茶褐色，之后变为黑褐色，子实体也继续膨大。在此期间，随着时间的推移，虫草的商业价值也会随之发生变化。子座出土 30 天左右，地下僵虫菌丝老化，从尾部开始萎蔫，商品质量下降；50 天左右子囊孢子开始弹射，弹射孢子后的虫草就失去了商品价值。

3.4.6 冬虫夏草的化学成分

冬虫夏草含有的化学成分比较多，药用成分复杂，主要包括以下八大种类。

（1）核苷类：如 3-脱氧腺苷（虫草素）、腺嘌呤、尿苷、尿嘧啶、鸟苷、鸟嘌呤、次黄嘌呤等。虫草素（cordycepin）是虫草特有的功能成分，也是从真菌中分离出来的第一个核苷类抗生素。

（2）甘露醇与甾醇类：冬虫夏草中 D-甘露醇（虫草酸）的含量为 3.6%，具有利尿、镇咳平喘和清除自由基的作用（图 3-7）；甾醇类如麦角甾醇（图 3-8）。

（3）多糖类：虫草多糖是虫草中主要的、含量最高的活性成分之一，占干物质总量的 3%～8%，目前已经分离纯化出了多种多糖成分，如高度分枝的半乳甘露聚糖。

（4）蛋白质、肽类及氨基酸类：蛋白质由天冬氨酸等 18 种氨基酸组成，同时含有 8 种以谷氨酸、色氨酸和酪氨酸等为主的人体必需氨基酸；环孢菌类环状缩羧肽，可作为免疫抑制剂及抗真菌剂；较高含量的牛磺酸及其衍生物，可抑制骨髓造血细胞微核的形成，这可能是冬虫夏草提高免疫力、改善造血系统和抗肿瘤等功能的物质基础之一。

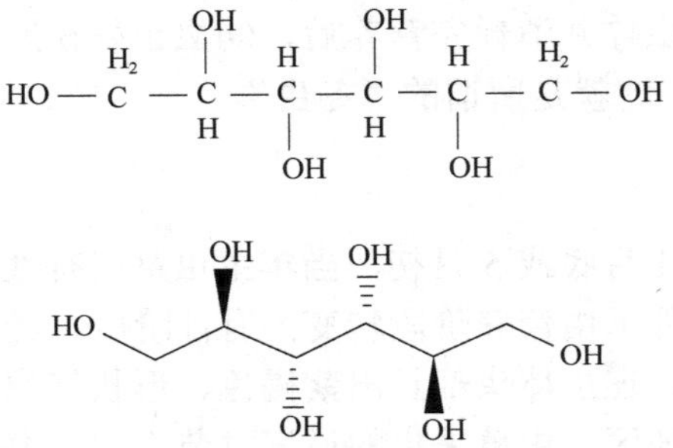

图 3-7 D-甘露醇结构式

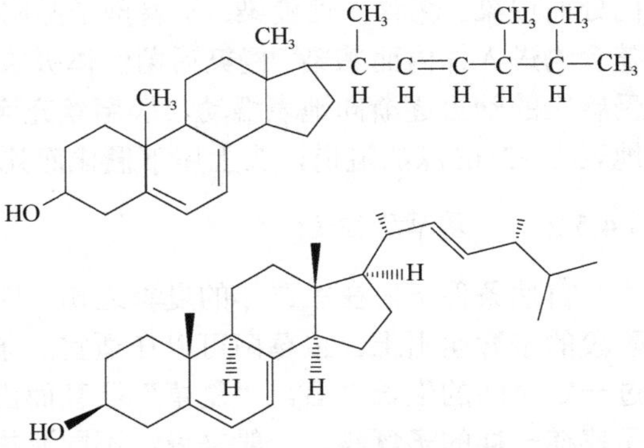

图 3-8 麦角甾醇结构式

（5）有机酸类：含有软脂酸、油酸、亚油酸、软脂酸乙酯及硬脂酸乙酯。

（6）矿质元素：含有磷、镁、铁、钙、锌、锰、铜、钛、铬、硅等 37 种矿质元素。

（7）多胺类：如精胺、精脒（亚精胺）、腐胺和尸胺，以及类精脒等多胺类物质。精胺和精脒为细胞增殖促进剂。

（8）维生素：包括抗坏血酸、核黄素（维生素 B_2）、硫铵素（维生素 B_1）、氰钴胺（维生素 B_{12}）、烟酸（维生素 B_3）、烟酰胺（维生素 B_3 衍生物）及维生素 A 等。

根据目前的研究报道，虫草中具有生物活性的特有物质主要为虫草素、虫草酸和虫草多糖。

3.4.7 冬虫夏草的药理作用

按照中医理论，冬虫夏草既能扶正又能祛邪。扶助正气表现在提高免疫力和增加机体抗病能力等方面，即补益作用；祛除邪气表现在抗肿瘤、抗氧化等方面。除了治疗，冬虫夏草在预防方面的作用也得到了广泛认可。由于冬虫夏草具有极其复杂和多样的化学成分，决定了其具有广泛的药理作用。目前，对其虫草素、虫草酸、虫草多糖和虫草蛋白的药理作用研究较为透彻。冬虫夏草重要的药理作用分为以下几个方面（王林萍等，2014；邹赢锌等，2014）。

3.4.7.1 抑菌

虫草素是冬虫夏草中具有明显抑菌作用的物质。虫草发酵液中含有耐热的广谱性抗菌物质，能拮抗革兰氏阴性和阳性菌、芽孢菌、非芽孢菌及链霉菌。

3.4.7.2 免疫

虫草是免疫系统的双向调节剂，既可以作为免疫保护药物，防止异源性物质的侵入和感染，又可以用作免疫抑制剂来控制机体自身的免疫紊乱和过度免疫。虫草的免疫调节功能在多种疾病的防治中发挥着重要的药理作用，被广泛应用于器官移植抗排斥反应和自身免疫性疾病的治疗。虫草多糖具有增强细胞和体液免疫的作用，其抗癌作用在于增强人体的免疫系统，而非直接杀死癌细胞。

3.4.7.3 抗肿瘤

冬虫夏草活性成分通过抑制核酸、蛋白质的合成或葡萄糖的跨膜转运直接抑制肿瘤细胞的生长；也可通过调节人体免疫力，降低肿瘤发生、转移、复发等。针对虫草抗肿瘤机制的研究，多数学者认为是由于虫草中含有大量的虫草多糖、麦角甾醇及 D-甘露醇、腺嘌呤类物质，此类物质是非特异性免疫增强调节剂，可激活机体的免疫活性细胞，尤其是 T 淋巴细胞、B 淋巴细胞、单核巨噬细胞和自然杀伤细胞等，并且使它们攻击靶细胞，从而发挥其抗肿瘤作用。

虫草多糖通过抑制磷酸化信号转导和转录激活子的磷酸化，或作用于细胞膜受体，促进骨癌细胞凋亡。虫草蛋白可能通过抑制肺癌细胞 DNA 的合成，干扰癌细胞的细胞周期，提高癌细胞肿瘤坏死因子 TNF-α 的表达，以促进肺癌细胞的凋亡。与冬虫夏草的其他成分相比，虫草素的抗癌作用及机制受到了更多的关注，其可通过抑制癌细胞转移和增生，抑制癌细胞的生长，通过线粒体介导的细胞凋亡途径发挥抑癌作用。还有一些研究发现，冬虫夏草能提高自然杀伤细胞与肿瘤细胞的结合率，从而增强自然杀伤细胞对肿瘤细胞的杀伤活性。

3.4.7.4 降血糖

冬虫夏草可通过改善糖的代谢来降低血糖，而且只有血糖值比正常水平高时才发挥效用，因此可以用于预防糖尿病的发生。这在糖尿病的预防研究过程中是一项非常重大的突破。

3.4.7.5 抗氧化

冬虫夏草被认为是一种天然的抗氧化剂，抗氧化可能是其各种抗病作用的重要机制之一。冬虫夏草抗氧化作用的机制包括两个方面。①清除氧自由基。虫草素和虫草酸等成分，可显著提高抗氧化酶活力，清除细胞内的自由基。②保护细胞膜的稳定性。冬虫夏草中黏多糖可在细胞膜表面形成糖屏障，保护细胞膜上酶的活性，降低细胞膜流动性。由于许多疾病都伴随着氧化应激反应对机体的损伤，因此，冬虫夏草在抗氧化方面的优异表现更进一步证实了其用于预防和治疗各种疾病的有效性与可行性。

3.4.7.6 抗衰老

冬虫夏草的抗衰老作用可能与其高效的抗氧化作用密切相关。其中含有的腺苷、维生素 E、锌、硒、铜等直接参与机体 SOD 等代谢，使 SOD 水平升高，清除自由基，降低脂质过氧化物水平，具有抗衰老的功效。

冬虫夏草独特的药理作用和无毒副反应等特征赋予其广泛的应用价值。

3.4.8 冬虫夏草的人工繁育

3.4.8.1 寄主昆虫的饲养

虫草钩蝠蛾幼虫可直接从土壤内挖取，在饲养中一般选用 2 龄幼虫；也可以采集虫草钩蝠蛾成虫，将其交尾后所产的虫卵放在无菌白纸上，在适当的温度下孵化出幼虫。用天然饲料或人工配制的饲料饲喂幼虫，进行人工饲养。

虫草钩蝠蛾幼虫特别喜食圆穗蓼、株芽蓼、黄芪和小大黄等植物的嫩根芽。在没有这些植物的地方，可用禾本科植物如青稞、麦芽和谷芽饲养，或用十字花科和莎草科植物的嫩根饲养。在中、低海拔地区适宜其生活的温度条件下，用土大黄、胡萝卜、白萝卜、白薯、马铃薯和苹果等饲喂也能正常生长发育，但用土大黄、胡萝卜和白薯饲养的效果最好。

3.4.8.2 菌种的培养

纯菌种的分离：在无菌条件下，用接种刀将优质虫草子座横切成小圆块，取出其中的子囊壳，放入无菌的培养皿中，再接种于固体斜面培养基的中央，培养 7～10 天，待菌丝布满斜面时，进行挑选，淘汰杂菌，保存良种后进行转管扩大培养，得到纯菌种。

接种和培养：在无菌条件下，将得到的斜面纯菌种接种入三角瓶中，每管可接 5 瓶，接种后置于 26～28℃的培养室中振荡培养，3 天后可作为液体栽培菌种。

3.4.8.3 人工培育

目前人工培育冬虫夏草主要有两种方式，即温室培育和容器培育。

在温室培育中，选地与配制培养土是非常关键的。首先要选择含沙量大和通气性良好的地方建立温室，温室坐北朝南（当然这是在我国的培养方式，温室的方向是由阳光的方向而定的，所以要有所选择和判断）。南面架玻璃面，室内设置多层阶梯式木框架，框架内装上 8cm 厚的培养土。培养土由 50%的河砂、30%的菜园土、10%的黄泥松土和 10%的天然植物饲料或人工配制饲料混合搅拌而成。然后，把 pH 调节为 6～7，相对湿度调节为 40%～60%，再用阔叶树小叶片覆盖在用培养土整成的砂垄上，进行接种。接种前先用无菌水将液体栽培菌种制成孢子悬浮液，待虫草蝠蛾幼虫长到 2 龄时，把幼虫放入培养床上，将孢子悬浮液用蒸馏水（或冷开水）稀释成 5%～10%的浓度，装入喷雾器内，在晚上 8：00 左右，均匀地喷到幼虫体上，让幼虫一边吃一边往土里钻。一般每平方米可以放幼虫 150～200 头。在接种后，管理是不可忽视的。为防止老鼠、蚂蚁、蜂类和蜘蛛等的危害，一定要注意观察幼虫的活动状态。10 天后，如果幼虫体色由深褐色转变为淡黄色，行动迟缓，最后全身布满菌丝而僵死，则确定为被侵染的幼虫。虫草在不同的生长发育阶段，要求的温、湿度等环境条件不同。此外，子座的形成需要充足的光照条件。

除温室培育外，容器培养也是人工培育中不可或缺的一种方法。容器以广口罐头瓶为好。培养料与温室培养所用的培养料相同。把培养料拌匀后装入至瓶肩处即可，培养料疏松有利于幼虫钻入土内。装好瓶后，放入温室内培养。

工厂化生产则采用固体发酵大罐培养虫草菌，培养至菌丝体阶段即可作药用，并进行有效成分的提取。

3.4.9 冬虫夏草的产业化现状

我国从 20 世纪 70 年代后期就开始冬虫夏草菌人工培育技术的研究，虽然目前已经掌握了一些基本技术，但还未达到产业化的实际要求，尚有很多关键环节有待突破。许多实验室已经掌握了冬虫夏草菌的人工培养技术和寄主幼虫规模化饲养技术，但用冬虫夏草菌接种幼虫形成僵虫的成功率和从僵虫生长出子座的成功率都非常低，成为目前制约冬虫夏草菌人工培育的主要因素。为了弥补天然资源的不足，国内已有至少 3 家企业在进行冬虫夏草菌的工业化发酵，并以固体培养菌丝体和分生孢子体作为有性型虫草的代用品。目前利用人工发酵菌丝体提取的功能成分能够缓解一定的需求压力，但是却无法解决其药效成分单位含量低的缺陷。寻求药效成分合成的关键酶基因，构建相应药效成分的工程菌，提高菌丝体中药效成分含量，定向培养高产的优势药用菌株，是解决该问题的有效途径。

3.4.10 寻找冬虫夏草的替代品

几百年的中医临床实践证实，冬虫夏草疗效确切。但是由于冬虫夏草资源稀缺，对自然环境要求苛刻，其价格极其昂贵。相反，蛹虫草对环境条件依赖度较低，且人工培养技术成熟，工业化产率高，价格远远低于冬虫夏草。冬虫夏草与蛹虫草中所含化学成分种类相似，且已有大量研究表明蛹虫草在抗氧化、抗肿瘤等方面都有着良好的效果。那么，蛹虫草能成为冬虫夏草的替代品吗？

蛹虫草菌属于虫草科 Cordycipitaceae 虫草属 *Cordyceps*，种名为 *Cordyceps militaris*。虽然目前研究表明两者组成成分相似，但每种成分的含量都存在一定的差异，如 SOD、Se 及多数核苷类成分在蛹虫草中含量较高，而虫草酸、多糖类和氨基酸总量在冬虫夏草中含量较高。除此之外，现阶段对两者药效的比较或替代性研究报道还相对较少，要想将蛹虫草进一步开发为药物，为人类健康做出贡献，尚需要对蛹虫草与冬虫夏草在药物疗效、药代动力学等方面进行全面深入的研究。因此，目前还没有充足的理论依据确定蛹虫草可以替代冬虫夏草。为了保护物种资源，2001 年，卫生部明令限制以国家二级保护物种冬虫夏草作为保健食品的原料，保健食品中的冬虫夏草应以冬虫夏草菌丝体替换。2005年，国家食品药品监督管理局接手保健品的监管，进一步明确保健食品的原料使用的冬虫夏草，应以人工繁殖的菌丝体予以替换（王晓彤等，2014）。

3.5　抗衰强身黑蚂蚁

蚂蚁是古老的社会性昆虫，种类繁多，分布广泛，资源丰富。在我国已经鉴定的具有较大药用价值的蚂蚁有10多种，如双齿多刺蚁、黄猄蚁、丝光蚁、黄毛蚁、日本弓背蚁、北方蚁等，其中，对双齿多刺蚁的研究和开发利用最多。双齿多刺蚁 Polyrhachis dives，别名为鼎突多刺蚁、拟黑多刺蚁，俗称黑蚂蚁、大黑蚁，属于膜翅目蚁科 Formicidae，在我国主要分布于浙江、安徽、云南、福建、湖南、广东、广西、海南和台湾等地；国外主要分布于东南亚、澳大利亚、巴布亚新几内亚等国家和地区。经临床研究，该蚁基本无毒，安全性好。

3.5.1　黑蚂蚁的主要成分

黑蚂蚁含有丰富的粗蛋白和人体必需的氨基酸；含有 B 族等多种维生素，以及锌、硒、锰、铁、磷和钙等20多种矿质元素，含量最为丰富的是锌；同时还含有多种酶、甾族类化合物、三萜类化合物、几丁质、蚁酸和蚁醛等。众所周知，蚂蚁是"大力士"，能够举起超过自身体重400倍的东西，那么为什么蚂蚁会力大无穷呢？原因在于其体内含有大量高能量化合物 ATP 和蚁醛。

3.5.2　黑蚂蚁的药理作用

国内对蚂蚁的保健功能研究较多，总的来说可以概括为如下几个方面（陈晓鸣和冯颖，2009）。

（1）抗衰老、抗疲劳：双齿多刺蚁的水提液具有缓解机体疲劳的作用。蚁粉或蚁液可降低体内自由基和脂质过氧化反应，具有抗衰老作用。

（2）提高机体免疫功能：双齿多刺蚁的乙醇提取液是良好的细胞免疫兴奋剂，能促进胸腺和脾脏等器官的增殖及发育；使血液的白细胞和溶菌酶增加，提高巨噬细胞吞噬能力，促进非特异性免疫体系。

（3）抗肿瘤：双齿多刺蚁乙醇提取液可在体外条件下直接杀伤肿瘤细胞，抑制其增殖；还可通过免疫调节作用增强机体抗肿瘤的免疫功能，间接起到抗肿瘤的作用。黑蚂蚁中的营养成分及有效生物活性物质对肿瘤细胞 DNA 可能既有解聚作用，又有抑制合成的作用，从而直接杀伤肿瘤细胞，抑制其增殖。

（4）调节内分泌系统：双齿多刺蚁体内含有多种三萜类化合物、甾族化合物，以及类似性激素和肾上腺皮质激素样的物质，具有直接促进皮质激素和性激素分泌的作用，可增强性功能。

（5）调节血糖血脂：黑蚂蚁对糖尿病小鼠有明显降血糖作用，但对正常小鼠血糖无明显影响；能降低高脂血症大鼠的胆固醇和甘油三酯含量，以及动脉粥样硬化指数的水平，提高血清卵磷脂胆固醇酰基转移酶 LCAT 的活性。

（6）止咳平喘：黑蚂蚁制剂具有平喘和解痉的作用，其乙醇提取液能对抗乙酰胆碱导致的支气管哮喘。

（7）保肝护肝：黑蚂蚁制剂具有治疗肝炎和护肝的作用，能降低血清谷丙转氨酶的活性，防止肝细胞脂肪病变。

（8）抗炎、镇静：黑蚂蚁酒对大鼠关节炎的早期炎症和继发病变均有明显抑制作用，可减轻风湿类疾病的症状，并提高小鼠的痛阈值。

3.6　破瘀接骨地鳖虫

地鳖虫属蜚蠊目，与蟑螂近缘。地鳖虫又名土鳖虫、土元、地乌龟、接骨虫、簸箕虫等，是《中华人民共和国药典》记载的药材。地鳖虫类中药的使用历史悠久，在汉代的药物著作《神农本草经》、东汉著名医学家张仲景的《金匮要略》及明代李时珍的《本草纲目》中均有记载，是传统的活血化瘀、接骨类动物药，现代药理试验也证明地鳖虫具有溶解静脉血栓、抑制血小板聚集、抗凝血和抗癌等功效。

3.6.1　入药地鳖虫的常见种类

常供入药的地鳖虫有 6 种，即中华真地鳖 *Eupolyphaga sinensis*（图 3-9）、西藏地鳖 *E. thibetana*、云南地鳖 *E. yunnanensis*、珠峰地鳖 *E. everestiana*、冀地鳖 *Steleophaga plancyi*（王淑敏等，1996）及金边地鳖 *Opisthoplatia orientalis*。前 5 种属于地鳖科 Corydiidae（旧称 Polyphagidae，又名昔

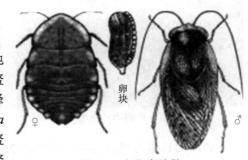

卵块

图 3-9　中华真地鳖

蠊科、鳖蠊科），分布于辽宁、内蒙古、宁夏、甘肃、山西、河北、山东、江苏、浙江、四川、贵州等地；金边地鳖属于光蠊科 Epilampridae，分布于福建、广东、广西、台湾等地。中华真地鳖和金边地鳖是我国最常见的入药种类，也是人工饲养的 2 个主要虫种。下面以中华真地鳖为例介绍其生物学特性、药用价值和人工繁殖技术。

3.6.2　中华真地鳖的形态特征

1）成虫

体型呈卵圆形，扁平，黑褐色或赤褐色；复眼肾形、发达，口器咀嚼式。雌

成虫和雄成虫的体型大小与形态不同，雌成虫体长 30～35mm、宽 25～30mm；雄成虫体长 28～34mm、宽 15～20mm。雄成虫有翅，雌成虫没有翅。

2）卵块

也被称为卵鞘，长约 10mm、宽约 4mm，棕褐色。形状为肾形或豆荚形，一侧呈锯齿状（气孔），齿 11 个，每个卵鞘内双行相互排列着 2～26 粒卵。

3）若虫

初孵及初蜕皮若虫白色而带有米黄色，后渐变为深褐色，体型似雌成虫。与雌若虫不同的是，雄若虫的中胸和后胸背板的后缘深凹，两侧翅芽向后突伸明显。

3.6.3　中华真地鳖的生物学习性

中华真地鳖在江苏、浙江一带 1.5～2 年完成一个世代，在北方 3 年完成 1 代，以卵、若虫、雌成虫在土内越冬。4 月中、下旬，当气温上升到 9～12℃时，越冬的成虫、若虫开始出土觅食；到 11 月中旬，当气温降至 10℃时，潜入土中越冬。6～9 月是最适合其生长发育的时期，越冬若虫一般在 7～8 月羽化为成虫。雄成虫羽化后多在夜间成群飞舞，寻找雌成虫交尾。雄成虫寿命为 40～60 天，每头雄成虫可与 6～7 头雌成虫交尾。雌成虫在羽化 3 天后才开始交尾，交尾后 7 天左右开始产卵（图 3-10）。雌成虫交尾一次可终生产卵。

图 3-10　产卵中的地鳖虫

越冬雌成虫 4 月下旬开始产卵，6～9 月为产卵盛期。每头雌成虫可产卵鞘 10～20 个，最多可产 30 多个，一般 4～6 天产 1 个卵鞘。产出的卵块不会立即脱离母体，有明显的"拖卵期"。卵块排出后，外层分泌物硬化为保护鞘，用来保护卵块。雌成虫寿命为 26 个月左右，最长的可达 30 个月。

卵期的长短与气温相关，在气温 25℃左右时为 45 天，在气温 30～35℃时缩短至 30 天左右。在 8 月中旬之前产的卵，11 月中旬以前就能孵化；而在 8 月下旬以后产的卵，则要到次年 6 月下旬以后才会孵化。初孵若虫一般需 8～13 天才进行第 1 次蜕皮，以后每隔 20～28 天蜕皮一次。雄若虫 8～10 龄，历期 270～320 天。雌若虫 10～12 龄，历期长达 500 天左右。雄若虫发育比雌若虫快，当雄若虫发育为成虫时，同期孵化的雌若虫才刚刚达到 6～8 龄。

中华真地鳖具有喜温、喜湿、畏光、昼伏夜出和假死等习性，一般生活在阴暗、潮湿、腐殖质丰富、稍偏碱性的疏松土壤中。其活动时间主要集中在 19：00～24：00。适宜其生长发育的温度为 12～35℃，最适温度为 30℃左右。卵孵化要求土壤温度在 20℃以上，最适土壤温度为 30℃。湿度要求土壤的绝对含水量在 25%～30%。

3.6.4 中华真地鳖的化学成分及药理作用

3.6.4.1 化学成分

地鳖虫主要含有生物碱、氨基酸、蛋白质、有机酸、酚类、糖类、油脂、甾体、香豆素、萜内酯及多种微量元素。蛋白质含量超过 23%。氨基酸种类齐全，至少含有 17 种氨基酸，以甘氨酸含量为最高，其次为谷氨酸、酪氨酸等。另一类主要成分为脂溶性物质，包括脂肪酸、生物碱、β-谷甾醇、二十八烷醇、鲨肝醇、尿囊素、香豆素等，还含有维生素 A、D、K、E 等脂溶性维生素，其中维生素 E 含量较高。地鳖虫的脂肪酸主要由油酸等不饱和脂肪酸组成，不饱和脂肪酸约占脂肪酸总量的 72%，亚油酸含量约占不饱和脂肪酸的 33%。

3.6.4.2 药理作用

地鳖虫雌虫的药理药效备受关注，尤其在对骨折创伤的治疗、心脑血管系统的保健、免疫调节及抗肿瘤作用等方面。随着对地鳖虫化学组成的揭示和研究的深入，发现其活性成分具有作用强、使用剂量小、疗效显著等优势（田军鹏等，2006）。

1）具有破血逐瘀作用

地鳖虫水浸膏可明显降低大白鼠实验性血栓重量，延长大白鼠凝血酶原时间与小白鼠体外凝血时间；地鳖虫水提液还能显著延长大白鼠出血时间和复钙时间，对血小板聚集率也有明显的抑制作用，还能抑制血小板的释放功能，并存在一定的量效关系。这表明，地鳖虫具有降低血小板黏附性和聚集性、溶解静脉血栓、抗凝血等作用。

2）对骨折创伤具有治疗作用

地鳖虫对骨折创伤的治疗作用主要体现在以下 3 个方面。

（1）促进血管形成，改善局部的血液循环。使用地鳖虫可使扩充毛细血管提前出现，而且血管形成快、形成数量多，使骨折局部有一个提前到来的良好血供，促进局部血液循环；肉芽组织迅速生长；为各种细胞活动提供了必需的营养物质，致使骨生成细胞活动增强，钙盐沉积加速，促进了骨的愈合。

（2）促进骨生成细胞的活性和数量增加。骨折愈合完全依赖于成纤维细胞、成软骨细胞和成骨细胞。这些细胞都是结缔组织特异细胞，能分泌形成腔原纤丝，具有在腔原纤丝内沉积钙盐结晶变为骨组织的共同特征。应用地鳖虫后，骨生成细胞的数量、出现时间及部位均明显强于对照组，致使骨基质形成好，钙盐沉积快，从而加速骨折愈合。

（3）促进破骨细胞数量增加、功能增强。骨折愈合仅靠成骨作用尚无法使断端充分恢复正常，只有在成骨的同时将多余的骨质吸收掉，才能使骨折部位的改建顺利进行，髓腔再通。骨吸收由破骨细胞完成，应用地鳖虫后，破骨细胞出现的时间、数量、功能都明显强于对照组，因此认为地鳖虫有活血、化瘀、通络之功效，使骨折局部血供良好，致使破骨细胞在骨折处发挥其功能。

用地鳖虫配制成的治疗跌打损伤的中成药有很多，如跌打丸、治伤丸、跌打回失丸、消肿膏、复方合叶片、活血丹、伤科七厘散等。

3）对心脑血管系统具有保健作用

（1）扩张血管。地鳖虫生物碱可直接扩张血管。

（2）耐缺氧。地鳖虫生物碱能直接作用于心肌，降低心肌耗氧量，并能提高脑对缺血的耐受力，对心、脑缺氧具有很好的保护作用。

（3）降脂调脂作用。地鳖虫水提液具有调整脂质代谢、抗脂质过氧化反应、减少内皮素的合成与释放、维持一氧化氮/血浆内皮素的平衡、保护内皮细胞的作用，说明地鳖虫具有一定的降脂调脂，以及防治和延缓动脉粥样硬化的作用。

4）对免疫系统具有调节作用

地鳖虫能增加脾脏和胸腺免疫器官的重量，提高红细胞 CR1 的活性。CR1 是一种多肽性膜蛋白，红细胞免疫黏附能力与 CR1 密切相关。提高红细胞 CR1 活性，红细胞免疫黏附能力将随之增强，这说明地鳖虫具有一定的免疫调节作用。

5）具有抗肿瘤作用

国内已有诸多文献报道地鳖虫具有抗肿瘤、抗突变作用，并用于临床治疗。

3.6.5　中华真地鳖的饲养技术

3.6.5.1　饲养方式

地鳖虫的饲养可分为室内饲养和室外饲养，可以采用缸养、坑养、立体层养和防蚁式水上饲养屋饲养等多种方式。缸养、坑养、立体层养这三种饲养方式是最为常用的。

1）缸养

常用大口缸作为小型的饲养设备，在小规模饲养、1～4 龄若虫饲养及卵鞘孵化过程中，使用这样的方法比较适合。可选用内壁光滑的大口缸，一般缸口直径为 50cm，缸深 65cm。首先将缸洗净、消毒；然后在缸底铺一层 10cm 左右厚的小石子，再铺一层 6cm 左右厚的湿土，将土整平夯实。用一根直径 3cm 左右、能通水的竹筒竖于缸的中央，竹筒高 31cm，在竹筒底垫一小块砖瓦。在湿土层之上再铺 25cm 厚的饲养土，使竹筒高出饲养土 6cm，缸上加盖。盖子要用干草编织，并留通气孔和温度计插入孔。用作卵鞘孵化的孵卵缸（图 3-11）可内置两盏 25W或 40W 电灯泡进行加热，用开关来控制温度。如有条件，用恒温箱等设备更好。采用孵卵缸具有许多优点：便于检查、移动及筛取若虫；占地少，便于管理，预防敌害。可以 6～8 只缸叠放，但在缸与缸之间要加垫草。

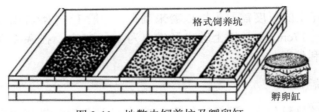

图 3-11　地鳖虫饲养坑及孵卵缸

2）坑养

坑养也称池养（图 3-11），适合于较大规模饲养和 5 龄以上若虫及成虫的饲养。如果在室内建饲养池，应选择地势较高又比较阴湿的旧房或草舍；如果在室外建池，要选择坐北朝南、有庇荫的通风凉爽处。可以根据养虫量的大小和饲养规模来确定饲养池的面积。挖一个深度为 50～65cm 的长方形地下坑，坑的四壁用砖砌平，用水泥抹缝，在坑内放 15cm 厚的饲养土，坑上加通气的盖。饲养坑除了地下坑这一形式，还可以建造地面坑。在地面上用砖砌成 30cm 高的坑壁，水泥抹缝。池上加一通气盖。这种坑易保温、保湿，可根据饲养若虫大小及不同批次分格饲养，有利于地鳖虫生长繁育。

3）立体层养

立体层养适合于大规模饲养（图 3-12）。立体多层饲养可充分利用空间，一般建造 4～6 层长方形饲养台，层间距 45～50cm，每层高 25～30cm，面积为 1～3m。每层分成若干小格，每格留有能喂食并可通气的活动门。这种饲养台平均温度高，地鳖虫食量较大，生长发育快，年产量明显提高。

图 3-12　地鳖虫立体层养

3.6.5.2　窝泥

窝泥即饲养土，窝泥的配制可选用疏松、潮湿、腐殖质含量丰富的垃圾泥、菜园泥，也可用经发酵的牛粪、猪粪作为饲养土。窝泥均需过 6 目筛，然后每 100kg 饲养土中加入 2kg 风化石灰粉，以增加钙质，并具有一定的消毒作用。饲养土的湿度用加水的方法来调节，当手握不成团而有湿润感时，说明饲养土的湿度已经调试好了。饲养土的厚度需要根据虫龄来确定，一般 1～4 龄若虫为 7～8cm，5～8 龄若虫为 10～17cm，9 龄以上若虫及成虫为 20～26cm。在寒冷季节，要增加饲养土的厚度以利保温。

3.6.5.3 取卵孵化

首先要准备好孵化土，用新洁尔灭 1000 倍液拌匀窝泥进行消毒，之后晾干备用。等到地鳖虫产卵盛期，也就是 5～8 月，每隔一星期左右将母虫饲养土筛一次，先用 2 目筛筛出雌成虫，再用 6 目筛筛出卵鞘。用高锰酸钾 5000 倍液浸泡卵鞘 1min 进行消毒，取出晾干；之后将卵鞘分批放入孵卵缸内，分缸孵育。在这个过程中要注意孵化土的含水量、温度和卵的比例等问题。孵化土含水量控制在 25%～30%，与卵的比例为 1∶1。在孵化期内，前 30 天左右，将温度控制在 22～24℃，饲养土湿度调为 25%；后 25 天左右，温度调为 28～32℃，饲养土湿度调为 30% 左右。

在卵孵化过程中要注意如下两个问题：

（1）为使卵鞘受热均匀，每天要翻动卵鞘 2～3 次；

（2）要勤于检查，以便尽早发现若虫孵出，及时过筛。在孵化盛期需要每天或隔天筛一次。

3.6.5.4 饲养密度

在饲养过程中，除温度、湿度等环境因素外，饲养密度也是尤为重要的。当饲养密度过高时，地鳖虫会出现互相残食或吃卵鞘的情况；如果饲养密度过低，则单位面积产量低，经济上不划算。因此，确定适当的饲养密度是非常必要的。因不同虫龄的虫体大小有很大的差异，因此，要根据虫龄来确定每平方米的饲养密度，一般 1～3 龄为 6000～10 000 只，4～6 龄为 3000～5000 只，7～9 龄为 1500～2000 只，9～11 龄为 1000～1100 只，种虫为 400～500 只。

3.6.5.5 分批分档饲养

地鳖虫在不同的发育阶段、不同龄期对饲养环境和食物要求不同，因此分批分档饲养是很必要的。地鳖虫在同一饲养水平之下，同期孵化的若虫到成虫阶段，其发育进程会有 1～4 龄之差。可以在 7～8 龄时进行分类，把若虫分为三档，即 7～8 龄以下的若虫、7～8 龄的若虫、9～10 龄的雌若虫，然后分缸、分池管理。分档饲养的优势体现在：虫批分明，发育整齐，便于饲养和采收，可提高单位面积产量。

3.6.5.6 去雄

在饲养地鳖虫的过程中，去雄也是很重要的一个环节，因为雄虫以末龄若虫入药，雄成虫不入药。通常在自然状态下，雄虫一般占 30%～50%，在一个饲养坑中，只要保持 15%的健康雄成虫，就足以确保交尾繁殖。因此，在大部分若虫发育至 7～8 龄时，将多余的雄若虫取出处理入药。

3.6.5.7　饲料

地鳖虫是杂食性昆虫，饲料种类分为如下 3 类。

（1）精料：如麦麸、米糠、菜饼粉、棉仁饼粉等粮油加工副产品。

（2）青料：如各种菜叶、瓜皮，瓜类的叶、茎、花，甘薯、莴苣、茭白及各种水果的下脚料；白杨、泡桐、桑、柳、楝树等的树叶；棉花、向日葵、野草等的茎叶；水葫芦、水浮莲等水生植物。

（3）动物性饲料：包括猪、牛、羊、鸡、鸭、鱼等的下脚料和残渣等，蚯蚓也是地鳖虫非常好的饲料。

3.6.5.8　饲喂时要注意的问题

（1）饲料搭配：在饲料种类搭配上，要掌握"精青搭配，以青为主"的原则。根据虫龄、季节调整投放量、投放时间，以及精料、青料的搭配比例，每次喂食要求达到"精料吃光，青料有余"的程度。选用饲料时，要根据季节及饲料来源提前安排，尽量避免饲料种类调换频繁，以减少地鳖虫对各种饲料的适应周期。在梅雨湿热季节，应注意防止饲料霉变。对于母虫的饲喂，为防止母虫因水分不足而大量食卵，需要增加多汁饲料，以保证充足的水分。

（2）饲喂方式：4 龄前的小若虫活动能力弱，不善于出土觅食，需要给予特殊关照；可在饲养坑表面撒一层薄土，再将精料撒在土上，方便小若虫的取食。5 龄以上的若虫和成虫，出土觅食能力强，可在饲养土上放置一至数块薄木板，将饲料放在板上喂食，或在土表撒一层厚 3cm 左右的稻壳，再放一层塑料薄膜，将饲料放在塑料薄膜上喂食。要注意保持木板与塑料薄膜的洁净，需要经常清洗。

（3）饲喂频率：饲喂的频率与很多因素有关，其中温度与季节是不可忽视的因素。一般每隔 2～3 天喂食 1 次，夏秋季气温高时需每天喂食 1～2 次。

3.6.5.9　加强越冬保护

在地鳖虫的饲养过程中，怎样才能安全越冬是一个重要的饲养环节。从 10 月中旬开始，就要为虫体内增加脂肪和糖类的积累做准备，以便增加地鳖虫的抗寒能力，减少越冬死亡率。具体方法比较简单：多喂黄豆粉、鱼粉等营养丰富的饲料，同时增加窝泥厚度 4cm，降低窝泥的湿度，使窝泥较夏季干一些；然后再在坑面上盖上一些干草，使之更加保温。

3.6.5.10 地鳖虫的动物敌害及防范

老鼠、蚂蚁、蜈蚣、蜘蛛、粉螨、蛙类,以及鸡、鸭等家禽都是地鳖虫的动物敌害,可用如下措施进行防范。

(1)老鼠:对地鳖虫的危害最大,它可以吃食饲养土表面和土深 30cm 以内的地鳖虫及卵鞘,一只老鼠一晚能吃掉上百只小地鳖,因此必须严加防范。

(2)蚂蚁:地鳖虫身上有浓厚的腥气,蚂蚁闻到腥气之后会钻入饲养池中,衔走小地鳖虫或与地鳖虫争食,危害很大。对于蚂蚁的防范,关键是要阻隔蚂蚁的侵入,可在饲养室外挖水沟,在水沟内注水;或在饲养池坑的四周墙壁上涂一圈黏性胶体,使得蚂蚁难以进入池坑。如发现已有大量蚂蚁侵入饲养池内,应将地鳖虫筛出,更换新土。

(3)螨类:螨类往往是由米糠等饲料带入饲养池的,它们在高温、高湿和营养丰富的条件下很容易大量繁殖。幼螨可外寄生于地鳖虫的虫体上,危害很大。首先要加强预防,在饲养前,应先将饲养土充分暴晒杀螨,精饲料要经过日光暴晒或炒熟再喂。其次是杀螨,当发现粉螨危害时,可在白天用肉骨头、香瓜或香油拌炒香的麦麸、豆粉等诱集粉螨,傍晚清除,连诱几天可减轻危害。危害严重时可喷洒 30%三氯杀螨砜或 20%螨卵酯等农药,或更换饲养土。

3.6.5.11 地鳖虫的病害及防范

在任何一种动物的饲养过程中,都会有病害发生。地鳖虫的病害也是不可避免的,主要包括真菌性病害和生理性病害两类。

(1)绿霉病:主要发生在梅雨季节,一般因饲养土太湿或食物霉变等引起。当发现虫体腹部呈暗绿色、触角下垂、全身绵软无力、行动呆滞、没有食欲、晚上不出来觅食、白天大部分爬出窝泥表面死亡时,即可确认地鳖虫已经患有绿霉病。预防绿霉病的关键是控制湿度,要将窝泥含水量控制在 30%左右;如果已经发病,应及时清除病死虫体,喷洒 1%~2%甲醛进行消毒;在饲料中添加 0.1%的氯霉素、金霉素或土霉素。

(2)卵鞘曲霉病:在高温、高湿条件下容易发病。需要加强预防措施,首先,在孵化期不喂霉变食物;其次,用经过暴晒或蒸汽消毒的清洁细沙作坑土;再用 3%的漂白粉与石灰粉以 1:9 的比例混合后撒在卵鞘上消毒。

(3)生理性病害:对生理性病害主要注重预防,严格控制池土和饲料的含水量,注意精料和青料的搭配,保持饲料清洁、新鲜,适当添加酵母片、抗生素和复方维生素 B 等。一旦发病,要停止饲喂动物性饲料。

3.6.5.12 采收与加工

(1)采收:入药的地鳖虫主要以雌若虫为主,部分雌成虫和雄若虫也采收入药。一般在雌若虫发育到 9～11 龄时虫体最重，折干率达 38%～41%，此时采收最划算。产卵一年后，产卵能力已经衰退的雌成虫也可淘汰作药用，一般于 9 月下旬至 10 月上旬采收为好。雄若虫在 7～8 龄时，结合去雄工作采收，8 龄雄若虫的折干率为 30%～33%。

（2）加工：将采收的地鳖虫用热水烫死，再用清水洗净，在阳光下暴晒 3～4 日，达到体干无杂质即可。如遇阴雨天，可用锅在 50℃下炒干或烘干。一般刚羽化的雌成虫，鲜重每千克约 480 只，烘干后每千克约 1300 只；8 龄后的雌若虫，鲜重每千克约 1100 只，烘干后每千克约 2960 只。

3.7 疗癣抗癌斑蝥虫

斑蝥属鞘翅目芫菁科 Meloidae。芫菁科昆虫分布广，在世界各地都有分布，全球已知 119 属 2300 余种，我国已知 15 属 130 余种，其中，绝大多数种类都含有斑蝥素（cantharidin，$C_{10}H_{12}O_4$），但是其含量因种类和地理分布的不同而有很大的差异。斑蝥以干燥虫体入药，有破血逐瘀、攻毒、利尿、蚀饥疗癣等功能，主治症瘕痞块、颈淋巴结结核、各种顽癣、狂犬咬伤、神经性皮炎、疔疮等。斑蝥素是斑蝥体内含有的一种天然防御性物质，具有重要的药用价值及其他多种用途（如除草、抑菌和杀虫）。

3.7.1 入药斑蝥的种类

《中华人民共和国药典（1985 年版）》对芫菁类昆虫入药有明确的标准，即斑蝥素含量不得低于 0.35%方可入药。斑蝥素含量达到要求的种类有 10 多种，主要为斑芫菁属 *Mylabris*、豆芫菁属 *Epicauta*、短翅芫菁属 *Meloe* 和绿芫菁属 *Lytta* 的种类。例如，大斑芫菁 *Mylabris phalerata* 斑蝥素含量为 0.73%～0.98%，眼斑芫菁 *M. cichorii* 斑蝥素含量为 0.54%～1.48%，中华豆芫菁 *Epicauta chinensis* 斑蝥素含量为 1.25%，绿芫菁 *Lytta caraganae* 斑蝥素含量为 0.225%～0.41%。大斑芫菁又称南方大斑蝥，在全国大部分地区均有分布，主产于辽宁、河南、广西和江苏等地，是最常见的入药种类。下面以大斑芫菁为例介绍其形态特征、生物学习性和药理作用。

3.7.2 大斑芫菁的形态特征

成虫体长为 15～30mm，黑色，被黑色绒毛。头部圆三角形，额中央有一条光滑的纵纹。复眼大，略呈肾形。触角为丝状，11 节，末端数节膨大呈棒状，末节基部狭于前节。前胸长稍大于宽，前胸背部密被刻点。鞘翅端部阔于基部，黑色，每翅基部各有 2 个大黄斑，翅中央前后各有一黄色波纹状横带。足有黑长绒毛（图 3-13）。

图 3-13　大斑芫菁

3.7.3　大斑芫菁的生物学习性

复变态，1 年发生 1 代，以幼虫在土中越冬。成虫植食性，多以豆科植物的花为食；幼虫肉食性，以蝗虫卵为食，有互相残杀的习性。成虫在 7～8 月羽化，交尾后一周左右在土中挖穴产卵。足关节处能分泌黄色毒液，人体皮肤接触该毒液后能引起皮肤发红、刺痛并起水泡。雌成虫寿命为 22～98 天，平均 51 天；雄成虫寿命为 12～87 天，平均 43 天。每头雌成虫可产卵 85～220 粒。卵期 3～4 周，8 月下旬至 9 月卵孵化。孵化率及存活率很低，每次产卵仅有 12%～34% 的幼虫可以发育为成虫。幼虫共 5 龄，1 龄幼虫为衣鱼型，具有发达的胸足，行动活泼，一旦搜索到蝗虫卵块取食后，立即蜕皮变成体壁柔软和胸足不发达的蛴螬型幼虫，经 3～4 龄发育到 5 龄，大多数幼虫会潜入土中越冬，有的就在蝗虫卵块内越冬。第 2 年蜕皮化蛹和羽化，开始新的世代周期。

斑蝥的分布与蝗虫卵块及豆科植物有关。蝗虫分布密度较大的地方，如每平方米有蝗虫 3～6 头，必然有斑蝥分布；如果每平方米的蝗卵数量达到 1.5～3 块，斑蝥数量就会相当多。此外，豆科植物多的地方，斑蝥也多。一般一个蝗虫卵块即可满足一头幼虫生长发育的需要。

3.7.4　大斑芫菁的药效成分与药理作用

斑蝥素（cantharidin，$C_{10}H_{12}O_4$）是斑蝥体内的主要活性成分，是一种单萜类昆虫毒素，以游离斑蝥素和结合斑蝥素形式存在，结合斑蝥素可能以斑蝥素酸钙和斑蝥素酸镁形式存在。斑蝥素具有抗癌活性，此外还有抗病毒、升高白细胞等多种活性，其药理作用主要表现在以下几个方面。

（1）作为中医的传统发泡剂：将斑蝥与某些中药切碎捣烂后，敷于患处或一定穴位，使其局部皮肤灼热和潮红，继之起泡，以达到治疗作用。其作用机制是斑蝥素具有祛邪通络、清热解毒、止痛消肿及利尿等作用。

（2）抗癌：斑蝥素能抑制癌细胞蛋白质合成，从而影响其 RNA 和 DNA 的合成，最终抑制癌细胞的生长分裂（魏方超等，2012）。斑蝥素已被用作疗效比较好的抗癌药物。

（3）抗菌消炎：斑蝥素能够抑制致病性皮肤真菌的生长，从而对一些顽固性皮癣有特效，如用于治疗尖锐湿疣等皮肤病毒的尤斯洛，也称斑蝥素软膏；其还能刺激骨髓细胞 DNA 的合成，引起机体白细胞升高，从而拮抗化疗引起的白细胞下降的副作用。

3.7.5　大斑芫菁的人工养殖技术

由于斑蝥的幼虫为肉食性、成虫为植食性，这种特殊的生物学习性使得其人工养殖困难较大。因此，在斑蝥的养殖过程中，利用天然饲料养殖为好，可与蝗虫的养殖配合进行。具体方法如下。

（1）采集虫源：在人工养殖前，必须先在野外采集获得斑蝥虫源，然后将采集到的斑蝥在室内用笼养或用瓶养，以便进行人工繁殖。采集时间最好在 7～9 月的清晨，于露水消失前进行，因为此时斑蝥的翅湿不利于起飞，比较容易捕捉。捕捉时，应戴手套或使用捕虫网，以免刺激皮肤；或用蝇拍打落在地，再用竹筷夹入容器中；如果日出后捕捉，可以使用捕虫网。

（2）准备食物：筑水泥养虫池，养虫池的大小根据规模而定。在养虫池内种植一些斑蝥成虫嗜食的植物，用豆科和葫芦科植物如苜蓿和大豆等的花作为饲料效果较好。养虫池上面用网罩上，网内饲养蝗虫，使其产卵于池内土中。

（3）饲养：在养虫池中放养斑蝥成虫，雌、雄成虫数量各占一半，使其产卵于土中。如果池土中没有蝗虫产卵，要人为在养虫池中放置蝗虫卵块，以便斑蝥幼虫孵出后，自动找到蝗虫卵块取食，定居生活。待成虫羽化出土后，及时收集。饲养密度为每立方米 1000～1200 头为宜。目前还没有形成大规模人工养殖。

（4）瓶养：可以在野外大量采集蝗虫卵块，储存在 5℃ 以下的冰箱中备用。在野外采集斑蝥成虫集中饲养，待其产卵，人工孵化卵块。在斑蝥卵块孵化盛期，在每个广口瓶中放置 1～2 块蝗虫卵块，在底部铺 5～8cm 厚的细土，保持自然含水量为 16%～20%。卵块顶端微露出土，方便斑蝥幼虫寻找。每瓶接入 1～2 头斑蝥初孵幼虫，用扎孔的塑料膜封口保湿，自然室温饲养，及时检查，剔除未被寄生卵块。待成虫羽化后采收。

3.7.6　斑蝥素的衍生物

斑蝥素（图 3-14）为剧毒中药材，主要影响人畜的胃肠、尿道、心脏和血管等器官系统。虽然斑蝥素具有抗癌效果好、广谱、不易产生耐药性、作用靶点相对明确等优点，但由于它的毒副作用大，尤其是对泌尿系统的副作用较大，安全使用范围非常窄，0.14mg 就能诱发皮肤起泡，使用 10mg 可产生严重中毒，甚至会造成死亡，临床使用必须非常小心，直接口服使用的风险很大，这些因素影响了其进一步的临床应用。因此，寻找具有低毒、高效抗肿瘤活性的斑蝥素衍生物，成为化学家和药物学家们不断努力的方向。

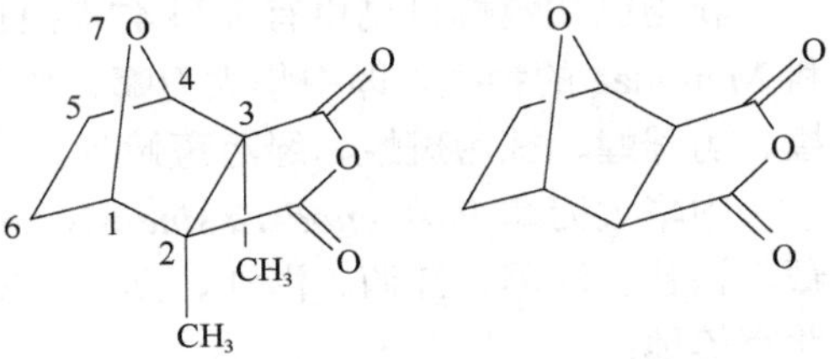

斑蝥素　　　　　去甲斑蝥素
图 3-14　斑蝥素及去甲斑蝥素

近年来，陆续合成了多种斑蝥素衍生物，如斑蝥酸钠（$C_{10}H_{12}O_5Na_2$）、羟基斑蝥胺（$C_{10}H_{13}NO_4$）、甲基斑蝥胺（$C_{11}H_{15}NO_3$）和去甲斑蝥素（$C_8H_8O_4$）等。在斑蝥素及其衍生物中，以斑蝥素的毒性最强，斑蝥酸钠次之，而羟基斑蝥胺和甲基斑蝥胺的毒性很弱。这些衍生物不仅可以减少斑蝥素对人体的毒副作用，还增加了其抗癌效果（杜洪飞等，2014）。

去甲斑蝥素（图 3-14）保持了一定的抗肿瘤活性和独特的升高白细胞的功能，可以拮抗环磷酰胺所致的白细胞下降。去甲斑蝥素升高白细胞的机制，是通过刺激骨髓细胞 DNA 合成，从而促进白细胞从骨髓释放到循环系统。在抗癌的同时还可以升高白细胞，这样的药性在抗癌药物中是不多见的（杜洪飞等，2014）。相对斑蝥素而言，去甲斑蝥素的毒性大大降低，对泌尿系统的刺激副作用基本消除。去甲斑蝥素作为一种高效的抗癌药物被广泛应用于临床，主要用于治疗肝癌、胰腺癌、膀胱癌、乳腺癌、食道癌、白血病、结肠癌、胃癌等多种癌症。

3.7.7 斑蝥素类化合物的合成

斑蝥素首先是由法国药物学家 Robiquet 于 1810 年从西班牙绿芜菁 *Lytta vesicatoria* 中分离得到粗提物，1887 年 Piceard 确定了其分子式，1914 年 Gadamer 等证实了其分子结构；1951 年，Stork 首次在实验室合成了斑蝥素。1976 年，美国科学家 Dauben 等在环合反应中引入超高压技术，使得斑蝥素的合成工艺变得简单可行，产率达到 63%，产量上也可以规模化扩大。该合成工艺唯一的不足是得到内型和外型两种化合物的混合物，需要进行多次重结晶拆分，才能得到单一构型的化合物。去甲斑蝥素的合成相对于斑蝥素容易很多，在无水乙醚及温和的温度条件下，反应的产率可达 97%（董环文等，2008）。

3.8   固精缩尿螳螂子

螳螂以全虫及卵鞘入药，卵鞘药名为桑螵蛸，又称螳螂子、蜱蛸、桑蛸等。

3.8.1 入药螳螂的种类

我国已知螳螂目昆虫有 8 科 47 属 112 种。据记载，入药的 8 种螳螂都是螳螂科 Mantidae 的种类，即中华大刀螂、狭翅大刀螂、枯叶大刀螂、薄翅螳螂、广斧螳、勇斧螳、棕污斑螳、绿污斑螳等。

中华大刀螂 *Paratenodera sinensis* 分布于广东、广西、台湾、四川、贵州、西藏、福建、江苏、江西、浙江、湖北、安徽、河南、河北、山东、陕西、辽宁、北京等地；

狭翅大刀螂 *Tenodera angustipennis* 分布于浙江、宁夏、山东、安徽、江苏、上海、福建、湖北、广西等地；

　　枯叶大刀螳 *T. aridifolia* 分布于浙江、山东、江苏、四川、贵州、云南、西藏、广东、广西、海南；

　　薄翅螳螂 *Mantis religiosa* 分布于全国各地；

　　广斧螳 *Hierodula patellifera* 分布于云南、四川、湖南、浙江、安徽、河北、辽宁、黑龙江等地；

　　勇斧螳 *H. membranacea* 分布于浙江、安徽、湖南、四川、西藏、广西；

　　棕污斑螳 *Statilia maculata* 分布于广东、福建、台湾、江苏、浙江、山东和北京等地；

　　绿污斑螳 *S. nemoralis* 广泛分布于我国中南部地区。

3.8.2 螳螂子类型

　　螳螂种类不同，所产的卵鞘也各不相同，依据大小、外形、颜色可以将其卵鞘分为团螵蛸、黑螵蛸、长螵蛸 3 种类型（图 3-15）。

图 3-15　螳螂子的类型
左，团螵蛸；中，黑螵蛸；右，长螵蛸

　　（1）团螵蛸：团螵蛸由很多膜状薄层叠成，质地膨松，且有韧性，周身呈现浅黄褐色。外形略呈圆柱形，长 23mm 左右，宽 18mm 左右，厚 17mm 左右，背面带状隆起不明显，底面平坦或有附着在枝条上形成的凹沟，断面可见许多放射状排列的小室，室内各有一细小椭圆形、呈黄棕色的卵。气味腥，味微咸。产团螵蛸的种类为中华大刀螳、枯叶大刀螳。

　　（2）黑螵蛸：质硬而韧，褐色或棕褐色，常伴有白色蜡质粉被。外形略呈平行四边形，长 30mm 左右，宽 14mm 左右，厚 14mm 左右。外表有斜向纹理，背面呈凸面状，有一条明显纵向带状隆起，尾端微上翘。产黑螵蛸的种类有薄翅螳螂、勇斧螳和广斧螳。

　　（3）长螵蛸：又名硬螵蛸，质坚而脆，略呈长条形，为灰黄色，长约 40mm 左右，厚约 8mm 左右。一端较粗短，另一端较细而长，表面有斜向纹理，背面呈凸面状并有带状隆起，隆带两侧各有一浅沟，底面平坦或凹入，有时可见附有树皮。产长螵蛸的种类有狭翅大刀螳、棕污斑螳、绿污斑螳。

3.8.3 螳螂的生物学习性

3.8.3.1 生活史

上面提到的几种螳螂，在北京均1年1代，以卵越冬。卵多在来年的5～6月孵化。雌若虫多7～8龄、雄若虫6～7龄。8月上、中旬开始出现成虫，成虫于9月上、中旬开始产卵，9月下旬开始死亡，个别成虫可活到10月底至11月初。

3.8.3.2 生活习性

螳螂可捕食40多种害虫，是农林害虫的重要天敌。一般雄虫先于雌虫羽化，多在早晨和上午羽化，下午羽化的占少数。成虫羽化后，取食约10天左右开始交尾，从交尾到第1次产卵的历期为中华大刀螂23天、广斧螳18天。在交尾时，常见雌虫攻击并咬食雄虫头部，但并不影响交尾。雌虫可交尾多次，每头雌虫可产1～2个卵鞘，产卵时先分泌一层黏液、再产一层卵，产1个卵鞘历时2～3h。除薄翅螳螂产卵鞘于地面石块、土缝中外，其他种类均产卵于树木枝条、墙壁、篱笆等处。卵多在清晨至上午孵化，只有广斧螳在下午及夜间孵化。初孵若虫吐丝连接成群，悬于卵鞘上（图3-16），然后分散活动；1～2龄若虫行动敏捷；老龄若虫行动迟缓。幼龄若虫死亡率很高，有自相残杀现象，虫龄越大残杀越凶，在笼内进行人工饲养时成活率很低。广斧螳栖息在乔灌木上；大刀螂幼龄若虫栖息在杂草上、大龄若虫转栖在树木上；薄翅螳螂一生栖息在杂草丛中。

图3-16 若虫孵化

3.8.4 螳螂子的野外采集

在秋季至翌年春季采收卵鞘。在落叶后的小乔木、灌木及草丛上，以及向阳墙壁、篱笆上可找到螳螂卵鞘。采后清理杂质，蒸30～40min，杀死卵鞘中的卵，晒干或烘干即为中药材桑螵蛸。

3.8.5 螳螂子的功效及其化学成分

3.8.5.1 功效

桑螵蛸味甘、咸，性平、无毒，入肝、肾、膀胱经，有补肾壮阳、固精缩尿的功效，主治男女虚损、滑精遗溺、女子血闭腰痛和白带过多、咽喉肿痛等，但肝肾有热、阴虚多火及性欲亢进者忌用。

3.8.5.2 化学成分

桑螵蛸中含有蛋白质、氨基酸、磷脂类、脂肪、粗纤维、柠檬酸钙结晶、糖

蛋白及脂蛋白等成分,其中,蛋白质 58.5%,脂肪 11.95%,糖 1.6%,粗纤维 20.16%,
7 种磷脂 0.43%;此外,桑螵蛸还含有 Fe、Cu、Zn、Mn、I、Co、Cr、Ni 等 20
多种微量元素及 K、P、Ca、Na、Mg 等宏量元素。3 种桑螵蛸均含有 18 种氨基酸,
其中包括人体必需的 8 种氨基酸。桑螵蛸的药用功能与其化学成分密切相关。现代
药理研究证明桑螵蛸有抗尿频和收敛作用,其所含磷脂有减轻动脉粥样硬化作用。

3.8.6　螳螂子的用法

(1)治遗精、白浊:桑螵蛸 30g、龙骨 40g,共研成细粉,每次 5g,空腹淡
盐水送下,每晚 1 次。

(2)固尿汤:治小儿遗尿。黄芪、桑螵蛸、煨益智仁各 10g,研细冲服或水
煎服,每天 1 剂,分 2 次口服,3 剂为 1 疗程,一般 1～2 个疗程见效。

(3)治小便频多:螵蛸 30 个,炙黄色,分 2 次水煎,每天服 2 次。

(4)治未溃破冻疮:采树上的桑螵蛸,用刀切开,取黄色汁液,涂擦冻疮面,
不包扎,每天或隔天 1 次,约 5 次可治好。

3.9　理气散瘀九龙虫

九龙虫 *Palembus dermestoides* 也称洋虫(陶海滨,2008),属鞘翅目拟步甲科
Tenebrionidae,是一种分布广泛的仓库害虫,也是一种重要的资源昆虫。九龙虫
在国内主要分布于广东、广西和海南等省份,在江浙及其他省份有零星饲养。九
龙虫以成虫全体入药,其单方或复方可治劳伤咳嗽、吐血、中风瘫痪、感冒、风
寒、心胃气痛等几十种病症。九龙虫也是民间药物,民间流行食用九龙虫,进行
保健养生、抗衰老、防癌等,特别是在吉林省延边朝鲜族自治州和韩国更为盛行。

3.9.1　九龙虫的形态特征

成虫体长约 6mm,长椭圆形,暗黑
色,有光泽,上唇、触角、足及虫体腹
面棕褐色。头宽约为前胸背板的一半。
触角 11 节,基部 4 节较小,呈念珠状,
5～10 节较大呈扁珠状,末节几乎圆形,
触角着生白色短毛。小盾片三角形,棕
红色。复眼杯状。鞘翅外缘和后缘下垂
内折,每个鞘翅有 8 条从基部到端部的
平行刻点纵线,纵线间有多数小刻点。
前足和中足各有 5 节跗节,后足有 4 节
跗节(图 3-17)。

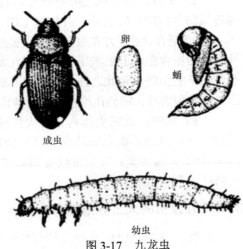

图 3-17　九龙虫

3.9.2　九龙虫的生物学习性

成虫食性较杂，喜温畏光，在强光下表现出明显的负趋光性，在弱光和黑暗下均可生长。该虫极畏寒，当温度低于 10℃时，几乎不活动，也不取食；在 25～35℃条件下生长快，活力强。成虫喜群居，种群较密集时，生长和繁殖均较旺盛；相反，若种群数量少，则活力差。成虫寿命一般约为 3 个月。一生可多次交尾，羽化后 3～4 天即可产卵。成虫产卵期很长，喜产卵于皱褶处或缝隙中，一个卵块有十几粒至几十粒卵不等。幼虫和成虫营养条件的好坏对其产卵期和产卵量影响很大，在营养条件好的情况下产卵期长达 100 余天，单雌平均产卵量高达 524 粒。雌虫大致有 3 个产卵高峰期，分别在羽化后 5～10 天、35～45 天和 65～85 天。卵经 4～5 日孵化。幼虫 8 龄，需 43～47 天完成发育。蛹期 6～11 天。常温下由卵发育至成虫约需 2 个月。

3.9.3　九龙虫的化学成分

九龙虫含有的总氨基酸为 33.06%，人体必需氨基酸为 12.07%。九龙虫共含有 16 种氨基酸，其中苏氨酸、缬氨酸、甲硫氨酸、亮氨酸、异亮氨酸、苯丙氨酸、赖氨酸皆为人体必需氨基酸；含有不饱和脂肪酸 17.65%，不饱和脂肪酸在临床上的应用日趋广泛，特别是在治疗高脂血症和恶性肿瘤方面，已引起了人们的极大关注；含人体必需微量元素 10 种，微量元素参与机体许多重要的生理过程。九龙虫中存在抗氧化物质 SOD，具有美容养颜和抗衰老作用。

3.9.4　九龙虫的药理作用

九龙虫的药理作用主要体现在以下几个方面。

（1）护肝：九龙虫乙醇提取液可抑制四氯化碳（CCl_4）所导致的小鼠血清谷丙转氨酶（SGP）的上升，并拮抗 CCl_4 对肝脏组织的破坏作用。

（2）活血化瘀：九龙虫全虫的水提液能显著降低大鼠全血低切黏度、血浆黏度、纤维蛋白原含量和血细胞压积，说明九龙虫是通过影响红细胞和纤维蛋白原而发挥活血化瘀的作用。除此之外，九龙虫的副产物如虫粪和蜕皮等生长代谢产物，具有活血祛瘀和消肿止痛的作用，对治疗挫伤、扭伤所致的皮下充血和肿胀等效果显著。

（3）抗癌：九龙虫体内含有大量棕榈油酸、亚油酸和油酸等不饱和脂肪酸，在临床上，这些不饱和脂肪酸对恶性肿瘤均表现出较好的疗效。

（4）抗菌消炎：九龙虫醚提物对常见致病菌如金黄色葡萄球菌、绿脓杆菌和大肠杆菌等有抑制作用。

3.9.5　九龙虫的人工养殖技术

目前，对九龙虫还没有达到规模化饲养的程度，主要是小规模人工饲养，技术要点如下。

3.9.5.1　饲养器皿

采用有盖的铝制、塑料制或木制器皿均可，并在盖上打些小孔，这样有利于九龙虫的呼吸。器皿的体积不宜太大，以 300～500cm² 为宜。

3.9.5.2　饲料

九龙虫的食性较杂，可用大米、玉米、挂面、花生、党参、红花、红枣和槟榔等为原料，配制成复合饲料进行饲喂（图3-18）。不同虫态应分开饲养，这样有利于管理和繁殖。对成虫和幼虫可选择不同饲料饲养，成虫饲料可用玉米、大米和花生等块状或粒状饲料，玉米和大米最好都爆成米花。幼虫尤其是低龄幼虫宜吃碎屑状或粉状饲料，可将谷类磨成粉，加入5%酵母粉。

图3-18　九龙虫饲养与饲料

3.9.5.3　饲养管理

（1）温湿度控制。温度一般控制在 20～35℃；相对湿度控制在 40%～75%，在成虫产卵和卵孵化期间需要较高湿度，须控制在 70% 以上。需要注意的是，如果湿度过高，饲料容易发霉。

（2）采卵和卵孵化。把纸折成扇形折褶，并用橡皮筋将折纸捆紧，放入成虫饲养容器内，每个饲养容器内放 4～8 个折纸，供其产卵（图3-19）。将已经产上卵的折纸取出，集中放在孵化容器内进行孵化，在孵化容器内放一块湿棉花增加湿度。待幼虫孵化后将初孵幼虫从折纸中弹出，用幼虫饲料饲喂。

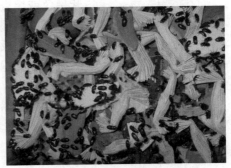

图3-19　供九龙虫产卵的扇形折纸

（3）注意病害防治。微孢子虫病是洋

虫的严重病害，一旦发病，很难治疗，甚至会全部死亡，目前尚无很好的防治方法。因此，应注意饲养室和器皿的清洁卫生，可定期用 75%乙醇喷洒或擦拭，或用 1：19 福尔马林液浸泡器皿消毒。

3.9.5.4 采收与加工

成虫生活期内均可采收。也可让成虫产卵一段时间后再采收，以利繁殖后代。以成虫寿命达到 1 个月后采收为好。采收时可将扇形折纸放在饲养容器中，待成虫爬到纸褶上，再将成虫采收到容器中。将采收的成虫低温烤干，瓶储备用。

3.9.6 九龙虫的用法

以干燥成虫整体入药，研末或整虫生服，或捣碎外敷，具有活血祛瘀、温中理气的功效，主治劳伤咳嗽、吐血、中风瘫痪、跌打损伤、心胃气痛、反胃、噎膈等症。

（1）治胃脘气痛：九龙虫 9 只，研成粉，以槟榔 15g 煎汤送服。
（2）治哮喘：九龙虫 9 只，研成粉，以薄荷 15g 煎汤送服。
（3）治伤食：九龙虫 9 只，姜汤送服。
（4）治偏瘫：九龙虫 9 只，研成粉，用木香 15g 煎汤送服。
（5）治刀斧伤：九龙虫数只，捣烂外敷患处。

3.10　理气止痛九香虫

九香虫 *Aspongopus chinensis* 属于半翅目蝽科 Pentatomidae，俗名黑兜虫、瓜黑蝽，分布于河南，以及华东、华中、西南和华南各地，为我国特有的昆虫种类。

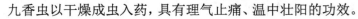

九香虫以干燥成虫入药，具有理气止痛、温中壮阳的功效。

3.10.1　九香虫的形态特征

图 3-20　九香虫

成虫体长为 16～19mm，宽 9～11mm，长卵圆形。呈紫黑色或黑褐色，有铜色光泽。密布细刻点。触角 5 节，前 4 节为黑褐色，第 5 节黄红色。前胸背板及小盾片具横皱，前胸背板前缘有一色泽较暗的眉形区。后胸腹板近前缘有 2 个臭腺孔。腹部腹面中区常为深红色，每节气孔下有一条浅沟。各节侧缘黄黑相间，黄色部常狭于黑色部。足紫黑色或黑褐色（图 3-20）。

3.10.2　九香虫的生物学习性

在长江以南，1 年发生 1 代，以成虫在土块和石块下、石缝中、瓜棚的竹筒内、墙壁裂隙间和枯枝落叶中越冬。在江西奉新，越冬成虫一般都于次年 5 月上中旬开始活动，5 月中下旬迁至南瓜苗上；成虫常常多头群集于瓜藤及叶柄处取食危害，若遇到惊动，在气温较高时会展翅飞翔逃离，在气温较低时则假死落地。6 月中旬至 8 月上旬，成虫在瓜叶背面或近地表的瓜蔓基部下方产卵，有时也会在枯干芦苇上产卵，每处产卵 24 粒，单行排列。卵于 6 月底至 8 月中旬孵化，初孵若虫喜在瓜蔓裂处和腋芽上取食，较大若虫常以数头至 10 余头群集于瓜蔓及叶柄上取食。成虫于 8 月中旬至 10 月上旬羽化，10 月上旬至下旬陆续越冬；寿命约 11 个月。

3.10.3　九香虫的化学成分

九香虫的主要成分为蛋白质和脂肪，蛋白质占其干物质总质量的 44.3%，粗脂肪占 53.0%。九香虫含有人体必不可少的维生素 A、维生素 E、维生素 B_1 和维生素 B_2，维生素 A 的质量分数较高；含有微量元素，Fe 的质量分数相对较高，达到 202.5mg/kg；其次为 Zn，质量分数为 68.4mg/kg；含有 18 种氨基酸，其中丝氨酸和苏氨酸的质量分数较高，8 种人体必需氨基酸的质量分数占总氨基酸质量分数的 29.9%；含有 12 种脂肪酸，其中包括 6 种不饱和脂肪酸，即十四碳一烯酸（C14：1）、软脂油酸（C16：1）、油酸（C18：1）、亚油酸（C18：2）、芥酸（C22：1）和二十二碳二烯酸（C22：2），质量分数较多的为软脂油酸和油酸，分别占脂肪酸的 24.1% 和 20.4%。亚油酸和二十二碳二烯酸为人体不能合成的脂肪酸；不饱和脂肪酸的质量分数占总脂肪酸的 57.1%，饱和脂肪酸只占 42.9%。

3.10.4　九香虫的药理作用

九香虫在临床上用于治疗血管瘤、食道癌、胃癌、急慢性腰肌劳损、肝胃气滞、脾胃不和及肾虚阳痿，其抗肿瘤作用可能与其体内锰、镁和锌的含量较高有关。其药用机制主要有以下几个方面。

（1）抗菌：对金黄色葡萄球菌和伤寒杆菌具有较强的杀灭作用。

（2）抗癌：可以治疗胃癌和食道癌，对乳腺癌、子宫颈癌和喉癌也有一定的疗效。

（3）活血化瘀：九香虫水煎液具有明显的抗凝血作用，能显著增强纤维蛋白溶解活性。

（4）解痉和止痛：用于治疗消化道疾病疗效显著。将由九香虫等中药组成的止痛灵片剂配成 20%、10% 和 5% 的混悬液，有很强的胃肠道解痉作用。用九香虫治疗胃炎、胃溃疡及十二指肠溃疡导致的胃脘痛，止痛效果也很理想。

（5）治疗肾虚：用九香虫、桑螵蛸和五味子等组成的遗尿方，治疗肾阳虚型小儿遗尿症有良好效果；还可以将九香虫制成药酒，起到温中壮阳的作用。

目前对九香虫的研究主要停留在对传统中药的验方方面，九香虫多与其他中药配伍使用，其具体有效成分及治病机制还有很多不清楚的地方，仍待进一步研究。

3.10.5 九香虫的人工养殖技术

目前,九香虫的饲养多为从自然界采集成虫进行半人工养殖。8～10 月可以在寄主植物上捕捉到九香虫,也可根据当地情况在冬春季节采集越冬成虫。九香虫的饲养可在室内进行,也可在室外或田间进行。具体饲养方式和注意事项如下。

(1)小笼养殖:根据地形的宽窄及养殖规模决定饲养面积。养殖笼可用竹木或钢材做成长 6m、宽 5m、高 2.5m 的网笼架,网笼的一侧开设一个小门,四周用尼龙纱网封罩严密,网孔大小以幼龄若虫不能逃出为宜。网笼内种植南瓜、丝瓜和冬瓜等藤蔓植物,供九香虫取食。

(2)田间罩网养殖:罩网的大小可根据养殖地的实际情况而定,一般做成 25m 长、10m 宽、3m 高的棚架,顶部和四周用尼龙纱网封罩严密。也可根据养殖量的多少同时设几个网罩。棚内种植各种瓜类植物,供九香虫取食。

(3)放养方法:每平方米可放养 100 头成虫。若虫孵出后,要注意做好预防风暴袭击等突发情况的准备工作,在迎风面设置挡风屏障,以减弱风力,尤其对1～2 龄若虫,更应注意做好这项工作。加强越冬管理,一般在笼和网罩内放置石板或水泥板,板与地面间留一定空隙,让成虫在石板或水泥板的空隙中越冬。地面要保持湿润,并在四周挖好排水沟,防止雨水淹渍。

(4)采集加工。每年 10 月,当老熟若虫羽化为成虫后,便可捕捉并加工成商品。用捕虫网捕捉后,将活虫放在瓶罐内,洒入白酒,盖好盖将其闷死,每 5kg成虫用 200mL 白酒;或将成虫装入布袋内,置于沸水中烫死,取出晒干保存。保存时要防止虫蛀和霉变,以免影响药材品质。

3.11 清凉解毒喝虫茶

3.11.1 虫茶概述

众所周知,中国是茶的故乡,茶文化博大精深。在茶文化中,有一道独特的风景线,即虫茶。严格意义上说,虫茶不属于普通茶叶,以药用茶或保健茶的形式出现,被誉为茶中奇珍。虫茶作为我国特有的林业资源昆虫产品,是由鳞翅目特种昆虫取食特种植物后所产生的排泄物制作而成。在饮用时,将几克虫茶放入杯中,倒入沸水,最初茶粒飘浮于水面,随后缓缓飘落于杯底,同时释放出一缕缕血丝般的茶汁,犹如袅袅炊烟,蜿蜒盘旋而下,饮入口中,茶香四溢,余味久久。

虫茶在我国历史悠久,早在李时珍所著《本草纲目》中就有提到,流传至今已有至少四五百年的历史。在清朝,虫茶是贡奉给皇帝的珍品,故又名"贡茶"。虫茶是黔、桂、湘地区的传统饮品,同时也深受新加坡、马来西亚、南洋群岛等国家和地区的欢迎,是我国传统出口产品。虫茶是高温下作业人员的重要清凉保健饮料,也是热带、亚热带地区华侨的清凉保健饮品,饮用后可清热去暑(文礼章和郭海明，1997）。

3.11.2 虫茶的由来

有关虫茶的由来现已无法考证其准确性，根据史书记载和当地少数民族居民的叙说，现大致有两种说法（张钰，2011）。

其一，相传在清朝雍正年间，由于官府的镇压和剥削，苗民只得躲入深山，饥寒交迫的百姓只能用野菜充饥，渐渐地野菜吃完了，就采摘茶叶来代替，不料，一段时间后储存的茶叶全部被昆虫吃完，剩下的只是昆虫的粪便及茶叶残渣，苗民只好将之丢弃在山间，却在无意中发现掉入水中的虫粪颗粒可浸出一缕缕血丝般茶汁，喝入口中味觉甘甜。从此，苗民便开始饮用虫茶，并形成传统保留至今。后来长安城的官员们知道了，为了向皇上献媚争宠，便下令当地百姓大制虫茶，用树皮做成精致漂亮的包装盒，外裱红纸，半斤一盒，作为珍品每年向朝廷进贡，故虫茶又称为"贡茶"。

其二，相传一位穷苦的村民吃不起茶叶，便上山采摘化香树叶代替茶叶饮用，后来储存的化香树叶吸引了化香夜蛾在里面产卵繁殖，村民在开始泡茶时并没有发现昆虫，连叶带虫泡入水中，直到茶汤飘香时才引起注意，后来经过反复地琢磨，最终发明了虫茶。

那么，产虫茶的昆虫种类有哪些？这些昆虫所产的虫茶又有什么不同？

3.11.3 虫茶及产虫茶的昆虫种类

产虫茶昆虫的幼虫均为腐食性，食性较杂，能取食多种腐熟的植物叶，如化香树、三叶海棠、山茶、苦丁茶和白茶等。从理论上分析，虫茶的性质和保健功效是由产茶昆虫种类及相应的寄主植物决定的。根据昆虫种类及其所取食植物的不同，中国的虫茶大致分成如下 5 种（张钰，2011），其中有药效作用记载和研究报道的主要是前 2 种（图 3-21）。

图 3-21 虫茶

（1）苦茶虫茶：由米缟螟 *Aglossa dimidiata*（又名米黑虫、茶蛀虫）取食三叶海棠 *Malus sieboldii* 和苦丁茶 *Rubus henryi* 后所产生的虫粪制成，亦称为三叶虫茶或苦丁虫茶，是湖南省邵阳市城步苗族自治县和怀化市通道侗族自治县的特产，是苗族和侗族的特色传统饮品，其茶汁清甜、香浓味美，常饮不厌。

（2）化香虫茶：又名龙珠茶、化香金茶，由化香夜蛾 *Hydrillodes morosa*（又名阴亥夜蛾、黄纹淡黑夜蛾、弓须亥夜蛾）、雪疽夜蛾 *Simplicia niphona*（又名曲线贫夜蛾）取食化香树 *Platycarya strobilacea* 叶产生的虫粪制成。主要产地是广西龙胜县、三江县。灰直纹螟 *Orthopygia glaucinalis*，别名黄条谷螟、黄边褐缩螟、干果螟，也以化香树叶为食，是贵州东南部苗族侗族自治州从江地区的主要产虫茶昆虫（刘健锋等，2013a，2013b）。

（3）白茶虫茶：又名老鹰茶虫茶，包括米白虫茶和紫白虫茶。由米缟螟 *A. dimidiata* 取食樟科植物白茶 *Litsea coreana*（学名豹皮樟）树叶后所产生的虫粪制成。云南、贵州、四川三省部分少数民族聚集地是其主要产地。紫白虫茶，又名紫斑谷螟白茶虫茶，由紫斑谷螟 *Pyralis farinalis*（又称粉螟、大斑粉螟、粉缟螟蛾、谷粉大螟蛾）取食白茶树叶后所产生的虫粪制成。2011 年首次发现紫斑谷螟是贵州赤水地区用以生产虫茶的主要昆虫种类，其幼虫为害粮食、油料、中药材、干果和茶叶等，是世界性仓库害虫。紫斑谷螟在贵州省被广泛用于虫茶生产（尚小丽等，2013）。

（4）柳叶虫茶：又名天龙虫茶，由蓝目天蛾 *Smerinthus planus*（又名柳天蛾）取食旱柳 *Salix matsudana* 树叶后所产生的虫粪制成。主要产地是江西萍乡。

（5）桑叶虫茶：又名柞蚕虫茶，由柞蚕 *Antheraea pernyi* 取食桑叶 *Morus alba* 后所产生的虫粪制成。主要产地是吉林。

3.11.4　虫茶的化学成分

三叶虫茶中含粗蛋白 12.04%、茶多酚 16.28%、游离氨基酸 1.39%；氨基酸 18 种，种类较为齐全，总含量与传统茶叶相当；9 种必需氨基酸的总量达到 0.722%，是传统茶叶的 3～12 倍，特别是赖氨酸、甲硫氨酸、苏氨酸、色氨酸的含量远远高于常规茶叶，而这 4 种氨基酸在一般植物食品中都是限制性氨基酸；其茶氨酸、天冬氨酸、谷氨酸的含量远远低于常规茶叶，而这 3 种氨基酸对改善茶汤滋味具有重要作用。三叶虫茶中含脂肪酸 1.23%，其中多不饱和脂肪酸占 35.25%；矿质元素钙、磷、镁含量较高，铁、铜、锌、锰等的含量丰富；维生素 C 和维生素 E 含量与普通茶叶相当。

3.11.5　虫茶的药用价值

古代医书上记载，虫茶具有清凉止渴、去暑清热、解毒消肿、提神健胃、明目益思、顺气解表和散瘀止痛等功效。虫茶在医药上用作收敛剂，对腹泻、鼻出血、牙龈出血及痔出血等都有良好的医疗作用。湖南怀化市通道侗族自治县民间侗医至今仍以虫茶作为治疗疖疮和无名肿毒的敷剂，且疗效显著。

经现代医学研究证明，三叶虫茶对溃疡性结肠炎有明显的防治作用，在临床上还有明显的降血压作用；苦丁虫茶能抑制癌细胞的生长和肿瘤转移；虫茶中的多酚类物质具有抗氧化、降血糖和血脂等作用；化香虫茶中的黄酮对肝损伤有较好的预防效果。

3.11.6　产虫茶昆虫的形态特征和生物学习性

3.11.6.1　米缟螟

1）形态特征

成虫：体长 10～14mm，翅展 22～34mm。体黄褐色，布满黑色鳞片，头顶有一小丛灰黄色细毛。前翅黄褐色，布满黑色鳞片，构成 4 条波状不明显的斑纹，前缘有一排紫黑色及黄褐色的斑纹，外缘有一排紫黑色锯齿小斑。后翅淡黄褐色，近前缘色深，有一条不明显的黄白色横纹。

幼虫：初孵幼虫体为乳白色，10～20 天后，虫体由前向后逐渐变黑，老熟幼虫体长 4.4～29mm，平均 17.6mm，除头部及各节间膜处为棕色外，全体为黑色。

2）生物学特性

生活史：1 年发生 1～2 代，以幼虫越冬。在湖南邵阳市城步苗族自治县长安乡高寒山区 1 年发生 1 代，以幼虫在苦茶堆中越冬。4 月上旬开始活动取食，6 月上旬在丝织管状巢中结茧化蛹，6 月中旬进入化蛹盛期。7 月上旬为成虫羽化盛期。

习性：成虫羽化后一般白天静伏，夜晚活动，具有一定的趋光性，交尾产卵多发生在晚上 20：00～23：30。有的成虫在羽化当天晚上即可交尾产卵。平均每头雌虫产卵 500 多粒，卵散产。7 月下旬为卵孵化盛期。幼虫 5 龄，喜群居。幼虫孵化后取食苦茶叶，用碎屑缀丝成管状巢，躲于巢内取食叶片，留下叶柄和小枝。随着幼虫长大，管状巢也逐渐加长、加大，老熟幼虫将管状巢两端吐丝封闭成茧，化蛹其中。幼虫取食期主要在 4 月上旬至 6 月上旬和 8 月上旬至 11 月下旬。11 月下旬越冬。

米缟螟存活或繁殖的适宜温度是 20～30℃，当温度达到 35℃时，卵、幼虫、蛹都不能存活。最适宜湿度为 90% 左右，当湿度低于 55% 时，幼虫不发育，最终死亡。幼虫发育历期差异较大，在适宜的温、湿度下最短需 52 天，最长可达 165 天，历期长短主要受温、湿度的控制。

3.11.6.2　化香夜蛾

1）形态特征

成虫：雌虫体长为 9.5～10.6mm，翅展约 22.5mm；雄虫体长为 7.4～8.4mm，翅展约 20.2mm。体灰褐色或深灰色。触角雌虫丝状，略带细齿；雄虫锯齿形，具纤毛。前翅浅灰褐色，翅基及翅端为黑色；后翅浅灰色，端部略深。足深灰褐色，跗节末端有白环。

幼虫：体长约 12mm。初孵时浅灰白色，随着虫龄的增长，逐渐变成暗灰色。头部有"八"字形黑纹。背线、亚背线黑褐色。表皮布满具棱角的粒突。

2）生物学特性

生活史：在广西龙胜县海拔 700～800m 的山区，一年发生 3 代，以老熟幼虫在化香树叶堆内越冬。越冬幼虫于第二年 3 月中下旬陆续化蛹，4 月下旬至 5 月上旬羽化。第 1 代在 5～7 月，第 2 代在 7～10 月，第 3 代在 10 月至第二年 5 月。

习性：成虫白天多潜伏在叶层间或屋檐阴暗处，夜间活动，具特定的趋化性。化香树叶堆置发酵 1～2 天后所散发出的香气对其有诱集作用。成虫产卵于化香叶堆 5～10cm 深处的叶层间。每头雌蛾产卵 30～40 粒，最多 80 粒。成虫具有假死性。第 1 代幼虫孵化初期，因叶堆内部尚在发酵，温度高达 60℃ 左右时，湿度过大，对其生存不利，所以幼虫多在叶堆表层 5～10cm、温度 20～25℃ 范围内活动。随龄期增加、食料的消耗，以及叶堆温度的下降，幼虫逐渐向堆内移动，但不深入到堆温 32℃ 以上部位。幼虫 6～7 龄，以 6 龄为主，具有假死性，受惊蜷缩不动。幼虫老熟后在叶层或排泄物间吐丝筑一个不很明显的椭圆形小室化蛹。成虫羽化后亦栖息于叶堆内，一般很少外迁。

3.11.7　虫茶的生产方法

在长期的生产实践中，对虫茶已形成了独特的制作方式和工艺流程。

虫茶的基本制作过程：一般在 4 月谷雨前后到山间采摘茶叶，然后倒入滚烫的开水中，煮沸 1～2min，捞出，待晒至八成干，将其放入木桶中，均匀浇洒淘米水，保持湿润，放置在阁楼上，引诱成虫飞入产卵繁殖。10～20 天后幼虫孵化，开始取食叶片，一段时间后，叶片全部被幼虫吃完，即可收集虫粪。剔除虫粪中的杂质，再经过筛选干燥，最终制作成虫茶。在正常情况下，每 50kg 化香树叶可产虫茶 15～20kg。产量因季节、树叶的老嫩及管理方法而异。

各地产的虫茶由于虫种和食料不同，虫茶的颗粒大小和色泽也不同。例如，以三叶海棠作饲料生产的虫茶为褐色，茶汁呈红褐色，似浓红茶汁，味近似苦茶，略带苦涩；紫白虫茶的茶汤为棕红色；米白虫茶的茶汤色最浅，为橙色。

3.11.8　虫茶存在问题与应用前景

三叶虫茶在民间已有悠久的饮用历史，它的寄主植物三叶海棠及苦丁茶也是传统的茶品，因此，三叶虫茶作为饮品开发似乎有良好的前景。

化香虫茶的情况则有所不同，据资料分析，它可能是一种良好的医药品，但不一定能作为茶品天天饮用，主要原因在于：①化香虫茶的寄主植物化香树叶是不能食用的，据当地村民反映，他们常用化香树叶毒鱼或作杀虫剂，这说明化香树叶有一定的毒性；②在产地没有把化香树叶当茶饮用的习惯，而且根据个别试饮者的反映，大量饮后有不适的感觉。所以，要将化香虫茶作为饮品或药品开发，还需进行更多的人体毒性试验研究（文礼章和郭海明，1997）。

3.12 溃疡修复看蟑螂

蟑螂，属于蜚蠊目 Blattaria，世界已知 3684 种，我国已知 360 多种。蟑螂在地球上已经生活了 3.5 亿年，是世界上最古老、适应性和生命力最强、至今繁衍最成功的昆虫类群之一，没有食物的情况下它们可以存活 1 个月，没有水的情况下可以存活 1 周，在真空情况下仍然可以存活 10min。

3.12.1 入药蟑螂的种类

在我国最常见的蟑螂有蜚蠊科 Blattidae 美洲大蠊 *Periplaneta americana*、澳洲大蠊 *P. australasiae*，以及姬蠊科 Blattellidae 德国小蠊 *Blattella germanica*。美洲大蠊原产于非洲北部，公元 17 世纪前后经由船只带到美洲，18 世纪在美洲发现；在我国，除黑龙江和西藏外，其他地区均有分布。澳洲大蠊在我国主要分布于广东、广西、海南、四川和福建等地，与美洲大蠊混居。美洲大蠊是目前唯一能入药的品种，大量研究表明美洲大蠊具有良好的生物活性和广泛的药理作用。

3.12.2 美洲大蠊形态特征

成虫：体长 28～32mm，翅长 26～32mm，总长 38～44mm。红褐色，前胸背板梯形，边缘为一圈黄色带，后缘较宽，中央有一褐色蝶形斑，斑的后缘中部向后延伸像小尾巴。雄虫体型狭长，腹节瘦小，翅超出尾端；雌虫体型粗壮，腹节肥大，腹尾部钝圆，翅近尾端。腹部及足皆为赤褐色（图 3-22）。

若虫：若虫刚孵出及各龄若虫刚蜕皮时，均呈乳白色，以后体色逐渐变为褐色。形态与成虫相似（图 3-23）。

卵荚：卵呈窄长形，乳白色，半透明。卵包藏在钱包样的卵荚内，排列成整齐的两列。卵荚较坚硬，呈红褐色。卵荚一侧有一条锯齿状边缝，胚胎头朝向边缝，孵化时若虫向上顶，使闭合的卵荚缝裂开而逸出。每卵荚内有卵 15～16 粒。

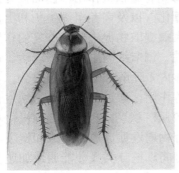

图 3-22 美洲大蠊成虫

图 3-23 美洲大蠊卵（左）、若虫（中）、成虫（右）（引自马殿飞，2017）

3.12.3 美洲大蠊的生物学习性

不完全变态，1 年发生 1 代，多以卵荚、若虫越冬。在人工饲养条件下，完成 1 个世代需要 10 个月左右。雌虫可产卵荚 40～60 枚，每隔 1～2 周产卵一次，每只雌虫可产卵 800 余粒。卵荚多产在隐蔽处或缝隙间，卵期为 27～35 天，平均 30 天。若虫期长达 4～5 个月，最多达 1 年左右，饲养条件下 3 个月，若虫脱皮 10 次左右发育为成虫。羽化 1 周后开始交尾，交尾 3 天后开始产卵。成虫寿命 1～2 年，一般雄虫比雌虫寿命短。成虫大都在 5～6 月羽化、6～7 月产卵，若虫 8 月孵化。次年 5 月成虫羽化。在同一卵荚孵出的若虫羽化后，雌虫数量是雄虫的 1.4 倍，故 5～11 月雌虫多于雄虫。在气温较低的冬春（12 月至次年 4 月），雄虫数量多于雌虫。雄虫一生可多次交尾，雌虫一生只要交尾一次就可终生多次产卵。

蟑螂属于杂食偏素食类昆虫，其食性广泛，几乎可食任何有机物。蟑螂有休眠习性，每年 11 月下旬至次年 3 月初为休眠期。其余月份都有活动，其中以 5～9 月为活动、取食盛期。

3.12.4 美洲大蠊的功效及其化学成分

蟑螂作为药用始载于《神农本草经》，具有活血散瘀、利水消肿、解毒、消积功效。《本草纲目》和《新修本草》等著作中均记载了其药用、药食价值，主治小儿疳积、瘀血肿痛、脚气水肿、痈疮肿毒、蛇虫咬伤。在我国白族和彝族民间将美洲大蠊研末外敷作为金创药，用于治疗各种创伤。现代研究表明其具有抗炎、抗肿瘤、保肝（抗肝损伤，抗肝纤维化）、抗氧化、提高免疫力和促进组织修复等多种药理作用。以美洲大蠊为原料制备的单味成方制剂康复新液，临床用于瘀血阻滞、胃痛出血、胃及十二指肠溃疡等体表、腔道创面治疗已有 40 余年，疗效显著。

美洲大蠊化学成分丰富多样，含有多种促创面修复的活性成分，如复合核苷酸、氨基酸、多肽、多糖、多元醇等，对创面修复有着积极作用。创面修复是一个综合、复杂的生物过程，炎症反应、伤口血管化，以及肉芽组织生长和上皮细胞增殖，都是影响伤口愈合的重要因素。美洲大蠊提取物促进创面修复的作用机制主要有降低炎症反应、提高免疫和抗氧化活性、调节细胞生长因子表达、调控创面愈合相关信号通路。一般认为，美洲大蠊体内多元醇和氨基酸等成分，具有促进血管生成、抑制炎症和增加生长因子表达等作用，通过促进肉芽组织生长，影响伤口的修复、愈合程度。多糖可通过促进胶原沉积、M2 巨噬细胞极化和血管生成来加速伤口愈合。非肽类小分子含氮化合物通过促进血管生成和抗炎，促进创面修复。蛋白质可以显著缩短伤口的愈合时间。核苷类成分能通过加速上皮重建过程和促进血管新生来促进皮肤创伤修复。

需要注意的是，美洲大蠊体内还含有一些对创面愈合具有双向调节作用的物质，这意味着这些成分对伤口愈合既有促进作用也有抑制作用。另外，也有研究表明，美洲大蠊油脂对创面愈合存在明显的毒副作用，以美洲大蠊全粉入药或者不去除油脂入药，对肝功能不全者具有一定的毒副作用，其油脂能够拮抗其提取液保护肝损伤的作用，甚至有加重肝损伤的趋势。

3.12.5 美洲大蠊的人工养殖技术

我国药用美洲大蠊的养殖主要集中于西南地区，以四川、云南两地较为集中。

3.12.5.1 选种

挑选色泽光亮、饱满、长度为 0.5～0.8cm，无杂质、无发霉、无特异怪味的卵荚，放入孵化盘，置于孵化室。卵荚的厚度不要超过 1.5cm。

3.12.5.2 孵化与发育

孵化室温度调控为 30℃，相对湿度为 60%。用蛋托盖在孵化盘内的卵荚上，作为出壳若虫生活区。5～6 天可见乳白色若虫孵化。

3.12.5.3 架式散养

木制养殖架分上、下两层，每层高 1m，每层下面各有一个 10cm 高的间隔层（图 3-24）。把 10 张 40×40cm 的瓦楞纸板用 5 根木棍或钢管串在一起，5 根木棍在纸板上呈梅花式穿入。纸板与纸板的间距约 2cm，留出美洲大蠊自由活动的空间，保证饲喂时每只美洲大蠊都能吃得饱，避免出现因饥饿互相残杀致死的现象。将纸板串垂直放在养殖架上，养殖架每层叠放 2 层纸板串。架式散养通风好，空气流通，不利于病菌滋生。美洲大蠊排出的粪便能全部垂直落到架子下面。在每层架子下面的间隔层铺一张塑料布，使粪便、残食等落在塑料布上，清洁时将塑料布轻轻一拉就能取出，既方便又卫生。

3.12.5.4 科学饲喂

美洲大蠊作为药材，如何饲喂才能提高其药用成分含量？饲料配方很重要。

合理的饲料配方：20%左右的鱼粉、70%～80%的玉米粉和小麦粉，以及 1%的矿物质元素，多种营养形成互补。将配好的饲料搅拌均匀，煮成熟食，每天下午投喂一次，每次投喂的饲料量为虫体重量的 3%左右。这样的饲料利于美洲大蠊积累药用成分。在此基础上，再轮换着添加不同的瓜果或蔬菜，有荤有素，满足美洲大蠊杂食习性，同时，轮换着加糖或加盐，改变饲料的口味，促进美洲大蠊增加取食量，使美洲大蠊在增长体重的同时，积累更多的药用成分。根据检测结果，这样饲养的美洲大蠊晾干后，其总氨基酸含量可达到 10mg/g 左右，超出同行业 3.0～3.8mg/g。

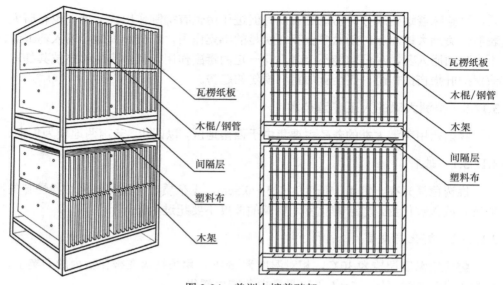

图 3-24　美洲大蠊养殖架

左，饲养架立体透视图；右，饲养架正面平面图

3.12.5.5　饲养管理

饲养美洲大蠊的管理主要注意"六保、三防"。

1）六保

一保温，饲养室温度全年保持在 28～33℃。

二保水，水对美洲大蠊的作用比食物更重要，若虫期断水 2 天就会死亡，应随时保证供水。

三保食，为使美洲大蠊发育快、虫体强壮、繁殖力强，要保证饲料充足，特别是晚上。

四保湿，美洲大蠊生活环境的相对湿度要在 70%以上，若太干要喷洒些水。

五保静，让美洲大蠊远离噪声，不要人为打扰。

六保暗，饲养室要保持黑暗。

2）三防

一防药害，美洲大蠊对害虫灵、敌百虫、敌敌畏、马拉硫磷等多种农药十分敏感，饲养室附近禁止使用农药。

二防病害，注意饲养室环境卫生和饮食卫生，防止美洲大蠊染病或成为其他病原体的宿主。

三防天敌，哈氏啮小蜂，亦称蜚卵啮小蜂 *Tetrastichus hagenowii*（异名：*Aprostocetus hagenowii*），寄生美洲大蠊卵。老鼠、蝙蝠、蚂蚁等都取食美洲大蠊，在养殖过程中注意防止天敌入侵。

3.12.5.6 采收和初加工

收集健壮的成虫入药。美洲大蠊全部羽化、普遍开始产卵之后的 1～2 个月内，是采收的最佳时期。采收过早会影响美洲大蠊的繁殖和养殖数量的保持，过晚则影响成虫干品的质量。将硬纸板间的美洲大蠊抖落入大盆内，去除杂质，在盆内放置 1 天，不喂饲料，使其消化完体内的食料，排尽体内的废物。在盆的边壁上涂抹豆油，防止美洲大蠊爬出。用纯水洗干净虫体表面的污泥，之后，用沸水烫死虫体，3～5min 后捞出，马上摊开晾晒。在晾晒过程中要进行多次翻动，使之晾晒均匀。为了保证药品质量，应选择阳光明媚的天气采收加工。养殖基地通常采用简单有效的烘干法，烘箱温度一般控制在 60℃为宜，烘干 4h。烘干过程中要经常翻动虫体，以免烘焦。

必须在 12h 之内把美洲大蠊干燥好，以免美洲大蠊腐败，影响其药用品质。把虫体掰开检查一下，如果虫体是脆的，或者一掰就碎了，证明已经干透了；如果虫体里面是软黏的，就是没有干透。通常 3.8～4.2kg 的鲜美洲大蠊可晒制成 1kg 干品。

3.12.5.7 储藏

美洲大蠊很容易发霉变质和被虫蛀。常见的仓储性害虫有白腹皮蠹 *Dermestes maculatus*、花斑皮蠹 *Trogoderma variabile*、黑拟谷盗 *Tribolium madens*、赤拟谷蠹 *T. castaneum* 及螨类。当发生虫蛀后，美洲大蠊的外表和体足都将残缺，能看到明显的蛀虫粪便和虫体粉末。为了避免美洲大蠊被害虫吃成空壳、丧失药理活性，应加强存储管理。

在木箱或纸箱内四周垫好吸湿纸，放入成品美洲大蠊密封好，置于通风干燥处存放。储藏期间应勤于检查，若发现虫体有虫蛀和发霉变质的情况，应及时拆开包装，将美洲大蠊摊薄在太阳下暴晒，或在 50℃温度下烘烤 1h 左右。在包装箱内放置花椒可以驱避害虫。

3.12.6 美洲大蠊的用法

3.12.6.1 传统用法

（1）治小儿疳积：美洲大蠊 4 只浸油，夹起来在火上炙酥，去头、足，口服；或炒焦研成粉，加适量山楂煎汤送服。每天 2～3 次，连服数天。

（2）治无名肿毒：美洲大蠊 10 只、盐一撮，同捣烂，敷患处，留头，每天换 1 次。

（3）治疔疮：美洲大蠊 7 只，去头、足、翅，白砂糖少许，同捣烂，敷疔四周，留头。

3.12.6.2 中成药品

近年来，以美洲大蠊制成的中成药品，如康复新液、心脉隆注射液、肝龙胶囊、消症益肝片等已投入临床使用，取得了比较好的治疗效果。

（1）康复新液：其成分是美洲大蠊干燥虫体的乙醇提取物。内服：用于治疗瘀血阻滞、胃痛出血、胃溃疡、十二指肠溃疡，也用于阴虚肺痨、肺结核的辅助治疗。外用：用于治疗金疮、外伤、溃疡、瘘管、烧伤、烫伤、褥疮等各种创面。

（2）心脉隆注射液：其主要成分是美洲大蠊浸膏，经分离纯化制成的小分子肽注射液，2007年获准上市。益气活血，通阳利水，对心衰患者有增强心肌收缩力、增加冠脉血流的作用；同时还能增加组织器官灌注，改善微循环，增加毛细血管数量，改善肾功能。其为慢性肺源性心脏病引起的慢性充血性心力衰竭的辅助用药，可用于改善气阳两虚，瘀血内阻的慢性充血性心力衰竭引起的心悸、浮肿、气短、面色晦暗、口唇发绀等症状。

（3）肝龙胶囊：其主要成分为美洲大蠊提取物，配合其他中药材精制而成，2005年获准上市。具有疏肝理脾、活血解毒的功效，主治胁痛、肝郁、脾虚兼瘀血证，症见胁肋胀痛或刺痛、恶心嗳气、神疲乏力、食欲不振、食后腹胀、大便溏、舌色淡或紫、脉象细涩或脉弦等。用于慢性乙型肝炎见上述症状者。

（4）消症益肝片：主要成分为蜚蠊提取物，具有破瘀化积、消肿止痛之功效，对原发性肝癌和肝疼痛、肝肿大、食欲不振等症状有一定的缓解作用。

参 考 文 献

白耀宇. 2010. 资源昆虫及其利用. 重庆：西南师范大学出版社.

陈梦林. 2002. 蟑螂养殖技术. 农村新技术, 9(10): 20-22.

陈晓明, 冯颖. 2009. 资源科学概论. 北京：科学出版社.

丁德超. 2013. 清末民初东北柞蚕业发展探析. 吉林师范大学学报(人文社会科学版), (4): 24-27.

董环文, 刘超美, 何秋琴, 等. 2008. 斑蝥素及其衍生物的合成及结构修饰的研究进展. 药学实践杂志, 26(2): 97-102.

杜洪飞, 曾瑶波, 张毅, 等. 2014. 斑蝥类化合物及其衍生物的基本概况和研究进展. 世界科学技术一中医药现代化, 16(4): 869-873.

方宇凌, 谭娟杰, 马文珍, 等. 2001. 芜菁科不同种类成虫体内斑蝥素的含量. 昆虫学报, 44(2): 192-196.

冯霞, 罗敏, 赵欣. 2013. 虫茶对癌细胞生长和肿瘤转移抑制作用的研究. 现代食品科技, 29(8): 1898-1901, 1905.

高源, 陈建伟, 李鹏, 等. 2010. 九香虫抗凝血作用的研究. 现代中药研究与实践, 24(3): 34-36.

葛德燕, 陈祥盛. 2006. 桑螵蛸药用历史与研究进展. 山地农业生物学报, 25(5); 455-460.

郭时印, 许伍霞, 文礼章, 等. 2008. 三叶虫茶营养成分的分析与评价. 昆虫知识, 45(1): 128-132.

李令福. 1995. 明清山东省柞蚕业发展的时空特征. 山东师大学报（社会科学版）, 26(2): 38-41.

李孟楼. 2005. 资源昆虫学. 北京：中国林业出版社.

李晓飞, 陈祥盛, 王雪梅, 等. 2007. 芫菁体内斑蝥素的含量及存在形式. 昆虫学报, 50(7): 750-754.

梁宗琦. 2007. 中国真菌志. 第三十二卷虫草属. 北京: 科学出版社.

廖倩, 庞兰, 石金凤, 等. 2022. 基于多肽组学的美洲大蠊肽类组分分析及促创面修复活性多肽筛选. 中草药, 53(7): 2085-2094.

刘健, 高建辉, 刘晓秋. 2003. 斑蝥素及其衍生物的研究进展. 中药材, 26(6): 453-455.

刘健锋, 杨茂发, 尚小丽, 等. 2013a. 湘黔地区三种主要虫茶品种形态学记述. 山地农业生物学报, 32(5): 407-410.

刘健锋, 杨茂发, 土方梅, 等. 2013b. 产虫茶昆虫灰直纹螟及其虫茶形态特征记述. 广东农业科学, (21): 171-173, 181.

刘平安, 许光明, 汤灿辉, 等. 2009. 三叶虫茶中化学成分含量的测定. 中国药房, 20(9): 676-679.

马殿飞. 2017. 美洲大蠊药材质量标准研究. 昆明: 云南中医学院硕士学位论文.

倪士峰, 刘惠, 李传珍, 等. 2009. 蜂房药学研究现状. 云南中医中药杂志, 30(5): 71-73.

仇飞. 2012. 几种虫草类真菌多基因分子系统学研究. 合肥: 安徽农业大学硕士学位论文.

尚小丽, 杨茂发, 白智江, 等. 2013. 紫斑谷螟——白茶虫茶的营养成分分析与评价. 营养学报, 35(5): 511-513.

谭娟杰, 章有为, 王书永. 1995. 中国药用甲虫——芫菁科的资源考察与利用. 昆虫学报, 38(3): 324-331.

陶海滨. 2008. 洋虫 *Palembus dermestoides*（Fairmaire）识别特征及其生物学特性研究. 杨凌: 西北农林科技大学硕士学位论文: 1.

田军鹏, 黄文, 雷朝亮. 2006. 地鳖虫药理作用研究概况. 时珍国医国药, 17(3): 418-419.

王林萍, 余意, 冯成强. 2014. 冬虫夏草活性成分及药理作用研究进展. 中国中医药信息杂志, 21(7): 132-136.

王睿, 孙鹏. 2015. 化香虫茶总黄酮对 CCl_4 诱导小鼠肝损伤的预防效果. 食品工业科技, 36(11): 361-364, 368.

王淑敏, 邓明鲁, 常兆生, 等. 1996. 冀地鳖无机元素和氨基酸的分析. 中草药, 27(8): 461-462.

王晓彤, 孙淑军, 房军伟. 2014. 简述蛹虫草与冬虫夏草异同. 辽宁中医药大学学报, 16(4): 165-169.

魏方超, 杜娟, 未宁宁, 等. 2012. 斑蝥素及其衍生物的研究现状与应用. 现代生物医学进展, 12(8): 1586-1589.

温珑莲, 万德光, 任艳, 等. 2013. 不同类型的桑螵蛸与其基原昆虫对应关系研究. 中国中药杂志, 38(7): 966-968.

文礼章, 郭海明. 1997. 关于中国虫茶若干问题的考察报告. 茶叶通讯, 21(3): 29-31.

严善春. 2001. 资源昆虫学. 哈尔滨: 东北林业大学出版社.

尹灿灿, 李婧炜, 李冬梅. 2022. 美洲大蠊促创面修复活性成分的研究进展. 广州化工, 50(4): 36-39.

曾瑶波, 张渝渝, 唐安明, 等. 2014. LC-MS/MSS 研究斑蝥中斑蝥素类化学成分. 世界科学技术-中医药现代化, 16(4): 876-882.

曾育龙. 1985. 甲基斑蝥胺治疗原发性肝癌的研究. 中西医结合杂志, 5(2): 121-122.

张含藻，胡周强，韦波，等. 1995. 南方大斑蝥饲养密度与繁殖的关系. 中药材，18(11): 546-551.

张李香，吴珍泉，范锦胜. 2008. 蜚蠊膜翅目天敌研究现状. 中国媒介生物学及控制杂志，19(5): 484-486.

张笠，郭建军. 2011. 九香虫资源及其利用研究. 西南师范大学学报(自然科学版)，36(5): 151-155.

张姝，张永杰，Bhushan S，等. 2013. 冬虫夏草菌和蛹虫草菌的研究现状、问题及展望. 菌物学报，32(4); 577-597.

张钰. 2011. 五类虫茶形态学分析及三叶虫茶主要成分的稳定性研究. 长沙: 湖南农业大学硕士学位论文.

张钰，文礼章. 2010. 我国三叶虫茶研究概况. 华中昆虫研究，6: 15-19.

赵欣，王强. 2015. 苦丁茶叶制虫茶粗多酚的抗氧化、抗突变和体外抗肝癌效果. 现代食品科技，31(3): 24-28，17.

赵艳雯，付文鹏，谢静静，等. 2019. 不同养殖厂美洲大蠊药材红外指纹图谱双指标序列分析. 大理大学学报，4(12): 44-51.

邹赢锌，陈雅琳，储智勇，等. 2014. 冬虫夏草成分及活性研究进展. 海军医学杂志，45(1): 83-85.

邹志文，刘昕，张古忍. 2010. 中国蝙蛾属（鳞翅目，蝙蝠蛾科）现行分类系统的修订. 湖南科技大学学报(自然科学版)，25(1): 114-120.

第4章　工业原料昆虫

有些昆虫能为工业提供生产原料。例如，世界著名昆虫紫胶虫分泌的紫胶，被广泛应用于军工、电器、橡胶、油墨、皮革、塑料、钢铁、冶金、机械等工业领域；白蜡虫分泌的虫白蜡用于金属制品的防腐抛光，精密仪表机械的防潮、防锈及润滑，纺织工业上的着光剂，造纸工业上的填充剂和上光剂，电容器的防腐剂等；五倍子蚜虫在寄主植物上形成的虫瘿五倍子中富含单宁，可用于工业、医药和食品生产；胭脂虫体内的红色素可用作食品色素；被誉为"纤维女皇"的丝绸来源于蚕类的茧。从昆虫体内提取的特殊酶类也广泛用于工业，例如，从萤火虫提取萤光素酶用于检测医疗器械污染；从白蚁中提取纤维素水解酶用于轻工业和食品工业中。另外，昆虫体壁富含几丁质，提取后可用于制造药物和加工为医用缝合线。

昆虫产物（分泌物、排泄物、内含物等）或虫体本身可作为工业原料所利用的一类昆虫，即为工业原料昆虫。在我国被广泛开发利用的工业原料昆虫大致分为5类：产丝类、产胶类、产蜡类、产单宁类、产色素类。

4.1　产丝昆虫

"春蚕到死丝方尽"是产丝类资源昆虫的写照。养蚕业起源于中国，至今约有5000余年历史，目前世界上有30多个国家发展蚕业，我国生丝出口约占国际生丝贸易额的90%，丝绸占40%。我国对产丝昆虫的研究比较深入，包括蚕桑品种选育、养蚕技术、蚕病防治等方面，近年还扩展到蚕业资源的综合利用。在我国广泛开发利用的蚕丝昆虫主要为家蚕 *Bombyx mori* 和柞蚕 *Antheraea pernyi*。

4.1.1　家蚕

家蚕 *Bombyx mori* 又名桑蚕，在我国除青海、西藏外皆有分布。

4.1.1.1　形态特征

成虫：翅展 39～45mm。体翅灰白色，复眼黑色，触角栉齿状。前翅外缘顶角下方向内凹陷，各横线不明显，端线及翅脉呈灰褐色，前翅反面中室端横脉明显。腹部背中央有成丛白色长毛（图4-1）。

卵：椭圆形，略扁平，一端稍尖。初产的卵呈淡黄色。越年卵4～5天后变灰紫色或淡绿色；非越年卵通常不变色。刚产下时卵面隆起，稍后，由于卵内水分和养分的消耗，卵面中央逐渐出现凹陷，称卵涡。每克卵粒数为1700～2100粒（图4-1）。

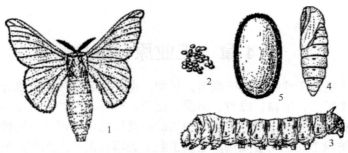

图 4-1　家蚕形态特征（引自严善春，2001）

1. 成虫；2. 卵；3. 幼虫；4. 蛹；5. 茧

　　幼虫：初孵幼虫称为蚁蚕，黑褐色，形似蚂蚁。蚁蚕表面生有许多瘤状突起，瘤突上长有 3～6 根刚毛（图 4-2）；2 龄以后变为青白色。1～3 龄蚕称小蚕，又称稚蚕；4～5 龄蚕称大蚕，又称壮蚕。末龄幼虫称为熟蚕。

图 4-2　蚁蚕

4.1.1.2　生物学特性

　　家蚕的年发生代数因品种而异。以滞育卵越冬，次年 4 月下旬孵化。初孵蚁蚕取食桑叶后迅速成长，20 多天内要经历 4 次蜕皮，然后逐渐停止食桑，体躯稍缩，体呈透明，开始吐丝结茧化蛹，蛹期 10～12 天。成虫于清晨破茧而出，雌雄蛾当日或次日交尾，每头雌蛾平均产卵 500 粒。

　　如果是一化性品种，卵要经过 7～8 天的发育，变为青灰色或紫褐色。随后进入滞育状态，到翌年春季孵化。若是二化性品种，第 1 代成虫产的卵经 10 天左右孵化，到第 2 代雌蛾才产滞育卵。对滞育卵，也可在适当的时候用盐酸刺激或低温处理，解除滞育。家蚕生活史如图 4-3 所示。

4.1.1.3　品种分类

　　桑蚕经过长期的自然选择和人工选择，产生了各种各样的变异，也形成了许多生态型。家蚕的生态型可以按照地理分布，也可根据蚕幼虫的眠性和化性进行分类。

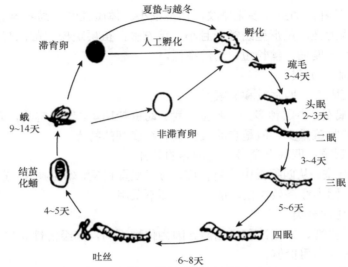

图 4-3　家蚕生活史（引自严善春，2001）

1）依据地理分布分类

可分为中国种、日本种、欧洲种、热带种等。

（1）中国种：幼虫体色青白无斑纹，体型稍短，食桑活泼，发育快。茧呈椭圆形或近乎球形，有白色、黄色、红色、绿色等各种颜色。茧丝纤度细，丝长较长，解舒良好，丝质优良（图 4-4）。

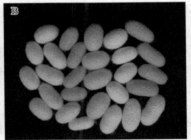

图 4-4　中国种桑蚕
A. 老熟幼虫；B. 茧；C. 茧丝

（2）日本种：幼虫一般有斑纹，体色呈青色或紫色，体型稍长，发育较慢。茧呈长椭圆微束腰形，大部分为白色，少数绿色和黄色。同宫茧多，茧丝纤度粗，丝长稍短。

（3）欧洲种：卵粒大，幼虫一般有斑纹。食桑旺盛，龄期经过长，特别是 5 龄期长，蚕体大。欧洲种对高温、高湿和病原的抵抗力弱。茧形大，浅束腰，椭圆形，茧色多为肉色与白色。茧丝纤度粗，丝长稍短，丝胶多，解舒优良。

（4）热带种：幼虫大多无斑纹，体型细小。体质强健，饲养容易。龄期短，抗高温和抗病力强。茧形呈纺锤形且小，茧衣多，茧层疏松；茧色有黄色、白色和绿色，茧丝纤度细、丝长短、出丝率低。

2）依据眠性分类

可分为三眠蚕、四眠蚕和五眠蚕。

（1）三眠蚕：中国种多为三眠蚕品种。幼虫龄期短，饲养容易，茧形小且轻。虽然三眠蚕的收茧量少，但是它的茧丝具有纤度细的特点。

（2）四眠蚕：四眠蚕是最广泛饲养的品种。

（3）五眠蚕：从四眠蚕中分离育成，与三眠蚕相反，幼虫期长，茧形大而重，茧丝长而粗，因为经济效益低，故生产上都不采用。

3）依据化性分类

可分为一化性、二化性和多化性。因为化性不同，其经济性状也不同，所以依化性分类有其实用价值。

（1）一化性品种：属于寒冷地区适应型，其幼虫经过长，蚕体重且大，茧丝质量良好。一般体质较弱，所以不适应高温、高湿的夏秋期饲育。

（2）二化性品种：是温暖地区适应型，相比而言，幼虫期要比一化性短，体质强健，适应高温、高湿的夏秋期饲育，茧丝质量比一化性稍差。生产上使用的二化性品种比较多，都经过了杂交改良，不少品种具有一化性品种茧丝质量良好的特性。

（3）多化性品种：是高温地区适应型，其幼虫期短，茧小，丝量和出丝率低，茧丝细。广东或海南的不少多化性品种无滞育期，须在一年中连续多次饲养才能保种。

现在人们通过环境调节可以控制化性。例如，提高催青温度可以使二化性品种产滞育卵；可用人工孵化法使越年滞育卵成为不越年卵而孵化。

4.1.1.4 饲养技术

为了达到稳产、高产、优质、低耗的目的，必须对桑叶、劳力、养蚕设施等进行计划安排，做好消毒防病、蚕种催青、小蚕饲育、大蚕饲养、上蔟结茧等一系列作业。

1）饲养前准备

（1）首先要制订饲养计划。家蚕饲养，全年有春蚕、夏蚕、早秋蚕、中秋蚕和晚秋蚕之分。全年多次养蚕，则蚕期重叠，防疫困难，容易发生蚕病。除此之外，多次采桑也影响桑园树势和地力。近年来，大部分地区1年养蚕3次。养蚕时间：春蚕一般在桑树开放4~5叶时收蚁；夏秋蚕，根据各地气象条件、桑的收获时期及避开农忙冲突等因素确定。在养蚕的前期准备中，确定养蚕数量是至关重要的，首先要考虑种叶平衡，并保证能充分利用劳力和养蚕设施。按 1 盒蚕种 2 万头蚕计算，春蚕用桑量为 700kg 芽叶，可产茧 40kg 以上；夏秋蚕用桑量为 500kg 片叶，可产茧 30kg 以上。近年我国每盒蚕种的卵量已增加到 2.5 万粒，用桑量应在原有标准上酌情增加。

（2）消毒防病也是一项很重要的准备工作。消毒是防治蚕病的主要措施。养蚕前，所有饲养设施及其周围环境、储桑和上蔟场所都要充分清扫，病蚕、蚕粪、灰尘等都要清除，清扫出的垃圾要烧掉或深埋。蚕室、蚕具充分洗净、晒干后再进行统一消毒。在消毒过程中，可以采用气体消毒和液体消毒两种方式。

①气体消毒。在此过程中，可以采用毒消散熏烟剂，也就是蚕用复方聚甲醛粉，主要成分为聚甲醛、苯甲酸、水杨酸，消毒标准为 $4g/m^3$，使用方法如下：消毒室必须密封，在火缸上架铁锅，将药摊在锅底，药剂受到火炭加热，先化为液体，后大量发烟，人即可退出，封门，次日开放。注意防火安全，保持室温 24℃ 以上 5h，并适当补湿。优氯净熏烟剂的消毒标准为 $5g/m^3$，使用方法如下：将 76% 优氯净和 24% 聚甲醛药剂均匀混合装入牛皮纸袋，放在地面砖头上，点燃纸袋下方袋角，将明火吹熄，即冒出烟雾，不需加温，密闭几小时后即可开窗。

②液体消毒。在此过程中，可以采用漂白粉液进行消毒，消毒标准为 1% 有效氯，使用方法如下：先加少量水调成糊状，然后加足水量，充分搅拌，加盖静置 1～2h，取出澄清液消毒、喷洒蚕具，并保湿 30min。另一种消毒药剂为福尔马林和石灰水法，消毒标准为 2% 福尔马林、0.5% 石灰粉，使用方法如下：0.5kg 石灰粉，加水至 100kg，充分搅拌，然后取上清液配制福尔马林溶液，按福尔马林含量配成目的浓度，喷洒蚕具。蚕室需密闭并保温保湿，次日开放。

蚕网及零星用具可通过煮沸消毒，晒干后备用。新鲜石灰粉对病毒有很强的消毒作用，可直接将其撒在蚕室地面或蚕座上，效果良好。养蚕结束后应将蚕室、蔟室和所有用具进行一次彻底的消毒，以便把病菌全部杀灭，有利于下期蚕的饲养。

2）蚕种催青

将蚕种保护在催青室，用一定温湿度、光照条件处理，使解除滞育的蚕卵在预定日期整齐孵化，此过程称之为催青。经过合理催青的蚕种，孵化整齐，蚁体健壮，是获得蚕茧优质高产的重要环节。以下因素对蚕种催青具有关键性的作用。

（1）温度：催青温度对蚕胚子发育速度和化性变化影响最大，不适温度导致发育不齐，胚子虚弱，甚至会发生死卵现象。越年卵在催青加温前，从冷库取出，先要在 15℃ 中保存 3 天，然后移到 24～25℃，这样可以避免温度剧烈上升所带来的不良影响，并使发育慢的胚子继续发育，对发育快的胚子起到抑制作用，从而达到整批蚕卵发育整齐的目的。

（2）湿度：以 75%～85% 为好。

（3）光线：光线对蚁蚕孵化整齐度和孵化时刻影响较大。为使孵化整齐，一般采取在点青（蚕卵的一端有黑点）1 天前开始黑暗抑制、收蚁当日一早感光的方法。

（4）补催青：农户从催青室领回蚕种，因为距离收蚁尚有 1 天左右，农户仍需采取遮光及温湿度保护措施，这一过程称为补催青。如果蚕种已开始催青，碰到低温、霜害、桑叶生长缓慢，需延迟收蚁时，凡出库后 2～3 天以内的卵，可用 5℃冷藏抑制；或将蚁蚕在 7.5～10℃冷藏，冷藏时间以 3 天之内为安全时间。

3）收蚁蚕

将刚孵化的蚁蚕收集到蚕匾中饲养的过程，称为收蚁蚕。

（1）桑叶要求：叶位 2～3 叶，叶色绿中带黄，第一次用量为蚁量的 4～5 倍（一张种约 0.1kg 桑叶）。

（2）收蚁时间：春蚕一般在上午 8：00～9：00 开始收蚁，夏秋季时要适当提前收蚁时刻。

（3）收蚁方法：多数用网收法，即在卵面上盖两张小网，然后撒上细条叶或小方叶，经 10～15min，蚁蚕爬上后，把上面一只网提到蚕座（蚕在蚕匾中所占的位置）内，再给桑。

4）小蚕饲育

1～3 龄蚕幼虫称为小蚕。小蚕饲养以培养健康蚕为目标，多采取共育的办法。共育有很多的优点：可节约 25%桑叶；缩短龄期 1～2 天；减轻劳动强度，打好小蚕体质强健的基础。小蚕饲养，一般采取塑料薄膜覆盖育、炕床育、围台育的饲养形式，主要分为以下几个步骤。

（1）采桑和储桑：桑叶质量是养好小蚕的重要条件。采桑：自上而下，采适熟偏嫩桑叶为好。1 龄采芽梢顶端由上而下第 2～3 叶，叶色绿中带黄；2 龄采芽梢顶端第 3～4 叶，叶色嫩绿色；3 龄采芽梢顶端第 4～5 叶，叶色浓绿色。总之，小蚕用叶要做到"同色、同位、同品种、同叶形"。储桑：低温、高湿、偏暗和通风少，尽量减少桑叶水分和养分的消耗，储存时间最好不超过半天至 1 天。

（2）给桑：桑叶要进行切叶，一般以蚕体长的 2 倍切成标准方块叶，1、2 龄蚕期盛期可适当偏大，3 龄蚕盛期开始可全叶育。给桑量应根据生长发育、饲育形式、给桑次数、饲育温湿度的高低来灵活掌握。根据蚕的生长情况，给桑方式如下：一般 1 龄给桑 1.5～2 层，2 龄 2～2.5 层，3 龄 2.5～3 层。

（3）严格控制饲育温湿度：温度高，食桑多、发育快；温度低，食桑少、发育慢；适宜温湿度，食桑多，发育正常。1 龄幼虫，饲育温度为 27～28℃，干湿差为 1～1.5℃；2 龄幼虫，饲育温度为 26～27℃，干湿差为 2～2.5℃；3 龄幼虫，饲育温度应调至 26～26.5℃，干湿差为 2.5～3℃。由此可见，虫龄不同，饲育温湿度也不同。

（4）扩座和除沙：扩座就是扩大蚕座的面积。蚕座的疏密，不仅关系到蚕摄取营养物质的多少，也和防病有密切关系。

蚕座面积：1～2 龄蚕是"1 蚕 4 位"；3 龄是"1 蚕 3 位"。

扩座、匀座方法：主要是用手、蚕筷、鹅毛把匾内的残桑连同幼蚕一起轻轻地向四周扩开。1 龄成长最快，每日上、下午各扩座 1 次；2～3 龄每天扩座 1 次。

为了清洁蚕座，小蚕期采用加蚕网去除残桑及蚕粪的办法，称之为除沙。1 龄可不除沙，2 龄中期中除 1 次，3 龄起除和中除各 1 次。

（5）眠起处理：为使蚕的发育整齐，眠起处理提倡早止桑、迟饲食的办法。如果迟止桑，则早起蚕就要偷吃残桑，容易造成大小不齐。饲食（也称开叶）应等全部起蚕，头部由灰白色变成黑褐色、食欲充分发动时方可进行。如遇就眠不齐，解决办法为：加网、提青分批，使青蚕和眠蚕分开。止桑后眠座撒焦糠或石灰，使蚕座干燥。眠起饲食用桑要求柔软新鲜，先撒防僵粉，然后加网给桑。

5）大蚕饲养

4～5 龄蚕幼虫称为大蚕。大蚕饲养以提高产茧量和茧质为目标。一般采用蚕匾育、蚕台育，就是用竹制蚕匾，插在竹木搭成的蚕架上，或者将芦帘、竹帘、编织塑料布平铺在蚕架上，充分利用空间，分层饲育。

（1）温湿度和换气：4～5 龄大蚕食桑量大，占整个幼虫期用桑量的 95%左右，丝腺快速生长，排粪量大，对高温高湿、不通气的环境抵抗力特别弱。因此，要养好大蚕，需做到：良桑饱食，分散饲养，及时扩座、匀座、除沙，消毒防病，保持蚕室内空气新鲜、流通。这些都是养好大蚕的重要因素。除此之外，还要把饲育温度控制在 24℃左右，湿度保持在 65%～75%。4 龄幼虫如果遇到 20℃以下的低温，则龄期延长、茧重减轻，甚至会损害体质。为了避免 4 龄低温，春蚕和晚秋蚕低温时应补温。5 龄期的蚕食桑量多，因排泄量增加，蚕室空气容易混浊，所以要注意防疫管理，勤通风换气。特别是夏秋期高温时，更要注意通风，注意蚕座不能太密。

（2）给桑：大蚕饲育期特别要注意桑叶管理。为保证一天的用叶量，一般在早晨或晚上采叶。储桑室应注意清洁，采回的桑叶要适当洒水，防止桑叶萎凋。给桑采用片叶或芽叶，每天给桑 3～4 次。如果遇上干旱时，桑叶上可以喷水饲喂。给桑后适当覆盖有孔塑料膜或编织布。

（3）扩座和除沙：为了保证蚕吃饱，随着蚕不断长大要不断扩座，使蚕座疏密适当，一般"1 蚕 2 位"；如果是炕床育，每张蚕在大蚕期需要 30m² 蚕座。为保持蚕座清洁，蚕匾育时 4 龄除了起除、眠除外，中除 2 次，5 龄每天除沙 1 次。5 龄地炕育可以不除沙。蚕就眠前及时加网除沙，眠中保持蚕匾清洁干燥，有利于蜕皮。在饲养中遇到同匾的蚕发育不齐，可将迟眠蚕分出另养，此过程称之为提青。

6）上蔟结茧

蚕发育到 5 龄末期停止食桑，身体缩短，胸部发亮透明，头部抬起，并爬到蚕座四周，这是成熟的标志，预示蚕马上要吐丝营茧。将熟蚕收集到蔟具上使其结茧的过程称为上蔟。蔟具的优劣、上蔟过程中的温湿度、光线和上蔟密度都与茧的质量有关。生产上采用稻草或麦秆做成伞形蔟、蜈蚣蔟，或用硬纸板、塑料做成方格蔟。将蚕散落在上面，熟蚕各自找到合适位置，排粪后吐丝营茧。上蔟方法一般分为以下两种。

（1）人工拾取法。见熟蚕后逐头拾取，放在匾中至一定数量，再送至蔟室上蔟。

（2）自动上蔟法。利用熟蚕有向上爬的习性，在蚕座上直接放置蔟具，让熟蚕自动爬上蔟具结茧。当50%左右的蚕将要上蔟时，在蚕座上放蔟具，10h后把蔟具轻轻提出，移放到蔟室，再换一批蔟具，重复2～3次，大批熟蚕就上蔟完毕。待大部分蚕结成茧后，轻轻将蔟挂起。

蔟中管理：上蔟营茧中巡视蔟室，拾除游山蚕和病毙蚕。蔟中保护时间，在23℃约70h、25℃约60h，特别后半期对茧丝质影响大。湿度最好以70%～75%为宜。气流是影响解舒率的主要因素，以1m/s以下为适当。如气流过大，推迟营茧，易生异常茧。上蔟室要避免阳光直射，以适当遮光为好。因为熟蚕会有大量的粪尿排出，呼吸和吐丝也有水分蒸发，所以蔟室空气混浊，呈现过湿的状态。在上蔟后20～24h，即在结成薄皮茧时应及时将粪尿去除，注意开门开窗，适当通风换气，这样有利于解舒。

7）收茧保存

上蔟一周后，茧内幼虫化成褐色蛹，即可收茧。采茧时，根据茧的质量分级，可分为上茧、双宫茧、次茧（如有轻黄斑）和下茧（薄皮、烂茧、蛆孔茧、重黄斑、畸形茧），做到边采边分，严格选茧出售。茧站收茧时一般要削茧观察，收购前必须要确认蚕是否完全化蛹。如发现毛脚茧（也称未化蛹或嫩蛹），因为容易损坏茧层或造成出血变为内部污染茧，因此茧价较低。采茧时要轻，并按上蔟早晚分批采茧。剔除蔟中死蚕和烂茧，以免污染好茧。

鲜茧运输及售茧：采下的鲜茧，为防止蚕茧堆积发热，应尽快出售。装茧的筐、篓中间插放气笼或干稻草，每筐不宜装得太多，以利通风换气。尽量避免使用编织布袋（尤其化肥袋）装茧。运输途中，尽量减少震动和日晒雨淋，以防茧质下降。

因为鲜茧含水率达60%～65%（茧层11%～13%，蛹体74%～79%），如果长期储藏，容易发生霉变，其中蚕蛾或寄生蝇钻出还会毁坏茧层，所以，收购的鲜茧必须就地在茧站烘干杀蛹，然后储藏。一般采用热风干燥法，即初期温度110～120℃，以后逐渐降低到最终温度60℃左右，干燥时间5～6h。标准干燥率通常在40%～44%范围内，计算方法为：（干茧重量/鲜茧重量）×100。丝厂购进茧后供长期储藏使用，如果储藏不当，不仅茧的解舒率降低，丝状菌和茧库害虫还要损害蚕茧。因此，储茧库湿度应保持在 70% 以下，并检查是否有虫、鼠等危害。

8）病虫害防治

蚕在生长发育过程中常因受到一些不利因素的影响引起蚕病，如不及时防治，会造成极大的损失。蚕病的防治应以预防为主。严格防病消毒，杜绝病原。养蚕还应保持清洁卫生，如换鞋、洗手入室，防止人为带入病菌。同时要注意杀灭桑园害虫，防止病菌随桑叶带进蚕室。蚕饲养过程中主要的病原菌有如下几类。

（1）病毒病：包括核型多角体病、质型多角体病、病毒性软化病、脓核病，分别由不同的病毒引起。此类病害在养蚕中常发生，特别是饲养夏秋蚕，倘若消毒不严、管理粗放，很容易流行，约占蚕病总损失的 70% 左右。传染途径主要是经口传染。预防措施是消灭病原、切断传染途径和增强蚕的体质。发现病蚕立即捡出投入消毒缸，蚕沙及时运出蚕室，禁止在蚕室附近摊晒蚕沙。

（2）细菌病：主要有败血病、猝倒病和细菌性胃肠病。预防病毒病的方法同样适用于细菌性病害的防治。一旦发现病蚕，用每毫升 500～1000 单位的氯霉素，以 6kg 桑叶喷 500g 的比例添食，每 8h 添食 1 次，连续 3 次，即可治愈。养蚕期间，为避免污染桑叶，蚕桑区禁止使用苏云金杆菌类生物农药。

（3）真菌病：包括白僵病、曲霉病和其他僵病。传染途径主要是病菌孢子萌发侵入蚕体。预防该病症要使用防僵药剂对蚕室、蚕具消毒。用"防僵灵二号"1500 倍稀释液对 1、2 龄幼蚕喷雾后再喂叶。发现有白僵病发生时，应及时捡出病蚕，并调节蚕室与蚕座湿度至 70% 以下，僵病基本能控制。

（4）中毒病：主要有农药中毒、烟草中毒和工业废气氟化物中毒。预防方法是蚕区要远离烟草田、砖瓦窑，防止工厂排放污染物引起中毒。对氟化物污染较重的地区，春蚕饲养期应停止砖瓦厂等重污染源工厂的生产。蚕区内避免施用感染或影响桑蚕的生物农药。农田施用农药要合理安排，注意施药方法和施药时的风向，不宜靠近桑园，以免桑叶和蚕室受农药污染。桑园喷药治虫，要选择对桑蚕安全、残效期短的农药。施药后，要在残效期过后方可用叶。如发现蚕农药中毒时，要马上加网除沙，把中毒蚕放在通风良好处，给以新鲜无农药污染的桑叶，从而减少损失。为避免饲喂过程中污染桑叶与家蚕，养蚕人员绝对不能接触农药。

（5）寄生虫病：包括多化性蝇蛆病、虱螨病和线虫病。蚕蛆蝇产卵于蚕体体表，会引起蚕儿死亡或蚕茧被蛆穿孔而不能缲丝，我国研制的"灭蚕蝇"药剂，可以杀死蝇卵和蚕体内蝇蛆，效果很好。

4.1.1.5　家蚕综合利用

家蚕全身都是宝。

1）蚕丝的利用

主要包括加工成丝织品和废丝的再利用。

（1）丝织品：蚕丝是公认的最优良的纺织纤维，被人们广泛利用，特别是作为健康纤维备受推崇。蚕丝可以做成各种服饰，如真丝内衣和外衣。丝绸服饰美观舒适、光泽柔和、色彩鲜艳、柔软飘逸且透气吸湿，特别对人体的皮肤有保健医疗功效。但生丝的耐光性差，如果在日光下暴晒200h，强力就会损失50%，而且会使丝织品泛黄变色。另外，丝织品在耐磨损性、耐洗性、抗皱性、防水性等方面还不是十分理想。丝绸工业界正通过与其他纤维的复合及加工技术的改良，积极研究解决这一问题。

（2）废丝：缫丝厂的下脚料如选除茧、蛾口茧、削口茧等，都可以制作丝绵、纺制绵球、绢纺、油丝等真丝短纤产品。蚕丝蛋白质通过理化加工可以制取丝素粉或者可溶性绢丝肽，制成丝素膏、美容化妆品等。在茧丝的脱胶产物及绢纺厂的下脚料中会有相当数量的丝胶，丝胶中的丝氨酸含量约占总氨基酸的32%，是提取丝氨酸的良好原料。日本将蚕丝用于生产手术缝合线、丝素食品、乐器弦丝和无公害钓鱼丝等方面；还可以将丝素膜作为隐形眼镜、人工皮肤、人工肺和生物传感器等高附加价值的医用新素材。

2）蚕沙的利用

（1）用作饲料或肥料。

（2）制作药枕。蚕沙是一种传统中药，可以制作成蚕沙枕头，发挥治疗作用。制作蚕沙枕头的方法：以蚕沙为主药，辅助其他中药，制成枕芯，在头温和头部的压力作用下使枕芯内的药物有效成分缓慢散发：①可以呼吸入肺，进入血液循环；②可以持续作用于头颈部的穴位，有助于人体调节功能的发挥，使全身的肌胳舒通、气血流畅、脏腑安和；③可以通过渗透的方式进入皮肤，被人体吸收，从而从生理、心理和药理三个方面发挥综合治疗作用。

（3）提取食药功能成分。利用蚕沙可以提取果胶，果胶既是食品也是药品，在降血脂、降低胆固醇和抑菌方面有一定的疗效。也可从蚕沙中提取叶绿素铜钠盐，用作食用色素、药物原料和食品添加剂，在医药、食品和日用工业方面有广泛的应用，容易被人体吸收，促进新陈代谢。现在市场上的"肝宝""胃甘绿""升血宝"等都是叶绿素铜钠盐制剂，临床上对肝炎、胃溃疡等疾病有显著疗效。

3）蚕蛹的利用

蚕蛹是缫丝厂中主要的副产物。蚕蛹中含有大量的全价蛋白，这些蛋白质堪称营养之首，100kg鲜蛹的蛋白含量相当于85kg瘦猪肉、96kg鸡蛋或109kg鲤鱼。蚕蛹的利用主要包括蚕蛹蛋白和蚕蛹油的综合利用。

（1）蚕蛹蛋白：主要用于三个领域。①食品领域：可用作开发氨基酸口服液，如儿童用全氨基酸铁锌螯合物营养口服液；另外还可以制作各种饼干、糕点等。②饲料领域：蚕蛹中含有鸡类所需要的11种氨基酸，可以满足鸡类生长的营养需要；用蚕蛹饲料喂猪可以提高日增重量，缩短育肥期，提高出栏率；另外还可以作为水生经济动物的饲料。③医药领域：主要用于开发蚕蛹多肽，这种多肽对耐药致病菌有良好的杀灭作用，可以选择性地抑制某些肿瘤细胞的生长，有望成为抗生素、抗病毒素、抗癌药物的新来源。

（2）蚕蛹油：用蚕蛹制作蚕蛹粉的过程中分离提炼的蚕蛹油，可用于医学和轻工业。蚕蛹油含有大量的不饱和脂肪酸，是治疗心脑血管疾病和肝病药物的主要原料；在轻工业上，蚕蛹油加工后可制作成肥皂、蜡烛等，同时也是染料的重要原料和生产尼龙的工业原料。

（3）用于生产白僵蚕和白僵蛹：白僵蚕和白僵蛹是传统中药，有镇静、解热、止咳化痰的作用，还可用于治疗癫痫病。

4.1.2　柞蚕

柞蚕 *Antheraea pernyi* 别名中国柞蚕，古称春蚕、槲蚕，也叫山蚕，因喜食柞树叶而得名，广泛分布于山东、河南、安徽、江苏、湖北、贵州、四川、云南、辽宁、吉林、河北等地区。中国是最早利用柞蚕和放养柞蚕的国家，也是世界柞蚕主要养殖国，柞蚕产量占全球的 80%。

4.1.2.1　形态特征

（1）成虫：体长为 35～50mm，翅展 110～150mm。肩板及前胸前缘呈紫褐色。前翅前缘也呈紫褐色，中间掺有白色鳞毛，顶角突出较尖；前后翅内横线白色，外侧紫褐色，外横线黄褐色，亚缘线紫褐色，外侧呈白色，在顶角部位的白色显得更为明显，中室末端有较大的透明眼斑，眼圈外有白、黑、紫红线的轮廓；后翅眼斑四周的黑线比较明显（图 4-5）。

（2）卵：扁平的椭圆形，呈红褐色。长 2.2～3.2mm，宽 1.5～2.6mm，厚度为 1.5～2.0mm。1 粒卵的重量为 6.5～9.8mg（图 4-5）。

（3）幼虫：颜色多样，1 龄幼虫多为黑色，2 龄以后的体色因品种而异，有黄绿色、绿色、橙黄色、天蓝色或灰白色等。5 龄幼虫体长为 70～100mm（图 4-5）。

图 4-5　柞蚕形态特征

（4）蛹：褐色，头部顶端呈乳白色。蛹有雌蛹和雄蛹之分，雌蛹长为 34～

38mm、宽为 19～21mm，触角细，比较平坦；而雄蛹长为 30～34mm、宽为 17～21mm，触角宽阔肥厚，外缘隆起较高。

（5）茧：外形椭圆形，上部稍尖，上面附有长短不等的茧柄（茧蒂），中部稍大，下部稍钝。春茧长为 42mm、宽为 24mm，颜色呈淡黄褐色；秋茧长为 47mm、宽为 24mm，颜色呈黄褐色。

4.1.2.2 生物学特性

柞蚕 1 年发生 1～2 代，以蛹越冬。喜食山毛榉科的多种栎属植物。

1 年 1 代的柞蚕，在 3～4 月上旬成虫羽化、产卵，4 月上中旬幼虫孵化，幼虫期 40 余天。5 月中下旬结茧化蛹，蛹进入滞育期。第二年 4 月羽化为成虫。

1 年 2 代的柞蚕分为春蚕和秋蚕。春蚕在 4 月上旬时成虫羽化、产卵，4 月末到 5 月初幼虫孵化，幼虫期 40 余天。6 月中下旬时结茧化蛹。春蚕蛹在 7 月上中旬羽化为成虫并产卵，7 月末至 8 月初幼虫孵化，此期间的幼虫即为秋蚕。秋蚕的幼虫期 50 余天，9 月中下旬结茧、化蛹、越冬。柞蚕生活史如图 4-6 所示。

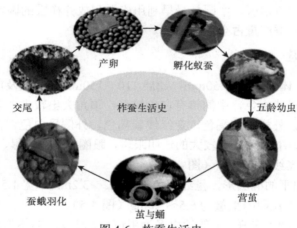

图 4-6　柞蚕生活史

幼虫及雄成虫有正趋光性，正在产卵的雌成虫有负趋光性。幼虫在取食阶段有向上爬的习性，总是先爬至饲料树枝条的顶端，然后自上而下依次食用叶片。光照会影响柞蚕滞育，5 龄幼虫对光照反应极为敏感。当光照强度＞50lux、日照达到 14h 以上时，蛹不会滞育，当日照减少到 8～12h 时，可以促使蛹滞育。越冬蛹经过 5～12℃低温保存 50 天以上即可解除滞育。蛹在有效积温达到 235 日·度时开始羽化。卵在有效积温达到 115 日·度时，完成胚胎发育，孵化出蚁蚕。幼虫经 40～52 天，经过 4 眠（5 龄）发育成熟，并吐丝纺茧。柞蚕可以在 8～30℃的范围内生活，温度高时发育快、龄期短；反之，则发育慢、龄期长。柞蚕不适宜在长期极端高温、低温下生活。在最适温度 20～25℃时，柞蚕体内酶的活性强，新陈代谢旺盛，生长发育快，体质强壮。

4.1.2.3 品种分类

柞蚕在自然条件下有一化性品种和二化性品种。化性由遗传因素决定，但易受环境条件的影响而改变。中国柞蚕在地理分布上有明显的化性分界带：从山东省泰安地区经河南省林县至甘肃省平凉地区一线以北，为二化性地区；从山东省费县经河南省嵩县至甘肃省天水地区一线以南，为一化性地区；两线的中间地带为一化性或二化性均相对稳定的地区。

除化性外，还可以根据柞蚕产地划分品种，如丹东柞蚕、岫岩柞蚕等；依据柞蚕茧颜色划分品种，主要有'青黄''杏黄''银白''水清'等农家品种；经科学选育的品种，如'青一''青六''克青''三黑丝''柞早1号''柞杂1-5号'等。

4.1.2.4 饲养技术

柞蚕的饲养技术要点主要包括以下几个方面。

1）优质种茧的准备

种茧是柞蚕业的主要生产资料，充足、优质的种茧是发展柞蚕生产的前提和保障。

（1）暖茧出蛾：柞蚕蛹经过暖茧加温，感受到一定的有效积温后，使种茧按当地生产计划时间羽化出蛾。人工加温至 20℃，补湿至干湿差 3℃左右，约经 1 个月左右可出蛾。

（2）捉蛾、晾蛾：为防止柞蚕蛾羽化后自由交尾，羽化后应及时捉蛾，将雌雄蛾分别捉下保存，待蛾翅展开后，按生产计划进行交尾制种。

（3）交尾、捉对：雌、雄四翅全展开时为交尾适宜期，将雌、雄蛾按比例放入一个蛾筐内后，上下转动，使其在筐内均匀分散，任其自由交尾。当合上蛾筐后筐内的振翅声逐渐变小时，表明多数已经进入交尾阶段而不再飞舞求偶，就可以进行捉对，按雌上雄下的顺序将蛾按对晾在挂起的塑料绳或白布上。

（4）拆对：雌雄交尾 12～16h 后拆对。拆对时手要轻稳，不要强行拉拽，左手轻压雌蛾腹部背面，右手捏住雄蛾四翅基部，向雌蛾头部方向一提即可开交。

（5）产卵：将雌蛾的翅剪去 2/3 后，放入产卵纸上产卵即可。应该有固定的产卵室。产卵室温度保持在 19～21℃，并保持安静和黑暗状态，微风或通风。产卵时间应掌握在 21：00 开始，1 个昼夜后将蛾拣出。

2）柞蚕卵的孵育

柞蚕卵的孵育一般经历三个阶段，即保卵、卵面消毒和暖卵。

（1）保卵：室温保卵，要求室温在 18～20℃，湿度在 78%左右。

（2）卵面消毒：卵面消毒的目的是杀死卵面附着的病原微生物，避免蚁蚕孵化时因食卵壳而发病。柞蚕卵产下后的 3～5 天或出蚕前的 1～2 天内，先用 0.5%

氢氧化钠水溶液洗卵，液温 18～20℃，洗卵 1min，除去卵面胶着物，然后用清水洗净，控去水分，进行卵面消毒。将 36%～38%甲醛原液、36%浓盐酸、水按照 1：0.5：10 的比例配成混合液，液温 23～25℃，浸卵 30min 左右提出，再用清水多次脱药后，薄摊于塑料纱上，放入已消毒的保卵室中自然干燥。

（3）暖卵：采取人工加温、补温等措施，保证卵内胚胎在最适宜的条件下发育，使蚁蚕孵化整齐，蚕体健康、孵化率高，适时出蚕。在共同暖卵时，一般在孵化前的 1～2 天内分发蚕卵，当蚕卵发育到"卵鸣"（又称"叫籽"）时，应该及时上山。运输过程中注意不要震动摩擦、挤压，不要堆积，保持空气新鲜，防止接触有毒气体，速度越快越好，到达后，立即摊开暖卵，通风透气。

3）蚕场选择

小蚕场是收蚁和饲养 1～3 龄蚕的蚕场，要求用当年或 2 年生柞树，占总面积的 20%左右。大蚕场是饲养 4～5 龄蚕和用作营茧的场所，树型为中干树型，树势旺盛、面积稍大。

4）春蚕饲养

目的是为秋蚕备种。

（1）收蚁、撒蚁：刚孵化出来的蚁蚕，先静置几分钟后，开始食卵壳，然后便开始趋光觅食，此时便是适合收蚁的时期。将先前准备的长度为 10～15cm 的带叶引枝均匀放置在卵纸上，以便于蚁蚕爬上引枝，等到引枝有适量的蚁蚕爬上时，将引枝放置于消毒后的蚕筐内。之后重复操作以上方法直至卵纸上没有蚁蚕。迅速、准确地将引枝稳妥地横置在柞树中部枝叶密集处，使蚕均匀地上枝取食，保证每头蚕都有足够的营养面积，有利于蚁蚕健壮整齐。纸上剩余未孵出的卵，可剪成小块，注意一定要适量，将其直接挂在树上。一般每墩柞树的养蚁头数为 260 头左右。防止蚁蚕相互抓伤和病害的发生，并避免鸟、虫等不利环境的危害，确保蚁蚕健壮。

（2）小蚕保育：是放养柞蚕成败和质量高低的关键。1～2 龄小蚕的传统饲育方法是在野外蚕场里选树养蚕。为避风害和方便小蚕上树，养蚕前先将柞墩绑成树把，小蚕孵化后，用引枝将蚕引起，放于树把向阳处，蚁蚕即爬至树梢食叶。为提高小蚕保存率，各蚕区推广了几种稚蚕保育技术。

①室内饲养，即用茧床或养蚕架，承载纸盒或塑料薄膜袋或二者的合成袋，经过严格消毒，定时定量放入采集的新鲜饲料，室内温度保持在 20～24℃，每日给饲料 2 次，注意眠中停饲、开袋（盒）排湿。小蚕 2 龄以后再上山饲养。

②野外土坑塑料薄膜覆盖饲育，即每日在土坑内添适量新鲜枝叶，用塑料薄膜覆盖保温、防风和保持柞叶新鲜。饲育温度 17～26℃。小蚕 2 龄后移入野外蚕场饲养。

③用小蚕保苗场饲养。

防风保苗：保苗场要背风向阳；对柞树的要求是树势要低矮，枝条短而挺直，树冠不招风，多为摇摆度轻的墩式或低干的老柞树。地面上压些救蚕枝，北风多时，压在树墩南面，可以救起落地蚕；柞墩中部比上部摇摆要轻，撒蚕时，引枝要往柞墩的偏中部撒，使蚕先吃中部的叶片，再分散向上，可以减少受风害。应绑把放养。

除害保苗：小蚕体小质弱，移动距离小，没有抗拒和躲避能力，容易受敌害，造成严重的损失，因此必须加强除害，如蜘蛛、鸟类、蜂类、蚁类、鼠类等。

防病保苗：要增强小蚕的体质，淘汰病劣的蚕，并彻底消毒，消灭病源。注意做好以下环节：饲喂适熟叶，以满足小蚕迅速成长的需要，保持蚕的健康成长，增强小蚕的抗性；提出病蚕单养，病蚕发育缓慢，迟眠迟起，不仅技术处理不便，而且对其他健康蚕也有很大的威胁，要随时将病蚕取出并给予优良条件，使其隔离饲养，防止传染；彻底消毒，杜绝病原，在放养中可采用1%有效氯漂白粉液、5%新鲜石灰浆或2%氢氧化钠液对蚕场进行彻底消毒，杜绝病原的传染，病蚕所接触的用具，一律要经过彻底消毒。

（3）大蚕放养：3龄以后移到大蚕场放养，放养时应由低坡向高坡、由南面向北面逐渐剪移，使放养面积较小蚕期扩大2～3倍。采用疏枝法供给柞蚕适熟叶。5龄期即"壮膘期"，约14～15天，应给予发芽迟、含水分较高和蛋白质丰富的1年生柞树叶；如5天内蚕体不能显著增大，应移入叶质柔软的柞场，使蚕饱食。为确保蚕饱食良叶、生长健壮，大蚕放养的关键技术环节是匀蚕和移蚕，适当降低蚕的密度。具体数量应根据柞墩的大小、长势和产叶量来确定。5龄蚕每墩可放养50～60头。

①匀蚕：为保证柞蚕密度均匀，蚕都能有充足的柞叶可食，必须做好匀蚕工作。一般在上午和下午温度较低时匀蚕，重点做好眠前和眠后的匀蚕，更应做好盛食期前的匀蚕工作，主要做好2龄以后及每次移蚕的匀蚕。剪去小枝条、顶梢和大枝，采用挂枝、搭桥及搭饵等方法引蚕，匀出小蚕留下大蚕；将光墩及光枝等上的蚕，以及过密枝条上的蚕剪下，放置于无蚕或少蚕的柞墩上。尽可能选择适宜枝龄和适熟叶多的柞墩。匀出的蚕应撒匀、放稳，防止遗失蚕。

②移蚕：将柞蚕从柞叶吃光的场地移至新的柞叶场地，称为移蚕。取食的柞叶量不应超过全树叶量的1/2。移蚕次数按放养标准决定，既要根据蚕的生长发育需要，又要依据天气状况、蚕场状况和饲料老硬等条件决定。如果移蚕次数多，剩余柞叶多，不仅浪费柞叶和人工，而且容易造成蚕体损伤；反之，移蚕次数过少，则蚕常常取食叶质较差的柞叶，不利于其生长发育。一般移蚕2～3次，盛食期和见茧期各移蚕1次，3龄眠起移1次。见营茧时将柞蚕移入茧场。

一般在 10：00 前及 15：00 后温度较低、湿度偏高时移蚕，应注意：日中气温高不移，有雨、多露时不移，大风不移，刚眠起蚕和眠蚕不移。移蚕时将附有蚕的枝条剪下，不可以抓光蚕，尽量少剪顶枝或长枝，将剪下的枝条装入筐内，从筐的一侧有顺序地竖立排列，装筐的枝条松紧要适当，装满后，应立即运送到新蚕场，运蚕要快、稳、防震动和日晒，到新蚕场后，迅速进行撒蚕，位置应靠近主枝，密度应根据蚕的生长发育情况、柞墩大小及高度而定，将枝条放置于主枝杈密集处，撒蚕时应在蚕场内留 5%～10% 的柞墩不撒蚕，以备匀蚕等用。一般在移蚕后第二日，及时寻找蚕场内遗留的蚕，剪下后移入新蚕场。

③防治敌害：加强除虫和驱鸟等工作，保证柞蚕健康生长发育。

（4）窝茧：将分散在大蚕场的见营茧的老熟蚕集中移入茧场的过程称为窝茧。当蚕场内熟蚕占 3%～6% 时便可将蚕移入茧场。一般每墩树 30 头蚕左右。随时捡起落地蚕，并及时调整蚕的密度，加强茧场管理，防止敌害的危害。

（5）摘茧：结茧以后，及时采收。一般在结茧 2 周后，待茧壳已变硬定型后摘茧。一手持树枝，另一手握住包有柞叶的茧将其摘下，剥去包着茧的柞叶，防止其影响蚕茧潮湿及蛹体呼吸；剥茧可随摘随剥，应防止剥茧过程中挤压蚕茧变形，将茧轻轻装入放在树荫下的筐内。摘茧时间应在上午 10：00 前和 15：00 后进行，剥叶后的茧不要日晒，在室内摊于茧床或茧筐中，摊放厚度不超过 35cm。供秋季制种。

5）秋蚕饲养

均在野外蚕场进行。1～2 龄小蚕选用 1～2 年生的幼龄柞树，5 龄期壮蚕选用 3～5 年生柞树。整个秋蚕期管理的重点是要经常匀蚕，并进行两次剪移，保证蚕群良叶饱食、发育整齐。注意防治各种病虫害，减少损失。

6）柞蚕病虫害的防治

（1）脓病——核型多角体病毒病。病因：由于病毒侵入柞蚕体内而引起。症状：蚕幼虫体壁柔软，环节肿胀、隆起，严重时体壁溃烂、破裂、脓汁流出体外，致使其死亡。防治：严格消毒；收蚁及时，防止抓伤；深埋病蚕，防止病毒扩散。

（2）微粒子病。病因：由柞蚕微孢子虫寄生而引起的一种蚕病，属于慢性传染病害。柞蚕微孢子虫寄生于寄主体内，以渗透方式摄取营养，破坏寄主细胞，它在柞蚕体内有孢原质（芽体）、裂殖体（游走体）、产孢体、孢子母细胞和孢子 5 个发育形态。症状：幼虫食欲减退，行动迟缓，蛹体畸形，而成虫体小、翅薄，鳞毛稀疏。柞蚕全身布满棕色小斑点，不能吐丝结茧或结茧松散，致使其不化蛹而死。防治：严格控制母体传染；卵面、蚕室、蚕具及周围环境要彻底消毒；加强蚕场放养管理，提高蚕体的抗病能力。

（3）柞蚕空胴病。又称软化病。病因：由柞蚕链球菌引起。症状：初期行动呆滞，头胸紧缩，后期头胸后仰，身体缩小，体色变深，口吐透明黏液，丧失把握力，多落地而死。柞蚕尸体软化腐烂。此病具有特殊的传染方式：种蛾产卵时病原菌附着卵面，卵孵化时小蚕咬食卵壳将病原菌食下，病原菌侵入蚕体内致病，感病轻微的蚕作茧化蛹时，病原菌转移至蛹外表面寄生。蛹羽化时，病原菌又转移到了产卵管内壁寄生。防治措施：①选择龄期短的品种可以减少发病。②采用合理放养方法，注意蚕场的选择和饲料的搭配，软化病多发区适时早收蚁。③严格进行卵面及蚕室、蚕具消毒，防止各种细菌感染。④在卵期或蚕期应用"蚕得乐"预防软化病有较好的效果。⑤用 3%的福尔马林和盐酸混合液将卵面消毒。

4.1.2.5　综合利用

柞蚕茧丝主要由丝素、丝胶和杂质组成。丝素是柞蚕丝的主要成分，含量为84.9%～85.3%，是一种以丙氨酸为主链的多肽。丝胶是一种多组成的异质蛋白，含量为 12%～13%，以无定形颗粒状呈波浪起伏形态被覆于丝素外围。杂质中包括的脂肪、蜡类物质和色素为 0.64%，灰分为 1.33%～1.75%。柞蚕丝富有光泽，具有吸湿性好、强力和伸度大、绝缘、保温、耐热性好等优点，在纺织纤维中占有独特的优势。柞蚕茧的综合利用主要有两个方面：一是柞蚕丝利用，二是废丝利用。

1）柞蚕丝利用

主要用于服装，在装饰、工业等其他方面也有一定应用。①服装用类：用真丝绸制作成日常用的内衣、外衣、套服、节日盛装和豪华礼服等，使人感觉雍容华贵、端庄大方。②装饰用类：在生活用品方面，用于制作领带、丝带及各种服装小件，如妇女用的头巾、围巾、披巾、钱包、化妆盒、旱伞、提包、手套、手帕和绢花等；在室内装饰方面，用于制作窗帘、帐幔、台布、床罩、被面、坐垫、靠垫等，都是现代家庭生活中必不可少的装饰品。高级建筑物糊墙用的真丝绸，以及室内陈设用的真丝艺术品，不仅能美化环境，而且能吸附有害气体，起到调节室内空气、保温和隔音的作用。③工业用类：丝绸制品几乎应用于各个行业，例如，机电工业用的绝缘丝和绝缘绸，面粉工业用的筛绢，电子工业用的打字机色绸，航空工业的降落伞绸，军事工业用的火药包绸，卫生工业用的人造血管、缝合线等。

2）废丝利用

废丝是指缫丝工业或丝绸工业的副产品（茧衣、丝头等），经过加工处理，可以开发成价值更高的新产品。

（1）提取丝氨酸：丝氨酸是制造一种贵重抗生素药品"环丝氨酸"的原料，其抗菌性很广，能治疗肺结核、急性肺炎、干酪性病变，以及顽固性尿道感染、耳炎、腹泻、皮肤脓肿等疾病。

（2）蚕丝粉：将废丝进行深加工制成食品添加剂，如制成蚕丝软糖、蚕丝面条等食品，可提高肝脏功能，防治高血压、中风等。

（3）制成丝素肽：丝素肽是国际上公认的天然营养护肤、美容化妆品的原料，能被表皮细胞所吸收，加速皮肤细胞的新陈代谢，增加皮肤细胞活力和弹性，长期使用能保持皮肤健美。

（4）丝素粉：可用于高级美容霜、护肤膏、发乳、乳液、香粉、婴儿皂、牙膏等，具有营养皮肤的作用，可防止皮肤衰老，防止日光紫外线的辐射，减缓皮肤细小皱纹的出现。

4.1.3 蓖麻蚕

蓖麻蚕 *Philosamia cynthia ricini*，为大蚕蛾科樗蚕的亚种，原产印度，1938年前后引入中国台湾高雄，1940 年后引入中国东北、华东、华南等地，是产丝的重要蚕种之一。

4.1.3.1 生活习性

蓖麻蚕为多化性，在适宜条件下无滞育期，可全年连续饲养。在中国一年最多可发生 7 代。在适宜条件下，卵期经过约 10 天，幼虫期 4 眠 5 龄约为 20 天，蛹期约为 20 天，完成一个世代需 45～50 天。成虫一般傍晚交尾，交尾时间与卵的受精率关系密切，雄蛾需要交尾 4h 后才射精，若交尾时间短，不但受精卵少，产卵量也显著减少；因此交尾时间必须在 14h 以上才能达到制种要求。幼虫体白色、黄色或天蓝色，有黑斑或无斑，耐高温高湿，食性广泛（图 4-7）。除喜食蓖麻叶外，也可用木薯 *Manihot esculenta*、臭椿 *Ailanthus altissima*、红麻 *Hibiscus cannabinus*、马桑 *Coriaria nepalensis* 等叶片饲养；莴苣 *Lactuca sativa*、蒲公英 *Taraxacum mongolicum* 等已作为寄主饲养蓖麻蚕。

图 4-7　蓖麻蚕成虫和幼虫

4.1.3.2 饲养技术

蓖麻蚕是由野蚕家驯饲养而成，抗逆性能强。其饲养技术要点如下。

（1）催青：卵的催青温度以 25℃为好，卵用纸盒包好并经常喷水，每天摇卵 1 次，并调整蚕卵位置，使蚕卵感温均匀。

（2）收蚁蚕：蚕卵经 7 天左右即孵化成幼蚕，黑色如蚂蚁一般大小，每天上午 9：00 左右将蚕种纸盒摊在蚕匾中部，添上用手撕成小片的鲜嫩蓖麻叶，蚁蚕会自动爬上叶片。忌用手抓蚁蚕。

（3）小蚕饲养：小蚕食叶小，1～2 龄蚕幼虫食用撕成小块或丝状嫩蓖麻叶，3 龄蚕幼虫可喂单片的裂叶。

（4）大蚕饲养：幼虫第三次蜕皮后即到 4 龄壮蚕，食叶量大，多次薄饲，同时蚕排粪也多，要及时清除蚕粪。此外，还要进行扩座，以防止蚕与蚕之间发生挤压。

（5）上蔟：5 龄蚕经 5～6 天取食后，便不断爬动，寻找适合吐丝的场所，这时应提供蚕吐丝的蔟具，每平方米蔟面积可上蚕 500 多条，室内温度控制在 25℃左右，室内光线要暗一些，防止蔟具振动，用网罩住，便于蚕顺利吐丝结茧。

（6）采茧：上蔟后 3 昼夜，蚕吐丝完毕，一周后采茧。蓖麻蚕的茧衣又厚又多，约占茧层量的 1/3。茧层松软，缺少弹性，厚薄松紧差异较大，外层松似棉花，与茧衣无明显的界限；中层次之；内层紧密，手捏有回弹声。茧层较薄，且有明显的分层，多为层茧，外层缩皱略模糊，中层明显，内层平坦。茧的厚薄也不一致，中部最厚，尾部次之，头部最薄且疏松，有一个出蛾小孔。在鲜茧重量中，茧衣约占 3.6%，茧层约占 10%，蛹体约占 86.5%。留种的茧用线连在一起，并悬挂起来，不时喷水，便于蚕蛹羽化出成虫。

（7）产卵：蚕蛾羽化后，及时放入笼箦，便于雌雄蛾交尾产卵。蓖麻蚕从卵到蛾（成虫）过程中，蚕室温度不得低于 20℃或高于 30℃，湿度保持在 60%～80%。

4.1.3.3　综合利用

蚕茧呈洁白色，茧丝弹性大、纤维均匀、耐酸、耐碱、耐磨。茧丝平均长 300m，最长可达 567m，染色程度较浅，但较均匀，织物表面疵点少，绸面清晰平挺，达到桑蚕绢绸的水平。缺点是织物光泽较差，不如桑蚕茧明亮。蚕茧不能缫丝，主要用作纺绸原料和制作丝绵。

另外，蓖麻蚕无论是卵、幼虫还是蛹都含有丰富的矿物质和微量元素，有祛风除湿、止痛的功效，主治风湿痹痛和关节不利。

4.1.4　天蚕

天蚕 *Antheraea yamamai* 在我国主要集中分布在黑龙江省，在长江以南直至亚热带地区的广东、广西、四川、贵州、云南、台湾等地区也有少量分布，是自然界中一个十分珍稀的物种。天蚕茧翠绿色（图4-8）；天蚕丝富有光泽，色泽鲜艳，质地柔软，具有较强的拉力和韧性，质量优于桑蚕丝和柞蚕丝，且无折痕，不用染色就能保持天然晶体的绿宝石颜色，属于绿色纤维。天蚕丝在光的照射下能闪烁出璀璨的光彩，几根天蚕丝便能显示出华贵高雅之气度，故有"绿色金子""钻石纤维""金丝"之美称，是一种珍贵的蚕丝资源。

图 4-8　天蚕幼虫（左）和茧（右）

4.1.4.1　生活习性

　　天蚕主要取食壳斗科植物，如辽东栎 *Quercus wutaishanica*、蒙古栎 *Q. mongolica*、栓皮栎 *Q. variabilis*、麻栎 *Q. acutissima* 等树叶，喜生长在靠近江河湖泽林分里的柞树上，林地潮湿，野草茂盛，很适宜天蚕生活。每年 7～8 月，天蚕蛾把卵产在柞树枝干上，随风吹雨打，天蚕卵便落到树下草丛中，被泥土枯叶覆盖，在其保护下越冬；如果林地缺少草芥或密不透风，蚕卵落地不能被枯叶覆盖，便会在冬天被冻死。第二年当柞树长出嫩绿的枝叶时，幼蚕孵化后爬到柞树上取食柞叶，眠起蜕皮后有吃蜕皮壳的习惯；经过 40 天左右的生长后结茧。天蚕生长过程中最怕干旱，因一旦干旱就会发生寄生螨，幼蚕食入带有寄生螨卵的柞树叶后便会腐蚀烂掉。因此，天蚕对生活环境要求苛刻，否则将无法生存。

　　天蚕的幼虫、蛾、蛹、卵的体积和体重约为桑蚕的 2 倍左右。其外部形态与桑蚕、柞蚕比较，具有许多明显的特征，生活习性具有独特的特点，尤其不能驯化的野生特性表现强烈，如好动性、喜湿性、假死性、群集性、羞交性等。天蚕的野生性未经驯化，人工饲养技术要求较高。

4.1.4.2　饲养技术

　　1）场地选择

　　幼虫有饮水的习性，雨后常见蚕伏在叶面饮水。放养天蚕的场地，特别是大蚕期，宜选择饲料鲜嫩、水分充足、温度较低、凉爽通风的场地。若遇干旱天气，宜在早晨或傍晚向树上喷水。

　　2）蚕病预防

　　天蚕在野外放养，病害比较严重，结茧率仅 35% 左右。天蚕的病害与柞蚕相同，脓病、软化病、微粒子病、硬化病均有发生，但以软化病最为严重。病害的发生除与种质有关外，气象因子也是诱发蚕病的一个重要原因。为了减少病害，必须进行卵面消毒，改进饲养技术。可在小蚕期进行室内饲养，剪取鲜枝放在容器中饲育，每日早晚给叶 1 次，温度 25～28℃，相对湿度 70%～75%，并适当添水，可减少发病率、提高结茧率。

3）结茧

5 龄末期天蚕食欲减退，丝腺发达，蚕体渐缩小，卷于 2～3 片柞叶中，吐薄薄一小片较平整的浮丝，即茧衣，然后沿树叶主脉的基部吐丝结成茧柄，再进入已拉拢的叶片中，经一昼夜结茧完毕，排出排泄物，湿润茧层，茧经一昼夜干燥变硬。茧衣上有白色粉末。茧呈长椭圆形，长径 45～53mm，短径 23～27mm。茧色可为深绿色、浅绿色、深金黄色，但绝大部分为绿色，一侧色较深，一侧较浅。在人工饲养条件下，茧为黄绿色。雌茧重约 8g，雄茧重约 6g。茧层重，雌约 0.7g、雄约 0.6g；茧层率，雌约 8.8%、雄约 10%。

4）采茧

自结茧开始第 7～8 天（已化蛹）即可采茧。为了尽量减少蛹的震动、避免损伤，应连着包在茧外的叶片同时采下，之后再把叶片剥去。剥叶时兼行选茧，剔除死笼茧、薄皮茧、污染茧、蛆虫茧。用作缫丝的茧则须杀蛹干茧，作种茧用的则放在通风良好的蚕室中平铺保护。

4.1.4.3　综合利用

天蚕茧能缫丝，1000 粒茧可缫生丝 250～300g，一粒茧丝长 600～700m，丝质优美、轻柔，不需要染色而能保持天然绿色，并具有独特的光泽。纤度 5～6 旦尼尔，约比桑蚕丝粗一倍；丝的柔韧性强于其他丝种，伸度为 40%～50%，比桑蚕丝高 1.8 倍；强力约为桑蚕丝的 2.5 倍。茧丝织成的丝绸色泽艳丽、美观，可与其他纤维混织，是制造纺织品的上好原料。天蚕丝有很强的遮挡紫外线功能。普通的蚕丝只能遮挡紫外线中波长较长的部分，天蚕丝还能阻止短波紫外线穿过。其单丝截面呈不规则扁平状，扁平度最小值在 12.5% 以下，而桑蚕丝为 60% 左右，这是天蚕丝具独特光泽的主要原因。天蚕丝纤维蓬松，柔韧性好，吸汗传湿性和耐酸性优于桑蚕丝。天蚕丝可以织成高雅、华贵、舒适的高级衣料，还可以与毛、彩色棉等其他天然纤维混纺成复合织品，制成各种豪华高档的服装、饰品和工艺品。由于天蚕丝稀有且具有优良的品质，因此价格十分昂贵，接近于黄金的价格，在国际市场上每千克天蚕丝的售价高达 3000～5000 美元，高于桑蚕丝、柞蚕丝近百倍，经济效益令人咋舌。

天蚕茧含 20 多种人体必需的物质和微量元素，其成分和比例与其他蚕丝不同，对人体有益，因此，天蚕茧是名贵药材，有强身益气之功效。

4.1.5 樟蚕

樟蚕 *Eriogyna pyretorum* 是野生吐丝昆虫，又称枫蚕。其丝可制成蚕肠线（伤口缝合线）和优质钓鱼丝，故称渔丝蚕。

4.1.5.1 形态特征

（1）成虫：雌蛾体长 32～35mm，翅展 100～115mm，雄蛾略小。体翅灰褐色，前翅基部暗褐色，外侧为一褐条纹，条纹内缘略呈紫红色；翅中央有一眼状纹，翅顶角外侧有紫红色纹两条，内侧有黑褐色短纹两条；外横线棕色、双锯齿形；翅外缘黄褐色，其内侧有白色条纹。后翅与前翅略同。

（2）卵：椭圆形，乳白色，初产卵呈浅灰色，长径 2mm 左右。卵块表面覆有黑褐色绒毛。

（3）幼虫：体长 74～92mm。初孵幼虫黑色；成长幼虫头黄色，胴部青黄色，被白毛。各节亚背线、气门上线及气门下线处，生有瘤状突起，瘤上具黄白色及黄褐色刺毛。腹足外侧有横列黑纹，臀足外侧有明显的黑色斑块。臀板有 3 个黑点，或仅有 1 个，甚至完全消失。

（4）蛹：纺锤形，黑褐色，体长 27～34mm。外被棕色厚茧（图 4-9）。

图 4-9　樟蚕幼虫（引自周友军等，2021）

4.1.5.2 生活习性

樟蚕 1 年发生 1 代，以蛹在枝干、树皮缝隙等处的茧内越冬。3 月上旬开始羽化，4 月上中旬为羽化盛期。成虫羽化后不久即可交尾，有强趋光性。卵产于枝干上，由几十粒至百余粒组成卵块，卵粒呈单层整齐排列，上被黑色绒毛，常不易被察觉。2～4 月间幼虫相继出现，1～3 龄幼虫群集取食，4 龄以后分散为害，5 月下旬至 6 月上旬幼虫老熟，陆续结茧化蛹，至 7 月下旬全部化蛹完毕。

樟蚕食叶的植物种类很多，主要有樟树 *Cinnamomum camphora*、枫香 *Liquidambar formosana*、枫杨 *Pterocarya stenoptera*、元宝枫 *Acer truncatum*、野蔷薇 *Rosa multiflora*、沙梨 *Pyrus serotina*、番石榴 *Psidium guajava* 等，食樟树叶者丝质最优，食枫树叶者丝质较差。

4.1.5.3 制丝与利用

饲养樟蚕一般不让其结茧,而是在其成熟期,先将熟蚕浸死在水中,然后手工将其第 2～3 腹足间蚕腹撕破,取出两条丝腺浸入 2.5%冰醋酸中,5～7min 后,即进行拉丝,丝长可拉至 200cm 左右,经水洗后光滑透明,坚韧耐水,在水中透明无影,是最佳的钓鱼线。约 1000 条樟蚕可拉丝 500g;除供钓鱼线外,还可精制成外科用的优质缝合线。樟蚕茧也可缫丝,但数量很少,世界上只有中国生产樟蚕丝。

4.2 产 胶 昆 虫

紫胶虫属半翅目胶蚧科(Lacciferidae),是一类体型微小、具有重大经济价值的资源昆虫,其分泌物加工的产品是军工生产中不可缺少的重要物资,也是机电、化工、轻工、食品、医药等工业的重要原料。紫胶虫分布于中国,以及亚洲的印度、泰国、缅甸、巴基斯坦、斯里兰卡、孟加拉国、老挝、越南、柬埔寨、尼泊尔、不丹等国,分布区位于东经 70°～120°、北纬 8°～32°,其中以北纬 19°～26°地区最多;以印度的产量最高,泰国次之,我国第三。紫胶虫在我国原产云南,随着引种扩繁,广东、广西、海南、四川、贵州、湖南、江西、福建、台湾等省份也成了紫胶产地。

4.2.1 紫胶虫种类

胶蚧科分为 7 属 40 余种,分布在除欧洲以外的各大洲,大体在北纬 40°至南纬 40°之间,以亚热带和热带地区最为丰富。全世界有 18 种紫胶虫,我国开发利用的紫胶虫有 7 种,其中包括中华紫胶虫 *Kerria chinensis*、紫胶蚧 *K. lacca*(主要分布于印度等国,1985 年引进我国)、格氏紫胶虫 *K. greeni*、信德紫胶虫 *K. sindica*、田紫胶虫 *K. ruralis*、榕树紫胶虫 *K. fici*、云南紫胶虫 *K. yunnanensis* 等(图 4-10)。紫胶虫种类不同,产胶的质量有较大差异。紫胶质量是判断紫胶虫优良品种的一个重要指标,优质紫胶的标准是树脂含量高、杂质少、颜色浅、流动性好、光泽均匀。

中华紫胶虫,紫胶树脂含量为 80%～82%,蜡质含量为 5%～7%,熔点为 78.5℃,颜色指数为 14～18 号,乙醇不溶物为 7%～9%。紫胶颜色较深,产量高。

格氏紫胶虫,紫胶树脂含量为 78%～89%,蜡质含量为 4%～8%,熔点为 80.0℃,颜色指数为 3～14 号,乙醇不溶物为 14%～16%。胶被不连片,产量低。

紫胶蚧,紫胶树脂含量为 81%～85%,蜡质含量为 2%～4%,熔点为 76.5℃,颜色指数为 4～5 号,乙醇不溶物为 8%～9%。该虫紫胶色浅,呈黄色,紫胶质量为所有紫胶虫中最好的。

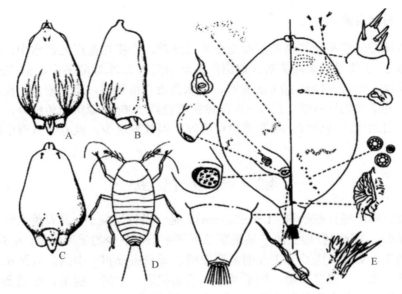

图 4-10　胶蚧科的代表（引自郑乐怡和归鸿，1999）

A～D. 云南紫胶虫。A. 雌虫背面观；B. 雌虫侧面观；C. 雌虫腹面观；D.1 龄若虫；E.云南紫胶虫雌虫扫描电镜观察

信德紫胶虫，紫胶树脂含量为 77%～82%，蜡质含量为 2%～3%，熔点为 77.0℃，颜色指数为 5～7 号，乙醇不溶物为 6%～10%。紫胶呈黄色，质量较好。

田紫胶虫，紫胶树脂含量为 78%～89%，蜡质含量为 4%～8%，颜色指数为 4～7 号，乙醇不溶物为 6%～14%。该虫种泌胶量不如中华紫胶虫，但其紫胶色浅，利用价值较高；具有红色、黄色两种色型，是珍贵的遗传育种材料。

榕树紫胶虫，紫胶树脂含量为 78%～89%，蜡质含量为 4%～8%，颜色指数为 6～15 号，乙醇不溶物为 11%～13%。具有红色、橘红色和黄色 3 种色型，在遗传育种上有较高的价值。

4.2.2　中华紫胶虫

中华紫胶虫 *Kerria chinensis* 是我国的主要产胶虫种，分布于云南南亚热带地区，已引种至广西、广东、福建、贵州、四川、江西、湖南、海南等 8 个省份。寄主植物约 200 多种，其中常用于生产的有南岭黄檀 *Dalbergia balansae*、思茅黄檀 *D. szemaoensis*、钝叶黄檀 *D. obtusifolia*、木豆 *Cajanus cajan*、大叶千斤拔 *Flemingia macrophylla*、火绳树 *Eriolaena spetabilis*、马鹿花 *Pueraria wallichii*、聚果榕 *Ficus racemosa*、偏叶榕 *F. cunia* 等。

4.2.2.1　形态特征

1）成虫

雌雄异型（图 4-11）。

图 4-11 中华紫胶成虫（引自严善春，2001）
左，雌成虫；中，有翅雄成虫；右，无翅雄成虫

（1）雌成虫：体型差异较大，有囊形、近球形、纺锤形。体长约 4.3mm，宽约 2.6mm，分节不明显。触角短，只有 2 节；其中胸部占虫体的绝大部分，胸足 3 对；胸部后端两侧各有一个管状突出，称为膊器，膊板骨质化，上面有许多小孔，其分泌的蜡丝为膊板蜡丝；在两个膊器之间有 1 个角质化的背刺，这是鉴别雌成虫的重要特征。腹部极退化，末端 6～8 节延长成管状，称为肛锥，肛锥上有肛门和生殖孔各 1 个；雌成虫有 10 根肛环刺，肛环上有许多蜡腺，其分泌的蜡丝为肛板蜡丝；围阴腺有 2 列，每列均有多孔腺 13 群。

（2）雄成虫：分有翅型和无翅型。无翅型体长约 1.4mm，宽约 0.4mm。有翅型体长约 1.7mm，宽 0.6mm，有 1 对膜翅；均为紫红色，触角呈线状，9～10 节，腹部末端有 1 个呈角质化的阳茎鞘和 2 根细长的白蜡丝。

2）卵

呈圆形，长为 0.4～0.6mm，颜色呈紫红色，卵壳薄而透明。

3）若虫

分为雌若虫和雄若虫。雌若虫为 3 龄，雄若虫为 2 龄。初孵若虫的形态像船，紫红色，雌雄难辨；体长为 0.6～0.8mm，宽为 0.2～0.3mm，头、胸、腹分段明显，有单眼，触角有 6 节，足发达；肛板上有 6 根肛环刚毛和 2 根细长的臀瓣刚毛。2 龄若虫初期体长为 0.9mm，宽为 0.4mm，虫体分段不明显；触角和足都已经退化，单眼和臀瓣刚毛消失，肛环刚毛有 10 根。2 龄若虫中期和后期，雌虫体较短粗，腹部第 3 节有 1 个背突。而雄虫呈长筒形，颜色比雌虫更鲜红，没有背突。3 龄若虫为雌虫独有，虫体更肥大，长约为 1.2mm，宽为 0.8mm，背突明显。

4）前蛹及蛹

前蛹及蛹是雄虫所特有的。前蛹长约 1.1mm，宽约为 0.6mm；口器退化；出现触角和胸足的雏形，透明短小，不分节；腹部末端肛门消失，有 1 个阳茎鞘突；有翅型中胸有 1 对透明的翅芽。蛹长为 1.1～1.8mm，宽为 0.4～0.5mm，比前蛹粗短；触角与胸足显著伸长，分节明显；阳茎鞘呈角质化，颜色为淡黄色。有翅型翅芽伸达腹部。

4.2.2.2 生物学特性

1）生活史

在紫胶生产中为了方便饲养，一般从幼虫涌散到下一代的幼虫涌散，算作一个世代。中华紫胶虫 1 年繁育 2 代，因此 1 年可放养 2 次、收胶 2 次。其中，云南是紫胶主产区，一般每年 4～5 月放养，9～10 月收胶，历时 5 个月左右，中间经过 1 个夏季，所以称为夏代，也叫第 1 代；9～10 月放养，第二年 4～5 月收胶，历时 7 个月左右，中间经过 1 个冬季，所以称为冬代，也叫第 2 代。夏代泌胶量高于冬代。在云南南亚热带地区景东试验站，夏代从 5 月至 10 月，约为 150 天；冬代从 10 月至第二年 4 月，约为 210 天。其中，夏代雌虫的 1、2、3 龄若虫和成虫历期分别为 20 天、15 天、15 天、85 天；雄虫的 1～2 龄若虫、前蛹及蛹的历期分别为 20 天、18 天、12 天，成虫约为 8 天。冬代雌虫的 1、2、3 龄若虫和成虫的历期分别为 50 天、45 天、30 天、90 天；雄虫的 1～2 龄若虫、前蛹及蛹的历期分别为 50 天、60 天、20 天，成虫约为 15 天。

2）主要生活习性

（1）孵化：紫胶虫生殖方式为卵胎生，卵从母体产出后很快孵化，一般卵期仅有 20～60min，其中最短的只有 6min，最长的不超过 2h。紫胶虫多集中在白天孵化，在云南以 12：00～16：00 孵化最盛，孵化率一般在 80% 以上。

（2）涌散：紫胶虫的若虫孵化后爬出母体胶壳，四处扩散觅食的现象称为涌散。若虫群体从涌散开始至结束的时间称为涌散期。涌散期是紫胶虫的迁移扩散期，也是人工繁殖的放养期。其中，云南景东夏代涌散期一般为 16～20 天，冬代为 26～35 天。福建南靖夏代涌散期为 14～22 天，其中大量涌散期约为 7 天；冬代涌散期为 15～50 天，大量涌散期约为 12 天。涌散受气温影响大，低温天气会造成涌散期延长。涌散的最适宜温度在冬、夏代均为 21～24℃，夏代低于 17℃、冬代低于 15℃，若虫不涌散。一般是白天涌散，晚上不涌散或零星涌散。云南夏代涌散多为 8：00～10：00，冬代为 10：00～12：00。涌散若虫的爬行距离一般仅有 1～3m，少数可爬至 5～10m。在放养时选择适当挂种部位很重要。

（3）固定：涌散后的若虫在寄主枝条上爬行，选择适宜部位插入口针，定居取食，不再移动的现象，称为固定。若虫喜欢选择光线充足又避免阳光直接暴晒的地方，在通风透气的树冠上层或朝南伸展的 2～3 年生枝条下侧固定取食。枝条直径以 1～3cm 为多，木豆不超过 8cm，钝叶黄檀不超过 5cm，泡火绳不超过 3cm。若虫喜欢群居生活，在云南泡火绳上夏代固定密度为 140～220 头/cm^2，冬代为 160～240 头/cm^2。

（4）泌胶：紫胶虫固定不久，虫体单细胞紫胶腺开始泌胶。一般夏代在固定后 7 天、冬代在固定后 14 天,就能用肉眼看到胶质。刚分泌的胶体为琥珀色半流体,遇空气会逐渐变硬。随着雌胶虫的生长发育,泌胶量不断增多,直至把虫体覆盖起来,形成一个个胶壳,若干胶壳相连形成胶被。每个虫体的胶壳上留有三个孔口,前方有膊板蜡丝伸出的两个孔口叫臂孔,后方有肛板蜡丝伸出的一个孔口叫肛突孔。这三个孔口是紫胶虫呼吸、排泄和交尾的通道。在云南,寄生在泡火绳上的每只雌若虫的泌胶量,夏代平均为 0.54mg,冬代为 0.28mg。雌虫成虫期是主要泌胶期,夏代平均每只泌胶达 20.07mg,冬代为 8.83mg。雄虫若虫期也能少量泌胶,但前蛹期以后就不再泌胶。

(5)泌蜡:蜡质由虫体上蜡腺分泌,呈粉状、丝状、片状,起到疏水作用。蜡腺多分布在膊板和肛板上,其次分布在虫体的背面、侧面和气门、口器的附近。膊板和肛板上分泌的蜡呈白色丝状,其他部位分泌的蜡呈片状或粉状。蜡片和蜡粉对虫体起保护作用。白蜡丝能防止臂孔和肛突孔被胶堵塞,保证紫胶虫正常呼吸、排泄和交尾。蜡丝多而洁白是紫胶虫生长健旺的重要标志。

(6)排泄蜜露:紫胶蚧用口针不断地从寄主植物上吸取营养和水分,把多余的水分和糖分等从肛门排出。排泄物呈露珠状,称为蜜露。蜜露聚积在寄主叶上容易诱发烟煤病,影响寄主的光合作用,削弱树势,而聚积在胶壳上的蜜露诱发的烟煤病,会堵塞其呼吸和排泄孔,导致胶虫死亡。蚂蚁、蜂类、蝇类、蝶类常被蜜露所招引而前来取食,对及时清除蜜露具有重要意义。

(7)蜕皮和变态:雌若虫蜕皮 3 次即可达到性成熟。雄若虫需蜕皮 4 次:第 1 次蜕皮后变为 2 龄期,所具有的口器、膊孔等器官都会消失;第 2 次蜕皮后成为不取食、不泌胶的前蛹,前蛹蜕皮化为蛹。蛹在胶壳内羽化为有翅或无翅雄成虫。雄成虫出胶壳在一天中有 2 个高峰,在云南夏代分别在 8:00~10:00 和 18:00~22:00 出胶壳。

(8)交尾:雄虫羽化出壳后,在胶被上四处爬行,寻找雌虫进行交尾。雄虫一生中交尾多次。在云南,交尾时间以 8:00~12:00 为最多,晚上很少交尾。紫胶虫除两性生殖外,也能单性生殖。单性生殖的后代包括雌、雄两性。

(9)产卵:当卵粒发育成熟便开始产卵。产卵前,产卵孔下方的体壁收缩,形成孵化腔,以此作为产卵和孵化的场所。冬代每雌平均怀卵量约 177 粒,夏代约 260 粒。产卵多在白天进行。

4.2.2.3　饲养技术

1)选择适宜的放养基地

紫胶虫是一种生态位较狭窄的南亚热带昆虫,雌性若虫和成虫的发育起点温度分别为 8.8℃和 18.1℃,有效积温分别为 694.2 日·度和 304.9 日·度。我国紫胶产区的气候条件为年均温度在 18℃以上,以 19~23℃为佳,绝对最高气温约

40℃；最冷月平均气温在 10℃以上，以 12℃以上为佳；绝对最低气温为–3℃，但以 0℃以上为佳，全年有霜日在 20 天以下。年降水量在 800～1800mm，年均相对湿度为 65%～85%，最旱月相对湿度大于 40%。引种繁殖和紫胶生产存在的首要问题就是低温寒害。因此，应根据紫胶虫对气候条件的要求，选择适宜的生长环境作为引种地区的冬代生产保种基地。冬代选择东西走向山脉的河谷地带，或北边有高山屏障、南向开阔、日照时间长、冬暖无霜或仅有轻露的小环境作为冬代基地；夏代生产基地则应选择气候凉爽多雨、通风透气的迎风山坡中部或海拔较高的地方。产区胶农经验为冬放暖、夏放凉。

2）优良寄主选择

夏代以原胶生产为主，应该选择适于本地环境的高产稳产树种，如南岭黄檀、钝叶黄檀、思茅黄檀、泡火绳、木豆、聚果榕、山合欢 *Acacia kalkora* 等。冬代如果以种胶生产为主，则可以选择南岭黄檀、钝叶黄檀、思茅黄檀、木豆等优良种胶树种。对寄主树要精心育苗、造林、修剪，培养大量的同龄宜胶枝。例如，南岭黄檀，每亩定植 40～70 株，2～3 年生树林的地径平均达 10cm 以上，枝径为 1～3cm 的宜胶有效枝的平均单株总长度达 20m 以上时，就可以放养紫胶虫了。为了保证稳产高产、方便管理，可以分区或分片轮流放养，每 2～3 年轮放 1 次。

3）选择优良种胶并适时采种

应该选择胶虫完全成熟、胶被厚、连片丰满而没有病虫害的胶枝作为种胶。适时采种是紫胶生产中的关键环节。如果采胶过早，紫胶虫的卵粒未发育成熟，虫卵不能孵化或孵化率很低，并且虫体虚弱，会使紫胶减产；而采收过迟，若虫已经大量涌散，会造成种源损失。因此，必须掌握采种测报方法，做到适时采种。

（1）起砂采种测报法：紫胶虫卵受精后逐渐完成胚胎发育，胶农称这种现象为"起砂"。一般把"起砂"的过程划分为"水砂""重砂""虫砂"三种状况。①鲜胶被内雌虫体液较多，卵粒小而色淡，卵粒附在卵巢小管里相互不易分开，即称"水砂"，此时种胶尚未成熟，不能采种。②剥开胶被将雌虫用手指捏碎，如果虫体的体液浓稠，卵粒易分开，卵大而色深，有软细砂的感觉，叫起"重砂"，表示种胶已基本成熟，再过 5～7 天可见幼虫开始涌散。③雌成虫发育末期，卵已产在"伪孵化腔"内，并有幼虫开始孵化，剥开胶壳可见腔内有幼虫蠕幼，叫起"虫砂"，表示种胶已充分成熟，再过 1～2 天、快者当天，就可见幼虫涌散，故可采种。这是一种行之有效的采种测报方法。

（2）胚胎发育期采种测报法：生产上还常用 10 倍以上放大镜观察透明卵内的胚胎发育进度来准确预报涌散期。胚胎发育可分 6 期，第 5 期特征为胚体与卵几乎等长，从卵一侧半边能看到半透明的胚体和透明的附肢，另半边为紫红色的卵黄球；第 6 期的特征为卵黄球消失，胚体几乎占据整个卵腔，体节、触角和附肢分节明显，初具若虫外形。当 80%以上达到第 5 期，可以采收以调运到需运输

5～9 天的外地放养；若在本地或近地放养；则应等第 6 期占 51%以上或个别若虫已涌散时采收。

如果就地采种放养，或在运输不超过 3 天的地方放养，应该在种胶寄主树上见到若虫开始涌散时才采收，坚持涌散一株采一株、涌散一片采一片。采种胶一般采用砍枝法，即用快刀、利剪或锯子将胶枝伐下。

4）适时放养和正确绑种

（1）放养时间：最好选在阴天或晴天的清晨、傍晚，在若虫一天中涌散高峰之前进行。夏天在灼热的中午不能放养，因为胶被容易软化，胶虫不容易爬出。

（2）绑种部位：紫胶虫若虫的爬行能力弱，绑种时应将种胶尽量接近有效枝条。如果寄主为黄檀一类的乔木，应该选择在 1～3 年生枝条下方绑种；如果寄主为木豆一类的灌木，种胶则应该绑在离地 30cm 的树枝上，以免受地面变温影响。在同一株树上，冬代应该尽量选朝向阳光方向的宜胶枝条绑种，夏代则尽量选择朝向阴凉方向的枝条。

（3）绑种方法：在绑种之前，一般将种胶枝条的两端用刀削成马蹄形斜口，绑种时将斜口两端紧贴树皮，然后用细绳或细铅丝将两端绑牢；如果两端无法同时紧贴树皮，则务必使上端紧贴，以方便若虫顺利上树固定。

成熟种胶的种虫繁殖能力较强，收获量和种胶量之比一般为 5～15：1，夏代最高可达 20～30：1，绑种时应该根据有效枝条的长度来确定需要种胶的长度。

5）放养后的管理

放养 2～3 天后，应该全面检查种胶有无松脱现象、固定虫量是否适宜等问题。适宜的固定虫量一般为若虫群体固定的长度约占整株树上直径为 1～3cm 枝条总长度的 20%～70%。掌握"5 多 5 少"原则：乔木多些，灌木少些；夏代多些，冬代少些；大树多些，小树少些；生长势好的树多些，生长势差的树少些；耐虫力强的树多些，耐虫力弱的树少些。例如，钝叶黄檀固虫率夏代为 70%，冬代为 60%；南岭黄檀和泡火绳的固虫率均为 50%～60%；而木豆的固虫率夏代为 30%～40%，冬代为 20%。

当树上固虫量已经足够时，应该及时转移种胶，过量时则可以抹去一部分种虫。若虫涌散结束后要及时收回种胶。放养后要加强寄主树的管理，如施肥、灌溉、除草、松土、修剪、防畜、控制为害寄主树和紫胶虫的病虫害等。

6）病虫害防治

紫胶虫的主要害虫有紫胶白虫 *Eublemma amabilis*、紫胶黑虫 *Holcocera pulverea*、红眼啮小蜂 *Tetrastichus purpureus* 和黄胸胶蚧跳小蜂 *Tachardiaephagus tachardiae*。其中以夜蛾科的紫胶白虫（猎夜蛾）的危害最严重。

（1）紫胶白虫：仅吃活的紫胶虫。每条白虫一生能破坏 $4cm^2$ 胶被，取食 400 余只紫胶虫若虫或 50 多只成虫，尤其在若虫期的危害程度最为严重。紫胶白虫每年可发生 3～4 代。卵产在紫胶虫的介壳上，幼虫孵化后，就藏在胶被中以胶虫为食，以幼虫的形态在胶被内越冬。紫胶白虫的防治：①不用有虫害胶枝作种胶；②及时回收空种胶，种胶留在树上不要超过 3 个星期；③人工刺杀，或用水浸法把藏在原胶中的害虫淹死；④大量繁殖它的寄生性天敌——紫胶白虫茧蜂，进行生物防治。

（2）紫胶黑虫（遮颜蛾科）：取食活胶虫，也取食库存的紫胶，年发生 2～3 代。紫胶黑虫的雌虫产细小的卵于胶被的凹陷处、雄虫胶壳内或雌虫肛突孔处。幼虫孵化后钻入胶被，开始取食紫胶虫。紫胶黑虫在取食过程中吐丝，并把碎胶和粪便等织成长形隧道，每只紫胶黑虫平均破坏 45～50 个紫胶成虫。紫胶黑虫生活于胶被内，会随着紫胶的采收而离开该寄主植物，在新的紫胶枝条上重新寄生。防治方法与紫胶白虫的防治相同。紫胶黑虫危害仓库的储胶时，可以用毒药熏杀。

（3）寄生蜂：红眼啮小蜂主要寄生于雄虫前蛹和蛹中，每年发生 8～9 代。黄胸胶蚧跳小蜂是雌性胶虫的内寄生蜂，每年发生 8～9 代。在胶虫种群数量极少的阶段，可用 80 目/cm^2 尼龙纱笼套在刚放养的胶枝上，并将两端扎紧，防止小蜂寄生。

（4）烟煤病：是由紫胶虫排泄的蜜露累积而诱发，由煤炱菌 *Capnodium* spp. 引起发生。霉菌粘在蜡丝上，蜡丝由白变黄，最后变为灰黑色，并且缠在一起，结成块状，严重时连成密密的灰黑色一层，堵塞紫胶虫呼吸孔和排泄孔，引起紫胶虫死亡。烟煤病的防治方法：①用蚂蚁、蜜蜂清除蜜露；②用 50% 的甲基托布津或退菌特 300～500 倍液，在发病期每隔 7～10 天喷一次，连喷 3～5 次，效果甚佳。

7）原胶的采收和处理

采收原胶可以与采收种胶同时进行，一般在快要涌散或开始涌散时采收。采收用砍枝法，应该注意使切口平滑，避免撕破树皮。如果有胶的枝条不多，胶被零散，为了重新利用该片寄主林，可以用铲胶器，或直接用手工剥胶。

采下的胶枝应及时剥下胶被，并杀死害虫，清除树皮、木屑、叶片、泥块等杂质，在室内阴凉透风处晾干。晾台最好用透气性较好的竹席或竹笆，摊晾厚度约为 5cm，每天多次翻动，以方便胶虫爬出和水分蒸发。大约经过 1 个月的翻晾，使原胶完全干燥后，就可以分级包装出售。

4.2.2.4 紫胶的加工和综合利用

1）紫胶的成分

紫胶原胶含有紫胶树脂、紫胶蜡、紫胶色素、杂质、水分等成分。紫胶树脂占原胶的 65%～80%，是由含几个羟基的脂肪酸和倍半萜烯酸构成的聚酯混合物；

紫胶蜡由蜂花酸与蜂花酸酯的混合物组成，占原胶的 5%～6%；紫胶色素占原胶的 1%～3%，包括溶于水的紫胶红色素和不溶于水的红紫胶素。

2）紫胶中工业原料的分离提取

（1）紫胶树脂：先将原胶经过破碎筛选和洗色干燥等程序，加工成半成品粒胶，其中含树脂 87%～90%。粒胶中一般含有热乙醇不溶物 3%～5%，需要进一步净化加工才能直接使用。可通过热滤法、乙醇溶剂法或漂白法等工艺将粒胶（或原胶）加工成紫胶片、脱蜡紫胶片、脱色紫胶片、脱蜡脱色紫胶片等成品。

（2）紫胶蜡：用原胶乙醇法直接加工紫胶片的滤渣中含有 30% 的紫胶蜡，可用碱水煮提法或溶剂萃取法提取。

（3）紫胶色素：可从滤渣虫尸中提取，也可从加工粒胶的洗色水中提取。

3）紫胶的综合利用

（1）紫胶树脂：紫胶产品在家具、军工产品、电器产品、橡胶制品、印刷油墨、药品、食品、水果保鲜等方面具有广泛的用途。①涂饰剂或保护剂：紫胶树脂易溶于乙醇，在空气中干燥快，留下的薄膜光滑坚韧、不易脱落。因此，紫胶制品是高级木器家具、枪支、弹壳、炮弹、军舰、飞机翼等的良好涂饰剂或保护剂。②绝缘材料：紫胶具有很好的绝缘性、强度、黏结力、热可塑性和抗炭化性能，在电器行业中应用广泛，可与纸、布、丝绸等制成各种绝缘材料。③黏合剂：紫胶也是一种常用的优良模压绝缘器的热塑黏合剂，与云母、石棉、大理石粉等黏成绝缘材料，还常用作灯泡、电子管的焊泥配料。紫胶作为黏合剂，还广泛应用于磨蚀制品、纤维板、黄麻制品、金属、玻璃、皮革、手表钻石等的黏接。④油墨：用紫胶加工的各种油墨，印制的图案色泽鲜艳、平滑。⑤制药：在制药业方面，紫胶可用作药丸、药片的防潮糖衣和胶囊外壳，同时由于紫胶不溶于酸而溶于碱的特性，其也是肠溶药包衣不可缺少的原料。⑥食品：在食品方面，紫胶主要应用于巧克力等糖果的上光和防潮，同时还作水果保鲜涂料。⑦橡胶制品：紫胶树脂是橡胶制品中有价值的添加剂，紫胶树脂在橡胶中起着加工助剂和增塑剂的作用，帮助其他橡胶配料与橡胶均匀地混合。

（2）紫胶蜡：可用于制造鞋油、地板蜡、复写纸等方面，也可用于果、蛋的保鲜。

（3）紫胶色素：是食品和饮料中的理想无毒色素。

4.3　五倍子蚜虫

五倍子是五倍子蚜虫寄生在漆树科 Anacardiaceae 盐肤木属 *Rhus* 植物的复叶上刺吸叶片汁液，并刺激叶组织细胞增生形成的囊状虫瘿。五倍子蚜虫属半翅目瘿绵蚜科 Pemphigidae。

五倍子富含可溶性生物单宁酸、没食子酸和焦性没食子酸（分子结构式见

图 4-12～图 4-14），用途极其广泛，是医药、纺织、石油、化工、机械、国防、轻工业、塑料、食品等工业的重要原料。

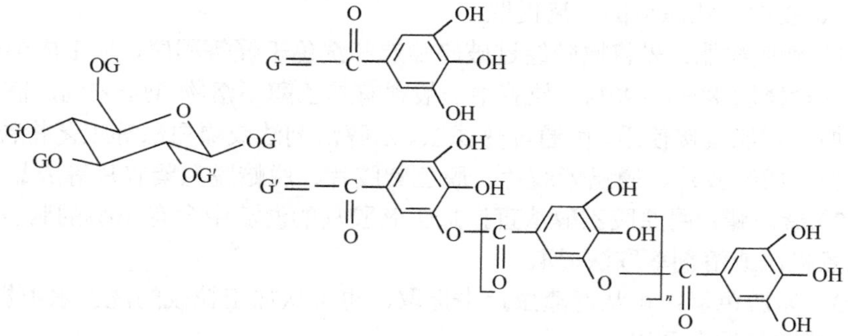

图 4-12　单宁酸

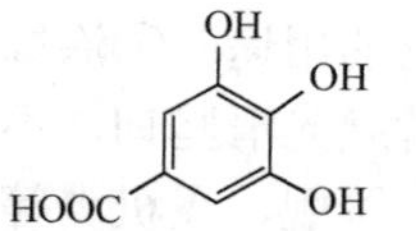

图 4-13　没食子酸 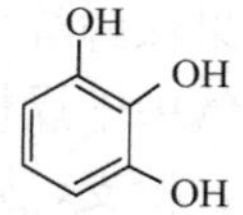　　　　图 4-14　焦性没食子酸

五倍子产于亚洲东部和北美洲的美国、加拿大等地，其中以中国种类最多、质量最好、利用历史最为悠久。中国在 2000 多年前就有关于五倍子的记载。中国已记载有 14 种倍蚜，美国和加拿大只有 1 种，即北美五倍子蚜 *Melaphis rhois*。五倍子是我国传统的外贸商品，国际上称之为 "Chinese gallnuts"。五倍子在我国的主产地是贵州、四川、陕西、湖北、湖南、云南六省，六省产倍量占全国总产倍量的 90% 以上。另在广西、广东、河南、河北、山西、甘肃、江苏、浙江、福建、安徽、江西、台湾等地也有五倍子生产分布。

4.3.1　倍蚜虫及五倍子的种类

中国传统商品五倍子按倍子主要形态分为三类，即角倍、肚倍和倍花（图 4-15）。

（1）角倍类：包括盐肤木 *Rhus chinensis* 上的角倍、圆角倍和倍蛋，倍壳较薄，干倍的单宁酸含量为 65%～68%。

（2）肚倍类：包括红麸杨 *R. punjabensis* 和青麸杨 *R. potaninii* 上的枣铁倍、蛋肚倍、蛋铁倍、红小铁枣、黄毛小铁枣等，倍壳往往较坚硬，干倍的单宁酸含量 70%～72%。

（3）倍花类：包括盐肤木上的倍花和红倍花、红麸杨和青麸杨上的铁倍花等，干倍的单宁酸含量为 34%～39%。

角倍　　　　　　　　　　　蛋肚倍　　　　　　　　　　　枣铁倍

图 4-15　五倍子形态

角倍、枣铁倍、蛋肚倍产量最高且生产技术成熟，属当前五倍子基地人工培育的主要生产性倍种。其他倍种则随树种及其林下冬寄主的自然分布组合而有不同程度的产结。其中以盐肤木上产结的角倍类和倍花类分布最为广泛，其分布省份东南至台湾，北至陕西。红麸杨主要分布于四川、湖北、贵州、湖南等地区，产结枣铁倍、蛋铁倍、铁倍花、红小铁枣、黄毛小铁枣。青麸杨分布于陕西、山西、湖北、四川，以产结肚倍、蛋肚倍为主。

4.3.2　主要生产性倍蚜

4.3.2.1　角倍蚜

角倍蚜 *Schlechtendalia chinensis* 属于半翅目 Hemiptera 蚜总科 Aphidoidea 瘿绵蚜科 Pemphigidae 倍蚜族 Melaphidini 致瘿昆虫，由其在盐肤木形成的虫瘿称为角倍。

1）形态特征

（1）秋季迁移蚜：体为灰黑色，被薄蜡粉。体长约 1.93mm，宽 0.62mm。头背有明显网纹。头部有单孔蜡片 1 对，中胸有蜡片 1 对，腹部 1～7 节各有蜡片 2 对。侧背线蜡片由 15～22 个蜡腺孔组成，前缘有疣毛 1～2 根。触角长 0.62mm，共 5 节；第 3～5 节具有不规则形状的次生感觉器，感觉器边缘有成排感觉小孔。喙短，不达中足基节。前翅长 2.81mm，翅痣伸达翅顶，镰刀形。缺腹管，尾片半圆形，生殖板有毛 18～23 根（图 4-16）。

（2）春季迁移蚜：即性母，与秋迁蚜相似，但相比之下体型较小，长 1.48mm，宽 0.59mm。触角长 0.48mm，感觉器为卵形或近菱形，数目较多。前翅长 1.74mm，尾板毛短少。

（3）性蚜：体型微小，喙退化，触角 4 节，第 3、4 节端部腹面各有 1 个原生感觉器，无翅。雌蚜体色为棕褐色，椭圆形，体长 0.54mm，宽 0.25mm。雄蚜体色墨绿，体长 0.48mm，宽 0.23mm，交尾器暗褐色。

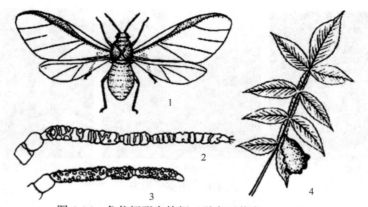

图 4-16　角倍蚜形态特征（引自严善春，2001）
1. 秋季迁移蚜；2. 秋季迁移蚜触角；3. 春季迁移蚜触角；4. 盐肤木复叶上的角倍

（4）干母：产下后不久呈黑褐色，体表有光泽，长 0.26～0.38mm、宽 0.13～0.19mm，触角 4 节，喙长达中足基节，营瘿后，体渐增大，呈黄褐色。成虫体近纺锤形，无翅，触角 5 节，第 4、5 节端部腹面各有一原生感觉器。

（5）干雌：体近纺锤形，淡黄褐色，长 0.91mm、宽 0.54mm，触角 5 节，第 4、5 节近端部腹面各有一个圆形原生感觉器。无翅。

（6）侨蚜：类似干雌，被蜡丝卷裹成白色蜡球。无翅。

2）生物学特性

角倍蚜生活周期为异寄主全周期型（图 4-17）。

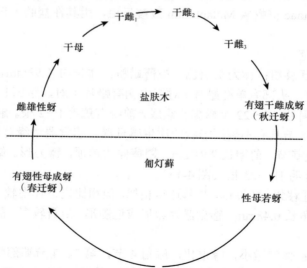

图 4-17　角倍蚜生活周期（引自漆云庆和邱建生，1990）

（1）寄主：夏寄主，即倍树，主要为盐肤木，倍子多着生在翅叶背面。冬寄主为提灯藓科 Mniaceae 植物，主要有匐灯藓属 *Plagiomnium* 的侧枝匐灯藓 *P. maximoviczii*、钝叶匐灯藓 *P. rostratum* 等，其中以侧枝匐灯藓为主。角倍蚜对夏寄主选择的专化性，以及环境条件对其冬寄主分布、生长的严格制约性，是角倍蚜生活周期中的重要生物生态学特征。

（2）角倍蚜发育周期及倍子的形成：发育周期主要包括春迁蚜、性蚜、干母、干雌、秋迁蚜五个阶段，角倍主要在干母、干雌阶段形成。

①春迁蚜：即性母。迁飞期在海拔 1000m 以下和北纬 30° 以南地区为 3 月中旬至 4 月中旬，在海拔 1200～1500m 和北纬 35°～45° 地区为 4 月中旬至 5 月中旬，在个别纬度偏南和低海拔地区，例如，云南盐津、福建三明地区，迁飞期为 2 月底至 3 月上旬。春迁蚜迁飞期与前一年秋迁蚜的迁飞期早晚呈正相关。春迁蚜的迁飞，要求气温高于 9℃，以 15℃ 以上为宜；在相对湿度小于 80% 的晴天或阴天迁飞，雨天不迁飞。林间春迁蚜的迁飞期，一般会选择在当地盐肤木芽的萌动松散期。春迁蚜具有明显的趋光性，因此，室内和人工收蚜棚可用透明窗口、透明塑料采收翅蚜。

②性蚜：每头春迁蚜可产 3～5 头性蚜。1 头雄蚜可与 19 头雌蚜交尾，雌蚜体内受精卵完成发育后产出体外，随即蜕薄膜，成为干母 1 龄期，故干母属于卵胎生，每头雌蚜只产 1 头干母。从春迁蚜迁飞到干母产出，在林间一般要经历 30～35 天。

③干母：干母陆续爬至幼嫩复叶中轴翅叶上"打点"致瘿。每枚复叶能结虫瘿 1～12 只，虫瘿越多，平均每只虫瘿重量则越轻。干母从在嫩叶上"打点"到叶背面出现表面密生苍白色绒毛的圆球形"雏倍"经 10～22 天，干母在雏倍内再经 15～18 天发育为成蚜，雏倍从圆球形扩增成长椭圆形，表面略显菱角状突起（图 4-18）。

图 4-18　五倍子形成过程

④干雌：干母孤雌生殖产下第 1 代干雌，每头干母平均产 12～15 头干雌，每 10 天左右产 1～2 头。个别倍子角突从基部分叉，干雌分别寄居于分叉的角突内，是角倍"成形期"，此期倍长可达 15～20mm，在这一时期倍子增长缓慢。倍子

内第 1 代干雌每雌产 15～20 头若蚜，第 2 代每雌产若蚜 8～12 头，第 3 代干雌发育为具翅孤雌成蚜即秋迁蚜，此时期为倍子快速生长期。

⑤秋迁蚜：从成熟爆裂倍子中爬出并迁飞到适宜的冬寄主上，孤雌产下若蚜，每头平均产若蚜 23 头，最多 34 头。秋迁蚜迁飞时，林间气温一般为 15～25℃，遇降雨和风速大于 0.6m/s 的天气不迁飞。

⑥侨蚜：在我国角倍重要产区，角倍蚜的越冬若蚜绝大多数均发育为有翅春迁蚜；但在福建明溪、湖北局部地区和浙江杭州，低温来临较晚，一部分从成熟较早倍子飞出的秋迁蚜产在藓上的若蚜，继续在藓上繁殖后代，俗称侨蚜。此侨蚜后代生命力弱，少数也可成为次年春迁蚜的蚜源之一。

角倍蚜春迁蚜分化比例高、数量多，雌、雄性蚜不取食，靠自身的营养发育，在春季收集春迁蚜，装袋挂放性蚜，性蚜可从袋的刺孔中爬出到倍树嫩梢上致瘿结倍，这些特点为人工繁殖角倍蚜提供了有利条件。

4.3.2.2　枣铁倍蚜

枣铁倍蚜 *Kaburagia ensigallis* 属于瘿绵蚜科 Pemphigidae 铁倍蚜属 *Kaburagia*，在红麸杨、青麸杨小叶上寄生刺激叶表细胞组织肿大成枣、桃状虫瘿，称为枣铁倍。

1）形态特征

（1）夏季迁移蚜：暗绿色，长椭圆形，体长 1.5～1.64mm，头宽 0.31～0.36mm，头部有 5～6 个蜡腺板，每个蜡腺板由 2～6 个蜡腺孔组成，中胸有蜡腺板 1 对，由 4～8 个蜡腺孔组成；后胸、腹部 1～7 节各有蜡腺板 2 对，由 10～20 个蜡腺孔组成。触角 6 节，细长，约与头胸之和等长，总长度 0.64mm，第 3～6 节均有 1 个大型次生感觉板，占各节表面的 2/3。喙短，不达中足基节。前翅长 2.2mm，翅痣短，纺锤形不达翅顶，Rs 脉达翅顶。腹管消失，尾片半圆形，生殖板有毛 15～16 根。

（2）春季迁移蚜：即性母，暗绿色，长椭圆形，体长 1.09mm，头宽 0.32mm。触角 6 节，总长 0.377mm，第 5、6 节上各具一个大型感觉板，长度约为本触角节的 1/2，其余各节无次生感觉板。前翅长 2.07mm。无腹管。

（3）性蚜：无翅，喙退化。雌蚜卵圆形，淡褐色，体长 0.5mm；雄蚜暗绿色，体型较狭长，体长 0.4mm。

（4）干母：无翅，初产体为黑色，长椭圆形，体长 0.3～0.35mm，喙和足发达。

（5）干雌：卵圆形，淡黄褐色，体长 1.3mm。触角 5 节，长 0.32mm，第 4 节末端有一小圆形原生感觉器。喙伸过中足基节窝，端部暗褐色。

（6）无翅侨蚜：体淡黄褐色，卵圆形。触角 5 节。1 龄淡黄色，后期被短蜡丝；2～4 龄橙黄色，体被白蜡丝卷裹成蜡球。

2）生物学特性

枣铁倍蚜生物学特性与角倍蚜不同，其生活史为复迁式异寄主全周期型（图 4-19）。

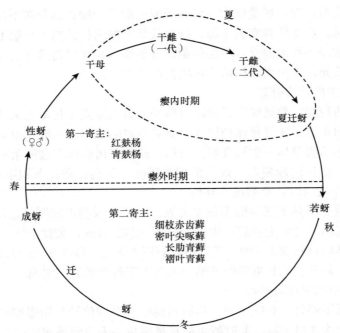

图 4-19　枣铁倍蚜生活周期（引自田泽君等，1987）

枣铁倍蚜夏寄主为红麸杨和青麸杨，此两种倍树常异地分布，不混生。冬寄主为隶属于 5 科 5 属的多种藓类，这些对生态条件要求不同的冬寄主构成了枣铁倍结倍区分布广泛的基础。在陕西、四川、湖北、贵州境内，冬寄主以绢藓科美灰藓 *Eurohypnum leptothallum* 为优势种群，较耐干旱和阳光照射。

4.3.3　五倍子的生产技术

野生状态的五倍子产量低且不稳定。20 世纪 80 年代，国内外五倍子原料供不应求，各地广泛推广生产技术，使五倍子生产从自然状态开始转变为人工繁殖和大规模基地化生产状态，倍子产量稳步上升。五倍子的生产，必须具备倍蚜、倍树、冬寄主及适宜的生态环境条件。

1）生产基地的选择

不同种类的倍蚜虫，对寄主、气候有不同的要求。各地应根据本地冬、夏寄主分布情况和气候条件，确定发展的倍子种类。

在选择生产基地时，要特别注意选择适宜的小生境。即使在原主产地区，如果基地小生境条件不适宜，也会使藓、蚜难以立足而不能获得较高产量；相反，在非主产地区选择适宜的小生境，也能获得可观产量。

2）倍树林的营造

基地确定后，寄主树盐肤木、青麸杨或红麸杨一般自然分布不足，应进行补植，使之成林。注意培育有利于藓、蚜生长繁衍的倍林结构。一般上层为倍树与其他偏湿性常绿小乔木混交，中层保留部分小灌木，底层为藓丛。切记不可将其他树木全部砍光，使用大面积单一种植倍树的方式。

3）冬寄主的培育管理

冬寄主的种类、数量和生长情况对倍蚜能否大量安全越冬至关重要，对基地倍林下原有的冬寄主要进行保护管理。藓类是耐阴植物，一般在阳光很少直射但有一定散射光的阴湿林下生长良好。可通过修剪倍树和林下过密杂草、灌木的方式调节光照，定期清除覆盖在藓上的枯枝落叶。优良藓寄主面积不足每亩 30～50m^2 或分布不均匀时，必须进行补植。

种藓地应选择林下潮湿但不积水之处；在较干燥的山坡则可采用挖"V"形沟的方式，在沟的边壁上种藓，沟深 40cm，底宽 10cm，坡度 45°～60°。侧枝匐灯藓的着生基质以红壤土为好，美灰藓以石渣土为好。每年 3～5 月或 9～11 月适温多雨季节，是藓类生长繁衍旺盛期，也是人工植藓的有利时机。

4）倍蚜虫的引种与接种

基地虫源不够时，必须引种。当种倍林中有个别倍子开始爆裂时，绝大多数倍子中蚜虫已达 4 龄末期，此时蚜虫翅芽呈黑色，为引种采倍的适合期。

将种倍连复叶一起采下，置于纸板箱、竹笋筐中，厚度不能超过 25cm，运输至目的地。运输途中，注意保湿和避免温度过高。如果保湿不当致使倍子干瘪，会严重影响倍子内蚜虫取食和发育，并致使倍子不能爆裂。

5）育蚜藓圃的建立

五倍子生产，提倡直接在生产倍林下植藓，秋季留种或接种秋迁蚜，春季春迁蚜羽化后让其自然迁飞上树，这种方法简便易行，节省劳力。

在大面积生产时，由于环境条件限制，以及灾害性天气、经营管理水平和采集嫩倍等原因，往往会造成一些倍林种源缺乏，需要在产倍林区建立倍种场和育蚜藓圃。

（1）林下藓圃：在郁闭度为 0.6～0.8，以杉木林或常绿针阔叶林为主，三分阳、七分阴的环境条件下，于林地开筑土箱植藓，建立林下藓圃。

（2）露地藓圃：在倍林附近背风的半阴坡面的山坡中下部梯地或平地挖筑土箱，植藓并搭盖荫棚，建立露地育蚜藓圃。

（3）植藓建圃：在冬寄主藓类自然分布量大、生长良好的小生境内大量植藓，建立虫、藓种场，放养秋（夏）迁蚜，大批量生产含有较高虫口密度的藓块。

至冬末春初供应给缺虫、缺藓倍林。移植时注意将带虫藓块分散放置于倍林下背风、湿润而不积水的地方，以使移植虫藓的倍林当年结倍，并增加林下冬寄主数量。

6）病虫害防治

直接食害倍蚜的天敌和危害倍树的病虫害是影响倍林产倍量的重要外界因素。

（1）倍蚜的天敌：在瘿外时期捕食倍蚜的有花蜘蛛、蚂蚁、猎蝽、瓢虫、草蛉、螯蜥、蛞蝓等；蛀入倍子内部捕食倍蚜的有食蚜蝇幼虫等；啄破倍壳食害蚜倍的有松鼠、鸟类等。一般宜在倍蚜上树、下树前半个月或一个月喷速效触杀药物驱避并杀死蜘蛛、蚂蚁、瓢虫、草蛉等天敌，也可在林间、圃地人工摘除蜘蛛网，或用含糖、含腥味的食物（鲜猪骨等）诱杀蚂蚁。对瘿内食蚜蝇的防治方法：一是在倍子成熟前施药于倍表防止食蚜蝇在倍壳上产卵；二是不用食蚜蝇严重区的倍子作种倍，采摘后用开水浸烫晒干作商品倍，以防蔓延。

（2）倍树害虫：食害倍树叶的害虫有缀叶丛螟 *Locastra muscosalis*、黑角直缘跳甲 *Ophrida spectabilis*、污灯蛾 *Spilarctia lutea*、尺蛾、金花虫、切枝象甲、袋蛾、刺蛾、金龟甲、舞毒蛾 *Lymantria dispar*、卷叶象甲、樟蚕 *Eriogyna pyretoum* 等；取食倍树嫩枝的有大蚜、瘿螨等；蛀树干的有宽肩象 *Ectatorrhinus adamsi*、云斑天牛 *Batocera horsfieldi* 等。这些敌害可能在不同地区和不同季节发生危害，倍林经营者要掌握当地主要灾害性害虫种类、发生期，适时采用人工和化学药物防治相结合的综合防治措施。主要采用人工捕杀、灯光诱杀等方法防治；若需要在倍子生长期用农药防治，应十分谨慎，杀虫药物只能在倍蚜上树半个月以前和雏倍形成后施用；药物种类宜选速效触杀剂，不宜施用内吸性杀虫剂，以免影响倍蚜本身的存活。只宜针对害虫比较集中的倍树或其他树木的树冠喷洒杀虫剂，药量以不滴水为宜，以利于保护林地上的倍蚜。

（3）倍树病害：叶部常见的病害有叶枯病 *Pseudomonas* sp.、炭疽病 *Colletotrichum* sp.、赤枯病 *Pestalotia* sp.、褐斑病 *Alternaria* sp.，常造成倍叶及倍子被害部位变为褐色或黑褐色病斑而枯死。其病原多在残枝、叶上越冬并成为次年初次侵染病源，发病季节始于春夏多雨季节，此外还有叶锈病、白粉病。宜于冬季或发病初期人工剪除罹病枝叶，减少病源。在发病初期施用波尔多液、代森锌粉剂、甲基硫菌磷、退菌特可湿性粉剂、灭菌丹等杀菌剂。干部病害主要是膏药病，病原为 *Septobasidium bogoriense* 或 *S. pedicellatum*，在树干枝上呈灰褐色圆形病斑，似膏药状。病斑处的树枝皮层变硬枯死，当病斑扩展到环绕枝干一圈时则导致整株、枝的干枯死亡。此病常发生在倍林密度较大、较阴湿的林内，防治时宜用刀削去病斑并涂石灰乳液，或喷撒波尔多液、石硫合剂等，同时调整倍林密度。

7）采倍与留种

倍子采摘一定要适时。采摘过早，倍子还在不断地长大，影响当年产量，而且因倍内秋迁蚜还未发育成熟，将严重减少下年虫源。若采摘过迟，倍子爆裂后容易霉烂,加工后外观欠佳,同时难以人为控制越冬虫量。如果倍林中倍子很多,可在 5%～10%倍子爆裂时采摘,并注意每株留 2～3 只较大倍子至爆裂,待倍子中秋迁蚜已近飞完再采摘。如果倍林中倍子较少,可在 30%～50%倍子爆裂时采摘或分期采收已爆裂倍子,保证来年虫源。

4.3.4 五倍子的加工利用

1)鲜倍粗加工处理

采集的鲜倍必须及时进行预处理,杀死倍蚜,防止倍子破裂,以得到成品丰满、色泽品质上乘、单宁含量高的优质商品倍。

预处理方法有两种:一是用蒸气蒸;二是用沸水淋烫或浸烫,处理时间约1min,倍表略微变色即可。处理时间越长,单宁损失越多。预处理后,将倍子晒干或 50℃下烘干或晾干,使倍子内含水量不超过 15%,除去杂物即可出售。

2)商品倍的质量标准

1986 年国家技术监督局首次颁布了五倍子国家标准(GB 5848—86),规定了商品倍的外观性状:角倍类多呈菱角状突起;肚倍类为长椭圆形或椭圆形,倍表无角状突起;倍花类呈菊花或鸡冠花状,倍表一般为黄褐色或灰褐色,倍壳质硬声脆,断面淡黄褐色并具光泽;应无潮湿、无霉烂、无掺假和掺杂。其技术指标为:含水率≤14%;含单宁(干基质),角倍类一级为 64%、二级为 60%,肚倍类一级为 67%、二级为 63%,倍花类为 30%;夹杂物,角倍、肚倍类一级≤0.6%、二级≤1.0%;个体数,角倍类一级 100 个/500g,二级 180 个/500g,肚倍类一级80 个/500g、二级 130 个/500g。

3)五倍子的用途

五倍子富含可溶性生物单宁,提炼后的单宁酸(丹宁酸、鞣酸)及再加工产品倍酸(没食子酸)和焦倍酸(焦性没食子酸)在医药、纺织印染、矿冶、化工、机械、国防、轻工业、塑料、食品、农业等多种行业上用途广泛。

五倍子除了直接作为传统中药外,其主要成分单宁酸和没食子酸还可作为原料合成药物,种类多达 30 余种。合成的药物可用于治疗烫伤、冠心病、肝炎等。没食子酸还可以作为许多药物的抗氧化剂及抗菌增效剂等,具有良好的药用价值。

在我国传统医药上,以五倍子为主要原料熬煎而成的"百虫煎""五倍子烧伤1 号"是消炎、止血、镇痛以及治疗肿毒和老年人支气管炎、痔疮、脚气等病的良好中药。在现代医学上,我国用单宁酸直接制作的主要药品有:"鞣酸蛋白",用于治疗大、小肠急性下痢;"联苯双脂",用于治疗迁延性和活性肝炎,其降酶幅度大、速度快、副作用小,能改善患者肝区痛、无力腹胀等症状;"鞣酸、硼酸络合物",用于治疗顽癣;"鞣酸苦参碱",治疗痢疾;"单宁酸锗",是一种抗癌剂,还可用作保健饮料、特效牙膏、口腔洗涤剂以防止口腔链球菌的感染;单宁酸小磺胺甲基异恶唑，即"复方新诺明"，是疗效很好的抗菌药。用倍酸作起始原料加工成苯甲醛，再加工成抗菌增效剂"三甲氧基卞氨嘧啶"，简称"TMP"，除对革兰氏阳性、革兰氏阴性细菌感染有直接疗效外，与磺胺药物、四环素、小檗碱（黄连素）、卡那霉素、庆大霉素等抗生素合用，可减少上述药物的副作用并增效数倍至数十倍。据统计，此药在我国的年产量最高达 1500t，消耗五倍子原料约 7000t，畅销国内外。倍酸还可作为许多药物的抗氧化剂，如哈霉素耐光剂等。在国防医学上，国外制造的没食子酸酯类是用于防治放射病的新药。

在纺织、印染和涂料工业上，单宁酸与酒石酸锑钾配制的"丹宁酸锑"是中性、盐基性染料的固色剂，用于棉、合成纤维染色，具有使布料色泽鲜艳、不褪色的特点。亚麻纤维经单宁酸处理，既可增加纤维拉力，又可防止纤维腐烂。单宁酸盐类是抗腐蚀的油漆涂料，用于海轮、桥梁等，具强烈抗腐蚀性能。用焦倍酸与氧恩染料（荧光玫瑰红）混合可制得一种像萤火虫发光器一样的化学发光物，系光度颇强的涂料。单宁酸还是制造墨水的优良固色剂。

在矿冶工业上，单宁酸还可作为锗、铀、钍、钚、钕、银等稀有贵金属提炼的沉淀剂、石油工业钻井的泥浆分散剂以及超深井水泥凝结的缓凝剂。

在国防工业上，单宁酸、焦倍酸可作为火箭燃料的催化剂、稳定剂。倍酸是节日烟花制造中不可缺少的助燃稳定剂。

在摄影业中，焦倍酸用作彩色影片的显影剂和红外线照相术的热敏剂。

在食品工业上，倍酸制成的没食子丙酯是油脂、肉类、乳品加工长期保存的油脂抗氧化剂和鲜果、蔬菜的保鲜剂；单宁酸也是制作酒类澄清剂的主要原料，倍酸可作为啤酒制造的原料。

在塑料工业上，焦倍酸可直接代替苯酚作为环氧树脂以及高分子化学中的阻聚剂和防老剂；倍酸可作为活性轻质碳酸钙的活化剂，是丁苯合成橡胶不可缺少的填充剂，可使橡胶制品的强度增加 3～4 倍。

在农林业上，单宁酸和倍酸可抑制农林植物细菌、病毒病的感染，并作为木材防腐剂防止腐朽细菌对木质的腐蚀。

在化学分析中，鞣酸试剂是分析微量元素如铀、钍、钚等的化学试剂；焦倍酸是煤气、烟道气、炼焦煤气、水煤气的除氧剂，因此是氮肥、炼焦、冶炼、石油工业中不可缺少的除氧分析试剂，也是分析金、银、汞盐等的强还原剂。

在我国发展五倍子生产，可充分利用山区自然地理资源，增加山区农民副业收入，对美化环境及支援国家工业、国防建设、外贸创汇都有积极意义。

4.4　白　蜡　虫

白蜡虫 *Ericerus pela* 属半翅目蚧科 Coccidae，是我国重要的林业资源昆虫，原产中国，国外称"Chinese wax"——中国蜡；国内因四川、湖南产蜡多而优质，分别称"川蜡"和"湘蜡"。白蜡是其雄若虫分泌的一种天然高分子化合物，是一种质地坚硬而有光泽的结晶固体，理化性质较稳定，熔点高达 81～83℃，具防潮、隔湿、润滑、着光等特性，是几十项工业产品的原料或配料。白蜡可以用作防潮剂、防锈剂、润滑剂和着光剂。值得一提的是，在精密仪器和机械工业生产中，白蜡还是铸造模型的良好材料。

早在距今 1700 年前的汉魏时期，我国就开始培育利用白蜡，对白蜡虫和白蜡的生产积累了比较丰富的经验。据《中国农书》记载，英国传教士特里高尔特于 1651 年最先报道了我国培育白蜡虫并生产白蜡的情况，将我国培育白蜡虫生产白蜡的技术传至欧洲。无独有偶，1853 年英国人洛克哈特将我国的白蜡虫和白蜡带回英国研究，引起英国政府的重视，派驻华领事何西于 1882～1884 年 3 次到四川、云南、贵州等产区进行调查，并写出专题报告。

4.4.1 白蜡虫的形态特征

（1）雌成虫（图 4-20）：白蜡虫的雌成虫刚成熟时背部隆起，形似蚌壳，背面为淡红褐色，在其背部散生大小不等的淡黑色斑点，腹面黄绿色，体长约 1.5mm，宽 1.3mm。交尾后的雌成虫体型逐渐膨大，最后成为半球形，体色暗褐色，直到产卵时体躯直径约 10mm，高 7～8mm。雌成虫的最大体长可达 14.75mm，宽 13.25mm，高 13mm。雌成虫触角细小，6 节。足小，气门大，气门盘直径超过腿节长，气门刺多根，其中 2～4 根长过缘刺；臀裂深，肛板 1 对，外角呈弧形，在肛环处有成列孔及 8～10 根刚毛。

（2）雄成虫（图 4-20）：体长约 2mm，胸宽 0.7mm。橙黄色，足和触角为浅褐色；每只复眼由 6 只小眼组成，眼区为深褐色。触角呈线形，共 10 节，末节有 3 根较长的感觉毛。口器退化，足细长；前翅近乎透明，有 2 条翅脉，平衡棒呈梭形。交尾器呈锥状，外露，长约 0.5mm。腹部倒数第 2 节上有 2 个小孔，内有管状腺，由其分泌出长达 3mm 以上的白色蜡丝。

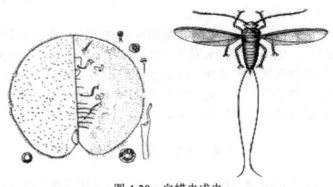

图 4-20　白蜡虫成虫

左，雌成虫；右，雄成虫

（3）卵：白蜡虫的卵为长卵形，长约 0.4mm，宽 0.2mm，包藏于卵囊，也就是母壳之内。当卵将要孵化的时候，颜色会产生变化，雄卵呈现淡黄色，而雌卵则呈现红褐色，此时可以由这一特征来区分卵的性别。

（4）若虫：若虫期共有 2 龄。1 龄雌虫近长卵形，长 0.5～0.6mm，宽 0.3～0.4mm；触角 6 节，腹末有 2 根白蜡丝，其长度约等于体长；体色为黄褐色，固定于叶片后转红褐色，俗称红虫，蜡丝消失。1 龄雄虫与雌虫体态相似，但体色为黄白色，俗称白虫，由此特征可以轻易与雌虫区别。2 龄雌虫与雄虫都为卵形，雌虫体长约 1mm，宽 0.6mm，呈淡黄褐色，背面微隆，定杆后体色为渐变灰黄绿色，体缘微带紫色。雄虫体长为 0.75mm，宽为 0.45mm，为淡黄褐色。

（5）前蛹和蛹：白蜡虫的蛹为雄虫特有。其第 1、2 龄拟蛹被习惯称为"前蛹"和"蛹"。前蛹梨形，颜色为乳白色带黄色，长约 2mm，宽 1.2mm，触角 9 节，翅芽达第 2 腹节。蛹的长度约为 2.4mm，宽 1.5mm，触角 10 节，翅芽长达第 5 腹节。

4.4.2　白蜡虫的生物学特性

4.4.2.1　生活史

白蜡虫一般 1 年发生 1 代，只有在年均温度为 18℃的云南景东地区，会出现每年发生 2 代的现象。在发生 1 代的地区，白蜡虫在寄主的枝条上以受精雌成虫越冬。

在四川峨眉，越冬后的雌虫于 3 月下旬至 4 月中旬开始产卵。但是由于各个地区纬度、海拔、气温等环境因素的不同，白蜡虫雌虫开始产卵的时期会有很大的差异。一般情况下，白蜡虫的卵产下后约 1 个月内开始孵化。孵化之后的 1 龄若虫在寄主的叶片上生活，半个月后蜕皮为 2 龄若虫，转到枝干上固定生活，从此不再移动。

雌性白蜡虫约在 8 月下旬达性成熟；雄性白蜡虫在 8 月下旬至 9 月上旬进入前蛹期，再经 3～5 天达蛹期，再经 4～8 天蛹羽化为成虫。雄性白蜡虫在交尾后不久死去；雌性白蜡虫在交尾后其卵巢会继续发育，直到第二年再产卵。

4.4.2.2　生活习性

（1）孵化和出壳：卵期 29～34 天，在 15℃以上才能开始孵化。初孵若虫在母壳内停留数天至十余天才会陆续出壳。雄虫与雌虫出壳时间不同，雌性比雄性早 2～4 天孵化出壳，少数可早 6～11 天。雌若虫开始出壳后，第 5～7 天出现出壳高峰，高峰期将持续数天；雄若虫出壳高峰期非常明显，90%以上集中在一天甚至半天内出壳。

白蜡虫的出壳时间多在早上 8：00 至晚上 6：00，以下午 4：00 左右为出壳高峰时间，晚上很少出壳。在云南景东地区，出壳时间在 8：00～11：00，下午很少出壳，晚上不出壳。

周围环境的温度条件对于白蜡虫的出壳行为也有影响。雌若虫在 18℃以上开始出壳，20～25℃最盛，在 15℃以下很少出壳；雄虫出壳温度比雌虫高 2～3℃，气温到达 25～26℃以上才大量出壳。

（2）定叶：雌若虫在离开母壳后，即在树枝上往返爬动，寻找合适的叶片定栖，这个行为俗称游杆。多数雌若虫在离开母壳后一天内便可在叶面向阳方向的叶脉上固定取食，这一活动称之为定叶。雌虫每小时可以爬行 230cm，每分钟爬行 5～6cm。雄若虫出壳后，绝大多数无游杆现象，而是成群地往上爬行，至离母壳最近的几片叶的背面定叶。雄虫每小时可以爬行 100cm，每分钟爬行 4～5cm。雄虫喜欢群居，所以离母壳越近的叶片上虫的数量就越多，每平方厘米可多达250～350 头。白蜡虫挂蜡气温以 25℃左右为宜，温度过高，易使若虫定叶成功率下降。白蜡虫挂蜡时如果遇到暴雨，就很容易被冲落。

（3）定杆：雄若虫定叶后，约经 15 天蜕皮进入 2 龄，离开叶片爬至就近的2～3 年生枝条下侧或阴面，头朝上、尾朝下固定取食，不再移动，这一行为俗称"定杆"。白蜡虫定杆处每平方厘米约有虫 200 头，定杆长度可达 1～1.5m 以上。雄虫发育较整齐，一般头 3 天定杆量达总数量的 70%，5 天左右全部定杆。雌若虫定杆迟于雄虫 3～5 天，2 龄雌虫离开叶片，先在枝干上来回爬行，最后在 1～2年生枝条上（极少数在 3 年生枝条上）头朝下、尾朝上，分散固定下来，之后终生不再移动。雌若虫发育不整齐，有的定杆期会拖至 20 多天。雌雄若虫定杆活动大都在上午进行，遇阴雨或降温天气会推迟定杆，雨天不定杆。

（4）泌蜡：1 龄雄虫在定叶后 1～2 天，体背上渐渐长出白色蜡丝。6～7 天后，虫体几乎全为蜡丝包被。但 1 龄期蜡质薄，蜕皮后白色蜡丝即散落，无利用价值。2 龄若虫定杆后，虫体不断分泌蜡丝，4～5 天后蜡丝结成蜡花，10 天后虫体全部被蜡花包被。随着虫体腹部腹面泌出的蜡不断增厚，虫体腹部会随之不断上举。至 8～9 月，2 龄末期时，白蜡虫若虫仅以口针插于枝条中，而虫体则与枝条垂直。每只 2 龄雄若虫可泌蜡 1.30～2.69mg，其定杆枝条上的蜡层厚度可达4.81～5.64mm。蜡花的分泌主要是在 2 龄雄若虫期，到蛹期、成虫期均不再分泌蜡花。雌虫仅 1、2 龄期分泌少量蜡粉，主要起保护作用和固着作用，难以利用。

（5）化蛹：2 龄雄若虫老熟后，在原处蜕皮成为前蛹，不食不动，不再泌蜡。经 3～5 天后再蜕 1 次皮成为蛹，蛹期 4～5 天，仍位于蜡花内静息不动。在蜡花中，前蛹、蛹的头均倒立与枝条成直角。雌虫没有蛹期。

（6）羽化：羽化时，白蜡虫蛹腹部会进行有节奏的波浪式伸缩运动，尾部阳茎鞘突不断冲击蜡被，最后会把蜡被穿破，在阳茎鞘两侧长出蜡丝，2 根蜡丝穿孔而出，好像箭从蜡被孔中射出，故称"放箭"。

蜡林中如果个别虫体开始出现"放箭"现象,说明其他雄虫多数已进入蛹期,不再泌蜡。因此,"放箭"始期是采收白蜡最适合的时期,"放箭"期一般在 7 月底至 9 月中旬。因为雌虫没有蛹期,2 龄雌若虫定杆后约经 2 个月,直接羽化为成虫,羽化期为 8 月的中下旬。

(7)交尾:雄虫从蜡孔中退出后,沿枝干爬行或绕树冠飞行,寻找雌成虫进行交尾。雄成虫终生不取食,一生可交尾 4～5 次,寿命仅有 4～5 天。

(8)越冬和蜜露:雌成虫交尾后,虫体渐增大成笠帽状,长约 3mm。至 11 月中下旬,随着气温下降,虫体逐渐变为青灰色,进入越冬状态。到了春天气温转暖后,再恢复生长,食量增加,虫体增大至球形,直径达 7～8mm。至 3～4 月,虫体直径可达 10mm 以上。

雌虫会从肛门排出透明、有黏性的物质,味甜,这一物质称为蜜露。随着它的生长发育,到产卵时会大量排出蜜露,顺着虫体向下流,在虫体下部积聚,开始呈水晶珠状,以后逐渐积聚为球形。由于重量增加,使蜜露拉长并一滴一滴向下流,此现象俗称"吊糖",初见于 10 月下旬,盛见于 2～3 月间,至产卵时终止。蜜露丰富,说明虫体新陈代谢旺盛,产卵量较高。这是辨别雌虫产卵能力的一大外部特征。

(9)产卵:随着卵粒向外排出,虫体腹壁逐渐内凹,虫体下方与寄主之间的空隙越来越大,卵不断产于该空腔中。在产卵盛期,白蜡虫昼夜 24h 内均能产卵。但是产卵高峰仅在上午 10:00,到了午夜则很少产卵。产卵同时,母体分泌许多白色蜡粉混于卵间作为保护物,虫囊口也有一层白色蜡粉。采收后虫囊口蜡层完好者可防止卵粒外漏。产卵结束时,母体腹壁几乎和背壁相贴,形成所谓的"虫壳"。

白蜡虫先产雌卵,后产雄卵,因此雌卵在壳口、雄卵在壳底。雌虫产卵会长达 10～31h,产卵期将历时 1 个月左右。雌虫的产卵量、所产子代性比,在不同地区、海拔、个体之间会出现很大的差异。例如,在峨眉双河,体长为 10.5～13.25mm 的雌虫,产卵量为 11 707～18 047 粒,不同个体所产卵的雌雄比例最低为 1:2.1、最高为 1:5.2;在西安,体长为 6.6mm 的雌虫产卵量为 3244～3780 粒,而体长 10mm 的雌虫产卵量可多达 9773～13 590 粒。

4.4.3　白蜡的生产技术

4.4.3.1　种虫基地与白蜡基地的选择和建立

虫区与蜡区应选择在通风向阳的开阔地带,绝对避免在阴暗、潮湿、低凹地带建立虫、蜡基地。虫、蜡区都要避免选在高温高湿环境,因为在气温 20℃以上、相对湿度 80%以上的生态环境,雌雄虫都易发生霉病,严重时雌雄虫容易呼吸孔堵塞、窒息而死,对白蜡生产造成严重损失。雌虫进入吊糖期,湿度最好在 75% 以下。

在造林技术上，寄主树株行距相应拉大，一般需 3m×3m、3m×4m、4m×5m，可因地制宜选用；对寄主树进行修剪，使之通风透光，以利于雌雄虫生长发育，确保虫、蜡丰产。

建立生产基地时，培育种虫的种虫区和白蜡生产区应远隔 10km 以上，以免产蜡区发生的寄生蜂和蜡象迁入种虫区。

女贞 *Ligustrum lucidum*（图 4-21）为常绿树，耐寒耐旱，能为越冬后雌虫提供充足营养，且树枝纤细，所培育的种虫囊口较小，运输时可防虫卵外漏，因而更适于育虫；白蜡树 *Fraxinus chinensis*（图 4-21）为落叶树，其生长季节正是雄虫生长发育、分泌白蜡的时期，因此较适合于放养雄虫，生产白蜡。女贞常用种子育苗，白蜡树主要用枝条扦插育苗。一般 3～4 年后便可投产。为了稳产高产，寄主树应实行轮休和更新。在放养白蜡虫前，修剪寄主树，剪去密生枝、病虫枝、下垂枝、交叉枝，这一环节是必不可少的。同时除去树干周围杂草、藤蔓和小灌木，使之疏密适度，通风透光。

图 4-21　女贞（左）和白蜡树（右）

建立生态经济型白蜡园，选择白蜡虫优良寄主树种，合理配置粮食、经济作物、药用植物等，利用各种植物生命历期、生长速度、株型高矮的差异，形成多层次立体群落结构，提高单位面积的生态经济效益。

值得一提的是，多种群植物根系在不同层次分布，对于增加水土保持能力有很好的作用；间种豆科作物，根瘤菌可固定空气中的游离氮，改善土壤肥力。园内农副产品能分担风险，比传统白蜡园有更大的应变力和抗逆性。多种群的合理配置，不仅产值可比单一种群的生态系统提高 0.5～4 倍，还能促进生态系统的良性循环。

4.4.3.2　选种和杂交育种

在培育种虫的基地，注意选择颜色红润、个体大、含卵多、子代雄性比例高、无病虫害的种虫作为下一代育种用虫。有条件的地区，可进行杂交育种，利用杂交优势生产白蜡。在筛选良好的杂交组合后，以本地种虫为母本、外地种虫为父本，父母本按 1∶5 的比例放养。定叶后将放养母本的树上有雄虫的叶片去掉，或于雄虫开始"放箭"之时提前采收母本树上的蜡花以除去雄虫，使雌虫与邻株树上羽化的父本雄虫杂交。例如，用峨眉种虫与金口河种虫杂交，种虫产量比自交提高了 126%，子代雄虫泌蜡量增高，白蜡增产 59%。

4.4.3.3　种虫的采摘和摊晾

种虫的成熟标准为：表面呈红褐色，虫壳表面糖质已干，轻按虫壳有弹性，撕开虫壳已无浆汁，虫卵松散。采摘过早，成虫未产完卵，造成损失；采摘过迟，虫壳易破碎。

各地种虫成熟期有早有迟，多数在谷雨、立夏前后采摘。晴天以早晚为主，阴天全天可进行采摘，雨天和烈日下不宜采摘。雨天采虫，种虫上有水，若摊晾不及时，种虫堆积发热，易把虫卵烧死；如果在烈日下采虫，则虫壳易干燥破碎，也会造成损失。

采种虫有两种方法：一是采虫人员提篮上树，一粒粒采下来，轻轻放入篮子内，注意采种时不要把虫壳撕破，以免虫卵掉露出来；二是砍枝采种，即把带种虫的树枝砍下，这种方法有利于寄主树的更新复壮，恢复树势，为以后放虫创造良好条件。种虫采下后，要及时放在阴凉通风、干燥、清洁处，把种虫摊成 2cm 厚，薄层摊晾，每日用竹筷轻翻 3～4 次以利水分蒸发。

4.4.3.4　种虫的调运

调运种虫有以下两种方法。

（1）摘虫装袋引种法：在虫壳充分干燥、翻动能发出响声时，装入粗麻布袋，每袋大约 1.5kg，再放入竹筐内起运。竹筐最好用竹篱隔成 3 层，以免虫壳压碎和温度过高。竹篓上要盖上树叶或青草，防止日晒。早晚运输，车速不宜太快，以防颠簸掉虫卵。夜晚休息时，把虫包取出摊晾，每隔 2～3h 翻转虫包 1 次，途中若发现卵已孵化，可在虫袋上喷洒茶叶红糖水，抑制虫壳内卵的孵化活动。这个方法的优点是所占体积小，调运种虫多；缺点是种虫损失大，在长途运输过程中，由于车子颠簸，途中不断地进行摊晾翻动，卵粒不断地从虫壳内滚出来，种虫损失达 60%～70%；而且，在途中若摊晾不及时，使虫卵窒息而死，损失更大。

（2）带枝引种法：采种时，把带种虫的枝条剪下，不必摊晾，直接把种虫枝条放入有孔眼的竹筐内，装车起运。此法的优点是安全、可靠、方便，种虫损失少，在运输过程中不必翻动摊晾种虫，种虫卵不会窒息而死，且车子颠簸，虫壳内的卵也很难散出来；缺点是体积大，每次的运输量少。

4.4.3.5 包虫

摊晾过程中，逐日检查虫卵孵化情况。育种用的种虫，当雌若虫大部分孵出，少数出壳爬动时，就要用 50～60 目锦纶袋包虫，每包 3～5 只种虫。用锦纶袋的好处是白蜡虫若虫可以由袋子的小孔钻出，而白蜡虫长角象和寄生蜂等天敌会因个体较大而被困在袋子内。锦纶袋通风滤水，小巧方便，还可防止蚂蚁入侵。生产白蜡的种虫，应摊晾至 80%～90%的黄褐色雌若虫已出壳爬走，黄白色的雄若虫开始往外爬时才开始包虫。根据种虫的质量，每袋包 15～25 只。种虫包好后继续在室内摊晾；也可根据白蜡虫在 15℃以上开始孵化、18℃以下不活动的特性，将种虫摊晾在 18℃以下的室内，使之能孵化而不出壳，以择机挂放。

4.4.3.6 挂放虫包

当摊晾的育种用虫包上有褐色的雌若虫爬动，或打开几个生产白蜡用的虫包检查发现雄虫已大部分孵化出壳且爬到虫包内壁时，就应选择气温在 25℃左右、连续几天预计气温变化不大的无风晴天，在上午 10：00 前挂放。育种虫时，应把虫包用线绑在 2 年生的枝条上，位置宜高些，距离有叶片的小枝约 30cm，以便于雌若虫定叶。拇指粗的枝条上只能绑 1 包。生产白蜡时，根据雄虫出包后即向上爬行，遇叶片就开始定叶的习性，用带小铁钩的竹竿，将活动虫包挂放于嫩壮枝条的分叉处。每只活动虫包由 2 个虫包系结在一起而成。对于这样的虫包，一般拇指粗的枝条可挂 2～3 个活动虫包。挂活动虫包的好处是，当定叶虫量过多或不足时，可随时移包进行调整。

4.4.3.7 上树后的管理

虫包上树后应加强检查，如有漏挂、重挂或掉包现象，应及时纠正。待雌、雄若虫爬完后，及时收包，消灭包内天敌。生产白蜡的树挂包后，3～7 天内应经常检查雄虫定叶情况。如果在 50cm 长、拇指粗的白蜡树直立枝上有 6 片叶，或外生枝上有 3 片叶已固定满雄虫；或 100cm 长、拇指粗的女贞枝条上有 4～5 片叶已固定满雄虫，即应移包。如果定叶过量时，可在若虫定杆前 1～2 天，将过多的虫叶摘下，包于油桐叶内挂放在定虫少的枝条上，使若虫定杆均匀而适量。雄虫定叶定杆后，要经常清除杂草和新长出的嫩枝芽，进行中耕施肥。如遇长期阴雨，会使蜡花发霉变黑，可剪去上部无蜡花的过密枝叶，以便通风透光。

4.4.3.8 病虫害防治

白蜡虫的天敌主要有寄生蜂、白蜡虫长角象、瓢虫、鸟及病原微生物。

1）白蜡虫的虫害

对白蜡虫危害最严重的是蜂类、瓢虫类和蜡象类。白蜡虫的寄生蜂国内已知的有 16 种。其中，白蜡虫花翅跳小蜂 *Microterys ericeri* 和蜡蚧阔柄跳小峰 *Metaphycus* sp.为优势种，主要危害白蜡虫雌虫及卵，寄生率可达 39.3%。白蜡虫长角象 *Anthribus lajievorus* 成虫咬食雄蜡虫，幼虫吃白蜡虫卵，常将卵粒取食殆尽，四川峨眉种虫受害率达 8.6%～95.2%。黑缘红瓢虫 *Chilocorus rubldus* 和红点唇瓢虫 *Chilocorus kuwanae* 的成、幼虫均捕食定杆雄虫，严重时可将雄虫捕食一空。虫害的防治方法如下。

（1）在虫区、蜡区之间设 5km 的隔离带，防止天敌对白蜡虫雌雄虫寄生、传播蔓延。

（2）实行轮放制度，中断白蜡虫天敌昆虫的食物链，使其灭亡。

（3）用 50～60 目尼龙纱做的放虫包进行挂放。放养后，把虫包收回杀死包内害虫。

（4）用灯光诱杀。在种虫摊晾的房间内，其上挂黑光灯，下放盛有稀糨糊的容器，灯亮时，小蜂从虫包爬出飞向灯光处，跳进盆内，粘杀而死。

（5）提早采蜡花加工白蜡，可捕杀大量小蜂和其他害虫。

（6）人工捕杀。蜡象、瓢虫成虫受惊后有假死现象，可用竿猛击树枝使其落地而杀之。

（7）药剂防治。根据不同害虫，可选用不同药剂杀之。例如，防治寄生蜂和蜡象，在雌蜡虫"吊糖"后期，即产卵前，可用 50%西维因可湿性粉剂 200 倍液喷雾，对蜡虫无伤害；蜡象密度较大或发生不整齐时，可每隔 7 天喷 1 次，连喷 2～3 次。防治寄生蜂还可在采蜡花后喷 1 次，9 月和 10 月最好再喷 1 次。而防治瓢虫，一般在蜡虫定杆后，用竹竿敲击树枝，将瓢虫幼虫震落地上，再喷药即可消灭。

2）白蜡虫的病害

白蜡虫的病害主要有褐腐病和霉病。据报道，湖南游江雌虫褐腐病发病率达40.7%～57.3%；黔阳雌虫霉病发率达 20.0%～85.3%。主要防治方法有：严格引种检疫，杜绝种虫带菌；将种虫基地选在通风透光的山坡中部，不选择洼地。药剂防治：种虫可用 50%退菌特 500 倍液消毒；褐腐病发病时，可喷 50%退菌特 500倍液；霉病发生时，可喷 50%托布津或退菌特 500 倍液。

3）寄主树害虫

寄主树害虫主要是茶袋蛾 *Clania minuscula*、白蜡叶蜂 *Macrophya fraxina*、铜绿丽金龟 *Anomala corpulenta* 等。

4.4.3.9　适时采收蜡花

采收蜡花常用两种方法。一是留枝摘蜡法：蜡花表面开始出现蜡丝即"放箭"时，应抓紧采收。收蜡以阴天、小雨天为最好，如晴天则以露水未干、湿度较大时为好。因为蜡条湿润，易于剥下采尽。晴天中午、下午如不喷水就采，蜡花往往会残留在枝条上，不易剥下，且易碎散脱落，造成损失。二是砍枝摘蜡法：如枝条已经放养过 2 次，可用砍枝摘蜡法，使枝条更新。

蜡花采下后，应及时熬煮，不可以过夜处理。如来不及加工，应予摊开，以免发热变质。

4.4.4 白蜡的加工和利用

4.4.4.1 白蜡的加工

加工方法有水煮法和蒸气法。

（1）水煮法，即先在锅中加入清水，烧至沸腾后，慢慢加入 2 倍于水重的蜡花，待蜡花完全熔化后，立即退火。在虫渣下沉或清除后，将水上蜡液舀入蜡模中，冷却后取出就是头蜡。虫渣经清水淋洗、浸漂后，装入蜡袋，再经熬煮、压榨，加工出二蜡、三蜡等。

（2）蒸气法，即将蒸气输入熔蜡桶，使桶内蜡花加热熔化，蜡液经 2 层 20 目的铁筛过滤，流入盛蜡保温漏斗，打开盛蜡漏斗开关，纯净的蜡液流入蜡模内冷却，即为白蜡成品。

在我国，加工方式主要是采用水煮法，蒸汽加工白蜡虽然高效、安全，但出蜡率低。许多蜡残留在杂质中，不通过高温和挤压是很难把蜡液挤出来的。用上述方法制成的头蜡、二蜡、三蜡，统称为毛蜡，通常 50kg 蜡花可制毛蜡 20～25kg，其中头蜡约 60%，二蜡 35%，三蜡 5%。

4.4.4.2 白蜡的利用

虫白蜡是由高级饱和一元酸和高级饱和一元醇所形成的脂类物质，主要成分为二十六酸二十六酯。虫白蜡熔点高，温度范围为 81～83℃，光泽好，理化性质稳定，能防潮、润滑、着光。在重工业、钢铁、机械、飞机制造、精密仪器生产中，白蜡是最好的模型材料，由于其成型精密度高、不变形、不起泡、光洁、质轻、可长期保存等一系列优点而被广泛运用。在电子工业，白蜡用于电容器材料的绝缘、防潮防腐。在造纸工业，虫白蜡可用作产品的填充剂、着光剂，还是制造铜版纸、复写纸、蜡纸、蜡光纸、糖果纸的原料。在轻化工业，白蜡是制作上等汽车蜡、地板蜡、上光蜡、皮鞋油和高级化妆品的重要原料。在纺织、印染工业，虫白蜡是丝绸、棉织品的着光剂，使丝绸和棉织品美观、质量好。在医药方面，传统医学常将白蜡用作伤口愈合剂、止血剂，治疗跌打损伤及斑秃。在现代中、西药生产中，白蜡广泛用于制作丸药外壳、配制膏药，以及作为抛光剂、防潮防腐剂。在食品工业，白蜡因其无毒、无臭味的特点，近年来已广泛应用，我国出口的巧克力、朱古力豆，在国际市场上畅销不衰，其糖衣的主要原料都是白蜡。在农业方面，果树嫁接时，使用白蜡调制成的接木蜡，可以大大提高成活率。熬制白蜡后的虫渣，是喂猪的精饲料。

4.5　胭　脂　虫

胭脂虫 *Dactylopius coccus* 属半翅目 Hemiptera 蚧总科 Coccidea 胭蚧科 Dactylopiidae 胭蚧属 *Dactylopius*，英文俗名为 cochineal，是一类能生产天然红色素的珍贵资源昆虫。胭脂虫吸食仙人掌韧皮部内的汁液为食，摄取糖分和部分氨基酸等营养物质。胭脂虫红（$C_{22}H_{20}O_{13}$），又称胭脂红酸、洋红酸（carminic acid），是从寄生在仙人掌上的雌性胭脂虫体内提取的一种蒽醌类天然色素，呈粉红色至紫红色，主要由胭脂红酸、胭脂酮酸、虫漆酸 D、7-C-α-葡萄糖呋喃糖苷（DCIV）、7-C-β-葡萄糖呋喃糖苷（DCVII）以及螺酮酸（spiroketalcarminic acid）等组成。胭脂虫红 $LD_{50} > 21.5g/kg$ BW，无毒，无致癌、致畸性，具有极高的稳定性和安全性，是食品、化妆品、医药及纺织品的优良着色剂，也是唯一一种 FDA（Food and Drug Administration）允许既可用于食品又可用于药品和化妆品的天然色素。其在化妆品中主要用于制作口红；在食品工业中能与甜菜苷和花青苷相媲美，可用于饮料、酒、面包制品、乳制品、糖果等的着色。胭脂红染料的品质保持期至少 130 年之久，价格非常昂贵。

胭脂虫原产于南美洲和墨西哥的热带及亚热带地区，其饲养和染料制备技术可以追溯至 15 世纪。15 世纪以前，墨西哥的印第安人利用胭脂虫作为着色剂。在西班牙殖民时期，干燥的胭脂虫红粉被大量进口至欧洲，由于此种胭脂虫比欧洲或亚洲其他任何昆虫都富含色素，因此成为主要的着色剂，几乎完全占据了欧洲市场。进入 19 世纪后，胭脂虫被引至中美洲和南美洲的仙人掌寄主上进行饲养。如今胭脂虫红作为一种优质的天然红色素，需求剧增，价格日高，当前胭脂虫红的国际市场价已达到 530 美元/kg，促使胭脂虫业再度兴起。目前世界上进行胭脂虫色素生产及技术研究的国家主要有西班牙、秘鲁、日本、韩国、德国、丹麦等，其中秘鲁是胭脂虫主产国。我国无胭脂虫的自然分布，胭脂虫红一直依赖进口。自 2000 年开始，我国引进了胭脂虫及其优良寄主梨果仙人掌（*Opuntia ficus-indica*）并在云南省繁育成功；目前已初步形成了胭脂虫相关产品的产业化趋势，因此胭脂虫色素的研究与应用在我国还有很大的潜力。

4.5.1　胭脂虫的形态特征

（1）雌成虫：虫体卵形或球形，暗紫红色，长 4.0～6.0mm，宽 3.0～4.5mm，高 3.8～4.2mm，重 40～47mg；体密被白色棉状蜡丝，多个虫的蜡丝常融合在一起，形成棉球状。宽边孔常成群，头部 30～37 群，每群多达 15 孔；胸部 90～130 群，每群具 25 或 30 孔；腹部约 100 群，每群多达 30 孔。全身刚毛稀少，最后腹节上较多，头胸部刚毛细，腹部刚毛秃。肛环宽，椭圆形，周边具 25～30 群宽边孔群及少数刚毛。

（2）雄成虫：体暗红色，长 3.0～3.5mm，宽 1.3～1.5mm。足和触角发达。复眼红色。无口器。头、胸部间有一短颈。具一对前翅，后翅退化为平衡棒。腹部有两条白色的尾丝，约与身体等长。生殖刺发达，突出于尾端（图 4-22）。

（3）卵：卵形，浅红色，光滑，长约 0.7mm，宽 0.3mm。

（4）若虫：若虫期共有 2 龄。1 龄若虫分 2 个阶段。第 1 阶段为活动阶段，叫"爬虫"，体型卵形，暗红色，长约 1.0mm，宽 0.5mm，足发达，触角 6 节，第 3 节最长，复眼黑色，易辨别。第 2 阶段为固定阶段，若虫的体型比爬虫稍大，逐渐有白色的蜡粉或直立蜡丝出现。外形上，1 龄雌雄若虫主要的差异在于它们的行为和分泌的蜡丝，雄虫只爬到离母体不远的地方，而雌虫爬行的距离更远；1 龄雄若虫分泌的蜡丝短而少。2 龄若虫比 1 龄若虫稍大，长约 1.1mm，宽 0.6mm，蜡丝完全脱落，刚蜕皮 2 龄虫为鲜红色，以后颜色逐渐变淡，并逐渐出现白色蜡粉。2 龄雄若虫外形与雌虫相似，但比雌虫略大，长约 1.3mm，宽 0.3mm（图 4-23）。

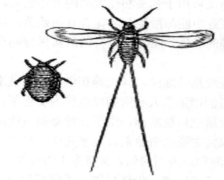

图 4-22　胭脂虫成虫
左，雌成虫；右，雄成虫

图 4-23　胭脂虫若虫

（5）前蛹和蛹：胭脂虫的蛹为雄虫特有。2 龄雄若虫用蜡丝形成一圆柱形茧，外端有开口，长约 3.0mm，在茧内经蜕皮后发育为前蛹，头、胸、腹开始分化。前蛹在茧内再一次蜕皮后即形成蛹，在蛹期身体分节更加明显，足、触角、翅基本形成。剥开茧后，蛹呈红褐色。一般蛹 18～22 天后羽化。

4.5.2　胭脂虫的生物生态学特性

4.5.2.1　生活史及生态学习性

在原产地 1 年能繁殖 2～4 代，多为 3 代。胭脂虫整个世代发育起始温度为 15.6℃，完成 1 个世代的发育积温为 2025.5 日·度，比较适宜胭脂虫生长发育的环境温度为 20～28℃，相对湿度约为 80%。在 25℃下完成一个世代需 60 多天。

在 16.5℃及 80%～86%相对湿度条件下，胭脂虫卵在 15～20min 内孵化，若虫 2 天后开始移动，固定后 20～23 天蜕皮，2 龄雄若虫历期为 13～18 天，然后结茧化蛹，18～22 天后羽化。2 龄雌若虫蜕皮后直接进入成虫期，雌成虫平均产卵 419（293～586）粒，成虫期为 3 天，从卵到成虫死亡历期 51～63 天。在我国云南干热、半干热河谷地区，胭脂虫 1 年可繁育 3～6 代，平均 3～4 代，完成 1 个世代所需的发育积温为 1300 日·度。在我国元江和昆明，年平均气温分别为 23.7℃和 14.5℃，胭脂虫每代历期分别为 45～80 天和 73～160 天。许多生物和非生物因子对虫体的生长发育均有较大影响，其中以寄主及温度、湿度影响较为明显。其他因子，如风、光照、土壤、寄主种类、寄主年龄、茎节朝向及寄主植物病虫害对胭脂虫生长发育亦有影响。温度对胭脂虫的生长发育影响最大，是最重要的环境因子；要求月平均最低温度在 10℃以上；湿度以 60%～70%为最适宜；降水量对胭脂虫种群数量影响较大；光照主要影响胭脂虫的分布。

4.5.2.2　生物学习性

（1）孵化：卵胎生，卵孵化不久可透过卵黄观察到若虫，卵从头部沿背腹纵线开始破裂，一直到卵的中部，若虫从卵黄中孵出需 4～20min，最初足、触角和口器粘在身体上，1～2min 后开始展开。孵化期约持续半个月左右，爬行高峰期出现在开始出虫后的 3～4 天，以后开始逐渐减少。

（2）涌散：新孵化的 1 龄若虫，通过一段时间爬行寻找适宜部位固定的过程称为涌散。1 龄若虫孵化后先在母虫的保护蜡下停留几分钟，不久即开始爬行，爬行能力较强，能在整株仙人掌植株上往返爬行。刚孵化的 1 龄若虫布满了白色的蜡丝，这些蜡丝有助于 1 龄若虫的扩散。胭脂虫 1 龄若虫的爬行速度约为 30cm/min，高温下爬行速度加快。微风有助于 1 龄若虫的扩散，在风大时停止爬行，待风过后才继续爬行（图 4-24）。

图 4-24　胭脂虫若虫在其寄主仙人掌上涌散

（3）固定：初孵若虫 1～2 天内找到合适的位置固定。胭脂虫 1 龄若虫多喜欢在 1 年生的茎片上固定（89%）；少数生长于 2 年生茎片上（10%），只有不到 1%生长于更老的茎片上。因其具有趋触习性（喜在节间或刺基部定居）、负趋光性（对光线较为敏感），故多选择在茎片的背阴面、仙人掌刺的基部或凸的地方进行固定。雄若虫常固定在母虫附近，而雌若虫则要远一些，固定后就不再移动。胭脂虫具有群集习性，喜欢成群固定，一头虫进行固定后，其他虫会接着在其周围进行固定，每群的数量少则 2～5 头，多则能达到 50 头以上。固定后，1 龄若虫即将口针刺入仙人掌茎片内进行取食，吸食仙人掌的汁液（图 4-25）。

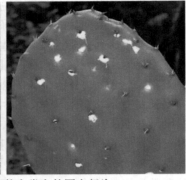

图 4-25 胭脂虫若虫在寄主仙人掌上的固定行为

（4）泌蜡：若虫孵化 1h 后即开始泌蜡。泌蜡时，先在腹部背面出现一些白色小点，然后是胸部，几小时后，若虫即布满了白色的蜡粉及一些短的蜡丝，这些蜡丝由背部大的刚毛基部的腺体产生，蜡丝直立生长，长度不断加长，这些蜡丝易碎，并有助于 1 龄若虫的扩散。

（5）发育：雌若虫经历 2 次蜕皮后变为成虫。第 1 次蜕皮时间在不同温度下有一定差别，在 22～28℃时，一般为孵化后 1 个月左右开始，蜕皮时间为 15～60min。已固定的 1 龄若虫经历第 1 次蜕皮后变为 2 龄若虫，刚蜕皮后的虫体表皮呈暗红色，经历很短时间后表皮被蜡粉覆盖，具备一定的活动能力，但活动范围很小，在缓慢爬行一段时间后就固定下来，之后整个 2 龄阶段不再活动。在 22～28℃时，第 2 次蜕皮发生在第 1 次蜕皮后的第 10～30 天，蜕皮时间相对第 1 次蜕皮较长，为 20～80min。蜕皮后表皮也呈暗红色并很快被蜡粉覆盖，活动能力更弱，大部分在蜕皮后几乎不活动，继续在原固定部位取食直至发育为雌成虫并产生下一代。2 龄雄若虫蜕皮数天后，在仙人掌片上形成椭圆形的茧，茧的一端连接在掌片上，另一端留有一个羽化孔，2 龄雄若虫在茧内变为前蛹和蛹，蛹在茧内尾部朝向羽化孔，发育成熟后，靠虫体头部和上腹节的扭动蜕出茧而羽化成为雄成虫。

（6）交尾：雄虫羽化后即寻找雌虫进行交尾。雄虫飞行能力较强，可从一株仙人掌直接飞行到另一株仙人掌，但一般会选择在仙人掌片上爬行，寻找雌虫进行交尾。由于雌虫通常聚集在一起固定，因此雄成虫喜欢在雌虫聚集处活动。雄成虫在羽化后 4～5 天内进行交尾，雄虫可进行多次交尾，交尾后约 1 天即死亡。

（7）产卵：雌虫在交尾后身体迅速增大，多于夜间进行产卵。产卵开始时仅有少数卵（1～3 粒）产下，卵呈亮红色，外面包被着半透明的卵壳。持续一段时间后达到产卵高峰，平均每隔 6～10min 便产下 1 卵，此时产下的卵一个接一个呈链状，多时 1 天可产 50～60 粒卵。产卵后期，雌虫开始萎缩直至死亡。产卵期持续 1 个月左右。个体间产卵量有很大的差异，多的近 500 粒，少的仅有 100 多粒。每一雌虫的平均产卵量为 430 粒，怀卵量与雌虫体的大小成正比，虫体越大，怀卵量越多，反之则少。

4.5.3　胭脂虫的生产技术

4.5.3.1　胭脂虫繁育基地的选择和建立

胭脂虫原产于墨西哥瓦哈卡地区，原分布地区为热带和南亚热带地区，发育起点温度较高。在秘鲁、加那利群岛等地，传统养殖胭脂虫的方法是在野外培育。而在南非的好望角东部，由于雨水多、暴雨频繁及季节性降雨，选择搭建大棚培育。因此，胭脂虫的养殖方式分为两种：野外培育和室内养殖。野外培育基地应选择在温湿度适宜且降水少的地区。由于我国气候区域的特点，自 2004 年引入胭脂虫后，多采用室内养殖的方式，目前已在云南的景东、元江、禄丰和昆明的几个温室繁殖点进行生态适应性试验和规模化养殖。

南亚热带气候条件最适宜胭脂虫培育，在这个区域内胭脂虫生长发育正常，虫体较大，质量较好，产量较高，一年可生产 3 或 4 代，因此南亚热带地区为胭脂虫的最适生区。中亚热带地区为次适生区，该区内陆高原季风气候条件最适宜胭脂虫培育，内陆高原-低山丘陵季风气候较适宜培育胭脂虫，沿海丘陵季风气候适宜培育胭脂虫。干热河谷区域和北亚热带区域为适生区，干热河谷区域中胭脂虫生长发育正常，繁育较快，虫体较小，质量较差，每年 6 或 7 代。北亚热带区域中胭脂虫生长发育正常，繁育较慢，生活周期较长，虫体较大，质量较好，每年 3 代左右。因此，胭脂虫繁育基地的最佳选择应在南亚热带气候区的内陆高原季风气候区域。

温室内繁育基地应控制温湿度范围，温度控制在 6.9～24.5℃，且最好控制在 21.5℃左右，湿度控制在 45%～65%，最好控制在 56%左右，极端高温不超过 38℃、极端低温不低于 5℃。若出现极端温度，一定要采取措施升温或降温。

4.5.3.2　寄主植物仙人掌的栽培

仙人掌属 *Opuntia* 大约有 300 种，主产于墨西哥，是胭脂虫的优良寄主。墨西哥、智利、阿尔及利亚、阿根廷、巴西，以及拉丁美洲和非洲的干旱和半干旱地区约 20 多个国家，对仙人掌进行商业性种植，并将其作为果品、蔬菜及饲料的来源。仙人掌还可以用于制药及其他工业，如治疗肺气肿和缓解肺部疼痛、治疗心血管疾病等。其中，梨果仙人掌（*Opuntia ficus-indica*），又称印榕仙人掌，具有重要的经济价值。植株为肉质灌木或小乔木，高 1.5～5m；果实似梨，表面有小刺钩毛，俗称刺梨。梨果仙人掌繁殖容易、生长速度快。利用 1～2 年生茎节扦插繁殖，1 年内生物量一般可增加 3～5 倍，高的可达 10 倍以上。因此，繁养胭脂虫，寄主应以栽培梨果仙人掌为主（图4-26）。

图 4-26　梨果仙人掌

1）选地

仙人掌能生长于各种土壤中，如变性土、淋溶土、石质土、冲积土等。仙人掌的抗旱性较强，对土壤立地条件要求不高，可在干旱贫瘠的地方种植。土壤 pH 微酸性到微碱性对其生长最好，厚 60～70cm 的土壤层适合仙人掌浅根系统的发育；黏土的含量要低于 20%。疏水性不好、地下水位高、表面通透性不好或板结的土壤不适合种植仙人掌。仙人掌不耐盐，NaCl 含量 50～70mol/m^3 为其生长的临界值。

仙人掌是强阳性植物。选地时应选排水良好、地势高的阳坡。仙人掌的生长和其他植物不同，降水时能在较短时间内长出许多吸收根充分吸收水分，之后逐渐随干旱和主根的木栓化而死亡。鉴于这个特点，在整地时最好采用撩壕整地，宽 60cm、深 50cm，行间距为 2m，使仙人掌的根系能充分舒展。

选地的冬季温度应平均在 10℃以上，温度最低在−5℃以上。若最低温度低于−5℃，植株极有可能因霜冻等原因被冻坏；在冬春时节，旱季时间长些，4～5 个月最好，以防雨水太多使仙人掌根部因土壤湿度太大而腐烂；夏天应气温高、雨水充沛。夏天气温较高，植株生长会更旺盛，雨水充沛正好又满足了其对水分的要求，而且气温高时多余水分会及时蒸发，确保仙人掌根系不会腐烂。

2）种植

在春季末种植仙人掌最好。春季末的土壤湿度可以使根系发育，夏季雨水对仙人掌茎片大有益处，根和茎片的发育速度在春末和夏初最快。利用仙人掌茎片的切片进行扦插种植，如果材料紧缺，用单个茎片种植；如果材料丰富，用多个茎片的种植材料种植效果更佳。切片在种植前需在半遮阴的条件下放置 2～3 周，待切口晒干后进行种植，以防止种植后切口腐烂。种植前可用波尔多液或马拉硫磷进行切口消毒。

种植时要注意控制种植密度，在温湿度及土壤条件好的地方，可适当稀疏，反之，则适当加密。种植时，以培育胭脂虫、蔬菜或作为药品开发为主要目的，可适当加密；以培育仙人掌果实为主要目的，要适当稀疏。无论何种目的，都应预留足够的人为活动空间。密植的株行距为 0.5～1m×1～2m。

种植时要注意防雨水。使茎片面向东南，与正西成 45°角，以使茎片两面在上午、下午都能受到阳光的照射，增加茎片对光的截留。种植时采用直立放置方法，将切口面植入土中，植入的深度应为茎片 2/5～1/2。如植入太浅，茎片易被风吹倒，而且根系比较浅；如植入太深，则地上部分的光合作用不足以供应抽芽和根系发育。扦插的土壤湿度一般以手握成团、落地即散开为宜。

3）抚育管理

仙人掌长到一定阶段后要进行修剪，培育良好的树形、促进生长、减少病虫害的发生。仙人掌的高度应控制在 2～2.5m，以避免仙人掌过高而造成人为操作上的困难。修剪应在春季进行，空气干燥、阳光充足，切口容易变干。在雨季和冬季进行修剪，容易造成茎片腐烂和结疤。应该主要修剪树冠内部的、朝下及水平生长的、距地面很近的茎片，以及病虫害严重的茎片。在老茎片上最多保留 2 片茎片，将其余的茎片剪除，以促进新茎片的生长。为增进修剪效果，修剪后不久需要施用尿素化肥。

仙人掌需要适时浇水，鉴于仙人掌耐旱的特性，除自然降水外，可 30 天浇 1 次水。实在没有水源时，要选土质好的退耕地或者田边地头比较潮润的地方来栽种仙人掌。为了促进仙人掌的生长，需要适当施肥。施肥一般选在仙人掌萌芽前进行，冬季休眠期则不宜进行施肥。肥种可单独使用农家肥或化肥（如尿素、过磷酸钙、硫酸钾等），也可将农家肥和化肥配在一起使用。施追肥分 2 次进行，第 1 次是壮苗肥，在种苗长出嫩芽到 6cm 左右时施用；第 2 次施用的是出苗肥，施用时间在收割一部分茎片之后，可促进仙人掌继续生长萌发。

此外，还需要注意病虫害防治。仙人掌蚧壳虫具有较强的繁殖力，一旦染上就很难防治。因用于繁养胭脂虫的仙人掌不能施用农药，只能人工防治，所以要及时发现、及时防治。杂草也会严重影响仙人掌的生长，如果杂草太多，需进行除草。除草的方法可以人工拔除或铲除，也可用除草剂除草，但使用除草剂需十分小心，以避免将仙人掌杀死。

4.5.3.3　胭脂虫养殖

1）野外培育

直接在仙人掌上放养胭脂虫，胭脂虫发育成熟后采收。这种方法在秘鲁胭脂虫产区有较大规模的生产基地，其优点是省工省时；缺点是受自然环境影响较大，大风和大雨会对胭脂虫种群造成大量死亡，尤其在幼虫涌散时期。

2）室内培育

室内培育胭脂虫有两种模式：采摘茎片培育模式和种植培育模式。

（1）采摘茎片培育模式：在室外培育寄主仙人掌，待掌片肥厚时采下置于室内大棚中，培育胭脂虫。该模式可分为两种，一种是悬挂培育，另一种是网板平铺茎片培育。该模式的优点在于可在野外大面积培育仙人掌寄主，采集后集中于室内培育，可有效地利用室内空间；另外，由于胭脂虫不存活在寄主植株上，采茎片后寄主植株仍可正常生长。但该培育模式最大的问题在于由于茎片取下后易于失水，生产的胭脂虫雌成虫产量较低；因为 2 年龄期的茎片才可用来扦插培育仙人掌，而采摘下的茎片没法给嫩茎片提供养分，使得嫩片无法利用，最终只有丢弃，这很大程度上影响了茎片的产量；因在繁育胭脂虫 1 个世代后采摘的茎片就会因失去水分而萎缩，无法再次利用，造成寄主植物材料浪费，并给寄主植物材料栽培和供应带来困难。

目前在尝试研究构筑胭脂虫培育环境来改进该模式。如在采摘茎片模式下，采用松针覆土措施构筑环境，该措施既满足胭脂虫培育所需温湿度，又节省人力、物力、财力，值得推广；覆谷草平铺茎片培育是在悬挂培育基础上进行改进，定期在谷草上喷洒清水，既能保护种虫，又为子代胭脂虫构筑了适宜的温湿度，其培育效果较悬挂模式好。该培育模式节省了悬挂茎片的工时，简单便捷。但覆谷草培育需时刻把握茎片上表面的温湿度，若炎热则需喷洒清水，既降温又增加湿度，否则会因上表面覆谷草不易散热，出现局部高温，造成上表面虫口死亡率增大，培育效果会大打折扣，甚至达不到悬挂培育的效果。

（2）种植培育模式：可分两种，一种是在室外培育寄主仙人掌，待植株掌片肥厚、数量多且植株粗壮时，移栽于大棚中进行培育；另一种是在室内直接栽种仙人掌，待掌片肥厚、数量多且植株粗壮时，开始放虫，进行培育。该模式虽然不需对仙人掌寄主植株进行移植，减少了一定的劳动力成本，但这种培育模式下，由于仙人掌需生长一段时间（1～2 年）后才可用于培育胭脂虫，大大降低了大棚的使用效率，规模化培育时需建大量的大棚，建造成本大幅度提高；同时，这种模式与移植培育模式一样，在培育两代胭脂虫后，仙人掌植株由于胭脂虫过多吸食会大量倒伏、折断，需整地后重新移植新的寄主植株。

从胭脂虫单位产量来看，种植培育模式优于采摘茎片培育模式。但因广大山区坡度较大，不可能大面积建大棚，只能在室外培育寄主，采摘茎片置于室内培育，因此采摘茎片悬挂培育模式仍有其研究价值及现实意义。

3）采种

种虫采集时间应选在多数雌成虫有少量卵产出并孵化时。

4）接种

胭脂虫的产卵和孵化主要集中在采种后 10 天内，采种后需迅速接种。传统的接种方法有四种：纸袋接种法、切片接种法、毛刷法和靠接法。

（1）纸袋接种法：用纸折一个三角纸袋放置种虫，每纸袋放置数头怀卵的胭脂虫雌成虫，用大头针将纸袋固定在仙人掌茎片上接种。

（2）切片接种法：将寄生有胭脂虫雌成虫的仙人掌茎片切成面积不等的小片，每小片保留数头胭脂虫雌成虫，然后将切片用大头针固定在仙人掌茎片上进行接种。

（3）毛刷法：将成熟怀卵的胭脂虫雌成虫用柔软的毛刷小心刷下，然后固定在待接种仙人掌的茎片上。

（4）靠接法：将已寄生有胭脂虫的茎节与被转接的茎节相靠，孵出的 1 龄若虫自然爬行到被转接的茎节上实现转接。

近来对传统方法进行了一些改进。在悬挂茎片接种方式中，从延长种虫产卵期的角度开展的接种袋内置谷草并定期喷洒清水的方法，结果较纸袋法更优。不过该方法需定期喷洒清水以控制接种袋的温湿度，否则效果不佳；在种植模式下进行纱网撒种，既省力、省时，又可避免人与仙人掌直接接触，其放虫效果与纸袋法效果一样，可替代纸袋接种法。

5）管理

（1）若虫密度：观测虫体的生长发育情况，适时转移虫袋。在 1～2 年生茎节上，适宜的固虫密度为 0.5 头/cm²，密度过低，则茎节利用率低；密度大于 4 头/cm²时，茎节营养消耗过大，未及胭脂虫发育为成虫已变干枯甚至腐烂。在生产上，1～2 年生茎节，长约 25cm、宽约 15cm，固虫量一般控制在 250 头左右为宜，一片仙人掌上通常放养 1000～1500 头若虫。在寄主植物上均匀地放养胭脂虫是获得高产的重要环节。胭脂虫有避光的习性，通常在直射光直接照射的掌片上分布胭脂虫较少，所以野外放养胭脂虫基地最好能够有其他植物配置，起到遮阴、减少直射光的作用，有利于胭脂虫的分布和固定。

（2）控制温湿度：在培育期间，温度和湿度是最重要的环境因素。特别是在冬天，如果白天的温度低于 15℃且经常出现时，胭脂虫基本不能发育。以最低温大于 15℃、湿度在 60%左右为宜。夏天温度较高而湿度低时，要在养殖棚里喷洒水，以增加湿度。温度高时，胭脂虫的发育历期缩短，在 105～120 天即可成熟。提供有利于它生长发育的温湿度条件，可使胭脂虫的个体增大，提高色素含量和质量。

（3）防治天敌：影响胭脂虫产量的重要因素是胭脂虫的天敌。对天敌的控制可以采用野外培育与室内培育交替生产，也可以采用轮换野外生产基地等方法，还可以针对不同的天敌采用低残留的农药控制。

6）胭脂虫的采收

夏季约 3 个月、冬季约 5 个月后可采收成熟的雌成虫。在雌胭脂虫开始吊糖时，说明胭脂虫已经成熟。吊糖是胭脂虫成熟和怀卵的标志，此时收集的胭脂虫胭脂色素含量最高，生产出的产品质量最好。掌握好恰当的收集时间可以提高胭脂虫的产量，不成熟的胭脂虫其胭脂色素含量较低，导致减产。采收时，用毛刷将胭脂虫从仙人掌上刷下，或采用压缩气体喷气器械将胭脂虫吹入容器内，装入塑料袋，扎紧袋口，在太阳下曝晒几小时。胭脂虫死亡后，将其在地上摊晒，晒干后收藏、保存；或在 60℃下干燥 2 天后保存，筛除少量的蜡粉即可当作胭脂色素的原料出售。

4.5.4 胭脂虫的加工和利用

4.5.4.1 胭脂虫红的加工

胭脂虫红色素主要从胭脂虫干体中提取。对红色素的提取、分离、精制技术，主要包括原料预处理、溶剂（含物理技术辅助手段）萃取、分离除杂、色素提取液浓缩及干燥等工艺流程。

1）原料预处理

称取适量胭脂虫自然风干虫体原料，置于恒温加热器的冷凝回流装置内，以适当的固液比（$m:V$）加入相关的有机溶剂（如石油醚等），保持微沸状态一段时间后，用滤布趁热迅速保温过滤。滤后的剩余固体物料经风干处理，继续置于恒温加热器的冷凝回流装置内，再以一定的固液比（$m:V$）加入有机溶剂（如乙醇等）（沸程 60~90℃），保持微沸状态一段时间，用滤布趁热迅速保温过滤。滤后的剩余固体物料经风干处理，可再次进行二次回收利用。

2）溶剂萃取

原料经预处理并风干后，置于普通密闭式恒温加热装置（或微波萃取装置）内，以一定的固液比（$m:V$）加入去离子水，连续多次浸提（或间歇萃取），趁热迅速保温过滤，收集滤液，剩余固体物料继续置于上述同样装置内，并加入同量去离子水，重复进行浸提并分别收集滤液，如此重复多次（依实验及生产需求而定）。

3）分离除杂

为了除去胭脂虫色素粗提液中含有的大分子虫体蛋白和类似污染物等，将含有色素的各次滤液中分别加入一定量的助剂和添加剂（如柠檬酸等），调节色素粗提液的 pH，对其进行酸解，再静置冷却一段时间后，将滤液进行常温真空抽滤处理，可以除去大部分有机胶体、机械颗粒等杂质。之后进一步除去胭脂虫色素中的小分子虫体蛋白等杂质，可以利用酶解法消除杂蛋白，采用超滤膜、纳滤、反渗透和电渗析纯化分离技术，或利用大孔吸附树脂法富集、纯化胭脂虫红色素。

4）色素提取液浓缩及干燥

经分离除杂的色素滤液，采用旋转蒸发设备浓缩（根据不同设备设定真空度），浓缩后液体体积约为浓缩前液体体积的 1/3 较适宜，浓缩液经喷雾干燥设备加工制成粉末状胭脂虫红色素产品。

目前国内胭脂虫红色素的提取工艺主要是采用传统的有机溶剂浸提法，并使用超声波、微波，以及蛋白酶水解等辅助浸提。对精制胭脂虫红色素及提高其稳定性的工艺也有初步探索，如超滤膜精制加工工艺、硅胶-凝胶层析法精制胭脂虫红色素等。

4.5.4.2　胭脂虫红的利用

胭脂虫红中最主要的组成成分胭脂红酸（carminic acid），又称洋红酸，相对分子质量为 492.39，是一种葡萄糖基化蒽醌，约占总着色化合物的 94%～98%。胭脂红酸极易溶于水，在水中呈深红色，亦可溶解于其他溶液如甲醇、乙醇、丙酮、二甲基亚砜等极性溶剂，并产生不同的颜色，但不溶于乙醚、氯仿、石油醚、甲苯、苯等非极性或弱极性溶剂。酸性条件下，加入明矾沉淀可进一步纯化胭脂红酸，并产生一种颜色更为鲜艳的红色铝盐，即胭脂虫红色淀，又称胭脂虫红铝（carmine），被作为不溶性的红色染料使用。

胭脂虫红色素作为染色剂广泛应用于食品、化妆品、制药业。作为食用红色素，其可用于食品着色，如乳制品、果酱、蜜饯、可可制品、焙烤和膨化食品、饮料和配制酒、可食用动物肠衣等，最大使用量为 0.025～0.5g/kg；也可用于蔬菜、调料、面食、鱼类制品、饮料和酒、口香糖等，最高使用限量为 100～1020mg/kg。胭脂虫红色素还可以作为一种功能性染色剂，在一定浓度下作为食品添加剂保护食品的某些成分不被氧化。在化妆品领域，其主要用于制作口红和腮红等。在制药业领域，胭脂虫红色素对防止因致癌物导致的 DNA 损伤有明显的作用，并可用于治疗病毒性疾病，如水疱性口炎、疱疹性口炎等；还可用于癌症和艾滋病的防治。此外，光致敏材料的研发，无疑将极大地扩展胭脂虫红色素的应用领域。例如，胭脂红酸-二氧化钛纳米感光材料的能级差较小，光谱吸收范围广，因此光电流转换效率更高，能够大大提高光能的利用率，是一种具有广阔利用前景的新型光电流转换材料。

参 考 文 献

包松莲, 李志国. 2005. 印榕仙人掌栽培和胭脂虫养殖技术. 林业调查规划, 30(6): 121-123.

陈复生, 魏兆军, 李庆宝, 等. 2004. 蓖麻蚕线粒体 cox2 基因的克隆、序列测定和分子系统学分析. 蚕业科学, 30(1): 38-43.

陈海游. 2014. 胭脂虫高产培育研究. 北京: 中国林业科学研究院硕士学位论文.

陈海游, 张忠和. 2014. 胭脂虫 Dactylopius coccus Costa 培育方法研究. 应用昆虫学报, 51(2): 562-572.

陈晓菲. 2004. 胭脂虫在人工可控条件下的生物生态学研究. 泰安: 山东农业大学硕士学位论文.

陈晓鸣. 1999. 中国资源昆虫利用现状及前景. 世界林业研究, 12(1): 46-51.

杜运平, 张宗和. 2011. 焦性没食子酸的制备方法及应用. 生物质化学工程, 45(1): 47-52.

郭元亨. 2011. 胭脂红酸检测方法及色素提取改善. 北京: 中国林业科学研究院硕士学位论文.

黄方千, 李强林, 杨东洁, 等. 2015. 胭脂虫红的提取及其在纺织品中应用研究进展. 成都纺织高等专科学校学报, 32(3): 30-36.

姜义仁, 秦利. 2013. 柞蚕的生物学特性. 中国蚕业, 34(3): 79-81.

冷锋. 2011. 胭脂虫与寄主仙人掌相互作用关系研究. 北京: 中国林业科学研究院硕士学位论文.

冷锋, 张忠和, 卢振龙, 等. 2010. 不同培育模式胭脂虫产量评估. 昆虫知识, 47(6): 1221-1224.

李志国，杨文云，杨时宇. 2009. 胭脂虫引种繁殖及生态适应性研究. https://kns.cnki.net/kns8/defaultresult/index [2023-7-14].

李志国，赵杰军，张建云，等. 2007. 胭脂虫与胭脂虫色素的利用. 食品工业科技，29(7): 225-227，231.

刘志红. 2007. 仙人掌胭脂虫生物学特性的研究及室内毒力测定. 合肥：安徽农业大学硕士学位论文.

卢艳民，周梅村，郑华，等. 2008. 超滤膜精制胭脂虫红色素的研究. 食品科学，29(9): 196-198.

马志红，陆忠兵，石碧. 2003. 单宁酸的化学性质及应用. 天然产物研究与开发，15(1): 87-91.

闵文艳. 2006. 湖南工业原料资源昆虫调查. 热带农业科学，26(4): 38-40，80.

欧炳荣，洪广基. 1990. 云南紫胶蚧新种记述(同翅目：胶蚧科). 昆虫分类学报，1: 15-18.

漆云庆，邱建生. 1990. 几种五倍子蚜虫的生活周期型研究. 贵州林业科技，18(4): 1-7.

桑明. 2003. 资源昆虫的开发与利用. 经济动物学报，7(3): 54-58.

沈兴家，赵巧玲，张志芳，等. 2002. 蓖麻蚕线粒体基因组中 nd1 及其侧翼 tRNA 基因的克隆与结构分析. 蚕业科学，28(4): 289-293.

汤沈杨，陈梦瑶，肖花美，等. 2019. 胭脂虫及胭脂虫红色素的应用研究进展. 应用昆虫学报，56(5): 969-981.

田泽君，隆孝雄，谢树明，等. 1992. 枣铁倍蚜（*Kaburagia ensigallis*）无翅孤雌侨蚜的发现及其经济意义. 西南农业学报，5(2): 74-78.

田泽君，陆涵瑜，唐明禄. 1987. 枣铁倍蚜生物生态学特性的初步研究. 林业科学，23(zj2): 11-17.

韦庆扬. 2007. 胭脂虫 *Dactylopius coccus* Costa 的生物生态学及培育技术研究. 重庆：西南大学硕士学位论文.

魏兆军，赵巧玲，张志芳，等. 2002. 蓖麻蚕线粒体基因组细胞色素氧化酶亚基III的序列及其分子进化分析. 昆虫学报，45(2): 193-197.

严善春. 2001. 资源昆虫学. 哈尔滨：东北林业大学出版社.

杨冠煌. 1996. 资源昆虫产业和发展趋向. 昆虫知识，33(5): 293-296.

杨文云，杨时宇，李志国. 2004. 印榕仙人掌栽培技术研究. 林业科学研究，(6): 741-745.

杨子祥. 2006. 五倍子蚜虫的系统发育研究. 北京：中国林业科学研究院博士学位论文.

张弘，郑华，郭元亨，等. 2010. 胭脂虫红色素加工技术与应用研究进展. 大连工业大学学报，29(6): 399-405.

张忠和，卢振龙，秦志虹. 2008. 胭脂虫的行为及生殖特性. 昆虫知识，45(4): 611-615，677.

张忠和，石雷，徐珑峰. 2002. 胭脂虫的形态分类及生物学特性概述. 西南林学院学报，22(4): 67-71.

郑乐怡，归鸿. 1999. 昆虫分类(上). 南京：南京师范大学出版社: 437.

周友军，何欢，郑梅荧，等. 2021. 本章树重要食叶害虫——本章蚕生物学特性研究. 中国植保导刊，41(8): 9-15，42.

Alvarez C G，Portillo M L，Vigueras G A L. 1996. Feasibility of culturing the cochineal insect in Zapotlanejo，Jalisco，Mexico. Dugesiana，3(2): 19-31.

Ichi T，Koda T，Yukawa C，et al. 2003-10-23. Purified cochineal and method for its production: US 20030428995. DOI: US20030199019A1.

第5章 观赏娱乐昆虫

昆虫是自然界种类最多的生物类群，它们有的色彩鲜艳，有的图案精美，有的形态奇特，它们在大自然中翩翩起舞，等待着人们去发现、去探索；也有一些种类的昆虫鸣声动听、好斗成性或散发萤光，供人们闻鸣观斗。这些昆虫具有很高的观赏价值，我们称之为观赏昆虫（朱巽，2007）。

5.1 观赏娱乐昆虫类群

在昆虫纲的许多目中都有一些种类可列为观赏昆虫。

5.1.1 䗛目

䗛目 Phasmatodea 昆虫通称竹节虫或䗛（phasmid），通常绿色或褐色，前翅革质，后翅膜质，有的种类 1 对翅或无翅。身体延长呈棒状或叶片状，看上去很像竹节或竹叶，像竹节者称为枝䗛、棒䗛或杆䗛（stick insect，stick-bug，walking stick，phasmid，ghost insect）（图5-1），像竹叶者称为叶䗛（leaf insect）（图5-2）。竹节虫的体长多为 1～30cm，为现生昆虫中身体最长的种类。陈氏竹节虫 *Phobaeticus chani*（图5-1）曾被称为世界上最长的昆虫，前足完全伸展时总长度达 567mm，身体的长度达 357mm。但该纪录已被刷新。2016 年 5 月 6 日，成都华希昆虫博物馆宣称在中国发现的中国巨竹节虫 *Phryganistria chinensis*，前足完全伸展时总长度达 624mm，身体的长度达 361mm。2017 年 9 月 16 日，中国巨竹节虫获得世界最长昆虫的吉尼斯世界纪录认证。

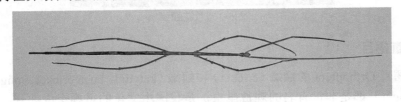

图5-1 陈氏竹节虫雌成虫

竹节虫的卵也极具观赏性。它们在大小和形态上都极像种子。在卵的前端具有一个盖状的结构，若虫孵化时就从盖子处出来。一些种类的竹节虫卵盖上长有一个多脂的、球形把手状的头状部，该结构非常像一些植物种子的油质体，而这些种子很受蚂蚁幼虫的欢迎，因而这些种子通过蚂蚁来扩散。蚂蚁会把这些竹节虫的卵带回地下蚁巢中，采下油脂质的头状部来饲养幼蚁而不伤害竹节虫的胚胎。更有趣的是，年幼的竹节虫若虫很像蚂蚁，这样它就可以安全地离开蚁巢。

5.1.2 蜻蜓目

"小荷才露尖尖角，早有蜻蜓立上头""穿花蛱蝶深深见，点水蜻蜓款款飞"这些都是我们耳熟能详的诗句。蜻蜓（dragonfly）是蜻蜓目 Odonata 昆虫，其优雅的体型、出色的飞行技巧及有趣的生殖行为等均有很高的观赏价值。

5.1.3 螳螂目

"螳螂捕蝉，黄雀在后"的成语大家都知道。螳螂（mantis）是螳螂目 Mantodea 的昆虫。在古希腊，人们将螳螂视为先知。因螳螂前臂举起的样子像祈祷的少女，所以又称为祷告虫。螳螂是肉食性

图 5-2 叶蟎

昆虫，可猎捕小型昆虫和小动物。其生性残暴好斗，当食物缺乏时，常有大吞小或雌吃雄的现象。有一些螳螂，形态奇特，可作为观赏昆虫（图5-3）。

图5-3 兰花螳螂

5.1.4 直翅目

直翅目 Orthoptera 的蟋蟀（cricket）和蝈蝈（katydid，bush cricket，long-horned grasshopper）都是非常有名的观赏昆虫，是我国虫文化的重要组成部分，将在后面的内容中对此详细介绍。

5.1.5 半翅目

半翅目 Hemiptera 昆虫多小型，有一些种类也具有观赏价值。

1）角蝉

角蝉（treehopper）为角蝉科 Membracidae 的昆虫，有近 2600 种。其颜面垂直，前胸背板畸形扩展，越过头部向前形成一个角，并向后盖过腹部末端；绿色、

蓝色或古铜色，常有斑纹。角蝉的角长得十分奇特，不同种类的角蝉，角的式样也有所不同（图 5-4）。角蝉可用背上的这些奇形怪状的角进行伪装。

图5-4　角蝉的角（Prud'homme et al.，2011）

1. *Bocydium* sp.；2. 未鉴定种；3. *Membracis foliate*；4. 未鉴定种；5. *Anchistrotus* sp.；6. 未鉴定种；7. 未鉴定种；8. *Cladonota* sp.；9. *Heteronotus* sp.；10. *Bolbonota* sp.；11. *Oeda* sp.；12. *Stegaspis* sp.；13. *Cyphonia clavata*

　　伪装是昆虫保护自己的有效手段之一，也是在自然界应用最为广泛的求生和自我保护技巧。角蝉是一种喜欢生活在树上的昆虫。当高冠角蝉停栖在枝条上时，它背上的那顶"高冠"，很容易让人误以为是一截枯树杈。而三刺角蝉落在长有棘刺的树木上时，它那根向后伸出的刺混在其中，更让人难以分辨真伪。更惊奇的是，当几只、十几只角蝉停栖在同一根枝杈上时，它们还会等距排开，看上去就如同真正的小树杈一样（图5-5）。用这样逼真的拟态伪装，模仿周围环境，角蝉就可以轻易地骗过敌害，保存自己了。

　　不过令人震惊的是，角蝉背上引人注目的突起物，其实是翼状翅膀，经过 2亿年演化淘汰后，又重新长了回来（Prud'homme et al.，2011）。

图5-5　停栖在枝条上的角蝉

2）蜡蝉

蜡蝉（lanternfly 或 lanthorn fly）为蜡蝉科 Fulgoridae 的昆虫。大多数种为中到大型，亮丽和多样的颜色使它们看起来非常像鳞翅目的昆虫。

斑衣蜡蝉 *Lycorma delicatula* 在民间俗称"花姑娘""椿蹦""花蹦蹦"，英文名为 spotted lanternfly。成虫飞翔时露出基部红色的后翅，令人惊艳。在生长发育过程中，其体色变化很大。小若虫时，体黑色，上面具有许多小白点；等长到大龄若虫时变得非常漂亮，通红的身体上有黑色和白色斑纹，极具观赏价值（图 5-6）。斑衣蜡蝉的成虫、若虫均会跳跃，在多种植物上取食活动，其中最喜欢的植物是臭椿。

图5-6　斑衣蜡蝉

下面这个额头向前延伸成象鼻状、体色美丽的昆虫是象鼻蜡蝉 *Pyrops candelaria*，它还有一名字叫"龙眼鸡"（图 5-7）。

图5-7　龙眼鸡（左）和负子蝽（右）

3）负子蝽

负子蝽[giant water bug，toe-biter，Indian toe-biter，electric-light bug，alligator tick，flea（in Florida）]为负子蝽科 Belostomatidae 昆虫，是半翅目最大的昆虫。负子蝽的生活习性独特而有趣。雄虫常背着雌虫，在水中悠闲漂游，捕食任务也

由雄虫担任，"妻子"则坐享其成。雌虫产卵时，将卵自前而后整齐地粘在雄虫体背上，雄虫就驮着卵在水中生活，等待卵的孵化。从此，"丈夫"就既当爹又当娘，默默无闻地担负起养育儿女的重任，真不愧为模范"丈夫"和慈爱的"父亲"，虫中罕见（图 5-7）。

5.1.6 鞘翅目

昆虫纲中最大的目是鞘翅目 Coleoptera，鞘翅目昆虫统称甲虫（beetles），其中不乏形态奇特者，是昆虫工艺品加工的首选材料之一。

5.1.7 脉翅目

脉翅目 Neuroptera 昆虫绝大多数种类的成虫和幼虫均为肉食性，是捕食性的天敌昆虫。因其体色鲜艳、捕食方法有趣而让人注目（图 5-8）。蝶角蛉科 Ascalaphidae 昆虫（owlfly）体大，外形极似蜻蜓，因其触角如蝶类，末端膨大呈球棒状，故得名蝶角蛉；旌蛉科 Nemopteridae 昆虫（spoonwing, thread-winged antlion）后翅特化为丝带状、勺状或叶状；螳蛉科 Mantispidae 昆虫（mantidfly）前胸延伸数倍于宽，前足为捕捉式，基节大而长，腿节粗大，与螳螂有点像。那么螳蛉和螳螂有什么区别呢？一个区别是，二者的体型相差很大，螳蛉比螳螂要小得多；另一个明显的区别是，二者的触角不同，螳蛉为念珠状，而螳螂为丝状。

图5-8　蝶角蛉科（左）、旌蛉科（中）和螳蛉科（右）昆虫

5.1.8 鳞翅目

蝴蝶（butterfly）被誉为"会飞的花朵""大自然的舞姬"，属鳞翅目 Lepidoptera。鳞翅目昆虫中可供观赏的种类很多，在后文中会有专门的介绍。

5.1.9 双翅目

双翅目 Diptera 食蚜蝇科 Syrphidae 昆虫（hoverfly, flower fly, syrphid fly）形似蜜蜂（图 5-9），常在花丛中飞舞，身体带有黄、黑相间的横斑，外形美丽。成虫的飞翔也非常有特点，能在空中静止不动而又忽然飞走。

5.1.10 膜翅目

膜翅目 Hymenoptera 的姬蜂、蜜蜂、蚂蚁的形态和行为都很有趣。

图5-9 食蚜蝇

1）姬蜂

姬蜂科 Ichneumonidae 昆虫（ichneumon wasp，ichneumonid），生来体型娟秀，头前一对细长的触角，尾后拖着三条宛如彩带的长丝，再加上两对透明的翅膀，飞起来，摇摇曳曳，甚有飘然欲仙之意，煞是好看！大概也正是因为这个缘故，这一类蜂就有了一个"姬蜂"的雅名。而实际上 Ichneumonidae 的名字来自拉丁语"ichneumon"，意思是"tracker"，即"追踪者"。该名称很显然表达了姬蜂搜寻树干、落叶层及地下寄主的习性。姬蜂大多是黄褐色，尾后的长带只有雌蜂才有，那是产卵器和两旁的产卵器鞘形成的三条长丝。这么长的产卵器也是昆虫中不多见的，有的种类产卵器甚至超过自己的体长（图 5-10）。

有些姬蜂在蛀干害虫身上产卵寄生的过程也很有趣。姬蜂可以顺着大树蜂排到松树外面的粪便气味，以及一种与树蜂共生的真菌的味道，顺藤摸瓜地找到寄生在树干内的树蜂幼虫。但要把卵产在大树蜂幼虫体上，还要费一番工夫，这需要把产卵器穿过木材后才能达到寄主体上。首先它们在树干外把末端有锉状纹的产卵器对准目标，然后用柔软的腹部不断扭转产卵器，使产卵器钻入树干内，一粒粒卵由细长的产卵器产到寄主体上。由于卵的直径大于产卵器直径，所以在细管中运行时，卵被拉成了长条形，到了目的地后，才恢复原状变成卵形。有的种类甚至能够穿过 14cm 厚的木材产卵于寄主上。

1mm

图5-10 姬蜂

2）蜜蜂

中华蜜蜂的蜂巢由一个个排列整齐的六棱柱形小蜂房组成，每个小蜂房的底部由 3 个相同的菱形组成，这种结构与近代数学家精确计算出来的菱形钝角109°28′、锐角 70°32′完全相同，是最省材料的结构，且容量大、极坚固。这让我们不得不为大自然的神奇而赞叹！

3）蚂蚁

蚂蚁为典型的社会性昆虫，其分工明确的社会组织、搬运食物的行为都有很大观赏价值。蚂蚁为什么会在特定的场合列队行进、来来往往？远离巢穴的蚂蚁为什么不迷路，能回到自己的巢穴呢？原来，蚂蚁会向体外分泌一种具有独特气味的信息素——示踪素，这种气味可被其同类的触角所识别。当出巡侦察的蚂蚁发现食物后，就在回来的路上留下这些示踪素，其他蚂蚁就可以嗅着这种气味前进。不过，并非所有蚂蚁都必须依靠外激素。

俗话说，"蚂蚁搬家，天要下雨"。蚂蚁搬家是不是担心自己的家会被水淹没而采取的行动呢？答案是不一定。其实蚂蚁搬家的原因分很多种。当蚁群数量增加，造成在蚁巢附近的食物短缺时，可能会通过搬家来寻找新的食物来源；当蚁巢附近出现别的蚁群，造成一种威胁，需要回避时也可能搬家；还有的蚂蚁本身就有一种建立多个蚁巢的习惯。至于蚂蚁选择在阴天或夜晚搬家，主要是为了防止太阳暴晒对蚁卵可能造成的伤害。由于在夜晚人们不注意蚂蚁的行动，常常只能够在阴天看见蚂蚁搬家，于是，就将蚂蚁搬家与下雨联系了起来。

5.2　观赏娱乐昆虫资源保护

5.2.1　观赏昆虫资源现状

有一些观赏昆虫已经成为商品，跻身于花鸟鱼虫的行列。例如，全世界的蝴蝶贸易年成交额可达 1 亿美元；在城镇街头和花鸟市场我们随处可见纺织娘、蝈蝈等装在小竹篓中出售；玩斗蟋近年又盛，一些优良的个体，价格高得令人吃惊。

台湾曾经是蝴蝶贸易的主要地区之一。在蝶类外销盛期，台湾每年蝶类消耗量达 1500 万～5 亿只，常年有 2 万多人以蝶类加工为生。在巴西，每年贩售的蝶类标本约 5000 万只。大量的蝴蝶遭到捕杀，其数量减少是显而易见的。正是由于过度采集，德国的太阳蝶、西班牙的西班牙姬凤蝶、英国的紫帝王蝶都面临绝种或种群受到威胁。

黑脉金斑蝶 *Danaus plexippus*，又称大桦斑蝶，是栖息在北美地区的一种色彩斑斓、身形硕大的蝴蝶（图 5-11）。其双翅黑色与金黄色相间，沿翅缘嵌着白点。由于它的翅色以金色为主，呈帝王王冠状，因此被人们称为"帝王蝶"或"君主蝶"（monarch butterfly）。它是地球上唯一的具有迁飞习性的蝴蝶。这些风度翩翩的蝴蝶每年要在墨西哥、美国和加拿大之间上演颇为壮观的长途大迁徙。这段距离总长度达 4500 多千米的"转移"活动一般都有数百万只帝王蝶参加，是当地最著名的自然奇观之一（图 5-11）。但由于气候的变化，扰乱了帝王蝶每年的迁飞模式；再加上人类的活动，将森林开辟成农田和旅游风景区，使其栖息地大幅减少；

农药特别是除草剂的大规模使用，又使帝王蝶的食物大大减少。2013 年，在墨西哥越冬的帝王蝶数量已下降到近 20 年来的最低水平。

图5-11　大桦斑蝶——帝王蝶（左）及迁飞时的盛况（右）

众所周知，河流为水栖昆虫重要的栖息地。对河流的污染，会使水栖昆虫种群变小甚至灭绝。1981 年，Robert Pyle 等报道，在北美有两种春蜓科的蜻蜓因此而灭绝，并使另一种蜻蜓 *Ophiogomphus howei* 濒临灭绝。在河流上修建水坝，也会破坏昆虫的栖息地，威胁生活于河两岸的昆虫。美国俄勒冈州及华盛顿州境内的哥伦比亚河，因建造水坝，使一种虎甲的数量锐减。

加利福尼亚甜灰蝶（*Glaucopsyche xerces*）（图 5-12），又名加利福尼亚戈灰蝶、泽西斯蓝小灰蝶（英文名为 Xerces blue），被认为是第一个由于城市化而引起栖息地丧失，最终灭绝的美洲蝶。这种灰蝶原生活于旧金山（San Francisco）Sunset

区的海岸沙丘地带，而如今"穿花灰蝶深深见"的场面已一去不复返了，我们只能在博物馆里才能见到它们那年代还不算久远的"木乃伊"。

图5-12　加利福尼亚甜灰蝶

综上所述，过度采集会直接减少观赏昆虫的数量，气候变化及人类活动也会因影响观赏昆虫的栖息地及食物而降低观赏昆虫的数量。面对观赏昆虫数量减少的现实，保护昆虫资源迫在眉睫，这已是学者、政府及公众的共识。

5.2.2　国外的保护措施

早在 1835 年，西班牙女王曾令人提供萤火虫的保护计划，这是人类历史上最早提出对昆虫进行保护的呼吁。在昆虫保护方面，居主导地位的是英国。1847 年，英国昆虫学者首先提出了铜色大灰蝶 *Lycaena dispar*（large copper）有绝种之虞的报告，并开始重视英国 60 种蝶类的保护工作。1925 年，伦敦皇家昆虫学会成立了昆虫保护委员会（Insect Protection Committee），并于 1946 年出版了英国稀有及濒临绝种的昆虫名录。1967 年，鳞翅目工作者学会（Lepidopterist's Society）成立保护委员会，至 1978 年，英国蝶类保护学会亦参与其事。现在英国已把 4 种蝶类列入保护名录。

美国的昆虫保护工作深受英国的影响。早在 19 世纪 70 年代，即有新罕布什尔州保护加利福尼亚甜灰蝶及其他鳞翅目昆虫的提议。到了 20 世纪 50 年代，加州政府立法保护迁飞性的大桦斑蝶。从 20 世纪 60 年代开始，昆虫保护在美国受到了更多的重视。1971 年，泽西斯协会（Xerces Society）成立，对陆栖节肢动物及其栖息地的保护工作由此积极展开。在《1973 年美国濒临绝种生物法案》（*Endangered Species Act of 1973*）中（图5-13），亦列入昆虫。1978～1980 年，有 10 种美国产鳞翅目及 10 种北美产鞘翅目昆虫被美国联邦政府列入保护动物的名录。

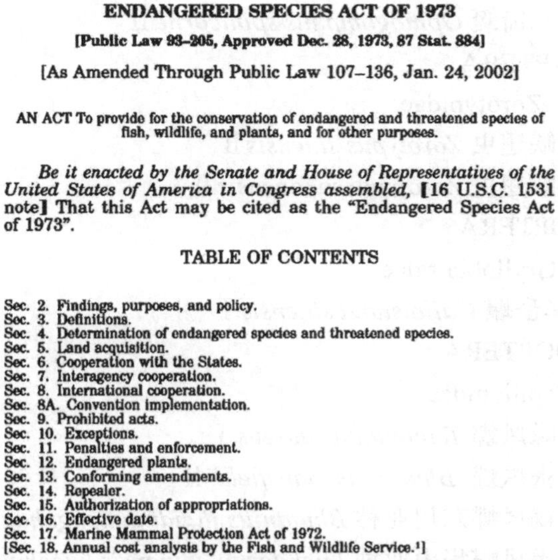

ENDANGERED SPECIES ACT OF 1973

[Public Law 93–205, Approved Dec. 28, 1973, 87 Stat. 884]

[As Amended Through Public Law 107–136, Jan. 24, 2002]

AN ACT To provide for the conservation of endangered and threatened species of fish, wildlife, and plants, and for other purposes.

Be it enacted by the Senate and House of Representatives of the United States of America in Congress assembled, 【16 U.S.C. 1531 note】 That this Act may be cited as the "Endangered Species Act of 1973".

TABLE OF CONTENTS

Sec. 2. Findings, purposes, and policy.
Sec. 3. Definitions.
Sec. 4. Determination of endangered species and threatened species.
Sec. 5. Land acquisition.
Sec. 6. Cooperation with the States.
Sec. 7. Interagency cooperation.
Sec. 8. International cooperation.
Sec. 8A. Convention implementation.
Sec. 9. Prohibited acts.
Sec. 10. Exceptions.
Sec. 11. Penalties and enforcement.
Sec. 12. Endangered plants.
Sec. 13. Conforming amendments.
Sec. 14. Repealer.
Sec. 15. Authorization of appropriations.
Sec. 16. Effective date.
Sec. 17. Marine Mammal Protection Act of 1972.
[Sec. 18. Annual cost analysis by the Fish and Wildlife Service.[1]]

图5-13　《1973 年美国濒临绝种生物法案》截图

在欧洲，德国从 1900 年就开始进行昆虫保护工作，除对阿波罗绢蝶 *Parnassius apollo* 及某些大型蛾类予以立法保护之外，旖凤蝶 *Iphiclides podalirius*（别名欧洲杏凤蝶）及云纹绢蝶 *Parnassius mnemosyne* 也被立法保护。

日本对于昆虫保护的工作始于 20 世纪 30 年代。自 1932 年至今，共有 33 种昆虫被列为"天然纪念物"，保护对象包括蝶类、蜻蜓、豆娘及甲虫类等。另外，对北海道的 5 种高山蝶类、小笠原群岛的 10 种特产种昆虫亦立法保护，对 4 处蝉类及 10 处萤火虫的发生地设置了保护区，进行全面的保护（杨平世，1991）。

5.2.3 我国的保护措施

我国于 1988 年 12 月 10 日由国务院批准了第 1 个《国家野生动物保护名录》，1989 年 1 月 14 日由原林业部、农业部发布实施。该名录中包括 15 种昆虫，其中一级保护的有 2 种，二级保护的有 13 种（类）。

双尾纲 DIPLURA

  钳尾目 DICELLURATA

    铗虯科 Japygidae

      伟铗虯 *Atlasjapyx atlas* II

昆虫纲 INSECTA

  蜻蜓目 ODONATA

    箭蜓科 Gomphidae

      尖板曦箭蜓 *Heliogomphus retroflexus* II

      宽纹北箭蜓 *Ophiogomphus spinicorne* II

  缺翅目 ZORAPTERA

    缺翅虫科 Zorotypidae

      中华缺翅虫 *Zorotypus sinensis* II

      墨脱缺翅虫 *Zorotypus medoensis* II

  蛩蠊目 NOTOPTERA

    蛩蠊科 Grylloblattidae

      中华蛩蠊 *Galloisiana sinensis* I

  鳞翅目 LEPIDOPTERA

    凤蝶科 Papilionidae

      金斑喙凤蝶 *Teinopalpus aureus* I

      双尾褐凤蝶 *Bhutanitis mansfieldi* II

      三尾褐凤蝶东川亚种 *Bhutanitts thaidina dongchuanensis* II

      中华虎凤蝶华山亚种 *Luehdorfia chinensis huashanensis* II

      阿波罗绢蝶 *Parnassius apollo* II

  鞘翅目 COLEOPTERA

    步甲科 Carabidae

      拉步甲 *Carabus lafossei* II

      硕步甲 *Carabus davidis* II

    金龟科 Scarabaeidae

      长臂金龟亚科 Euchirinae

        彩臂金龟（所有种）*Cheirotonus* spp. II

      犀金龟亚科 Dynastinae

叉犀金龟 *Allomyrina davidis* Ⅱ

为贯彻落实《中华人民共和国野生动物保护法》，加强对我国国家和地方重点保护野生动物以外的陆生野生动物资源的保护和管理，2000 年 5 月在北京召开专家论证会并制定了《国家保护的有益的或者有重要经济、科学研究价值的陆生野生动物名录》，于 2000 年 8 月 1 日以国家林业局令第 7 号发布实施，其中昆虫纲中有 17 目 120 属 110 种（整属受保护的种未计数）。

襀翅目 Plecoptera	
襀科 Perlidae	1　江西叉突襀 *Furcaperia jiangxiensis*
	2　海南华钮襀 *Sinacronearia hainana*
扁襀科 Peltoperlidae	3　吉氏小扁襀 *Microperia jeei*
	4　史氏长卷襀 *Periomyer smithae*
螳螂目 Mantodea	
怪螳科 Amorphoscelidae	怪螳属（所有种）*Amorphoscelis* spp.
竹节虫目 Phasmatodae	
竹节虫科 Phasmatidae	5　魏氏巨蟾 *Tirachoidea westwoodi*
	6　四川无肛䗛 *Paraentoria sichuanensis*
	7　尖峰岭彪䗛 *Pharnacia jianfenglingensis*
	8　污色无翅刺䗛 *Cnipsomorpha colorantis*
叶䗛科 Phylliidae	叶䗛属（所有种）*Phyllium* spp.
杆䗛科 Bacillidae	9　广西瘤䗛 *Pylaemenes guangxiensis*
异䗛科 Heteronemiidae	10　褐脊瘤胸䗛 *Trachythorax fuscocarinatus*
	11　中华仿圆筒䗛 *Paragongylopus sinensis*
啮虫目 Paocoptera	
围啮科 Peripsocidae	12　食蚧双突围啮 *Diplopsocus phagococcus*
啮科 Psocidae	13　线斑触啮 *Psococerastis linearis*
缨翅目 Thysanoptera	
纹蓟马科 Aeolothripidae	14　黄脊扁角纹蓟马 *Mymrothrips fiavidonotus*
半翅目 Hemiptera	
蛾蜡蝉科 Flatidae	15　墨脱埃蛾蜡蝉 *Exoma medogensis*
蜡蝉科 Fulgoridae	16　红翅梵蜡蝉 *Aphaena rabiala*
颜蜡蝉科 Eurybrachidae	17　漆点旌翅颜蜡蝉 *Ancyra annamensis*
蝉科 Cicadidae	碧蝉属（所有种）*Hea* spp.
	彩蝉属（所有种）*Gallogaeana* spp.
	琥珀蝉属（所有种）*Ambrogaeana* spp.
	硫磺蝉属（所有种）*Sulphogaeana* spp.

拟红眼蝉属（所有种）*Paratalainga* spp.

笃蝉属（所有种）*Tosena* spp.

犁胸蝉科 Aetalionidae 18 西藏管尾犁胸蝉 *Darthula xizangensis*

角蝉科 Membracidae 19 周氏角蝉 *Choucentrus sinensis*

棘蝉科 Machaerotidae 20 新象棘蝉 *Neosigmasoma manglunensis*

蚜科 Aphididae 21 野核桃声毛管蚜 *Mollitrichosiphum juglandisuctum*

22 柳粉虱蚜 *Aleurodaphis sinisalicis*

负子蝽科 Belostomatidae 23 田鳖 *Lethocerus indicus*

盾蝽科 Scutelleridae 24 山字宽盾蝽 *Poecilocoris sanszesingatus*

猎蝽科 reduviidae 25 海南杆蝻猎蝽 *Lschnobaenella hainana*

广翅目 Megaloptera

齿蛉科 Corydalidae 26 中华脉齿蛉 *Neuromus sinensis*

蛇蛉目 Raphidioptera

盲蛇蛉科 Inocelliidae 27 硕华盲蛇蛉 *Sininocellia gigantos*

脉翅目 Neuroptera

旌蛉科 Nemopteridae 28 中华旌蛉 *Nemopistha sinica*

鞘翅目 Coleoptera

步甲科 Carabidae 29 双锯球胸虎甲 *Therates biserratus*

步甲属拉步甲亚属（所有种）*Carabus* (*Coptolabrus*) spp.

步甲属硕步甲亚属（所有种）*Carabus* (*Aptomopterus*) spp.

两栖甲科 Amphizoidae 30 大卫两栖甲 *Amphizoa davidis*

31 中华两栖甲 *Amphizoa sinica*

叩甲科 Elateridae 32 大尖鞘叩甲 *Oxynopterus annamensis*

33 凹头叩甲 *Ceropectus messi*

34 丽叩甲 *Campsosternus auratus*

35 黔丽叩甲 *Campsosternus guizhouensis*

36 二斑丽叩甲 *Campsosternus bimaculatu*

37 朱肩丽叩甲 *Campsosternus gemma*

38 绿腹丽叩甲 *Campsosternus fruhstorferi*

39 眼纹斑叩甲 *Cryptalaus larvatus*

40 豹纹斑叩甲 *Cryptalaus sordidus*

41 木棉梳角叩甲 *Pectocera fortunei*

吉丁虫科 Buprestidae 42 海南硕黄吉丁 *Megaloxantha hainana*

	43	红绿金吉丁 *Chrysochroa vittata*
	44	北部湾金吉丁 *Chrysochroa tonkinensis*
	45	绿点椭圆吉丁 *Sternocera aequisignata*
瓢虫科 Coccinellidae	46	三色红瓢虫 *Amida tricolor*
	47	龟瓢虫 *Epiverta chelonia*
拟步甲科 Tenebrionidae	48	李氏长足甲 *Adesmia*（*oteroselis*）*lii*
金龟科 Scarabaeidae		彩臂金龟属（所有种）*Cheirotonus* spp.
	49	戴褐臂金龟 *Propomacrus davidi*
	50	胫晓扁犀金龟 *Eophileurus tibialis*
		叉犀金龟属（所有种）*Allomyrina* spp.
	51	葛蛀犀金龟 *Oryctes gnu*
	52	细角尤犀金龟 *Eupatorus gracilicornis*
	53	背黑正鳃金龟 *Malaisius melanodiscus*
	54	群斑带花金龟 *Taeniodera coomani*
	55	褐斑背角花金龟 *Neophaedimus auzouxi*
	56	四斑幽花金龟 *Iumnos ruckeri*
锹甲科 Lucanidae	57	中华奥锹甲 *Odontolabis sinensis*
	58	巨叉锹甲 *Lucanus planeti*
	59	幸运锹甲 *Lucanida fortunei*
天牛科 Cerambycidae	60	细点音天牛 *Heterophilus punctulatus*
	61	红腹膜花天牛 *Necydalis rufiabdominis*
	62	畸腿半鞘天牛 *Merionoeda splendida*
叶甲科 Chrysomelidae	63	超高萤叶甲 *Galeruca altissima*
锥象科 Brentidae	64	大宽喙象 *Baryrrhynchus cratus*
捻翅目 Strepsiptera		
栉蝙科 Halictophagidae	65	拟蚤蝼蝙 *Tridactyloxenos coniferus*
长翅目 Mecoptera		
蝎蛉科 Parnorpidae	66	周氏新蝎蛉 *Neopanorpa choui*
毛翅目 Trichoptera		
石蛾科 Phryganeidae	67	中华石蛾 *Phryganea sinensis*
鳞翅目 Lepidoptera		
蛉蛾科 Neopseustidae	68	梵净蛉蛾 *Neopseustis fanjingshana*
小翅蛾科 Micropterigidae	69	井冈小翅蛾 *Paramartyria jinggangana*
长角蛾科 Adelidae	70	大黄长角蛾 *Nemophora amurensis*
举肢蛾科 Heliodinidae	71	北京举肢蛾 *Beijinga utilia*

燕蛾科 Uraniidae	72	巨燕蛾 *Nyctalemon patroclus*
裳蛾科 Erebidae	73	紫曲纹灯蛾 *Gonerda bretaudiaui*
桦蛾科 Endromidae	74	陇南桦蛾 *Mirina longnanensis*
大蚕蛾科 Saturniidae	75	半目大蚕蛾 *Antheraea yamamai*
	76	乌桕大蚕蛾 *Attacus atlas*
	77	冬青大蚕蛾 *Attacus edwardsii*
萝纹蛾科 Brahmaeidae	78	黑褐萝纹蛾 *Brahmaea christophi*
凤蝶科 Papilionidae		喙凤蝶属（所有种）*Teinopalpus* spp.
		虎凤蝶属（所有种）*Luehdorfia* spp.
	79	锤尾凤蝶 *Losaria coon*
	80	台湾凤蝶 *Papilio thaiwanus*
	81	红斑美凤蝶 *Papilio rumanzovius*
	82	旖凤蝶 *Iphiclides podalirius*
		尾凤蝶属（所有种）*Bhuranitis* spp.
		曙凤蝶属（所有种）*Atrophaneura* spp.
		裳凤蝶属（所有种）*Troides* spp.
		宽尾凤蝶属（所有种）*Agehana* spp.
	83	燕凤蝶 *Lamproptera curia*
	84	绿带燕凤蝶 *Lamproptera meges*
		绢蝶属（所有种）*Parnassius* spp.
粉蝶科 Pieridae		眉粉蝶属（所有种）*Zegris* spp.
蛱蝶科 Nymphalidae	85	最美紫蛱蝶 *Sasakia pulcherrima*
	86	黑紫蛱蝶 *Sasakia funebris*
	87	枯叶蛱蝶 *Kallima inachus*
	88	黑眼蝶 *Ethope henrici*
		岳眼蝶属（所有种）*Orinoma* spp.
	89	豹眼蝶 *Nosea hainanensis*
环蝶科 Amathusiidae		箭环蝶属（所有种）*Stichophthalma* spp.
	90	森下交脉环蝶 *Amathuxidia morishitai*
灰蝶科 Lycaenidae		陕灰蝶属（所有种）*Shaanxiana* spp.
	91	虎灰蝶 *Yamamotozephyrus kwangtungensis*
弄蝶科 Hesperiidae	92	大伞弄蝶 *Bibasis miracula*
双翅目 Diptera		
食虫虻科 Asilidae	93	古田钉突食虫虻 *Euscelidia gutianensis*
突眼蝇科 Diopsidae	94	中国突眼蝇 *Diopsis chinica*

甲蝇科 Celyphidae	95	铜绿狭甲蝇 *Spaniocelyphus cupreus*
膜翅目 Hymenoptera		
叶蜂科 Tenthredinidae	96	海南木莲枝角叶蜂 *Cladiucha manglietiae*
姬蜂科 Ichneumonidae	97	蝙蛾角突姬蜂 *Megalomya hepialivora*
	98	黑蓝凿姬峰 *Xorides（Epixorides）nigricaeruleus*
	99	短异潜水蜂 *Atopotypus succinatus*
茧蜂科 Braconidae	100	马尾茧蜂 *Euurobracon yokohamae*
	101	梵净山华甲茧蜂 *Siniphanerotomella fanjingashana*
	102	天牛茧蜂 *Parabrulleia shibuensis*
金小蜂科 Pteromalidae	103	丽锥腹金小蜂 *Solenura ania*
离颚细蜂科 Vanhorniidae	104	贵州华颚细峰 *Vanhornia guizhouensis*
蟍蜂科 Sclerogibbidae	105	中华新蟍蜂 *Caenosclerogibba sinica*
泥蜂科 Sphecidae	106	叶齿金绿泥蜂 *Chlorion lobatum*
蚁科 Formicidae	107	双齿多刺蚁 *Polyrhachis dives*
	108	鼎突多刺蚁 *Polyrhachis vicina*
蜜蜂科 Apidae	109	伪猛熊蜂 *Bombus（Subterraneobombus）personatus*
	110	中华蜜蜂 *Apis cerana*

2021 年 2 月 1 日，《国家林业和草原局农业农村部公告》（2021 年第 3 号）中公开发布了新版《国家重点保护野生动物名录》。在调整后的《名录》中，涉及的昆虫隶属于双尾纲的钳尾目和昆虫纲的蜻蜓目、缺翅目、蛩蠊目、鞘翅目、鳞翅目、蛸目、脉翅目等 8 个目，新增一级 1 种、二级 53 种。新名录如下：

国家重点保护昆虫名录（2021 年）

中文名	学名	保护级别	级别调整情况
双尾纲	Diplura		
钳尾目	Dicellurata		
铗虮科	Japygidae		
伟铗虮	*Atlasjapyx atlas*	二级	未变
昆虫纲	Insecta		
蛸目	Phasmatodea		
叶蛸科	Phyllidae		
丽叶蛸	*Phyllium pulchrifolium*	二级	新增
中华叶蛸	*Phyllium sinensis*	二级	新增
泛叶蛸	*Phyllium celebicum*	二级	新增

中文名	学名	保护级别	级别调整情况
翔叶䗛	*Phyllium westwoodi*	二级	新增
东方叶䗛	*Phyllium siccifolium*	二级	新增
独龙叶䗛	*Phyllium drunganum*	二级	新增
同叶䗛	*Phyllium parum*	二级	新增
滇叶䗛	*Phyllium yunnanense*	二级	新增
藏叶䗛	*Phyllium tibetense*	二级	新增
珍叶䗛	*Phyllium rarum*	二级	新增
蜻蜓目	Odonata		
箭蜓科	Gomphidae		
扭尾曦春蜓	*Heliogomphus retroflexus*	二级	未变
棘角蛇纹春蜓	*Ophiogomphus spinicornis*	二级	未变
缺翅目	Zoraptera		
缺翅虫科	Zorotypidae		
中华缺翅虫	*Zorotypus sinensis*	二级	未变
墨脱缺翅虫	*Zorotypus medoensis*	二级	未变
蛩蠊目	Grylloblattodea		
蛩蠊科	Grylloblattidae		
中华蛩蠊	*Galloisiana sinensis*	一级	未变
陈氏西蛩蠊	*Grylloblattella cheni*	一级	新增
脉翅目	Neuroptera		
旌蛉科	Nemopteridae		
中华旌蛉	*Nemopistha sinica*	二级	新增
鞘翅目	Coleoptera		
步甲科	Carabidae		
拉步甲	*Carabus lafossei*	二级	未变
细胸大步甲	*Carabus osawai*	二级	新增
巫山大步甲	*Carabus ishizukai*	二级	新增
库班大步甲	*Carabus kubani*	二级	新增
桂北大步甲	*Carabus guibeicus*	二级	新增
贞大步甲	*Carabus penelope*	二级	新增
蓝鞘大步甲	*Carabus cyaneogigas*	二级	新增
滇川大步甲	*Carabus yunanensis*	二级	新增
硕步甲	*Carabus davidi*	二级	未变
两栖甲科	Amphizoidae		
中华两栖甲	*Amphizoa sinica*	二级	新增

续表

中文名	学名	保护级别	级别调整情况
长阎甲科	Synteliidae		
中华长阎甲	*Syntelia sinica*	二级	新增
大卫长阎甲	*Syntelia davidis*	二级	新增
玛氏长阎甲	*Syntelia mazuri*	二级	新增
臂金龟科	Euchiridae		
戴氏棕臂金龟	*Propomacrus davidi*	二级	新增
玛氏棕臂金龟	*Propomacrus muramotoae*	二级	新增
越南臂金龟	*Cheirotonus battareli*	二级	未变
福氏彩臂金龟	*Cheirotonus fujiokai*	二级	未变
格彩臂金龟	*Cheirotonus gestroi*	二级	未变
台湾长臂金龟	*Cheirotonus formosanus*	二级	未变
阳彩臂金龟	*Cheirotonus jansoni*	二级	未变
印度长臂金龟	*Cheirotonus macleayii*	二级	未变
昭沼氏长臂金龟	*Cheirotonus terunumai*	二级	未变
金龟科	Scarabaeidae		
艾氏泽蜣螂	*Scarabaeus erichsoni*	二级	
新增拜氏蜣螂	*Scarabaeus babori*	二级	新增
悍马巨蜣螂	*Heliocopris bucephalus*	二级	新增
上帝巨蜣螂	*Heliocopris dominus*	二级	新增
迈达斯巨蜣螂	*Heliocopris midas*	二级	新增
犀金龟科	Dynastidae		
戴叉犀金龟	*Trypoxylus davidis*	二级	未变
粗尤犀金龟	*Eupatorus hardwickii*	二级	新增
细角尤犀金龟	*Eupatorus gracilicornis*	二级	新增
胫晓扁犀金龟	*Eophileurus tetraspermexitus*	二级	新增
锹甲科	Lucanidae		
安达刀锹甲	*Dorcus antaeus*	二级	新增
巨叉深山锹甲	*Lucanus hermani*	二级	新增
鳞翅目	Lepidoptera		
凤蝶科	Papilionidae		
喙凤蝶	*Teinopalpus imperialis*	二级	新增
金斑喙凤蝶	*Teinopalpus aureus*	一级	未变
裳凤蝶	*Troides helena*	二级	新增
金裳凤蝶	*Troides aeacus*	二级	新增
荧光裳凤蝶	*Troides magellanus*	二级	新增

续表

中文名	学名	保护级别	级别调整情况
鸟翼裳凤蝶	*Troides amphrysus*	二级	新增
珂裳凤蝶	*Troides criton*	二级	新增
楔纹裳凤蝶	*Troides cuneifera*	二级	新增
小斑裳凤蝶	*Troides haliphron*	二级	新增
多尾凤蝶	*Bhutanitis lidderdalii*	二级	新增
不丹尾凤蝶	*Bhutanitis ludlowi*	二级	新增
双尾凤蝶	*Bhutanitis mansfieldi*	二级	未变
玄裳尾凤蝶	*Bhutanitis nigrilima*	二级	新增
三尾凤蝶	*Bhutanitis thaidina*	二级	未变
玉龙尾凤蝶	*Bhutanitis yulongensisn*	二级	新增
丽斑尾凤蝶	*Bhutanitis pulchristriata*	二级	新增
锤尾凤蝶	*Losaria coon*	二级	新增
中华虎凤蝶	*Luehdorfia chinensis*	二级	未变
阿波罗绢蝶	*Parnassius apollo*	二级	未变
君主绢蝶	*Parnassius imperator*	二级	新增
蛱蝶科	Nymphalidae		
最美紫蛱蝶	*Sasakia pulcherrima*	二级	新增
黑紫蛱蝶	*Sasakia funebris*	二级	新增
灰蝶科	Lycaenidae		
大斑霾灰蝶	*Maculinea arionides*	二级	新增
秀山白灰蝶	*Phengaris xiushani*	二级	新增

5.2.4 联合保护措施

通过上述内容我们可以了解到，对观赏昆虫资源进行保护的首要措施是进行立法保护，但立法只能禁止采集或设定保护区，并不能达到完全保护的目的。保护观赏昆虫资源需要全社会的共同努力。下面以帝王蝶的保护为例来说明进行观赏昆虫资源保护的途径。

1986 年，墨西哥政府建立了"帝王蝶生物圈保护区"来保护帝王蝶的越冬栖息地。"野生动物无国界——墨西哥项目"（Wildlife Without Borders-Mexico Program）是与位于墨西哥的一个非政府组织 ALTERNARE A.C.合作进行的。该组织实施了一个培训项目来开发当地社区对其自然资源持续经营的能力，并提供经济援助。采用从农户到农户的培训方法，该组织对 3000 多人进行了培训，培训内容包括土壤和水资源保护、集约生物动力园艺、食物制作、风干砖坯制作、使用和修建木材节约型的炉子及生态浴室、防火、森林树木生产，以及社区组织、参与和领导等方面（图5-14）。

除墨西哥外，美国、加拿大等国家也针对帝王蝶保护开展了各类活动。

美国鱼类及野生动植物管理局国家野生动物救护系统除参加野生动物无国界项目外，还参加另一个非政府组织——帝王蝶联合保护（Monarch Joint Venture，MJV）组织的活动。

加拿大多伦多昆虫学家联合会与皇家安大略省博物馆合作，积极开展针对公众的宣传活动。例如，2012 年 11 月 7 日，他们邀请"关注帝王蝶"（Monarch Watch）

图5-14　墨西哥的帝王蝶生物圈保护区

网站的创建者 Taylor 博士做了题为"帝王蝶保护面临的挑战"的报告。该报告面向全体市民，且免费参加。报告会还向听众发放保护帝王蝶的宣传材料、帝王蝶主题的明信片及寄主植物的种子。组织者希望市民们能在自己的花园里种植这些植物，为帝王蝶提供食物来源。

"关注帝王蝶"（Monarch Watch）网站还免费提供帝王蝶的主要食物——马利筋（milkweeds）的种子。

世界自然基金组织（WWF）也参与到了帝王蝶的保护中。WWF 致力于通过改善森林管理及可持续旅游业来保护墨西哥境内帝王蝶的主要栖息地，并支持建立树木苗圃来恢复保护区内的森林，同时为当地社区创造新的收入来源。WWF 提供了两种公众参与帝王蝶保护的方式：其一是直接向 WWF 捐助；其二是认领帝王蝶，即 WWF 提供了一些礼品包，公众可以购买这些礼品包（图5-15）。

图5-15　WWF 与帝王蝶保护

从这个例子可以看出，昆虫资源保护需要政府、社团、专家及公众的集体参与。一定的经费投入是必需的，但培养公众的保护意识或许才是至关重要的。只有每个人都愿意为观赏昆虫的保护出一份力，才能真正实现观赏昆虫资源的保护。

最后要强调的是，不能仅仅为了保护而保护，保护与开发并举才能实现真正的保护。例如，巴布亚新几内亚为南太平洋的岛国，在 1979 年时国民平均年收入仅 50 美元；但自 1974 年起，该国在"世界自然保护联盟"（IUCN）等专家的指导和协助之下，在境内开辟了多处"蝴蝶农场"（butterfly farm），不但使当地农民平均年收入增至 1200 美元，也使 *Ornithoptera priamus* 和 *Troides oblongomaculatus* 两种鸟翼蝶的数量激增，同时也使该国原被禁止捕捉、贩售的其他 7 种濒临灭绝的鸟翼蝶数量增加。

5.3　观　赏　方　式

有学者曾说，对昆虫的观赏应有两个层次："视其美形、闻其鸣声、观其猛斗"属于初级的"观"，只有"知其历史、晓其本性"方能称为"赏"（韦林，2010）。

图5-16　市售的蝈蝈

5.3.1　作为宠物

将昆虫作为宠物饲养是常见的观赏方式之一。听鸣类和观运动类昆虫是作为宠物饲养的主要昆虫种类。这些昆虫的特点是寿命较长，容易人工喂养。例如，在我国，宠养蟋蟀和蝈蝈有悠久的历史。此类昆虫可饲养在家中、带在身边，随时观其斗、闻其鸣（图5-16）。目前，饲养锹甲等鞘翅目昆虫也很流行（图 5-17）。也有饲养螳螂等昆虫作为宠物的。

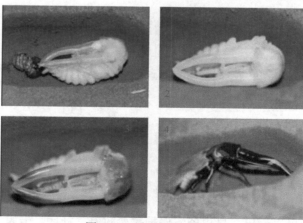

图 5-17　锹甲的人工饲养

斗蟋（cricket fighting）是中国自唐朝就有的一种消遣活动。《负暄杂录》谓"斗蛩之戏，始于天宝，长安富人刻象牙笼蓄之，以万金付之一斗"。斗蟋也称为"秋兴""斗促织""斗蛐蛐"。斗蟋的寿命仅为百日左右，这就将斗蟋的季节限定在了秋季。而在古代汉字中，"秋"这个字正是蟋蟀的象形（图5-18）。斗蟋的娱乐性在于两强相遇激烈争斗的场面非常精彩。

图5-18　"秋"字的甲骨文

斗蟋的盛行也催生了与之相关的文献的出版。据统计，自嘉靖丙午年（1546 年）至民国二十五年（1936 年），与蟋蟀相关的存世书籍就有 25 部。它们大多以蟋蟀谱、蟋蟀经的形式出现，许多蟋蟀谱中的开篇都有关于蟋蟀的诗词歌赋，并记述了贵族、文人雅士斗蟋的场面（陈天嘉，2013）。这些文献中记载了蟋蟀的栖息环境、调节与蓄养方法、体色、形态特征、争斗行为、求偶行为等生物生态学特性，还记载了与搏戏相关的芡法、斗局规则、斗蟋用具和名虫赛况等信息。

蟋蟀打斗的方式称为斗品、斗名或名色，包括双做口、造桥夹、两拔夹、磨盘夹、炼条箍、狮头抱腰、猴孙墩、丢背、仙人躲影、王瓜棚、绣球夹、黄头儿滚、冲夹、捉夹、攒夹、敲钳、勾、留、剔、搂等（陈天嘉，2013）。

芡法是使用芡草刺激蟋蟀斗性的手法，使芡者称为草师。芡草是用来撩拨蟋蟀的工具，其原料从青蒿逐渐发展为鼠须和牛筋草（*Eleusine indica*），其含义已泛化。牛筋草中的筋特别有韧性，不宜轻易掰断，又称为蟋蟀草、牛顿草、牛信棕、千千踏、乔仔草、野鸡爪、粟牛茄草、鸭脚草、粟仔越、扁草、水枯草、油葫芦草、千斤草、印度牛筋草、狗尾草、鸟爪草等。目前鼠须制的芡草已有商业化的生产和销售。南宋贾似道在《促织经》中总结了三种"芡法"。开斗之前刺激斗性的方法称为"初对芡法"。先撩拨尾部，之后是前足和中足。等上颚张开时，再撩拨左右上颚。斗性起来时，再撩拨上颚一芡，使其保持旺盛斗性，鼓翅鸣叫。收翅后可引至闸口，提闸开斗；上回合取胜的蟋蟀，使其保持斗性的方法称为"上锋芡法"。此时只需时常撩拨蟋蟀，不要触碰上颚，就可使其斗性常存。复局开闸前可点拨上颚，但只需数芡；对上回合败北的蟋蟀，激起斗性的方法称为"下锋芡法"。此时用芡要缓慢，轻轻地撩拨其头顶、腹部前端和尾部。之后可拂弄前胸背板和侧板。如果蟋蟀还不起斗性，可撩拨前足和中足，以及腹部前端的左右侧板。若蟋蟀开始对芡有反应，要马上撩拨脸颊。上颚张开时要点拨上颚一芡。蟋蟀停息时，再撩拨尾部。若上颚张开，就点拨上颚一芡，促起鸣叫。待翅膀收拢，才能再次撩拨。务必使蟋蟀斗性旺盛，多次撩拨之后才可再战。

图5-19 斗蟋

玩蟋蟀的人认为蟋蟀有"三德"：奋不顾身之忠，争先搏敌之勇，委曲诱敌之智；"以缈缈之躯，备乎忠、勇、智三德而不好者，非夫也。"小小的蟋蟀罐里，似乎在演绎着一场楚汉相争的故事；方寸之间，仿佛变成了一个激烈厮杀的战场（图5-19）。也正因为如此，斗蟋跟斗牛和斗鸡都被归为血腥的运动。而关于它们究竟是文化遗产还是野蛮标记的争论在一段时间内很难有定论。

5.3.2 虫具品鉴

蟋蟀还有一个欣赏点，就是蟋蟀盆，更有"玩虫一秋，玩盆一世"的说法（余光仁，2007）。养斗蟋所用的器皿，不但十分考究精致，而且种类甚多，以促织盆（蟋蟀罐或称蟋蟀盆）来说就有斗盆、大罐、小罐、小缸罐、过笼、水槽之分。其质地有陶、瓷、玉、石、雕漆、戗金、缸釉等（石志廉，1997）。从文献记载看，唐代斗、养蟋蟀已成风气，并出现了蟋蟀罐。河南南阳发现的唐代长沙窑蟋蟀罐，可能是现存最早的蟋蟀罐了（李伟男，2016）。宋代时，斗蟋娱乐很是兴盛，上自达官显贵，下至贩夫走卒，都有大量的促织痴迷者。特别在皇宫内，还产生了一批宫廷御制的促织盆罐。到了明代，一些窑口还时兴精瓷彩绘。后来宜兴紫砂盆罐问世，因其透气性好，被玩虫者广泛接受。到了明宣宗以后，蟋蟀罐的花色品种更加繁多，盆底多镌有烧制的窑名和制作者姓名。更奢侈的还用珠宝、钻石、金、象牙等名贵材料装饰，或雕刻，或镶嵌，极其豪华（图5-20）。

图5-20 蟋蟀盆

　　在收藏界，昔日的小虫罐早已成为藏友们竞相追逐的珍品，因而收藏蟋蟀罐可看成是由观赏昆虫本身衍生的一种观赏方式。从制作技艺与风格上看，蟋蟀罐分南、北两种流派。北方罐粗糙、壁厚、形状单一、花纹少。北方罐的精品首推明末清初赵子玉的作品。北京琉璃厂曾流传"六只子玉蟋蟀罐换一对道光官窑粉彩龙凤碗。"据说赵子玉制作的蟋蟀罐存世极少、价值极高，在清末民初时就价值百八十个大洋。南方罐则以苏州陆墓镇的余窑、御窑和庙前窑三处为代表。南方罐的特征是形状繁复、花纹多、做工精致。藏家多按照窑口和名家来判定成品的优劣，如永乐官窑、赵子玉、淡园主人、静轩主人、红澄浆、白澄浆等。由于永乐官窑及赵子玉蟋蟀罐在市面上已很难看到，因此明代中后期的蟋蟀罐也就成为目前拍卖场上的主力品种（肖冲，2012）。

　　据报道，在 1998 年秋季，香港佳士得拍卖行曾以 73.5 万元的高价拍出过一件"明万历五彩群猫纹花瓣式蟋蟀罐"。在 2001 年北京中鸿信秋季拍卖会上，一件"明宣德蓝釉龙凤纹鼓形蟋蟀罐"的成交价达到 60 万元。尤其值得一提的是，2004 年 10 月 24 日在厦门宝龙大酒店举行的厦门国拍艺术品秋季拍卖会上，一件"明宣德青花鹰雁纹蟋蟀罐"的拍卖价竟高达 200 万元，而该蟋蟀罐在 2003 年时仅以 18 万元的成交价被人拍走，令人叹为观止。在 2010 年香港富得春季拍卖会上，一件"明宣德青花瓜鼠纹蟋蟀罐"，因构图精巧、寓意吉祥，最终以 298.3 万元天价拍出（图5-21）（吴伟忠，2013）。在 2012 年中国嘉德春拍"古瓷萃珍"专场中，一件"明万历五彩海水云龙纹六棱蟋蟀罐"又以 82.8 万元的高价落槌。

图5-21　价值近 300 万元的蟋蟀罐

5.3.3　收藏标本

　　一般具有奇异形态和绚丽色彩的观赏昆虫及珍稀昆虫，都会被制作成标本，作为永久性的观赏品（图5-22）。物以稀为贵，对于珍稀的昆虫种类，由于野生的数量极少，其标本自然就成了博物馆里的宠儿。对于那些已经灭绝的昆虫，标本成了唯一的观赏方式。例如，金斑喙凤蝶是世界上最名贵、极为罕见的蝴蝶，是中国的特有种。一只金斑喙凤蝶标本的收藏价格高达 120 万人民币，一只光明女神蝶的价值也达 80 万。目前国内的一些大学、科

图5-22　观赏昆虫标本

研究院所的昆虫馆都向公众开放。更令人欣喜的是，像内蒙古大兴安岭森工集团的乌尔旗汉林业局、绰源林业局等企业也建立了自然博物馆，使更多的人，特别是远离自然的大都市的学生，都能有机会通过标本来了解昆虫、欣赏昆虫。

5.3.4 昆虫生态园

昆虫是大自然的成员，人们在自然环境中观赏美丽的昆虫，更能贴近自然、感受自然之美，增添生活情趣。因此，建立蝴蝶园、昆虫公园，放养、繁殖观赏昆虫以供人们游憩观赏，是森林旅游中值得开发的一项内容。在我国的一些公园和旅游区内已建立了蝴蝶园，如深圳植物园的蝶谷幽兰、云南大理蝴蝶泉公园、三亚的亚龙湾"蝴蝶谷"。在这些谷内栖息着成千上万只蝴蝶，随处可见色彩艳丽的彩蝶在绿树繁花间翩翩起舞，再加上小桥流水，景色宜人，美不胜收。在国外，类似的蝴蝶园更是比比皆是。例如，加拿大著名的尼亚加拉大瀑布附近就有个热带蝴蝶馆（图5-23），内有 50 多种热带蝴蝶；英国的昆虫之家、昆虫世界、昆虫乐园有 20 余处，如威尔士阿伯里斯特威斯（Aberystwyth，Wales）的生命的魔法——蝶宫（Magic of Life—Butterfly House）、Buckfast 的昆虫乐园、ZSL 伦敦动物园的蝴蝶乐园等、泰国的曼谷蝴蝶园（Bangkok Butterfly Garden）；有人统计美国有 100 多个景点建设有蝴蝶园项目，如位于科罗拉多的"蝴蝶阁"占地面积近 $2800m^2$，1200 只蝴蝶自由地飞翔于热带雨林中，每年的观赏者达 25 万人，其中儿童 35 000 人。

图5-23　加拿大尼亚加拉公园的热带蝴蝶馆

5.3.5 艺术创作

观赏昆虫奇特的外形、轻盈的舞姿，也为艺术创作提供了极为丰富的素材。在欧洲，早就有人把漂亮的吉丁虫包埋在人工琥珀中作为饰物，成为绅士们追逐的时尚。近年来，蝴蝶书笺、蝴蝶贺卡等以昆虫为材料的工艺品更加丰富多彩，成为许多旅游景区的特色商品。

5.3.5.1　赋诗

以诗文对昆虫进行赞美和吟诵的艺术作品难计其数。"粉翅双翻大有情，海棠庭院往来轻。当时只羡滕王巧，一段风流画不成。"蝴蝶展翅飞舞是其自然本性，但在诗人看来却是"大有情"的。即使是以工画蛱蝶闻名的滕王元婴，也只能对蛱蝶的身姿进行定格描画，无法突出蝴蝶往来庭院、流连海棠、展翅翻飞的动态神韵。"双眉卷铁丝，两翅晕金碧。初来花争妍，忽去鬼无迹"在描写了鬼蝶美丽外形的同时，也突出了其来无影、去无踪、飘忽不定的生活习性，神情毕肖地刻画了鬼蝶惹人喜爱的形象。"不论平地与山尖，无限风光尽被占。采得百花成蜜后，为谁辛苦为谁甜？"既描绘出蜜蜂采蜜的辛劳，又寄寓了对人生的感慨，意味深长。从古至今，寄情于昆虫的诗句数不胜数。

除了美丽、轻盈的蝴蝶及勤劳勇敢的蜜蜂，蝉同样也是诗词中不可缺少的元素之一。

在古代诗词中，蝉代表着愁。其实蝉本无知，许多诗人闻蝉而愁，只因为诗人自己心中有愁。正如宋代诗人杨万里所说"蝉声无一添烦恼，自是愁人在断肠"（《听蝉》）；"一闻愁意结，再听乡心起。渭上新蝉声，先听浑相似。衡门有谁听？日暮槐花里"（唐·白居易《早蝉》），这蝉声曾使长年漂泊在外的唐代大诗人白居易乡愁顿起；"蝉声未发前，已自感流年。一入凄凉耳，如闻断续弦"（唐·刘禹锡《答白刑部闻新蝉》），这蝉声也使唐代另一位大诗人刘禹锡心生凄凉。

古人误以为蝉是靠餐风饮露为生的，故把蝉视为高洁的象征，并咏之颂之，或借此来寄托理想抱负，或以之暗喻自己坎坷不幸的身世。"垂緌饮清露，流响出疏桐。居高声自远，非是藉秋风"，虞世南笔下的鸣蝉是具有高标逸韵人格的象征；"西陆蝉声唱，南冠客思深。不堪玄鬓影，来对白头吟。露重飞难进，风多响易沉。无人信高洁，谁为表予心？"身陷图圄的骆宾王作《在狱咏蝉》，借蝉抒怀，"西陆"指秋天，"南冠"指囚犯，"玄鬓"指蝉的薄翅，"白头"指自己，以"霜重""风多"喻处境的险恶，以"飞难进"喻政治上的不得意，以"响易沉"喻言论被压制，以"无人信高洁"喻自己的品性高洁却不为时人所理解；而晚唐诗人李商隐的《蝉》"本以高难饱，徒劳恨费声。五更疏欲断，一树碧无情。薄宦梗犹泛，故园芜已平。烦君最相警，我亦举家清"，诗人满腹经纶、抱负高远，到头来却落个潦倒终身，因而诗人在听到蝉的鸣唱时，自然而然地联想到蝉的立身高洁、无人同情之境况，不由自主地发出"高难饱""恨费声"的慨叹（刘书龙，2005；高怀柱，2011）。

5.3.5.2　作画

触景生情，诗人可以赋诗，画家可以泼墨。以画虾闻名的齐白石对昆虫也是"寓意于物"。易向（2015）总结了齐白石的蝉意和虫趣。其中《荷花蜻蜓图》为纸本设色（图5-24），纵 39cm，横 35cm，上海博物馆收藏。此画是齐白石 90 岁时所作，笔墨简约，意蕴丰厚。振翅低飞的蜻蜓生动活泼，粗放笔法画成的荷叶

图5-24 荷花蜻蜓图

与工细笔法画成的草虫形成鲜明对比。

在一些传世名画中，蝴蝶画比蜻蜓画多得多，如唐代滕王的《蛱蝶图》、宋代李安忠的《晴春蝶戏图》、宋代赵昌的《写生蛱蝶图》（图5-25）等。其中，《写生蛱蝶图》的高仿品曾被故宫博物院在2009年3月和11月分别送给台北故宫博物院和美国总统奥巴马。这是一幅描写秋天野外风景的写生画，画面有一种纯净、平和、秀雅的意境和格调。关于这幅画描写的季节，在历史上曾有过争论。那为什么我们说是秋天呢？在图上，从植物、蝴蝶均无法判断。关键在蚱蜢上。蚱蜢在全国各地均一年一代，成虫只在秋天出现。

图5-25 写生蛱蝶图

5.3.5.3 蝶翅画

画家除了泼墨外，还可以直接利用蝶翅作画。民间工艺美术大师张翔用2000多只蝴蝶做成的爱因斯坦像标价28万元（图5-26）。这幅看上去犹如油画的爱因斯坦头像，满头白发、脸上皱纹密布，眼睛深邃而充满智慧。这幅画中的白发主要是用白色的东方粉蝶制成，面部主要是用黄色的箭环蝶做成，眼睛则是用红珠凤蝶等8种蝴蝶做成。张翔精心设计的"巴渝人家"系列蝶画也是美轮美奂：有以黑色蝶翅为材料绘制的老山城江边吊脚楼，也有以黄绿蝶翅为主料绘制的巴渝山水。"吊脚楼"一图中每一片瓦都是用不同的蝶翅制成，透过光线的折射，"瓦片"显出了独特的立体感。而"巴渝山水"一图中，一草一木均清晰可见，黄、绿两种蝶翅又有数不清的细微色差变化，让画面更加斑斓。

图5-26 蝶翅画

5.3.5.4　造型设计

设计师及电影工作者都将昆虫元素融入自己的作品中。西北农林科技大学昆虫馆的外形就是一只大瓢虫。香港著名歌手徐小凤，其最出名的除了歌喉，就是她的圆点长裙造型，该造型的设计灵感就来源于白灰蝶（灰蝶科蓝灰蝶亚科）和斑点狗。还有的设计者将胸针设计成蜻蜓的形状，将吊坠设计成蝴蝶的形状。影片《昆虫总动员》以小小瓢虫历险的故事描绘出了一个关乎成长的人生大戏，创作者们以极其生动的拟音效果，用小昆虫们似鸣叫、似口哨般的沟通方式，向观众清晰地传达出小小主人公们初出茅庐时的胆小自卑、有朋友相助时的敢作敢为、迎难而上的担当勇气，以及收获成功后的幸福喜悦。

5.4　观赏昆虫标本及蝶翅画的制作

标本收藏是昆虫观赏方式之一，本节主要介绍蜻蜓和蝴蝶标本的制作方法。

5.4.1　蜻蜓标本的制作

（1）采集：准备采集蜻蜓用的采集袋。采集袋用厚纸盒制成，盒内放许多三角纸包，套上布袋，挂在腰间。将捕得的蜻蜓标本放在三角纸包中，装入厚纸盒内。

（2）防腐处理：回到室内后，取出标本，连同三角纸包一起浸入丙酮。大约经过一夜，将标本取出，摊在桌面上，让丙酮自然挥发，使标本干燥；或用电吹风在标本上方吹风，加快丙酮挥发速度。大约经过 1h，丙酮挥发完毕，标本已充分干燥，即可放在像普通信封一样的透明纸袋中永久保藏。

（3）收藏：将透明纸袋横放，开口在一端。袋内放一张 7.62cm×12.7cm 的图书馆专用卡片，记载种类名称及采集记录。需要注意的是，透明纸袋必须比卡片稍宽。如果太紧，放入、取出标本都不方便。将装在透明纸袋中的标本像摆卡片一样横插在用厚纸制成的方形小纸盒内，纸盒的大小通常为 13cm×6.5cm×4cm，盒子不加盖。再将小纸盒放在大标本屉内。一个标本屉放 12 个纸盒，屉外加盖。标本在纸盒内按分类系统排列，方便查找。也可制作成针插标本保存，具体方法参见下文蝴蝶标本的制作。

5.4.2　蝴蝶标本的制作

（1）插针：取已还软的标本，用镊子轻轻压开四翅，选择适当大小的昆虫针，从中胸背面正中垂直插入，穿透腹面，虫针尾部在胸部背面处留出 8mm。如不能正确掌握长度，可用三级台来度量，三级台每级的高度是 8mm。

（2）整姿展翅：插针完毕之后，先使六足紧贴在身体的腹面，不要伸展或折断。然后使触角向前，腹部平直向后，再将事先插好针的标本，小心插入展翅板中，使虫体陷入凹槽内，而翅和展翅板呈水平。随后用镊子将翅展开，使前翅的后缘与虫体垂直。将薄而光滑的纸用剪子剪出若干宽度一定的狭条来固定翅。固定时用一只手以纸条压住翅，另一只手拿大头针插在纸条上，使纸条与展翅板紧密接合，千万不能插到翅上。用同样的方法展开后翅，使后翅的前缘多少被前翅后缘所覆盖。四翅固定后，再对足、触角及腹部的位置进行微调。展翅时要保证标本没有鳞粉脱落，翅面色泽纯正，没有脏物、霉点，并保证四翅完整无缺。展翅后的标本，每片翅平均分配在以胸部为原点的坐标系的四个象限之中，左右完全对称。

在原来包蝴蝶的三角纸上，通常记有采集地点、日期等字样。将这些信息剪下，附插在旁边，不要弄错。展有蝴蝶的展翅板应放在避尘、防虫的地方（如纱橱）阴干，或在温箱中烘干。如果不是梅雨天，大约一星期就可以阴干。也可使用暖风机吹干。最后小心除去大头针和纸条，将虫针连标本从展翅的沟槽中取出。

（3）上标签：标本制好后，必须立即在虫针上附上标签。最上一级的标签为采集标签，其大小通常为 15mm×10mm。标签上要写上采集地、采集日期及采集者姓名等信息。再低一级为编号或保藏单位的标签，标签的每级距离为 8mm。鉴定标签（学名及鉴定人的签名）紧贴在标本盒底面。所有原始记录，如海拔高度、生态环境、寄主等记载应尽量插在针的最下面。插好标签的标本即可装盒。装盒时要注意标本在盒中摆放的位置，要给人以美感。

5.4.3 蝶翅画的制作

蝶翅画是利用蝶翅拼贴成的具有各种艺术风格的画面。它可以是中国画，也可以是西洋画；可以复制名画，也可以制作成大型的壁画，使大量破碎的蝶翅变成高雅的艺术品。

蝶翅画起源于 20 世纪初的南美洲等地，20 世纪六七十年代在我国台湾形成气候。蝶翅画大体上有两个流派：一种是较少剪动蝶翅，利用翅形巧夺天工地贴出；另一种则是把蝶翅修剪得较多，做出的画面很有西洋油画的风格。

做蝶翅画需要眼科剪一把、眼科蚊式镊一把、乳胶和蘸胶的毛笔。在贴画之前必须尽量熟悉各种蝴蝶，对它们的色彩、花纹了若指掌。只有这样，才能在作画过程中立即找到所需的蝶翅种类。

制作蝶翅画要经采集加工蝶坯、画面设计、拼制粘贴等工序。

（1）蝶坯的采集与加工。蝶坯是经过处理、可直接制作蝶翅画的蝶翅，是制作蝶翅画的基本材料。采用常规的蝴蝶标本处理法，烘干、将蝶翅摘下，按同一蝶种左右前后翅，分别装入 4 只广口瓶中。

（2）画面设计与试排。根据蝶坯的色彩和斑纹，设计出花、鸟、人物、建筑、风景等画面。当然也可先设计出画面，再收集合适的蝶翅，然后将样稿画在白卡纸上，进行试排，检查色彩搭配和立体效果是否如愿。

（3）拼贴成形。拼贴是将蝶坯按试排好的画面粘贴在白卡纸上。粘贴方法随画面的不同而有所不同。例如，拼贴鸟类，从尾部开始贴，由尾、身躯至头部，一层压一层，力求层次分明，繁而不乱（图5-27）；若拼贴少女和古人（图5-28），可从里向外、由远及近，可从任何部位开始。除头、服饰和头饰外，其他部位如脸、手、脚乃至身躯均需用蝶坯剪成线条来表现。

图5-27　动物蝶翅画　　　　　　　　图5-28　古人蝶翅画

5.5　昆虫琥珀的制作

琥珀，也称"虎魄"，传说是一种由老虎魂魄结晶而成的宝石，实际上是由古代植物所分泌的树脂埋藏于地下，经历复杂的理化变化而形成的一种有机宝石。

由于形成琥珀的树脂具有流动和黏稠的特性，很容易在分泌的过程中包裹进小型的生物体，最终形成具有内含物的琥珀。经过数千万年的时光冲刷洗礼，琥珀绽放出神秘而温润的光芒。琥珀里的昆虫和植被形态都普遍较小，一种解释认为，琥珀形成过程中受高温高压影响，实现了整体缩小；还有一种说法称，远古时期的植被和昆虫，可能普遍都那么小。

根据天然琥珀的形成原理，可采用适当的方法将昆虫标本制作成长久保存的人工琥珀。通常在透明包埋剂中放入整体的昆虫标本，整理成各种生态状，再配以花草树叶，封好后即成为各式各样的工艺品。目前，常用于昆虫琥珀制作的包埋剂有：①有机玻璃；②环氧树脂；③聚酯铸造树脂；④松香。

5.5.1　有机玻璃为封埋剂的工艺品制作

5.5.1.1　准备材料

有机玻璃的化学名称为聚甲基丙烯酸甲酯（polymethyl methacrylate，PMMA），具有绝对密封、不怕虫蛀、不发霉、避免损坏、容易携带、能永久保存等特点，用于包埋蝴蝶、甲虫标本再合适不过了。此外，有机玻璃透明度高，作为展品、教学用具和制作高档工艺品都非常受欢迎。

有机玻璃的原材料分为生单体和熟单体两种，均可从化工商店买到。生、熟两种单体应分别存放于冰箱中保存。

生单体是未经聚合的甲基丙烯酸甲酯，是无色透明液体，起溶剂的作用。

熟单体是经过聚合的甲基丙烯酸甲酯，是无色透明的黏稠状液体，只有在 5℃ 的低温下才能保存原来的性状，在高温下即逐渐聚合硬化。

5.5.1.2　制模

通常使用玻璃来制模，已经起毛的玻璃不能使用，以免脱模困难或影响标本的光滑度。制模时先在洗涤干净的玻璃板下方垫一张方格纸，最好用蜡纸，以便将四块玻璃依标本大小做成正四边形的模壁。如果接缝处因玻片不成直角而有空隙，即须更换。接下来，用镊子蘸少许熟单体滴在玻片接缝处的上方，使熟单体沿缝的外侧自行下流而将缝黏合，再将底面四周的缝也用熟单体黏合，用以固定模子。这样的处理要重复一次，随后放置在 40℃ 温箱中约 30min，使熟单体聚合硬化。夏季可不放入温箱，等其自然聚合即可。

待模子四壁固定后，在模子中注入熟单体，注入的厚度为 4～5mm。应注意，注入量不可过多，否则可能将接缝处已聚合硬化的有机玻璃溶掉，以致熟单体漏出；然后置于 40℃ 温箱中约 12h，取出再注入熟单体 4～5mm，放入温箱中 12h。如此重复，至模底已经聚合的有机玻璃的厚度不少于 2～3cm，以防止在将来脱模时因底面过薄而破裂，这样空气就会进入，使虫体变色失真。

5.5.1.3　包埋标本

在事前制好的模具中注入熟单体，放入标本，立即用镊子或解剖针将虫体平整地摆在模子中需要的位置。当熟单体稍有聚合，虫体不再漂移时，将模具平稳地移入密封的容器或干燥箱中，防止空气中的灰尘杂质落入有机玻璃中影响产品的质量。

在此过程中有三点需要注意：一是一次注入量勿超过虫体厚度的一半，以防止标本漂移；二是标本在放入模具前要先干燥、消毒、清洁，并在生单体中浸泡 1h 以上，使虫体完全浸透；三是如果在制品中放入标签，标签也必须事先放在生单体中浸透，取出后立即放入模中使之沉入模具内的熟单体中。

在包埋过程中可加温到 30～40℃，但最好在自然条件下耐心等待熟单体的聚合，这样做虽时间较长，但不易形成气泡或产生变形。

经过 2～3 天，可用细针试探，若熟单体已聚合成半固体但尚未完全硬化，即可再注入 5mm 左右厚度的熟单体。每隔 2～3 天，重复注入一次，一直到标本达到所要的厚度为止。

注入熟单体的诀窍是，每次注入单体时，要从模具的一端注入，使其自然流向另一端而铺平，以免不规则地注入，互相挤压产生气泡。若发现虫体四周有气泡，应立即连同模具放入密闭容器中，将气体抽出，或用注射器向气泡部位注入生单体。用注射器这一方法适用于较大的气泡。模具内的整个制品从第一次注入到最后一次完全硬化需 10～15 天。

5.5.1.4　脱模

脱模是最后一道工序。当标本完全硬化后即可进行脱模。脱模时，先拆去底板，然后再拆去四边的玻璃。如果玻璃事先已擦洗得很干净，脱模就很容易，稍稍用力即可将模框的玻璃拆掉。脱模后，标本的边缘不平整、不理想之处，可用小剪刀进行修整，再用抛光机抛光，一件精美的有机玻璃封埋工艺品就制成了（图5-29）。

需要注意的是，整个制作过程应该在无风、无尘的室内进行。制作过程中如果落入灰尘，容易造成污染、变色、浑浊，失去透明度。如果制作的环境内有风，则会使单体中的溶液加快挥发，导致制品表面产生皱褶。此外，对制作环境的温度也是有要求的。在一个相对恒定的温度环境下才能制作出好的有机玻璃封埋品。如果温度变化大，容易使有机玻璃封埋品内部产生雾状。

图5-29　有机玻璃封埋昆虫工艺品

5.5.2　环氧树脂为封埋剂的工艺品制作

5.5.2.1　材料准备

环氧树脂（epoxy resin，俗称水晶滴胶）是一种由环氧树脂（俗称 A 胶）和固化剂（俗称 B 胶）组成的双组分高分子材料，具有无毒、对环境无污染、硬度高、透明度高、黏度低、成本低等优点，可作为琥珀标本的包埋剂。

环氧树脂的密度较大，如果包埋一些轻质的材料，可以通过分层包埋或者将材料固定在模具上进行包埋。树脂的交联反应是一个放热过程，如果一次配制的滴胶过多，会迅速产生热量，但却不易迅速散热，因此，可将过热的树脂放入冰水中或者冰箱里进行快速冷却。配胶时，一次不易配制过多，称量时最好不要超过 100g。

在制作过程中需要准备环氧树脂 A、B 胶和变色硅胶，还需要电热鼓风干燥箱、粉碎机、电子天平等。

在选择昆虫时，多选择含水量少的昆虫，这样可以防止水分过多导致胶体变白而影响透明度；或者利用烘箱将昆虫烘干，也可以在昆虫整姿固定过程中进行烘干（张建逵等，2015）。还可将标本置于 10% 的丙酮中以去除油脂（Miyan and Khan，2021）。

5.5.2.2　制模和配胶

环氧树脂 A、B 胶包埋时所用的模具一般为硅胶材质，或者用聚乙烯、聚丙烯等塑料材质的模具；可以选择市面上出售的、厂家定制的，还可以利用果冻、巧克力等食品废弃的包装盒，废物利用，降低成本。

如果自己利用硅胶来制作模具，则需要将硅胶倒入两层有一定形状的塑料盒中，待硅胶充分凝固后取出作为模具。也可以用表面光滑的玻璃板做成立方体来制模具。

环氧树脂 A、B 胶的配制按照 A：B=3：1（张建逵等，2015）或 10：1（Miyan and Khan，2021）的比例混合均匀，如果 A 胶过多，滴胶固定的时间就会增加，而且硬度变软；如果 B 胶过多，滴胶的硬度过大，质地变脆，容易损坏。配制的时候称取一定量的 A 胶放入烘箱中，60℃加热 10min，等到气泡都消失后取出来。再称取一定量的 B 胶，严格按照 3：1 比例混合，用玻璃棒搅拌 15min，如果有气泡出现，就静置至气泡消失。

5.5.2.3　包埋

取出洁净的模具，将配制好的环氧树脂胶缓慢地灌入模具中，放入标本，再继续灌入环氧树脂胶至所需要的高度，如果有气泡产生，可以用针将气泡赶出。对于弱小的昆虫包埋，可以先将模具底部放入一层少量的滴胶，用标本针将标本固定放入模具中，浇筑环氧树脂胶，待环氧树脂第一层固化、第二层未固化时，把标本针拔出来，继续浇筑环氧树脂胶至没过整个标本。将包埋好的标本模具放在水平台上，静置 5~24h，使环氧树脂完全固化。10：1 的胶完全固化约需 7 天。

5.5.2.4　脱模和修形

环氧树脂完全固化后将模具卸掉。首先可以用手术刀来确认滴胶已经完全干透，无黏性，也无法被硬物和尖锐物插入。然后可以将标本从模具中剥离。由于表面张力会导致标本边缘有锋利的突起，因此可以用刀片修整；如果出现凹陷，也可以用滴胶补平。

5.5.3　聚酯铸造树脂为封埋剂的工艺品制作

5.5.3.1　准备材料

聚酯铸造树脂（polyester-casting resin）工艺品制作时需要干燥的昆虫标本。保存于 70%~80%乙醇中的昆虫标本，包埋前风干 5~30min。

5.5.3.2　制模

制作聚酯铸造树脂工艺品，不可使用聚丙烯模具。硅胶烘焙模具易使得制品的表面和边缘不平整。可使用诸如培养皿一类的非永久性模具以方便最后的修整

（Bejcek et al., 2018）。

5.5.3.3 包埋

包埋应在通风橱中进行。将 120ml 树脂与 32 滴催化剂混合均匀，倒入 150mm 培养皿模具中，等待树脂在皿中的厚度达到均一。依温湿度不同，这期间需要 20～50min。在树脂开始变稠，但未达到凝胶状时放入标本。放入标本 5min 左右后，树脂变成凝胶状。这时可继续加入新配制的胶，然后让胶过夜固化。

5.5.3.4 脱模和修形

脱模和修形的方法与 5.5.2.4 节类似。

5.5.4 松香为封埋剂的工艺品制作

5.5.4.1 准备材料

松香是一种透明的固体物质，以松树松脂为原料，经过不同的加工方式，蒸去具有挥发性的松节油后获得的非挥发性透明天然树脂，硬而脆。松香是一种弱酸性物质，在热熔、压敏和溶剂型胶黏剂中可以作为增黏树脂使用，对光、热、氧的作用很敏感。如果是粉末状的松香，极易氧化，氧化后的颜色变深，性能也会发生变化。

除了准备松香之外，还需要准备坩埚、电炉、昆虫标本。

5.5.4.2 制模和松香融化

模具可以用纸、玻璃、木盒等进行制作。熊莉等（2015）提出了利用萝卜段、称量纸作为模具的制作方法。融化松香时，将松香放入坩埚中，用电炉加热使松香全部融化。在加热的时候要用文火，并不断搅拌，尽量减少刺鼻的松香气体挥发，松香融化后停止加热。

5.5.4.3 包埋

将融化好的松香灌入事先制作好的模具中，将底层覆盖好，做成基层。

手持昆虫针将昆虫标本轻轻放入松香溶液中，继续灌入融化好的松香，使松香没过昆虫标本，待温度降低后，用玻璃棒搅动，使混入松香中的气泡排出来。将包埋好昆虫的松香放在水平面上静置，冷却成型后进行脱模。

5.6 观赏性鸣虫

5.6.1 常见观赏性鸣虫

昆虫的鸣叫与鸟类或其他脊椎动物不同。昆虫鸣叫的原理不是由口腔通过声带振动产生声音，而是通过身体某器官的振动或器官之间的摩擦发声。昆虫种类繁多，因此各种昆虫的鸣叫原理也会有所不同。例如，膜翅目的蜂类、双翅目的蚊蝇类都是由于飞行时翅的振动而嗡嗡作响；半翅目的蝉类靠着生在腹部的鼓膜振动而发声；直翅目的鸣虫几乎全是借助器官之间的摩擦而发声；蝗虫类的鸣虫绝大多数是由后足与前翅的摩擦而发声；蟋蟀类和螽蟖类是由前、后翅的相互摩擦发声，其中，蟋蟀的发音齿位于右翅，刮板位于左翅；螽蟖的发音齿位于左前翅，刮板位于右前翅。

本节中所涉及的鸣虫仅限于直翅目的蟋蟀和螽蟖。

5.6.1.1 蟋蟀

主要特征是跗式 3-3-3 或 3-3-4，尾须长，产卵器剑状。

1）小黄蛉蟋 *Anaxipha pallidula*（图5-30）

小黄蛉蟋又称小黄蛉、苏州黄蛉、麦秆黄蛉，主要分布在江苏、浙江境内。

小黄蛉蟋在白天和黑夜均善鸣叫。鸣声轻悠柔和，节奏较缓慢，连续无间断，声如"齐，齐，齐，齐（qi）……"。

其体长 5～6mm。外观娇小玲珑，体型细狭，通体金黄色或麦秆色，有光泽，整体形同一粒小的黄金瓜子。随着虫龄的增长，体色逐渐变暗，光泽消失。头部近圆形，前胸背板近方形，表面密被细毛。前翅较狭长，几乎到达腹部末端，半透明，具不规则的棕色斑点。尾须细而长。

2）赤胸墨蛉 *Homoeoxipha lycoides*（图5-31）

赤胸墨蛉别名墨蛉、蚁蛉，分布于江苏、浙江、安徽、台湾、海南等地。

它喜欢在傍晚和夜间鸣叫，在多云天气的白天也会鸣叫，声调有抑扬变化，鸣叫时间长，每次可延续 60min 之久，声如"滴，滴，滴，滴（di）……"。

其体长约 5mm，以全身墨黑发亮而得墨蛉雅号。体态娇小苗条，通体呈亮黑色。头小，前胸背板梯形，前狭后宽，与头部之间形成一明显"颈部"，整体形如一只大黑蚂蚁，因此又被称为"蚁蛉"。

图5-30 小黄蛉蟋

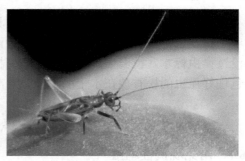

图5-31 赤胸墨蛉

3）双带拟蛉蟋 *Paratrigonidium bifasciatata*（图5-32）

双带拟蛉蟋，又名金蛉子、金蛉、蛞蛉。因其身体闪亮如金，鸣叫的声音清脆，犹如金属铃铛的响声，故被饲养者称为"金蛉子"。主要分布在四川、湖北、安徽、江西、江苏、山东、河南等地，其他地区也有少量分布。

在不少地区一年能发生 2 代，第一代成虫在 8 月羽化完成，在立秋后即开始鸣叫；第 2 代成虫在 10 月上旬羽化鸣叫。第 1 代金蛉子体型较第 2 代稍大些，体质也较健壮。鸣声清脆嘹亮，声如"铃、铃、铃、铃（ling）……"，节奏短促，连续鸣叫，好似一串金铃在连续摇动，声音十分清脆动听、圆浑悦耳，但有小间断，常鸣叫 6s、稍息 2s。金铃子日夜都会鸣叫，而且延续时间很长，一次鸣叫时间长 2～3min，白天比夜晚叫得更欢，尤以天气晴朗时鸣叫得最为起劲。

图5-32　双带拟蛉蟋

金蛉子体长 7～9mm，宽约 3.5mm，像一只袖珍型的小蟋蟀，玲珑小巧，逗人喜爱。它全身呈金黄色，有 1 对绿色的复眼，金色的前翅下略显黑色。其触角既细又长，长度可超过其身长的 1 倍；触角从基部到端部有 3 种颜色：基部褐色，中间白色，末端黑色。前翅发达而宽长，几达尾部末端；前后翅较硬厚，具有金属的光泽；前左翅薄而透明，折叠于右翅下面。体后有 1 对尾须，"八"字形分开，前、中、后 3 对足都较长。后足大而强健，使其蹦跳有力、爬行快速。雌虫较雄虫肥大，尾端有褐色产卵器，略向上弯。

4）日本钟蟋 *Meloimorpha japonica*（图5-33）

日本钟蟋别名马蛉、黑金钟，遍布我国南北各地，是极为常见的蟋蟀类鸣虫，也是著名的金声鸣虫之一。其叫声较细，好像震动铃铛发出的声音，所以叫作钟蟋。

体型较大，体长 17mm 左右，体前窄后宽，形如黑色瓜子。头部很小，黑褐色，额突狭于触角第 1 节；复眼突出。触角细长，柄节和梗节黑色，鞭节基半部白色、端半部褐色。前胸背板前部较狭，近似马鞍状。足细长，前足胫节内外两侧均具椭圆形的膜质听器，后足胫节背面具刺，刺

图5-33　日本钟蟋

间具 2～3 枚背距，外端距非常短，内侧中端距最长。尾须细长。雌性产卵瓣矛状。

5）油葫芦 *Teleogryllus* spp.

油葫芦属 *Teleogryllus* 是蟋蟀科 Gryllidae 常见类群，广布于农田、湿地、林下等环境。该属全世界已知 52 种，我国记述 6 种，即南方油葫芦 *T. mitratus*、黄脸油葫芦 *T. emma*、黑脸油葫芦 *T. occipitalis*、污褐油葫芦 *T. derelictus*、银川油葫芦 *T. infernalis* 和澳洲油葫芦 *T. commodus*（马丽滨等，2015）。

油葫芦全身油光锃亮，就像刚从油瓶中捞出似的，又因其鸣声好像油从葫芦里倾注出来的声音，还因为它的成虫爱吃各种油脂植物，如花生、大豆、芝麻等，所以得"油葫芦"之名。该属昆虫体型较大，头部颜色均一或杂色，头圆形，单眼呈三角形排列，侧单眼间缺淡色横条纹。前胸背板几单色，被绒毛。裸蟋属 *Gymnogryllus* 的一些种类很容易被误当作油葫芦。这两个属最明显的区别是后者前胸背板光亮无毛。油葫芦的鸣声，其音节大致有两类：一类的鸣声如"ju…you、you、you"，像是油从葫芦中倾注出来的声音，是名副其实的油葫芦，此为佳品；另一类鸣声如"吉、吉、吉"，则属较次者。

南方油葫芦体大型，多少呈棕褐色，复眼上缘浅色条带细弱（图 5-34）。在国内分布于广西、云南、海南、福建、台湾、广东，俗称竹蟋，曾用名中华蟋蟀、北京油葫芦。鸣声高尖，速度快，开头与结尾低沉，中间高速。音组由 7 个音节组成：第一个音节"吉（ji）"，由 6～9 个脉冲组成，声较高；第二个音节为"吕（lü）"，由 4 个脉冲组成，声调突然下降；到第三个音节又趋平稳低沉，中间"吉——吕"之声特别快，但不会发"you"声；后 4 个音节均由 2 个脉冲组成（吴福桢等，1986）。

图 5-34　南方油葫芦（左）和黑脸油葫芦（右）

黄脸油葫芦体中型，褐色至深褐色。中单眼半月形、较宽扁，侧单眼小、卵圆形。复眼较大、方圆、不甚凸。复眼上缘浅色条带宽，颜面淡黄色。额唇基沟平直。前胸背板两侧平行，背片宽平。后翅双尾状，稍短于尾须。前翅基部宽，逐渐向后收缩，端缘尖圆。斜脉 4 条，镜膜较宽，略呈方形。分布于河北、山西、陕西、山东、江苏、安徽、上海、浙江、湖北、湖南、福建、广东、广西、四川、贵州、云南、海南，也有文献称其为北京油葫芦。鸣声特点是"you"声特别悦耳。鸣声高尖、急促，音节一般由 5～10 个脉冲组成，音节间隔相差较大（林存銮等，1994）。

　　不同产地的黑脸油葫芦标本，其体色存在差异。中单眼横宽、方卵形，侧单眼卵圆形，复眼较大。颜面颜色比黄脸油葫芦更深一些。前胸背板宽平，两侧倾斜，前侧稍宽（图 5-34）。后翅双尾状，前翅短，未达腹末。斜脉 4 条，镜膜略方，分脉弯曲。分布于浙江、湖北、湖南、江西、四川、贵州、云南、西藏、广东、广西、福建、海南和台湾，俗称草蟋，也有文献称为拟京油葫芦。鸣声中无"you"音，但除了不会发"you"音，其鸣叫的音色和黄脸油葫芦很相似。

　　污褐油葫芦俗名雾顶油葫芦，体较大，头、胸红褐色。中单眼半月形，较大。侧单眼卵圆形。单眼周缘不具黄色斑。复眼上缘无浅色条带。前胸背板前端稍宽。后翅明显短于尾须。前翅端缘超出肛上板。斜脉 5 条，镜膜上缘弧形。前翅基域深褐色，余褐色。足黄褐色，后足股节端部深褐色。腹部深褐色，尾须黄褐色。分布于云南、广东和海南，有文献称为黄褐油葫芦。鸣声短而无"you"音。

　　银川油葫芦体中型，黑褐色。触角、翅、尾须、距刺等深褐色，额突内侧角（复眼周缘）淡黄色。后头宽圆，隆起，被细密毛。单眼排列成一线，中单眼横卵形，宽扁；侧单眼斜卵形，周缘黄色或淡黄色。复眼正常，不甚突出，约为头长的 1/4。唇基倒"凸"形，额唇基沟平直。前胸背板被毛浓密，横宽饱满，前侧稍宽于后侧。后翅双尾状，约与尾须等长。前翅斜脉 4 条，镜膜较方，顶边宽弧形，内无分脉。后足胫节内侧具 5 枚背距，外侧具 5～6 枚背距。下生殖板腹面观钟形，较宽大。分布于黑龙江、吉林、辽宁、内蒙古、宁夏、山西、陕西、甘肃、青海、河北和四川。鸣声高尖，速度快。音组由若干音节组成，每一音节由成对脉冲组成，发出"吉（ji）——吕（lü）"之声，开头与结尾的鸣声平直（吴福桢等，1986；林存銮等，1994），但不会发"you"音。澳洲油葫芦仅分布于上海，与银川油葫芦较相似，前胸背板被毛稀疏，较光亮（马丽滨等，2015）。

　　6）斗蟋 *Velarifictorus* spp.

　　体中等大小。头顶弱倾斜，侧面观，颜面上部明显圆凸。前翅亚前缘脉具 1～2 分支，斜脉 2 条。前足胫节内侧听器呈凹坑状；后足胫节内外背距均为 5 枚。产卵瓣针状。

　　该属全世界已知 100 种，我国分布 11 种，其中阿里山斗蟋 *V. arisanicus* 和半翅斗蟋 *V. hemelytrus* 为台湾分布种类；宽纹斗蟋 *V. latefasciatus* 为迷卡斗蟋 *V. micado* 的异名（马丽滨，2011）。

　　丽斗蟋 *V. ornatus* 体黑褐色，后头具 4 条单色条纹，最外侧条纹末端分叉。复眼内侧下角圆凸，具皱纹；复眼下缘其余部分光滑。复眼后侧、后头缘及颊侧上部被细毛。颜面宽平，稍内倾；颜面两侧凹，具横形皱纹。唇基下部及上唇两侧黄褐色，上颚红褐色。单眼淡黄色；侧单眼间无淡色条纹。前胸背板黑褐色，侧片前侧角淡黄色。翅面褐色，第二、三条索脉基部相连，第一条索脉具两条横脉。镜膜几成圆形，长宽约相等。腹部背侧及尾须褐色。下生殖板端缘尖直。足淡黄褐色，具褐色斑纹；后足胫节褐色。

卡西斗蟋 *V. khasiensis* 也称为拟斗蟋，头、胸红褐色。复眼内侧下角呈角状凹陷，内侧粗糙。额唇基沟几平直。侧单眼间无淡色横条纹。颜面宽平饱满，触角窝下侧光滑平整。上唇基侧中部低陷，端缘宽圆。上颚较长。上颚、上唇及唇基下部黄褐色。前胸背板侧片前侧角具小的淡色斑块。翅面黄褐色至红褐色；侧区顶端红褐色，余黄褐色。镜膜宽大于长，略呈菱形，外侧角尖锐；端域较长，呈不规则网状。后翅黄褐色，颚唇须及足黄色，尾须褐色。下生殖板窄平，雌虫产卵器约与后足腿节等长。

贝氏斗蟋 *V. beybienkoi* 体浅褐色。复眼内侧下角略凹，较平坦，下缘皱纹极弱。额唇基沟上凸较明显。后头浅色和深色条带相间，颊侧底端浅色。触角窝下缘较平，较光滑，皱纹不明显。侧单眼间淡色条带在中部缢缩成细线。颜面较低平，具 1 条淡色细线。上唇端缘具窄凹刻，唇部及上颚淡黄色。前胸背板背片杂色（褐色间杂有淡黄色）。前翅短，雄翅伸达腹部第 6～7 节，雌翅仅达腹部第 3 节。翅面淡褐色，基部两侧缘透明。第二、三条索脉在基部相连，第一条索脉具一条横脉。镜膜长宽约相等，顶角略成直角。足黄色具褐色斑纹。体腹面黄色，腹部背侧及尾须深褐色。下生殖板端缘尖直，腹面观呈脊状。

长颚斗蟋 *V. aspersus* 体长 8～11mm，头宽大于前胸背板，侧单眼间横条纹正常，上颚极长，颜面及唇部极度凹陷。雌、雄皆短翅，不及腹端，雄虫约达腹部 2/3 或稍长，雌虫更短。雄虫前翅脉具涡状纹，雌虫翅脉纵向。产卵器短于或等于后足腿节。

云南斗蟋 *V. flavifrons* 体浅黄色，具黄褐色至黑褐色斑块。头顶至复眼下侧黑褐色，颜面具三角形淡黄色斑。唇、颚及颊侧底端浅黄色。后头具 5 条短的宽条纹。额唇基沟中部略宽凹。上颚须较长，末节刀状，厚，其长大于第三节。下唇须末节棒状，约与前两节之和等长。中单眼位于额突顶端，倒三角形，较小。侧单眼位于额突内侧角，卵圆形，较大。触角柄节小，圆盾形，约为额突宽的一半。前胸背板横宽，矩形。前后缘平直，侧片底边后侧角略高，具叶状延伸；背片平坦，两侧倾斜，略成边，前边缘具脊，后边缘具棱边。前翅梭形，基部宽，向后逐渐收缩，端缘尖圆。斜脉 2 条；对角脉与镜膜外边缘融合，基部分叉。前翅黄褐色，第二、三索脉基部相连，索脉外侧具 2 条横脉，一条横脉与镜膜相连。镜膜四边形，底边缘略呈宽弧形，其余三角略成直角。后翅无。足具黄褐色斑，后足色斑呈斜纹。后足胫节短，稍弯，内外背距均为 5 枚，端距 6 枚。下生殖板梭形，端缘呈小梯形，末端缘窄平，尾须较长。

　　丽斗蟋分布于江苏、浙江、江西、四川、贵州和云南；卡西斗蟋分布于云南和福建；贝氏斗蟋分布于甘肃、陕西、河南和山东；长颚斗蟋分布于甘肃、陕西、河南、山东、江苏、安徽、浙江、江西、福建、广东、广西、四川、贵州、云南、福建和海南；云南斗蟋分布于云南；迷卡斗蟋分布于河北、北京、山西、山东、陕西、河南、江苏、上海、浙江、江西、湖南、湖北、四川、贵州、云南、广东、广西和福建（马丽滨，2011）。

　　迷卡斗蟋 V. micado（图 5-35）别称蛐蛐（北方）、财积（上海、浙江、江苏）、促织、吟蛩。体褐色至黑褐色，后头具 6 条淡色条纹。复眼内侧下角圆凸，触角窝下缘较宽平。两侧单眼之间具 1 条中间狭、两端宽，形似大括号"{"的黄色横带，中单眼处具一小黄斑点，侧单眼间横条纹正常。颜面端部稍向内斜截，单色，无色斑。额唇基沟微上凸，宽弧形。雄虫前翅伸达腹部末端，雌虫达 6～7 节以上。第二、三条索脉基部相连；第一条索脉仅具一条横脉。

图5-35　迷卡斗蟋

镜膜略呈菱形，长宽约相等。后翅黄褐色。颚唇须、足及体腹侧淡黄褐色，足部具褐色斑纹，后足胫节褐色。腹部背侧黑褐色，尾须褐色。下生殖板端缘尖角状凸出，产卵器明显长于后足腿节。

　　迷卡斗蟋的鸣声宽宏响亮，音节为"渠（qu）"。每一音节由 7 个脉冲组成，略有拖声。每一组包含十余个至数十个音节，在温度适宜、无干扰的情况下可长鸣。长鸣时第一、二音节较低，从第三音节开始起转入宽宏且均匀的鸣叫（吴福桢等，1986）。长颚斗蟋鸣声高尖，清脆，有长短不一的拖声，音节为"句（ju）"，每一音节一般由 4 个脉冲组成，一个音组通常由 3 个音节组成，故又称"三音蟋"，且音节长短也不一样。音组的组成常有以下 4 种不同形式：① "句——句—句—"，即先一长、后二短；② "句——句——句—"，即先二长、后一短；③ "句—句——句——"，即先一短、后二长；④ "句—句—句—"，即三连短（吴福桢等，1986）。贝氏斗蟋的鸣声高亢响亮，节奏缓慢匀称，音节为"句（ju）"。音组所含的音节数目不等（几个到几十个），每个音节由 6～9 个脉冲组成，多数为 8 个脉冲。音节之间的间隔时间和持续时间比较近，有拖音（白雅，2006）。

　　7）棺头蟋 Loxoblemmus spp.

　　棺头蟋体中等大小，深褐色至黑褐色，被绒毛。头背侧水平，颜面斜截状；额突端缘角状或弧形。侧单眼间具淡黄色细纹，中单眼位于颜面中部，周缘具淡黄色斑块。前翅正常，有些种类翅面被稀疏细毛。前足胫节具听器，后足胫节内外背距均为 5 枚。产卵瓣较长，针状。

该属全世界已记载 63 种，中国记载 17 种（马丽滨，2011）。李恺等（1999）研究了 6 种常见棺头蟋的鸣声特点。

多伊棺头蟋 *L. doenitzi*（图 5-36）中等偏大，体褐色。侧单眼间具浅色细带，头背侧及前胸背板具浅色斑纹。后头明显宽于前胸背板，颊侧呈角状凸起，且超出复眼。额唇基沟平直。颚须及唇须侧扁成片状。中单眼呈横卵形，侧单眼圆形，复眼较凸。后翅有时无。前翅短，未达腹末端，翅面光亮，斜脉 3 条，镜膜成矩形，其底边缘成曲线。鸣声高锵，清脆响亮，短急而匀称。每一音组由 5～9 个音节组成，多以 7 个音节为主，音节为 "则（ze）"，故又称为 "七音蟋"。每个音节一般由 2 个脉冲组成，每个脉冲间隔极短，几乎不见，每个脉冲由 2～5 个由大到小的子脉冲组成。国内分布于辽宁、河北、北京、山西、陕西、山东、河南、江苏、安徽、上海、浙江、江西、湖南、湖北、广西、四川、贵州、台湾。

图5-36　多伊棺头蟋

泰康棺头蟋 *L. taicoun* 体小型，深褐色。后头明显宽于前胸背板，颊侧凸出不明显。触角柄节端缘具刺状突，额突端缘较宽，明显凸出。上唇端缘宽且平直。前胸背板横宽，前端明显宽于后侧。后翅无，前翅较宽，超出肛上板，但未达腹末。斜脉 3 条，镜膜宽大，内无分脉。鸣声节奏有序，较尖而脆，节奏较快，每个音组由间隔较短的 2～4 个音节组成，音节为 "吱（zi）"，每个音节由 2～3 个脉冲组成。国内分布于陕西、广西和台湾。

小棺头蟋 *L. aomoriensis*（图 5-37）体型小，黄褐色至褐色。后头不明显宽于前胸背板，额突端缘不明显凸出。单眼均圆，侧单眼间具黄色条带。复眼较大，

图5-37　小棺头蟋

明显突出。额唇基沟中部微向上凸。前胸背板横宽，中间微隆，略呈筒形，两侧平行。后翅无，前翅基部宽，端缘尖圆，斜脉 2 条，镜膜较方，四边直，顶角呈锐角，内无分脉。鸣声响亮、清脆，"直（zhi）"为其音节，一般为单节，即 1 个音节为 1 音组。每个音节由 6 个脉冲组成。第 1 个脉冲较小，其余几个相似。国内分布于陕西、河南、四川、云南、安徽、浙江、湖北、湖南、云南、福建、海南。

石首棺头蟋 *L. equestris* 体小，触角柄节端缘齿突明显。后头不明显宽于前胸背板，额突端缘呈叶状凸出，端缘尖或圆，颊侧突不明显。鸣声节奏有序，较慢而清晰，节奏感极强，每个音组由 5～8 个音节组成，音节为"唧（ji）"，每个音节由 5 个脉冲组成，一般第 1 个脉冲较小，后 4 个脉冲大小相似。国内分布于辽宁、北京、江苏、安徽、上海、浙江、湖北、江西、湖南、福建、海南、广西、四川、云南、西藏、重庆、陕西、河北。

哈尼棺头蟋 *L. haani* 体型中等偏大，体黄褐色至褐色。颊侧无角状突，成向前倾斜的斜面。中单眼菱形，大，侧单眼卵圆形，小。复眼较小，凸出不明显。触角柄节端缘无附突。额突甚狭，端缘尖圆。后头不明显宽于前胸背板，额突端缘呈叶状凸出，端缘尖或圆，颊侧突不明显。前胸背板背片平坦，两侧倾斜。后翅长于尾须，约与前翅等长。前翅较长，但不达腹末。翅面光亮，斜脉两条，镜膜四边形，顶部成尖角，内无分脉。鸣声清脆，节奏规律，响亮而快，如机关枪，音节为"嗒（da）"。13～15 个音节组成 1 个音组，每个音组持续时间较长，每个音节由 2 个脉冲组成。国内分布于江苏、浙江、西藏、云南、广西、海南、台湾。

窃棺头蟋 *L. detectus* 体大，触角柄节端缘无附突。额突窄，端缘宽圆。后头不明显宽于前胸背板，额突端缘呈叶状凸出，端缘尖或圆，颊侧突不明显。鸣声清脆，高锵而快速，一般 1 个音组由 4～6 个音节组成，音节为"嗒（da）"，每个音节由 2 个脉冲组成。国内分布于北京、陕西、四川、贵州、江苏、安徽、浙江、江西、广西、福建和台湾。

5.6.1.2　螽蟖

主要特征是跗式 4-4-4；尾须短小；产卵器刀状。

1）鼓翅鸣螽 *Uvarovites inflatus*（图5-38）

别名姐儿、叫姐姐（南方）、扎儿（北方）、蝈蝈。分布于黑龙江、吉林、内蒙古、陕西、山东和江苏等地。

鼓翅鸣螽栖息于草丛和植物的枝叶间，善跳跃，日夜都善鸣叫，气温高时鸣叫更欢。其鸣声调高音响，节奏短促，声与声之间有明显停顿，如"甲，甲，甲，甲（jia）……"。鸣声亦随温度而有变化。

其体长 20～30mm，体宽 6～7mm，触角长 40～45mm。体型与优雅蝈螽和暗褐蝈螽接近，但明显偏小且娟秀。通体绿色。头部圆锥形，复眼灰绿色，背板外侧有褐缘，侧面有淡绿色缘。前翅较短，有发光的发音镜，后翅退化，不能飞翔，但足强健而粗壮，能跳跃。雌虫尾部有产卵管，体型比雄虫略肥大。

2）优雅蝈螽 *Gampsocleis gratiosa*（图5-39）

别名蝈蝈（北方）、叫哥哥（南方）、秋蝈蝈、短翅蝈蝈。

成虫出现在盛夏，可一直延续到 9 月底。早出现者体色一般较绿，晚出现者体色一般较暗，但不绝对。也有向阳坡的虫体褐色、背阳坡的虫体绿色之说。

其鸣声清脆，响亮，节奏较快，声如"极-极，极-极，极-极（ji-ji）……"，可长时间鸣叫。其鸣声随温度在节奏上和音调上有所变化。早晚都鸣叫，以白天鸣叫为主。

图5-38　鼓翅鸣螽　　　　　　　图5-39　优雅蝈螽

其体型粗壮，中等偏大，体长 35～40mm。体色通常为草绿色或褐绿色。头大，前胸背板宽大，似马鞍形，侧板下缘和后缘镶以白边。前翅较短，仅到达腹部一半，翅端宽圆；后翅极小，呈翅芽状。

3）暗褐蝈螽 *Gampsocleis sedakovii obscura*（图5-40）

北方称"吱拉子"，南方称"夏叫"或"夏蝈"。

其鸣声常以"吱啦，吱啦（zi-la）"1、2声起音后，便是连续的"吱啦（zi-la）……"声，一般每开叫一次延续 12～15s。其鸣声亦随温度在节奏上和音调上有所变化。

它与优雅蝈螽在体型、体色及大小方面很相似。明显差别在于雌雄两性的前翅较长，超过腹端，翅端狭圆，翅面具草绿色条纹并布满褐色斑点，呈花翅状，故也称"花叫"；前胸背板侧板下缘和后缘无白色镶边。

4）纺织娘 *Mecopoda elongata*（图5-41）

别名络纬（古称）、络纱娘。分布于华东和

图5-40　暗褐蝈螽

华南各省。

图5-41 纺织娘

纺织娘白天常常静伏在瓜藤枝叶或草丛中，黄昏和夜晚外出活动。在华东一带，8、9 月可听到虫鸣。雄虫鸣叫时，如遇雌虫在附近，雄虫会一面鸣叫，一面转动身子，吸引雌虫的注意。其鸣声很有特色，每次开叫时，先有短促的前奏曲，声如"轧织，轧织，轧织（ga-zhi）……"，可达 20～25 声，犹如织女在试纺车；其后才是连续"织，织，织（zhi）……"的主旋律，音高韵长，时轻时重，犹如纺车转动。

纺织娘体长 28～40mm，从头到翅端可达 50～70mm。体色有绿色或枯黄色两种。头相对较短，头顶甚宽，颜面垂直。前胸背板前狭后宽，背面三条横沟明显。前翅长而宽阔，形似一片扁豆荚，前翅侧缘通常具数个深褐色斑纹，其长超过腹端，甚至超过后足腿节端。后足甚长。

5.6.2 鸣虫的生物学特性

了解昆虫的生物学特性有助于捕捉和饲养。

1）生活史

直翅类鸣虫，属渐变态昆虫。从卵孵化出来的若虫，经过数次蜕皮后，变为成虫，才能鸣叫。若虫龄的多少和每一龄期的长短依种类不同而不同。螽蟖类通常有 6～10 龄，蟋蟀类有 7～13 龄。即使同一种鸣虫，由于营养条件不同，龄的多少和长短也略有差异。常见鸣虫为 1 年 1 代，成虫秋天产卵，以卵在土中或植物组织中越冬，若虫在来年春天出现。

2）鸣虫活动的昼夜节律

鸣虫的活动有昼出型与夜出型。昼出鸣虫以白天活动、鸣叫为主，民间俗称"阳虫"，如黄蛉、竹蛉等。夜出鸣虫以落日后或夜间活动、鸣叫为主，如斗蟋、油葫芦等，民间俗称"阴虫"。亦有昼夜兼出型的，即白天、黑夜均活动、鸣叫，如马蛉等。

3）食性

有的鸣虫是植食性的，如墨蛉、花蛉等；有的是肉食性或捕食性，如小纺织娘；还有不少种类为杂食性，即荤素均吃，如斗蟋、蝈蝈等；亦有腐食性的，如马蛉。

4）栖息场所

常见鸣虫的栖息场所可分为三类：地栖、草栖和树栖。地栖鸣虫有斗蟋、油葫芦、棺头蟋等。它们生活在田野地表、杂草和作物的根部、村舍屋宇的墙脚、砖块瓦砾堆下，常常挖洞穴居，或利用现成的墙隙、石缝隐居；有些隐藏在枯枝落叶层或砖瓦等覆盖物之下，如马蛉。地栖鸣虫喜阴暗潮湿的环境。几乎所有的蛉虫类鸣虫都是草栖的，如黄蛉、墨蛉、金蛉子、石蛉等，栖于各种杂草、茅草、芦苇和灌木丛中，常爬行于草根、叶面和枝干上。树栖鸣虫有金钟、竹蛉、蝈蝈、纺织娘等。它们常栖于较大的灌木、瓜豆等棚架作物和树木上，尤其是金钟，喜在树木的高位枝条上鸣叫。树栖鸣虫喜通风干燥的环境，草栖鸣虫则介于树栖型和地栖型之间。

5）防卫术

直翅类昆虫一般都具有特殊的防卫招数。

其一是保护色，其体色常与背景色保持一致。不少种类都有绿色和褐色两种基本色型，如蝈蝈就有青蝈蝈、铁皮蝈蝈、糙白蝈蝈等不同颜色。

其二是拟态现象，在形态上常常模拟树叶、树枝、其他昆虫或石块等，如纺织娘的前翅很像树叶，有些螽蟖的若虫很像蚂蚁、虎甲等，这样可减少被其他动物捕食的机会。

其三是具有自残自卫机制。丢足保身是最常见的招数之一，在捕捉时如果仅捉住鸣虫的一个足，这个足往往自动脱落，鸣虫因此逃生。

其四是有些鸣虫有特殊的腺体，遇敌害时从口中或身体其他关节处分泌绿色或褐色的液体，以吓唬敌人。

6）交尾

野外鸣虫大都在夏末秋初成熟。雌、雄鸣虫交尾时，雄虫除将含有精子的精囊（spermatophore）插入雌虫体内外，还附加一个乳白色胶质状的精护（spermatophylax）。这是雄虫送给雌虫的"营养滋补品"，用以促进受精卵的成熟。在斗蟋和蝈蝈中很容易观察到这种现象，俗称"贴蛉"。

7）产卵

鸣虫的卵有的产在植物茎秆或枝条内，如金钟、露螽等；有的产于泥土中，如斗蟋、马蛉等。卵多散产，不成卵块。雌虫产卵瓣弯曲或端部锯齿状的，一般在植物组织内产卵；产卵瓣较直的，一般在土中产卵。

8）好斗

好斗是某些雄性鸣虫的特性。例如，斗蟋、油葫芦、画镜等，具有极强的领地占有性，好称霸。这些雄性个体一旦占领一席地盘，如一个洞穴，就容不得第二个雄性。为捍卫它的根据地和雌性配偶，它会与企图来犯的其他雄虫决一死战。体魄强壮的个体，能占领较大的地盘。因此，在旷野中或环境较险恶的地方抓获的斗蟋往往个头大、鸣声响、斗性强。斗蟋这项活动就是利用蟋蟀的这种生物学特性。

9）鸣叫

雄鸣虫在性成熟后便开始鸣叫。昆虫的鸣声不仅是同种内进行各种信息交流的媒介，还是与其他相近种类保持生殖隔离，以使本种得以纯系繁衍的重要保证。因此，每一种鸣虫的鸣声有种的特异性。在昆虫分类学研究中，鸣声被用来作为鉴别各种鸣虫的有效特征。

鸣虫为了生存，同其他生物一样，需要觅食、对付竞争者、警戒和战胜敌害，还要吸引配偶。在长期的自然选择中，鸣声有了功能性的分化，即同一种鸣虫在不同的条件下会有不同的鸣声。一般可以有以下几种不同的鸣声（吴继传，1989，2001）。

（1）召唤声：是最常听到的表示"友好"的鸣声，即在没有同性竞争者、没有雌性、没有敌害、不受干扰情况下，单只鸣虫怡然自得的鸣声。我们平常欣赏的大都是这种鸣声，这也是体现鸣虫种征的鸣声。

（2）警诫声：某些鸣虫在受到惊扰，或遇到捕食者时所发出的表示"恐吓"的鸣声。

（3）竞争声：在有一个以上雄性鸣虫存在时，为了争夺领地或雌性配偶，所发出的表示"敌意"的鸣声。

（4）求偶声：也称为"调情声"。当有雌虫存在时，雄性鸣虫唱出的表示"爱慕"的情歌，常能吸引雌虫前来交尾。

（5）做爱声：有些鸣虫在与雌虫交尾时所发出的鸣声，俗称"接蛉"声。

上述几种基本鸣声可以在斗蟋中听到。但这些不同功能的鸣声不一定存在于每一种鸣虫中，或者说并不是每一种鸣虫都有几种人耳能清晰可辨的不同鸣声。了解鸣虫发声的基本特点，可以帮助我们正确利用鸣声来鉴别不同的鸣虫。另外，在不同的条件下，即便是同一只鸣虫发出的呼叫声，鸣声也是有差异的。如在不同的温度下，或在不同的生理条件下，刚羽化的成虫与老熟成虫的鸣声不同。

5.6.3　鸣虫的捕捉与饲养

5.6.3.1　捕捉

在捕捉鸣虫的时候，要注意对鸣虫资源的保护。

（1）待鸣虫性成熟后捕捉，让鸣虫在自然界留下后代。

（2）捕成虫、留若虫，捕雄虫、留雌虫。

（3）捕捉数量要节制，绝不可竭泽而渔。

（4）对于穴居或隐居的鸣虫，尽可能不要去破坏它们的"住宅"；若是在捕捉过程中无意翻开砖瓦石块等地面覆盖物，要及时恢复原状，帮助它们尽快"重建家园"。

捕捉鸣虫最基本的工具是各种捕虫网。市售的小圆锥形尼龙网罩适用于地栖鸣虫；也可利用透明的小口塑料饮料瓶，剪下带口盖的半截作捕虫罩。随虫声找到确切的穴居点后，可用网罩或塑料罩守候，然后用草秆、枝条或灌水将虫逐出。

对于草栖鸣虫，可用普通捕虫网扫，扫进网内后再用小网罩捉。如能见到鸣虫停栖于植株上，也可直接用小网罩捕捉。栖于高大树上的鸣虫要用大捕虫网。对于蝈蝈这种有假死习性的鸣虫，最好是双网齐下，一网在上捕捉，一网在下守候，使之受惊后从枝干上垂直跌落入网。

5.6.3.2 饲养

喂养鸣虫首先要有恰当的虫具和合适的食料。

1）虫具

市场上出售的虫具形形色色，五花八门，有些已超出作为鸣虫器具的功能而成了古玩收藏的珍品。常用的畜养鸣虫虫具大致可分为 5 类。

（1）虫盆或虫罐：是用泥土或陶土烧制而成的圆形容器。盆罐以陈旧的为佳。新买来的盆罐需用河水、井水或沉淀过的干净雨水浸泡，讲究的用茶水浸泡，使其退去炉窑的火烧味。泥陶盆罐主要用于喂养斗蟋、油葫芦等鸣虫。

（2）虫盒（图5-42）：正方形、长方形或圆形容器。通常上面装有透明的玻璃，底部装有喂食小盆，四周有通气孔。有些盒在透明的玻璃外还会配一个不透明的盖，称为暗盒。制作虫盒的材料有纸、竹、木、有机玻璃、金属等多种。虫盒的大小也各不相同，可根据虫体大小来选择适宜的虫盒。虫盒太小会使鸣虫没有足够的回旋余地，影响其振翅鸣叫；太大会使鸣虫伺机跳跃，易断角断足。纸虫盒具有经济、简洁、保温、通气性好的特点，藏于人身不易凝结水汽，但容易破损、弄脏，不便清洁。相比较之下，普通竹木制的虫盒比较实用。盒形虫具适用于大多数中小型鸣虫，但不适宜喂养大型鸣虫，如蝈蝈、纺织娘之类。另外，对于喜夜间鸣叫的鸣虫，可选择暗盒，或将透光的玻璃面朝下放，以促使鸣虫鸣叫。

（3）虫管：圆筒形容器，通常由芦苇、竹、木制成。管形虫具口径一般都较小，仅适于喂养小型鸣虫，如小黄蛉、墨蛉、金蛉子等。管形虫具体积小，便于携带，但因其容积小，鸣虫在里面的活动范围小，不宜长时间放养。

图5-42　养虫盒

（4）虫笼（图5-43）：正方形、长方形、馒头形或鸟笼形容器。常见的虫笼是由玉米秸、竹、木、芦苇或金属丝编结而成。这类虫笼通气性好，适于夏秋季喂养蝈蝈、纺织娘、露螽、草螽等大型鸣虫，但保温性差，不宜于冬季在无恒温设备的室内喂养。对于口器尖利的鸣虫，如小纺织娘，最好置其于铁丝笼内，避免咬坏笼器。另外，应根据虫体的大小选择笼围的稀密，以防鸣虫逃逸。

（5）虫葫芦（图5-44）：由天然的葫芦加工而成，主要用于蓄养蝈蝈、蟋蟀、油葫芦等。虫葫芦透气、保温、保湿，又轻巧坚固，便于携带，是理想的虫具。市售的许多虫葫芦经工匠们的精心雕琢装饰，已成了高档艺术品，价格不菲。另外，还有用其他天然材料做成葫芦形状的虫具，如红木、牛角、陶土等，价格也很昂贵。

图5-43　蝈蝈笼　　　　　　图5-44　烫画葫芦

2）食料

常见的适于家养的鸣虫是经过民间历代筛选出来的。它们的抗逆性强，对食料的要求不严格，易于人工喂养。对单个或少量的家养鸣虫，其食料可选择米饭、毛豆或菜豆、大白菜和卷心菜、瓜果、丝瓜和南瓜花蕾、肉类等。

用水浸泡过的米饭，南方人叫泡饭，比干饭软和，又不像稀饭那样黏稠，不仅含有足够的水分和营养，而且取材容易，便于更换和清洁。这样的泡饭可用作大多数鸣虫的主要食料。

毛豆或菜豆的水分含量适中，夏天较其他豆类耐腐烂。对于大型的鸣虫，如蝈蝈、纺织娘等，可用整粒豆或整个豆荚喂食，需要注意的是，豆荚要去掉一个荚壳；对于小型的鸣虫，如黄蛉、墨蛉等，须将豆或豆荚捣烂后喂食。

大白菜和卷心菜的内层菜叶也是理想的食料，一方面比较鲜嫩，另一方面比较干净，被农药污染的机会小。水分太大的叶菜类容易腐烂，不宜使用。

苹果、生梨和菱肉是最为常用的瓜果，适于所有家养鸣虫。其中，菱肉水分含量适中、含糖量低，较苹果和梨耐腐，更适于喂养食量小的蛉虫类。而丝瓜和南瓜的花蕾，一般用来喂养纺织娘，这是它们的天然食品，其他鸣虫不爱吃。

新鲜的或冰冻的猪肉末，以及活的小青虫（小菜蛾幼虫）、面包虫等，是杂食性鸣虫（如蝈蝈、蟋蟀）和肉食性鸣虫（如促织）等的理想食料。喂肉类食物要控制数量，不宜太多，以防消化不良。一只蝈蝈，一天只需喂1～2条小虫或相应的肉末即可。

与食料相比，恰当的管理对于鸣虫来说更为重要。不少鸣虫寿命不长，它们的死往往并不是饿死的，而是渴死的，或被挤压伤残，或因逃逸而死。

3）饲喂

食料准备好了，给虫喂食时必须注意以下5点。

（1）大多数虫具都装有食斗。在开启食斗前，要仔细查看虫具内鸣虫所在的位置，如恰在食斗或擦板上，可轻拍虫具，使其置于安全的位置后再喂食。

（2）食料量不要太大，一般以装满食斗为宜。米饭2～3粒即可；瓜果切块，大小以装进食斗不脱落为度。如果是虫笼，则可将豆荚、瓜果等切成较大的块，悬挂或插在笼围上，米饭则应放于小食盆上。

（3）对于盆罐或葫芦虫具，喂食时要将盖子轻轻打开，切不可突然开启，使鸣虫因骤见亮光，受惊后乱蹦乱跳，甚至逃逸。

（4）食料应每天换新鲜的，夏天需一天更换两次，以确保食物有足够的水分。

（5）对于食量较大的蟋蟀、油葫芦等，需要用小水盂盛净水供其饮用（图5-45）。

图5-45　鸣虫器皿

A、C. 铃房；B、D. 食斗、水盂

4）管理

饲养鸣虫，对于虫具的保养也是尤为重要的。虫具应保持干净。可以在每次喂食时，顺便清洗虫具。清洗虫具时，应先将鸣虫安置于另一容器，然后将虫具的各插板、玻璃打开，洗净擦干后再将鸣虫放回原处。如果有两个虫具进行替换使用，则更为方便。笼养时，可在笼底垫上卫生纸。清洁时，只需将有粪便和残余食物的卫生纸卷起取出，换上干净纸。

温度对于鸣虫的饲养也是至关重要的。15～30℃是鸣虫活动的适宜温度范围。夏天的虫具要避免阳光直晒，防止虫具内温度骤然上升，尤其是容积很小的虫具。即便是虫笼，在盛夏也应将它们挂于阴凉通风处。而在冬天，保暖是饲养鸣虫成败的关键。室温低于15℃就应采取保暖措施。如果没有取暖设备，冬天不宜用盆罐虫具。对于其他小型虫具，白天可置于衣袋中取暖，夜间可置于枕边保温，也可将虫具置于装有灯泡或热水袋的容器中保暖。

光线对有些鸣虫的饲养至关重要。对于夜行鸣虫，如马蛉，在微弱光线条件下才能成功饲养。对于蟋蟀等鸣虫，通常都要配置铃房（图5-45）。

鸣虫的人工繁殖方法很简单。在中秋后，将数只雌、雄蟋蟀饲养于较大的缸中，缸内放有泥沙、砖块、青草，并喂以饭粒等，常喷水以保持湿度，缸口盖铁丝网。交尾后的雌虫在泥沙中产卵。冬天可移至室内。次年春天4～5月，卵即可孵化。若虫喂以饭粒等直至成虫。若要想在其他季节获得成虫，可在繁殖过程中控制温度，卵期25～28℃，若虫期31～32℃。成功的人工繁殖可保证在不同季节均可获得优良雄虫。

5.7　观赏性蜻蜓

蜻蜓目昆虫中，前后翅形状、大小及翅脉相似者，归于均翅亚目（束翅亚目）；后翅常大于前翅，若中室分为上三角室及三角室者，归为差翅亚目；若中室仅 1 方室，且在前、后翅上的形状不同者，归为间翅亚目。均翅亚目者体纤细，头横阔，复眼左右远离，休止时翅直立于背上，如豆娘。间翅亚目仅有 1 科 1 属 3 种，分布在日本、印度和中国，此亚目有活化石之称，分布在中国的种最古老。差翅亚目昆虫即通常所称的蜻蜓，包括蜓科、春蜓科、蜻科等。蜻蜓目的幼虫称为稚虫，完全水生，形态及习性与成虫完全不同。各种稚虫的形态差异极大。

蜻蜓的复眼又大又鼓，占据着头的绝大部分。每个复眼约由 28 000 多只小眼组成，这使得蜻蜓的视力极好，能向上、下、前、后看而不必转头。蜻蜓的复眼还能测速。当物体在复眼前移动时，每一个"小眼"依次产生反应，经过加工就能确定出目标物体的运动速度。这使得它们成为昆虫界的捕虫高手。其咀嚼式口器发达，强大有力。

蜻蜓翅发达，前后翅等长而狭，膜质，网状翅脉极为清晰，飞行能力很强，每秒钟可达 10m，既可突然回转，又可直入云霄，有时还能后退飞行。休息时，双翅平展两侧，或直立于背上。翅的前缘、近翅顶处，各有 1 个翅痣，呈长方形或方形，可保持翅振动的规律性，防止因震颤而折伤。胸部斜列，前胸小，能活动。足接近头部（以便于捕食）。腹部细长。成虫的构造虽颇一致，但大小差别很大，翅展 1.8～19.3cm，一般为 5cm。蜻蜓大多体态优美，色泽艳丽，颇具观赏价值。

5.7.1 蜓科

蜓科 Aeshnidae 属差翅亚目 Anisoptera，大型至甚大型。头部在背面观，两眼互相接触处呈一条很长的直线。下唇端缘纵裂；雌性产卵器粗大。翅的中室有或无横脉；前后翅三角室形状相似，距离弓脉也一样远；在翅痣内端常有 1 条支持脉、1 条径增脉（radial planate）。

图5-46 碧伟蜓

碧伟蜓 *Anax parthenope julius*（图5-46）又称为绿胸晏蜓、马大头，英文名 lesser emperor。体长 64～68mm，雄虫体绿色，复眼绿色，头额具一黑色横斑，合胸侧视无明显的斑纹，腹部第 1 节绿色，2～3 节蓝色，以后各节为褐色，腹侧各节具条状的黄斑但不相连。雌虫外观近似雄虫，但腹部 2～3 节蓝斑较淡，腹侧各节的黄斑较小。本种性格凶猛，飞行能力强、速度快，常见于静水的湖泊或池塘，喜欢高空飞行。本种数量多见，与其他近缘种相比，可从腹侧各节的黄斑分布情况来区分。

该蜓种分布于南欧、中欧地中海地区、北非和亚洲。在国内有广泛的分布，如福建、广东、广西、香港、浙江、台湾、云南、江苏、北京、宁夏、新疆、河北、陕西、湖北、湖南、四川、西藏、河南、山西、贵州、山东、黑龙江。

5.7.2 春蜓科

春蜓科 Gomphidae 与蜓科的不同之处在于 R_3 脉在翅痣后方正常弯曲，两复眼相距较远。

1）曲尾春蜓 *Heliogomphus retroflexus*（图5-47）

别名尖板曦箭蜓、扭尾曦春蜓，体长 49～52mm，雄虫复眼绿色，合胸黑色，前方有一倒"八"字形黄斑，此斑纹上方尚有 1 枚横斑，下方有倒"T"形黄斑，合胸侧面具 3 条黄带，其中 2～3 条较密合。腹部黑色，第 1～7 节各节基部具黄色横斑，第 10 节基部有小黄斑，腹末端膨大，抱握器如牛角。雌虫合胸侧面的黄斑发达，后胸侧边至腹部第 1～2 节的黄斑相连呈块状。腹部黑色，各节间的黄斑呈条状，大小均匀，斑纹醒目；腹部黄斑较发达，腹部第 10 节不具黄斑，末端不膨大。

图5-47 曲尾春蜓（左雄右雌）

国内分布于福建等地。

2）**棘角蛇纹春蜓** *Ophiogomphus spinicornis*（图5-48）

又名宽纹北箭蜓，雄性腹长 40mm，后翅 35mm。雌性腹长 47mm，后翅 40mm。后唇基与额之间具 1 黑的横细线；额的后方具 1 黑色边缘。头顶黑色，单眼上方具 1 半弧形晖脊，上有黑色长毛，隆脊后方具 1 大黄斑。后头及后头后方黄色，后头缘有黑色长毛，两侧各有 1 个黑色齿状突起。前胸黑色，具黄斑，前叶前缘红黄色，后缘黑色，背板中央具 1 对圆斑点，两侧具大黄斑，其余黑色，后叶中央具 1 大黄斑，其余部分黑色。合胸大部分红黄色，领条纹中间间断，合胸脊黄色，背条纹甚宽，上方与房前条纹相连，下方与领条纹相连；合胸侧方第 2 条纹仅在气孔下方呈一细线黑纹，第 3 条纹完全，甚细，气孔边缘黑色。足大部分红黄色，腿节背面端半部具黑色条纹，胫节腹面及跗节黑色，后足第 2 跗节背面具 1 黄斑。翅透明，翅痣红褐色，周缘脉黑色，前缘脉黄色。腹部红黄色，两侧各具 1 黑色条纹，该条纹在第 9 至第 10 节的基部和端部加宽，在背面基部接近愈合，因此在两节背面形成长椭圆形黄斑；第 7 至第 8 节两侧稍膨大。雌性基本与雄性相同，后头缘两侧具后头角1 对，其基部黄色，端部黑色。

图5-48 棘角蛇纹春蜓

广布于全球，国内分布于北京、河北、甘肃。

5.7.3 蜻科

蜻科 Libellulidae 体型中等大小。其中，*Nannophya pygmaea* 是差翅亚目中身体最小者，后翅长 13～15mm。前缘室与亚缘室的横脉常连成直线；翅痣无支持脉；前后翅三角室所朝方向不同，前翅三角室与翅的长轴垂直，距离弓脉甚远；后翅三角室与翅的长轴同向，通常它的基边与弓脉连成直线。臀圈足形，趾突出，具中肋。稚虫多在静水下爬行觅食，具有匙形下唇，其上有侧刚毛和额刚毛，这是取食的利器。生物学描述所谓"蜻蜓点水"，在本科甚为常见。

1）彩裳蜻蜓 *Rhyothemis variegata*（图5-49）

本种又称斑丽翅蜻、蝴蝶蜻蜓、花蜻蜓，英文名 common picture wing 或 variegated flutterer。体长 31～42mm，雄虫复眼红褐色，合胸及腹部黑色，翅黄色具黑色的斑纹，但斑纹具个体差异。雄虫前翅端黑褐色，黑色斑较稀且小；雌虫前翅端透明，黑斑较发达。飞行缓慢，易被误认为蝴蝶。

国内分布于江苏、福建、广东、广西、海南、云南、台湾、香港。

图5-49　彩裳蜻蜓（左雄右雌）

2）褐带赤蜻 *Sympetrum pedemontanum*（图5-50）

英文名 banded darter。成虫腹长 22～24cm，后翅 25～27cm，体小型，翅端内方从翅前缘到后缘具有 1 条褐色的横带，足黑色。雄性胸部红褐色、腹部红色，略呈球棒状，第 8 节腹节上有黑色的斑纹，翅痣红色。雌性胸部黄色或褐色，腹部背面黄色，具细黑背中线，第 8、9 腹节上有黑色斑纹，腹部腹面黑色，翅痣奶白色。

图5-50　褐带赤蜻（左雄右雌）

国内分布于北京、内蒙古、新疆及东北地区。

3）黄纫蜻蜓 *Pseudothemis zonata*（图5-51）

英文名 pied skimmer，又称玉带蜻。体长 43～46mm，雄虫复眼黑色或黑褐色，额白色，胸部黑色，侧视有 2 条不明显的黄白色斜斑，有些个体斑纹不明显；腹部黑色，3～4 节白色。翅端有褐色分布，翅痣黑色，后翅基具黑褐色斑。雌后翅基黑褐色斑较大，腹部 3～4 节黄色，本种以雌虫命名。未熟雄虫近似雌虫，腹部 3～4 节也是黄色，但可从腹侧的黑斑辨识。雌虫黑斑较发达，尾毛较短。常见雄虫在水面互相追逐，雌虫数量较少，交尾后于水面的枝条或浮木上产卵。

国内分布于华北地区，以及浙江、江苏、福建、湖北、湖南等地。

图5-51　黄纫蜻蜓

4）晓褐蜻 *Trithemis aurora*（图5-52）

又名紫红蜻蜓，英文名 crimson marsh glider，是蜻科之下一种中等体型的蜻蜓，通常出现在低地和丘陵区域，如杂草丛生的池塘、沼泽、沟渠道、流速缓慢的溪流和河流等地。在水中产卵。雄性和雌性的外观有很大差异。

图5-52　晓褐蜻

雄性头为红棕色，复眼深红色，周边为棕色。胸部为红色，被有细小的紫色鳞片。腹部基部膨大，深红色略带紫色。翅脉深红色，翅基部有一宽阔的琥珀色斑。翅痣深红棕色，足黑色。

雌性头橄榄色或亮红褐色，复眼紫褐色，周边灰色。胸部是橄榄色，分布黑棕相间的横纹。腹部红褐色，且分布红褐色和黑色相间的纵纹。翅透明，端部褐色，翅脉亮黄色到褐色，基部的琥珀斑较浅。翅痣深褐色，足深灰色并有窄黄条纹。

国内分布于福建、湖北、湖南、广东、广西、贵州、四川、重庆、云南、海南、台湾。

5）黄蜻 *Pantala flavescens*（图5-53）

图5-53　黄蜻

英文名 globe skimmer 或 wandering glider。成虫体长 4.5cm，翅展 7.2～8.4cm。头正面微黄色至微红色，复眼栗红色，占头部的大部分。胸部通常黄色至金色，具 1 条黑线，多毛。也有一些标本的胸部为褐色或橄榄色。腹部的颜色与胸相似。翅透明，基部非常宽阔。也有一些标本的翅橄榄色、褐色或黄色。在智利 Easter 岛上的个体翅为黑色。翅痣微黄。足黑色，腿节及前、中足胫节有黄色纹。

腹部赤黄色，第 1 腹节背板有黄色横斑，第 4～10 腹节背板各具黑色斑一块。肛附器基部黑褐色，端部黑褐色。

雄翅通常比雌翅暗一些。大陆上的雄性，其腿节的长度变化较多，其前翅较长但后翅较短；而岛上的个体，腿节与雌性等长，前后翅均长于雌性。

分布较广，我国常见于吉林、辽宁、北京、河北、河南、山东、山西、陕西、甘肃、江苏、浙江、福建、安徽、广东、海南、广西和云南，是世界上分布最广的蜻蜓。

除了上面介绍的形体值得观赏外，蜻蜓目昆虫的交尾行为也是一个观赏点。蜻蜓交尾时，雄蜻蜓用自己腹末的一对钳状附器夹住雌蜻蜓的颈部或前胸，雌虫则将腹部弯折贴在雄虫的第二腹节上，如同表演空中飞人一般。只见它们抱在一起忽而停落在一叶水草之上，忽而又腾空而起（图5-54）。交尾后，雌虫便开始做一系列优美的点水动作，这一动作是在产卵，或者更准确地说，是将已产出的卵"洗"到水中。

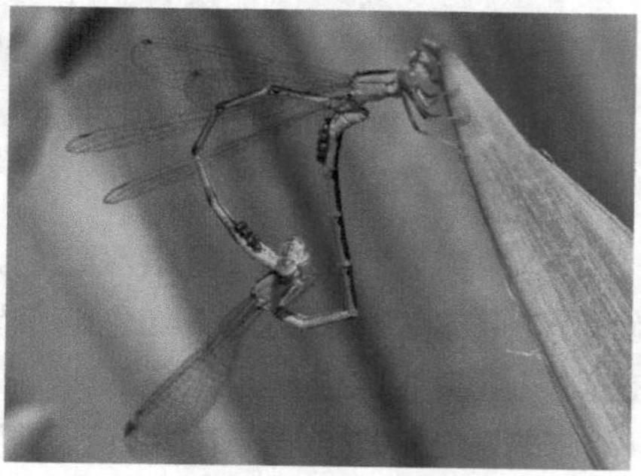

并非所有的蜻蜓都"点水"。蜻科、勾蜓科、春蜓科常用点水方式产卵，有的会连续点水，一次产下 3～5 粒或二三十粒卵；有的则是先将卵堆积在尾端，然后再点水把一两百粒卵全部排出沉入水中；蜓科蜻蜓习惯停在水生植物、水边青苔或泥土上产卵，一次一粒，慢慢地将卵连续产入植物茎干或泥土、青苔细缝中；少数蜻蜓还会将尾端卵团空投

图5-54　豆娘交尾

入水中。

5.8 观赏性蝴蝶

5.8.1 常见及珍稀观赏性蝴蝶

全世界已知蝴蝶总数有 53 000 多种。尽管蝴蝶遍布世界各地，但最美丽、最有观赏价值的蝴蝶多产于南美洲的巴西、秘鲁等国；受到国际保护的种类，多分布在东南亚如印度尼西亚、巴布亚新几内亚等国（寿建新等，2006）。下面介绍一些常见及珍稀观赏性蝴蝶种类。

5.8.1.1 凤蝶

凤蝶（swallowtail butterfly），即凤蝶科 Papilionidae 凤蝶亚科 Papilioninae 的昆虫（图5-55），是蝴蝶中最为美丽的一类，色彩艳丽，常有金属光泽，飞翔迅速。翅呈三角形，后翅外缘波状，后角常有一尾状突起。底色一般为黄色、绿色，带有黑色斑纹，或黑色带有蓝色、绿色、红色等色斑。前、后翅中室封闭，前翅具5 条径脉、2 条臀脉，后翅具 1 条臀脉，肩部有一钩状小脉。多数种类雌雄的体型、大小与颜色相同，少数种类（如鸟翼凤蝶属及凤蝶属一些种类）雌雄区别非常明显，呈性二型（中国科学院中国动物志编辑委员会，2001）。

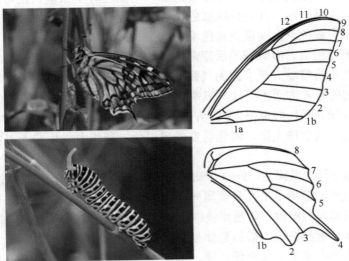

图5-55 凤蝶科的成虫、幼虫和翅脉

北方地区较为常见的种有柑橘凤蝶、马兜铃凤蝶，南方地区常见的种有玉带凤蝶、多态凤蝶等。金斑喙凤蝶、升天蝶、褐凤蝶、宽尾凤蝶、中华虎凤蝶、黄裳凤蝶等在我国属于珍稀名贵的种类，其中金斑喙凤蝶为世界珍贵蝶类。

图5-56　中华虎凤蝶

1)中华虎凤蝶 *Luehdorfia chinensis*（图5-56）

雄蝶体长 15～17mm、翅展 58～64mm，雌蝶体长 17～20mm、翅展 59～65mm。翅黄色，间有黑色横条纹（黑带），酷似虎斑，亦称横纹蝶。除翅外，整体黑色，密被黑色鳞片和细长的鳞毛。在各腹节的后缘侧面，有一道细长的白色纹。

前翅基部及后翅内缘密生淡黄色鳞毛。前翅正面基部、外缘及斜行于其间的 3 条横带呈黑色，另有 2 条短的黑带相间其间，终止于中室的后缘。前翅外缘呈曲线状，有一列黄色斑，近翅尖的第一个黄色斑与后方 7 个黄色斑排列整齐，无错位。后翅外缘呈波浪形，黑色，中间有 4 个小的青蓝色斑点，具金属光泽，在臀角处也有 1 个同样颜色的臀眼斑。在青蓝色斑外侧还有 4 个黄色半月斑。亚外缘有 5 个发达的红色斑连成带状，自内缘开始，终止于 M_1 脉。亚外缘的黑色斑细小。中室的黑带分离成两段。尾突较短，长度约为后翅的 15%。臀角有 1 个缺刻。后翅缘毛除尾突处外均为黄色。

前、后翅反面斑纹与正面基本相似，但前翅外缘第 1～5 黄色斑颜色较深，呈橙色。其外侧有 1 条橙色带，终止于 Cu_1 脉，内侧还有 1 条淡黄色带。后翅外缘的半月斑略大，呈橙色。在亚外缘红色斑之前，近前缘处有 1 块橙色斑。亚外缘红色斑与外缘青蓝色斑之间呈黄黑色混杂。

雌蝶与雄蝶相似，但雌蝶的后翅前缘有一个眉形黑色横条纹，而雄性的为圆形斑点，可以此辨雌雄。夏季因为气候温暖，食物丰富，个体较大；春季无论从气候还是食物的营养方面都无法与夏季比较，因而体型较小。

卵立式，顶部圆滑，底部平，呈馒头形。卵粒直径 0.9～1.0mm，高 0.7～0.83mm。初产时淡绿色，具珍珠光泽，孵化前变成黑褐色。卵集中成片产于寄主植物叶片的背面。

幼虫头部坚硬，黑褐色，1～3 龄时有光泽，老熟幼虫无光泽，密被黑色刚毛。

蛹体型粗短，粗糙不平，具金属光泽。体长 15～16.5mm，宽 7.5～8.3mm。初化之蛹头胸部外观湿润，除翅芽浅绿色外，其余呈浅黄色，以后随着蛹体干燥，色泽逐渐变深，呈红棕色，最后整体呈茶褐色，且质地坚硬。

中华虎凤蝶喜欢生活在光线较强、湿度不太大的林缘地带，飞翔能力不强。幼虫取食马兜铃科 Aristolochiaceae 的杜衡 *Asarum forbesii*、华细辛 *Asarum sieboldii* 等植物。一年发生 1 代，以蛹越夏、越冬，多在枝干或树皮上、枯枝落叶下及石块缝隙中。

中华虎凤蝶是中国的特有昆虫，分化为 2 个亚种，其中指名亚种分布于江苏、浙江、安徽、江西、湖北、河南等地，华山亚种分布于陕西的华山、太白山等地。

2）柑橘凤蝶 *Papilio xuthus*（图5-57）

别名柑橘黄凤蝶、橘凤蝶、黄菠萝凤蝶、黄聚凤蝶。英文名 Asian swallowtail、Chinese yellow swallowtail、the Xuthus swallowtail。分布遍布全国。

图5-57　柑橘凤蝶

成虫有春型和夏型两种。春型体长 21～24mm，翅展 69～75mm；夏型体长 27～30mm，翅展 91～105mm。雌略大于雄，色彩不如雄艳，二型。前翅黑色近三角形，近外缘有 8 个黄色月牙斑，翅中央从前缘至后缘有 8 个由小渐大的黄斑，中室基半部有 4 条放射状黄色纵纹，端半部有 2 个黄色新月斑。后翅黑色，近外缘有 6 个新月形黄斑，基部有 8 个黄斑，臀角处有 1 个橙黄色圆斑，斑中心为 1 黑点，有尾突。

卵近球形，径 1.2～1.5mm，初黄色，后变深黄色，孵化前紫灰色至黑色。

幼虫体长 45mm 左右，黄绿色，后胸背两侧有眼斑，后胸和第 1 腹节间有蓝黑色带状斑，腹部第 4 和第 5 节两侧各有 1 条蓝黑色斜纹分别延伸至第 5 和第 6 节背面相交，各体节气门下线处各有 1 白斑。臭腺角橙黄色。1 龄幼虫黑色，刺毛多。2～4 龄幼虫黑褐色，有白色斜带纹，虫体似鸟粪，体上肉状突起较多。

蛹体长 29～32mm，鲜绿色，有褐点，体色常随环境而变化。中胸背突起较长而尖锐，头顶角状突起，中间凹入较深，黄绿色。后胸背两侧有眼斑，在后胸和第 1 腹节间。

柑橘凤蝶在长江流域及以北地区一年完成 3 代，江西 4 代，福建、台湾 5～6 代，以蛹在枝上、叶背等隐蔽处越冬。幼虫以柑橘 *Citrus* spp.、枸橘 *Poncirus trifoliata*、黄檗 *Phellodendron amurense*、吴茱萸 *Tetradium ruticarpum* 及花椒 *Zanthoxylum bungeanum* 等植物为食。

3）玉带凤蝶 *Papilio polytes*（图5-58）

又称白带凤蝶、黑凤蝶、缟凤蝶等。英文名 common mormon。

图5-58　玉带凤蝶（左雄右雌）

成虫体长 25～28mm，翅展 77～95mm。全体黑色。头较大，复眼黑褐色，触角棒状。胸部背面有 10 个小白点，成 2 纵列。翅黑色，雌雄异型，斑纹变化很大。雄蝶前翅各室外缘有小白斑，状如缺刻，各白斑自臀角至顶角依次渐小。后翅外缘呈波浪形，有尾突，翅中部有黄白色斑 7 个，横贯全翅似玉带，故得名。雌有二型：黄斑型与雄相似，后翅近外缘处有半月形深红色小斑点数个，或在臀角有 1 个深红色眼状纹；赤斑型前翅外缘无斑纹，后翅外缘内侧有横列的深红黄色半月形斑 6 个，中部有 4 个大黄白斑。

卵球形，直径 1.2mm，初淡黄白色，后变深黄色，孵化前灰黑色至紫黑色。

幼虫体长 45mm，头黄褐色，体绿色至深绿色，前胸有 1 对紫红色臭腺角。1～3 龄体上有肉质突起和淡色斑纹，似鸟粪。4 龄油绿色，体上斑纹与老熟幼虫相似。

蛹长 30mm，体色多变，有灰褐色、灰黄色、灰黑色、灰绿色等，头顶两侧和胸背部各有 1 突起，胸背突起，两侧略突出似菱角形。

玉带凤蝶为中大型凤蝶，幼虫以桔梗 *Platycodon grandiflorus*、柑橘 *Citrus* spp.、双面刺 *Zanthoxylum nitidum*、花椒 *Z. bungeanum*、过山香 *Clausena excavata* 等芸香科植物的叶为食。国内分布于黄河以南，国外分布于印度、马来半岛、日本等地。

图5-59 金凤蝶

4）金凤蝶 *Papilio machaon*（图5-59）

又名黄凤蝶、茴香凤蝶、胡萝卜凤蝶。英文名 Old World swallowtail、common yellow swallowtail，或直接称为 swallowtail。

翅黄色，翅展 74～95mm。前翅外缘有黑色宽带，宽带内嵌有 8 个黄色椭圆斑，中室端部有 2 个黑斑，翅基部 1/3 为黑色，宽带及基部黑色区上散生黄色鳞粉。后翅外缘黑色宽带嵌有 6 个黄色新月斑，其内方另有略呈新月形的蓝斑，臀角有 1 个赭黄色斑，大而明显，中间没有黑点。翅反面斑纹同正面，但色较浅。本种分春、夏两型。5～6 月发生的为春型，个体较小；7～8 月发生的为夏型，体型较大。

卵为圆球形，高约 1mm，直径约 1.2mm，表面光滑。

幼虫最初的外表像鸟粪，可以避免掠食者的侵袭。幼虫长大变成绿色，有黑色及橙色的斑纹。它们可以用"丫"形腺分泌难闻的气味来保护自己。

蛹长 33～35mm，最宽处 10～11mm。体草绿色，粗糙，顶部两尖突，胸部突起钝角。胸背有一大突起，从此向后有 3 纵黄色条纹（两侧明显，中间不明显）。腹面似有白粉层；气门淡土黄色。

分布于整个古北区。以伞形科 Apiaceae 植物（茴香 *Foeniculum vulgare*、胡萝

卜 *Daucus carota*、芹菜 *Apium graveolens* 等）的花蕾、嫩叶和嫩芽梢为食。

5）黑美凤蝶 *Papilio bootes*（图5-60）

又称牛郎凤蝶、红尾蓝凤蝶，英文名 tailed redbreast。

翅展 100～110mm。体黑色，翅黑褐色，脉纹两侧灰褐色。前翅基部具红色斑。后翅狭长，中室外有时有 2～3 个白斑，臀角及亚臀角有红色弯月形斑纹及红斑，缘齿突大，尾突短，端部膨大呈圆形。前翅反面基部、内缘有不同形状的红色斑，外缘及臀角有红色弯月形斑纹，Cu_1 室另有 1 个红斑。

图5-60　黑美凤蝶

蛹体长约 35mm。体色淡褐色，散生有暗褐色的斑纹和苔藓状的绿色斑纹。头部的 1 对突起平行地伸向前方，突起的末端圆形。中胸亚背线上的突起圆瘤状。第 3、4 腹节气门上线有暗黑褐色的大斑，大斑的中心有白纹。第 4～6 腹节的亚背线上各有 1 个突起。

本种与红基美凤蝶 *Papilio alcmenor* 雌性很相似，但是后者尾突短，后翅红色斑纹多。本种的雄性外生殖器与红基美凤蝶也很相似，但本种的尾突较大，内突端部外边有 1 条横脊。

寄主为芸香科 Rutaceae 的光叶花椒 *Zanthoxylum nitidum*、竹叶花椒 *Z. armatum* 及柑橘 *Citrus* spp.等植物。

分布于河南、陕西、四川、云南等地。

图5-61　碧凤蝶

6）碧凤蝶 *Papilio bianor*（图5-61）

英文名 Chinese peacock black swallowtail emerald，或简称为 Chinese peacock。

体翅黑色。翅呈三角形，后翅外缘波状。前翅长 52～60mm，端半部色淡，翅脉间多散布金黄色或金蓝色或金绿色鳞片，后翅亚外缘有 6 个粉红色或蓝色飞鸟形斑，臀角有一个半圆形粉红色斑，翅中域特别是近前缘形成大片蓝色区。反面色淡，斑纹非常明显。前后翅中室封闭式，前翅 R 脉 5 条，A 脉 2 条，后翅 A 脉 1 条，肩部具钩状小脉，M_3 延伸成尾突。尾突亦布有蓝色及绿色亮鳞，边缘仅有黑色鳞片形成黑框。雌雄两蝶颜色及斑纹几乎相同，雄蝶前翅亚外缘区、外中区、中区下部有 4～5 个梭形香鳞区，雌蝶后翅外缘橙红色新月纹较雄虫稍微发达一些。

卵为淡黄色球形，直径约 1mm，表面光滑，散产于寄主植物叶背或叶面。

幼虫分 5 龄。初孵为灰黄色，几小时后变为灰黑色。

蛹有褐色及绿色两型，长 3.2cm，宽 1.3cm。绿色型身体背面中央有浅黄色背线，并在缠绕丝线处中央有黄色斑；褐色型体色为浅褐色，无特殊斑纹。

本种是亚洲和澳洲的本地种。幼虫以芸香科 Rutaceae 的贼仔树 *Tetradium glabrifolium*、食茱萸 *Zanthoxylum ailanthoides*、花椒 *Z. bungeanum*、飞龙掌血 *Toddalia asiatica*、柑橘 *Citrus* spp.、川黄檗 *Phellodendron chinense* 等植物为食。

图5-62　绿带翠凤蝶

7）绿带翠凤蝶 *Papilio maackii*（图5-62）

又名深山乌鸦凤蝶，英文名 Alpine black swallowtail。

翅展 90～125mm，春型较小。体、翅黑色，满布翠绿色鳞片。前翅前缘区有 1 条不太清晰的翠绿色带，被黑色脉纹及脉间纹分割形成断续的横带，雄蝶被棕色的天鹅绒毛（雄性性标）侵占或割断。后翅基半部的上半部满布翠蓝色鳞片，从顶角到臀角有一条翠蓝色及翠绿色横带，外缘区有 6 个翠蓝色弯月形斑纹，臀角有 1 个环形或半环形斑纹，并镶有蓝边。外缘波状，波凹处镶白边，尾突具蓝色带。前翅反面浅黑色，无翠绿色鳞片，亚外缘区有灰白色横带。后翅反面中后区有一条斜横带，在灰黄色斜带以内满布灰黄色鳞片，外缘区有 1 列红色弯月形斑，臀角有 1 个半圆形红斑纹。

卵球形，稍扁，底面浅凹；直径 1.40～1.46mm，高 1.20～1.25mm；表面光滑有弱光泽，乳白色偏黄绿色。

低龄幼虫似鸟粪状。5 龄幼虫头部淡绿色无光泽，上半部偏橙色，生无色毛。臭丫腺黄橙色。前胸背板绿色，边缘黄色，中央有 1 条白色纵带。胸足淡绿色，腹足淡绿色，有 1 条黑色的细横线。

蛹体长通常为 40mm。头部的 1 对突起短而尖，末端分开。中胸背面丘状隆起，无突起。胸部、腹部凹凸不平。第 9 腹节亚背线上有 1 对小突起。体色有绿色与褐色两型，还有许多中间型。

寄主有芸香科 Rutaceae 的柑橘、川黄檗、樗叶花椒 *Zanthoxylum ailanthoides*、光叶花椒、贼仔树等植物。

分布于黑龙江、吉林、河北、四川、湖北、江西、北京、台湾等地区。

8）巴黎翠凤蝶 *Papilio paris*（图5-63）

英文名 Paris peacock，中型凤蝶，虽然名为巴黎翠凤蝶，但并不是因其模式标本采自巴黎（其模式标本采自中国），而是由于其后翅有一块翠蓝色或翠绿色斑，欧洲人称"翠绿"为巴黎翠，所以巴黎翠是其特征色。

成虫翅展 95～125mm。体、翅黑色或黑褐色，散布翠绿色鳞片。前翅亚外缘有 1 列黄绿色或翠绿色横带，被黑色脉纹和脉间纹分割成斑块状，由后缘向前缘逐渐变窄，色调逐渐变淡，未及前缘即消失。后翅 M_3 脉端有一明显叶状尾突，中域靠近亚外缘有一大块翠蓝色或翠绿色斑，斑后有 1 条淡黄色、黄绿色或翠蓝色窄纹通到臀斑内侧。亚外缘有不太明显的淡黄色或绿色斑纹，臀角有 1 个环形红斑。

图5-63　巴黎翠凤蝶

前翅反面亚外缘区有 1 条很宽的灰白色或白色带，由后缘向前逐渐扩大并减弱。后翅背面基半部散生无色鳞片，亚外缘区有 1 列 "W" 或 "U" 形红色斑纹，臀角有 1～2 个环形斑纹，红斑内镶有白斑。雄蝶前翅反面后方有褐色绒毛状性标。

卵呈球形，底面浅凹。淡黄白色，表面光滑有弱光泽。直径 1.28～1.30mm，高 1.05～1.20mm。

1～4 龄幼虫呈鸟粪状。1 龄幼虫头部淡褐色，胸部背侧有明显的黑褐色斑，在第 2、3 腹节及第 8 腹节有白纹。2、3 龄幼虫体呈橄榄色，只 2～4 腹节有白纹。4 龄幼虫体色转为绿褐色。老熟幼虫头部淡绿色，体色鲜绿色。胸部背侧有云状斑，后胸每侧各有 1 枚眼状红斑，第 1 腹节的横纹前缘平直，其前方散布有白色小点，第 4～5 腹节及第 6 腹节侧面共形成 2 条黄色斜线。气门浅褐色。臭丫腺初呈黄白色，随成长而颜色渐深，末龄时呈橙色。

蛹体相当扁平，头顶有 1 对三角形突起，中胸侧面在前方 1/3 处及近后缘处向外突出，略呈方形。体侧由头顶至腹末有明显的棱脊突。背中央也有 1 条从前胸到腹末的棱突，中胸背部的隆起呈钝角。蛹也有绿、褐两型。

寄主植物是芸香科 Rutaceae 的柑橘类 *Citrus* spp.植物。

分布于河南、四川、云南、贵州、陕西、海南、广东、广西、浙江、福建、台湾、香港等地。

9）金斑喙凤蝶 *Teinopalpus aureus*（图5-64）

英文名 golden Kaiser-i-Hind。体长 30mm 左右，翅展 81～93mm，是一种大型凤蝶。翅上鳞粉闪烁着幽幽绿光。前翅上各有一条弧形金绿色的斑带，后翅中央有几块金黄色的斑块，后缘有月牙形的金黄斑。后翅的尾状突细长，末端一小截颜色金黄。

雌雄异型。雄性体、翅呈现出的翠绿色是因满布翠绿色鳞片，底色实为黑褐色。前翅有 1 条内侧黑色而外侧黄绿色的斜横带，从前缘基部的 1/3 处斜向后缘的中部，此带以内区域色浓而以外区域色淡。端半部的中域还有两条隐约可见的黑带，其边缘不清楚。外缘有 2 条平行的黑带。后翅外缘齿状，有翠绿色月牙形斑纹，在部分月牙形斑纹内侧有相应金黄色斑纹。中域有金黄色大斑，中心有 1 个黑斑（在中室端）。翅反面绿色鳞片少。前翅反面黄白色鳞片形成三条带，位于中区、中后区及亚外缘区，均是前宽后窄。后翅反面与正面相似。雌性前翅翠绿色较少，大致与雄性反面相似。后翅中域大斑呈灰白色或白色，外缘月牙形斑呈黄色和白色，外缘齿突加长，其余与雄性相似。

图5-64　金斑喙凤蝶（左雄右雌）

金斑喙凤蝶是亚热带、热带高山物种，栖息于海拔 1000m 左右的常绿阔叶林山地，鲜有下到地面进行饮水等活动，因此不易被发现和捕获。在井冈山的栖息生境为低山常绿与落叶阔叶混交林，寄主植物是木兰科 Magnoliaceae 植物。一年生活两代，雌雄性比相差悬殊（1：50～200），雌性的金斑喙凤蝶很难见到。

主要分布在福建、江西、广西、海南等地，仅有 5 个亚种，作为中国的特有珍品，被誉为"国蝶""蝶之骄子"。它珍贵而稀少，是中国唯一的蝶类国家一级保护动物。

5.8.1.2　绢蝶

凤蝶科绢蝶亚科 Parnassiinae 成虫触角短，端部膨大呈棒状，下唇须短，体被密毛。翅近圆形，翅面鳞片稀少（鳞片种子状），半透明，有黑色、红色或黄色的斑纹，斑纹多呈环状。前翅 R 脉只有 4 条，A 脉 2 条，无臀横脉。后翅无尾突，A 脉 1 条（图5-65）。绢蝶翅形浑圆，翅膜无色透明，状如丝绢，因此得名。

1）阿波罗绢蝶 *Parnassius apollo*（图5-66）

英文名 Apollo 或 Mountain Apollo，是中国最为珍贵的蝶类之一。

翅展 79～92mm。翅白色或淡黄白色，半透明。前翅中室中部及端部有大黑斑，中室外有 2 枚黑斑，外缘部分黑褐色，亚外缘有不规则的黑褐带，后缘中部有 1 枚黑斑。后翅基部和内缘基半部黑色，前缘及翅中部各有 1 枚红斑，有时有白心，周围镶黑边。臀角及内侧有 2 枚红斑或 1 红 1 黑斑，其周围镶黑边。亚缘黑带断裂为 6 个黑斑。翅反面与正面相似，但翅基部有 4 枚镶黑边的红斑，2 枚臀斑也为具黑边的红斑。雌蝶色深，前翅外缘半透明带及亚缘黑带较雄蝶宽而明显，后翅红斑较雄蝶大而鲜艳。

图5-65　冰清绢蝶

图5-66　阿波罗绢蝶

卵灰白色，精孔周围淡黄绿色。直径约 1.38mm，高约 0.85mm。扁平，表面有许多颗粒状的微小突起，排列规则。

幼虫粗壮，体黑色或深蓝色，体侧有黄色或红色条纹，体表多刺。1 龄幼虫头部黑褐色有光泽，上生黑毛。臭丫腺不明显。前胸背板黑褐色有光泽。身体暗黑褐色，下方色稍淡。前胸前半部泛橙黄色。末龄幼虫体黑色，前胸至第 9 腹节亚背线上的圆形斑呈红色。

蛹体长约 21mm。体暗褐色有光泽，覆盖有灰白色粉。头部圆形，无突起。前胸的气门关闭。中胸圆形。前翅基部的突起呈钝角。腹部从背面看呈椭圆形，从侧面看向腹面弯曲，每一腹节气门上线各有 1 个浅凹。

栖息于海拔 750～2000m 的高山区。耐寒性强，常常生活在雪线上下。一年发生 1 代，以卵越冬。成虫 8 月出现。幼虫以景天属 *Sedum* 植物为寄主。阿波罗绢蝶在我国仅分布于新疆。该蝶的数量十分稀少，被列为国家二级重点保护野生动物。

2）小红珠绢蝶 *Parnassius nomion*（图5-67）

翅展 50～55mm，翅白色或污白色。前翅中室中部及端部各有 1 枚黑斑。前翅中带黑色，其上前缘有 2 个红色斑，后缘 1 个红色斑。缘带一般宽，由窄的白色缘斑间断，亚缘斑带深齿状。后翅有大而红的中心为白色的眼状纹，或无白心完全呈红色。有 1 或 2 个红色肛斑，有 4 或 5 个分开的、中心充满蓝色的黑色亚缘斑。雌比雄的斑纹更明显。幼虫以景天科 Crassulaceae

图5-67　小红珠绢蝶

或虎耳草科 Saxifragaceae 植物为食。

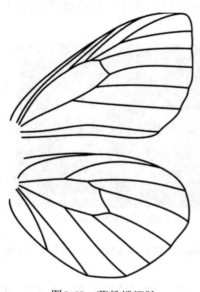

图5-68　菜粉蝶翅脉

国内分布于甘肃、青海、北京等地。

国外分布于俄罗斯、哈萨克斯坦、朝鲜、美国等地。

5.8.1.3　粉蝶

粉蝶科 Pieridae 昆虫一般中等大小，白色或黄色，有黑色的缘斑，少数种类有红色斑纹。前翅通常三角形，R 脉 3 条或 4 条，极少有 5 条，基部多合并；A 脉 1 条；后翅卵圆形，无尾突；A 脉 2 条。中室均为闭式（图5-68）。粉蝶在蝴蝶中可谓朴素大方。已知 2000 余种，我国有 130 种。最为常见的有菜粉蝶、树粉蝶、东方粉蝶、大菜粉蝶等，比较漂亮和名贵的种类有端红粉蝶、红粉蝶、缬草粉蝶等。

1）端红粉蝶 *Hebomoia glaucippe*（图5-69）

英文名 great orange tip。大型，翅展 7～9cm。雄蝶翅白色，前翅前缘及外缘黑色，自前缘 1/2 处至外缘近后角处有黑色锯齿状斜纹，围住顶部三角形的赤橙色斑。斑被黑色脉纹分割，室内有 1 列箭头纹。后翅外缘有黑箭头纹。雌蝶后翅外缘、亚外缘各有 1 列明显的黑色箭头纹。端红粉蝶幼虫的寄主植物为鱼木 *Crateva formosensis*，雌蝶经常将卵产在鱼木成熟的叶片上。

雄蝶会驻足在溪边湿地上吸水，当它夹紧翅膀时，外观只能见到翅腹面的枯叶状花纹，是一种良好的保护色，靠近也不易察觉，当它突然飞起来的时候，想再看清楚它也来不及了（因其飞翔速度很快）。

图5-69　端红粉蝶（左雄右雌）

2）宽边黄粉蝶 *Eurema hecabe*（图5-70）

翅展 45mm 左右。翅深黄色或黄白色，前翅外缘有宽黄带，直到后角。后翅外缘黑色带窄且界限模糊。翅反面布满褐色小点，前翅中室内有 2 个斑纹，后翅呈不规则圆弧形；后翅反面有许多分散的点状斑纹，中室端部有一肾形纹。

分布于浙江、广东、台湾、北京等地。

图5-70　宽边黄粉蝶翅背面观（左）和正面观（右）

5.8.1.4　蛱蝶

蛱蝶科 Nymphalidae 中至大型，具各种鲜艳的色斑，行动敏捷。触角长，端部锤状或棒状明显。大部分种类前足极退化，短小，因而称为"四足蝶"（four-footed butterfly）。又由于有些种类前足上有刷子一样的毛，被称为"刷足蝶"（brush-footed butterfly）。该科为蝶类中最大的科，超过 25 000 种，包括传统上所称的蛱蝶、斑蝶、眼蝶等类群。

1）大紫蛱蝶 *Sasakia charonda*（图5-71）

为大型蝶种，翅展 86～110cm。前翅外观大致呈现三角形，外形稍微横长。后翅卵圆形，外观接近三角形，外缘呈轻微锯齿状。雌蝶翅形较为宽圆。雄蝶前、后翅表面底色为灰黑色，翅基部位约占整个翅面 1/2 为带有金属光泽的蓝紫色，各翅室有 1～3 枚白色斑纹。前翅第 1b 室翅基部位有一细长白斑，后翅肛角有 1 小型橙色斑。翅反面大部为淡绿色，前翅深褐色区具白色斑点。雌蝶翅表色泽花纹与雄蝶相似，但不具蓝色金属光泽。

图5-71　大紫蛱蝶（左雄右雌）

卵为底部稍微扁平之圆球形，表面有明显纵脊，呈淡绿色。

末龄幼虫体呈长筒状，头顶部位有一对"Y"形分叉角状突出，腹部末端尖细。头部绿色，头顶角状突出分叉末端为绿色或黄褐色。体绿色，体表密生黄色细小疣点，各体节体侧气门线附近有一不明显黄色斜纹，躯体背方有3对黄色三角形鳞片状突出物，气门为淡绿色。

蛹体长38～43mm。外观侧扁，接近叶片状。头部前端有一对短角状突起，中胸背方隆起不明显，腹部末端稍为弯曲。蛹体底色呈淡绿色，头部前端之角状突出物末端为黄色。中胸至腹节末端中央背线部位有一淡黄色纵纹，翅芽、胸节及腹节皆有绿色斜纹，模拟叶脉纹路，气门为黑色。

在日本有"国蝶"之称。幼虫寄主为朴树 *Celtis sinensis*。在中国主要分布于陕西、河南、湖北、浙江、台湾。

2) 枯叶蛱蝶 *Kallima inachus*（图5-72）

英文名 orange oakleaf 或 dead leaf。翅展70～80mm。前翅顶角和后翅臀角向前后延伸，呈叶柄和叶尖形状，翅褐色或紫褐色，有藏青色光泽，翅中域有一宽大的橙黄色斜带，两侧分布有白点，两翅亚缘各有一条深色波线。翅反面呈枯叶色，静息时从前翅顶角到后翅臀角处有一条深褐色的横线，加上几条斜线，酷似叶脉。翅面间杂有深浅不一的灰褐色斑，很像叶片上的病斑。当两翅并拢停息在树木枝条上时，很难与将要凋谢的阔叶树的枯叶相区别。雌、雄形态近似，差异在于雌蝶翅端较雄蝶尖锐且外弯。

图5-72　枯叶蛱蝶翅正面观（左）和反面观（右）

枯叶蛱蝶为我国稀有品种，是蝶类中的拟态典型。其数量极少，分布于海拔900m以上。该种均生活在大山中，飞翔迅速，静止时常分开双翅，显现出美丽的翅面花纹；在受惊吓或黄昏时分才合并双翅，露出翅背面的枯叶色。幼虫以马蓝 *Baphicacanthus cusia* 和蓼科 Polygonaceae 植物为食。

国外分布于缅甸、泰国、尼泊尔、不丹、印度。国内分布于陕西、四川、江西、湖南、浙江、福建、广东、台湾、海南、广西、云南、西藏。

5.8.2　观赏蝴蝶的养殖

1）养殖场的建立

养殖蝴蝶首先要建立养殖场。养殖场要选择背风向阳、通风良好、土质肥沃且较湿润的场所，最好避开果园、菜园和农田这类地点。

选址后开始建造养殖网棚。网棚的围墙通常高 1m 左右，可用砖砌。在网棚的一头要留一个方便门。围墙顶上用 12 号钢筋制成 2m 高的拱形网架。拱形网架上和四周围盖网目为 5mm×5mm 的尼龙网，以防蝴蝶外逃。

网棚建好后，在棚内栽种花卉和寄主植物，供蝴蝶产卵、满足幼虫的采食及幼虫入土化蛹之需要。

2）获取种源

种源的获得有 3 个途径：野外采集、从别的蝴蝶饲养场购入、在养殖场内种植寄主植物招引蝴蝶前来产卵。

野外采集获取种源时，可采集卵、幼虫或雌成虫。在蝴蝶发生季节，到野外寻找寄主植物。在寄主植物上可找到卵或幼虫。将卵连同寄主植物的枝条一同带回，幼虫放入专用小瓶、小盒中带回。在野外看到的雌蝶，一般都已交尾过，腹中尚有卵未产完，可捕回场内，放入网中让其自行产卵。

野外带回的卵，应连同寄主植物枝条插入盛水容器内，以防枯死。如果不是越冬卵，卵期一般只有 1 至数周，即可孵化。对 1 龄幼虫，可用小毛笔或羽毛轻轻扫下，放于新鲜寄主植物上。在秋冬季所采的卵，有时经数周仍不孵化，这便是越冬卵，应连同叶片放入细沙袋中，吊在屋外树荫下，勿使阳光直射，注意保持温度，避免蚂蚁等天敌危害，待翌年春天拿出孵化。

3）幼虫期的管理

幼虫一般经过 5 龄后化蛹。刚从卵中孵出的 1 龄幼虫，大多为黑褐色，它们往往会回头吃掉自己的卵壳，这出世后的第一餐对补充体内的营养和磨炼牙齿是有好处的。然后，幼虫便开始蚕食寄主植物的叶片。如果气象条件适宜，没有大风大雨，可任由它们在室外寄主植物上生长。当幼虫进入 5 龄后几天，若发现不吃不动或爬到别的植物上，即可收集回室内，置入纱笼，笼内放入树枝让其化蛹。当室外条件较差，需在室内饲养时，可将幼虫及寄主植物放入透明且透气的塑料盒内，食料插入盛水的小盒中。这样可以进行规模化饲养。

幼虫期的饲养工作是整个蝴蝶人工饲养的主要内容。我们通常所指的蝴蝶人工饲养，即指幼虫的饲养。这期间的工作要注意以下 5 点。

（1）合适的温度和湿度。大部分蝴蝶，尤其是美丽的大型南方种类，最合适的温度是 25～30℃，最合适的湿度是 80%～90%。

（2）合理的幼虫密度。养殖密度需要根据蝴蝶种类而定，原则是食料足够并略有剩余。不同龄幼虫不要混养在同一个盒内或纱笼内。

（3）饲养盒要通风透气，润而不湿。盒内、笼内要架空，要有足够的空间，不要让虫体浸在水珠中。

（4）严格消毒。化蛹后，采完蝶蛹，需要将塑料盒浸入消毒液中浸泡消毒，纱笼要在烈日下曝晒。饲养过程中若发现某一盒内有虫未到化蛹前期而不食不动，要立即查明原因。若为病虫，则需要连同其停留的叶片一同彻底烧毁，并将其余幼虫另换新笼。病害严重时，应将全笼幼虫及寄主植物烧毁。

（5）保证充足食料与寄主植物。这是蝴蝶人工饲养最关键的问题。需要大量种植寄主植物，减低幼虫的密度，保证蝴蝶在幼虫期的养分积累，才能保证产卵的质量与数量。

4）蛹期的管理

当幼虫到老熟时即停止取食，开始化蛹。这时应清除所有的食料及粪便。化蛹之后，直到成虫羽化的这个阶段都不需要特别的照顾。

以蛹越冬的种类可直接将蛹放置在木箱内，箱内放一点土或苔藓。越冬的蛹不需要怎么管理，只需给箱里的土或苔藓加点水，以防蛹被干死。大多数热带种类需要较大的湿度，必须每天喷少量的水，否则羽化时展翅不良。在蝴蝶羽化之前，笼内应放几根小树枝，这样成虫可以挂在枝上充分展翅。

蝴蝶蛹期的长短视蝶种和气温而定，这个阶段是供应活蝴蝶的最好寄送时期。将个大、健康、无破损的蛹挑出送到网区羽化，留作繁殖用。其余个体分别用柔软的卫生纸包裹好，或用压有凹槽的塑料板包装，分层放入透气的硬盒内运走。

蛹的羽化率并不是100%，很多疾病在幼虫期未显现出来，在蛹期可能表现出来。颜色异常、发黑、发霉、发白的蛹，以及过小的、有损伤的蛹都是病蛹，应予剔除。人工饲养的蝶蛹，羽化率可达到80%以上。

5）成虫期管理

将快要羽化的蝶蛹挂在网棚内让其自然羽化，自行交尾产卵；或者在蛹箱上开孔，成虫羽化后就可自己飞到网棚内交尾产卵。因为许多种类的蝴蝶在人工条件下不进行交尾产卵，还有一些种类的蝴蝶在交尾前要有求婚仪式，所以要给它们准备较大的飞行空间。

在野外已交过尾的雌蝶可以直接放入一只小笼，笼内放鲜花或糖水，糖水要滴在棉球上，以保证成虫取食的需要。如果这种蝴蝶直接将卵产在幼虫取食的植物上，则应提供新鲜的枝条，可在生长着的植物外套纱罩。

6）其他注意事项

在蝴蝶养殖的全过程中，要严防寄生蜂类及其他捕食或寄生性天敌，严禁使用农药。还要注意的是，禁止在养殖场周围200m以内的环境中喷洒农药，这就是养殖场的选址要尽可能远离农田的原因。最后一点，要注意观察天气变化，用有效的措施防风雨和烈日暴晒。

5.9　常见观赏性蛾类

提到鳞翅目中的观赏昆虫，大家通常会想起蝴蝶。其实蛾类中也不乏很有观赏价值的种类。有人列举了最具观赏性的 11 种蛾类。尽管我们不知其评价的标准是什么，但这 11 种蛾类的确各有特点。

1）月神蛾 *Actias luna*（图5-73）

英文名 luna moth，分布于北美南部，为天蚕蛾科 Saturniidae 的大型蛾类。该科蛾体大型或特大型，喙不发达，触角羽状。翅面上多具透明的眼斑或色斑。前翅仅 3～4 条 R 脉，A 脉 1 条，基部分叉。后翅肩角发达，无翅僵，Sc+R$_1$ 与 Rs 不相连接，A 脉 2 条。某些种的后翅上有燕尾。

大部分蛾类都是单调的褐色，但是月神蛾不同，它们有着一对石膏绿色的大翅

图5-73　月神蛾

膀，后翅上有一个波浪状的尾突，前后翅上均有一个圆形的眼斑。春型的月神蛾是典型的深绿色，翅缘为红紫色。其后羽化的翅色微黄并具淡黄色的翅缘。月神蛾曾出现在 1987 年美国一款平信邮票的首日封上。

还有一些与月神蛾形态相似、后翅具波浪状长尾的蛾类也可与月神蛾相媲美，如非洲月神蛾 *Argema mimosae*（African moon moth）、中国月神蛾 *Actias dubernardi*（Chinese moon moth 或 Chinese Luna moth）、马达加斯加月神蛾 *Argema mittrei*（Comet moth 或 Madagascan moon moth）等。

2）巨豹蛾 *Hypercompe scribonia*（图5-74）

英文名 giant leopard moth，也称具眼虎蛾（eyed tiger moth），主要分布于北美，属裳夜蛾科 Erebidae 灯蛾亚科 Arctiinae。该亚科昆虫的触角丝状或羽状。前翅 M$_2$、M$_3$ 与 Cu 接近，似自中室下角分出；后翅 Sc+R$_1$ 与 Rs 自基部合并，至中室中部或以外才复分开。

巨豹蛾的翅亮白色，具整齐的黑斑纹，斑纹实心或空心，好似美洲豹身上的豹纹，看上去非常漂亮。其实这也是警戒色的一种，用来防止被天敌吃掉。腹部深蓝色，具橙色斑纹，雄性在两侧各具有一条细黄线。足上有黑白相间的带。巨

图5-74　巨豹蛾

豹蛾在遇到侵扰的时候会从胸部分泌一种难闻的黄色液体，让敌人闻味丧胆。

3）白羽蛾 *Pterophorus niveodactyla*（图5-75）

图5-75　白羽蛾

分布于中国及东南亚等地区，属羽蛾科 Pterophoridae。该科为中小型蛾类。前后翅深纵裂，前翅狭长，翅端分裂为 2～4 片，分裂达翅中部。后翅分裂为 3 片，常分裂达翅基部，每片均密生缘毛如羽毛状。体细瘦，常呈白色、灰色、褐色等单一颜色，花斑多不明显。下唇须较长，向上斜伸。下颚须退化。触角长，线状。足极细长，后足显著长过身体，有长距，距基部有粗鳞片。前翅 R 脉位于第 1 裂片，M_1、M_2 脉短而弱，伸至分裂处，1A 脉长于 2A 脉。后翅 Sc 和 R_5 脉越过中室后紧紧平行然后分离，支持第 1 裂片。M_1、M_2 短而弱，M_3 和 Cu_1 脉支持第 2 裂片。A 脉 1～2 条，支持第 3 裂片。有趋光性。静止时，前、后翅纵折重叠成一窄条向前方斜伸，与瘦长的身体组成"Y"或"T"形。

白羽蛾全体白色，密被白鳞片，前翅、后翅似白色鸟羽，前翅距翅基 2/5 处分为 2 支，其上杂有 2 或 3 个黑色斑点，末端后卷。后翅 3 支，周缘具白鳞毛。足细长，后足尤为突出，外观像是一只白色的巨大蚊子。它们即使在休息时也会把翅展开，呈一个白色的"T"形。

4）鬼脸天蛾 *Acherontia lachesis*（图5-76）

英文名 greater death's head hawkmoth，属天蛾科 Sphingidae。该科昆虫体多大型，飞翔力很强。触角棍棒状，端部弯曲成钩状，喙发达。前翅大而狭，顶角尖而外缘倾斜，R 分 4～5 支，有共柄。后翅较小，$Sc+R_1$ 与中室平行，在中室中部有 1 小横脉与中室相连。

图5-76　鬼脸天蛾

鬼脸天蛾可能是世界上最有名的蛾类了，因为它出现在电影《沉默的羔羊》的海报上，一夜成名。它最显著的特征是胸部背面有一个恐怖的骷髅，为三种骷髅天蛾之一。前翅密布许多波状纹，内横线及外横线各由数条不同深浅色调的波状纹组成，中室有一灰白色小点。后翅杏黄色，在中部、基部及外缘处有三条较宽的黑色横带，后角附近有一灰蓝色斑。腹部黄色，各环节间有黑色横带，拥有一条较宽的青蓝色背线，在第 5 腹节后覆盖整个腹部的背面。在一些旧的、褪了色的标本中，无黄色。鬼脸天蛾被称为"盗蜜者"（bee robber），因为它特别喜欢蜂蜜，可进入蜂箱偷吃蜂蜜。

5）白杨天蛾 *Laothoe populi*（图5-77）

英文名 poplar hawk-moth，属天蛾科 Sphingidae，休息时后翅前缘伸于前翅的前面。无连接前后翅的翅缰。翅灰色，上有深灰色的条带，与树皮的颜色十分相似，是一种很好的伪装。有时灰色的翅变得有点米色的调子，这种现象在雌性中更多见一些。前翅中室远缘处有一白点。当受到威胁时，它会露出后翅上鲜艳的橙红色，然后在敌人发呆的时候飞走。雌雄嵌合体（gynandromorphs）在该种中很普遍。分布于古北区和远东地区。

6）婆罗门蛾

婆罗门蛾（Brahmin moth）是笋纹蛾科 Brahmaeidae 的通称，这个科被划在蚕蛾总科下面，整个科都是相当漂亮的大蛾子，如青球笋纹蛾（图5-78）。该科的蛾类中到大型，翅宽，翅色浓厚，有许多笋筐条纹或波状纹，亚缘有 1 列眼斑，令人眼花缭乱。笋纹蛾与大蚕蛾相似，但两性触角均双栉齿状。喙发达，下唇须长，上举。无翅缰。

图5-77　白杨天蛾

图5-78　青球笋纹蛾

7）蜂鸟天蛾 *Macroglossum stellatarum*（图5-79）

学名为小豆长喙天蛾，英文名 hummingbird hawk-moth。它被称为昆虫世界里的"四不像"。像蝶，和蝶一样白天活动，口器是长长的喙管，有末端膨大的触角，还有色彩缤纷、美丽炫目的翅；又像蜜蜂，在夏秋季节飞舞于百花丛中采食花蜜，并发出清晰可闻的嗡嗡声；还像南美洲的蜂鸟，夜伏昼出，很少休息，取食时也和蜂鸟一样，时而在花间盘旋，时而在花前疾驰，非常灵动喜人。

8）皇蛾 *Attacus atlas*（图5-80）

皇蛾（atlas moth）又称乌桕大蚕蛾、山蚕、樗蚕、蛇头蛾、地图蛾，属鳞翅目天蚕蛾科 Saturniidae，以体型巨大著称。雄蛾的触角呈羽状，而雌蛾的翅形较为宽圆、腹部较肥胖。其翅面呈红褐色，前、后翅的中央各有一个三角形无鳞粉的透明区域，周围有黑色带纹环绕。前翅顶角向外明显突伸，像是蛇头，呈鲜艳的黄色，上缘有一枚黑色圆斑，宛如蛇眼，有恫吓天敌的作用，因此又叫作蛇头蛾。

通常生活在东南亚热带及亚热带地区的森林。皇蛾曾被认为是世界上翅表面积最大的蛾类，但近来有资料表明该头衔应归大力神蛾 *Coscinocera hercules*（300cm^2）。

图5-79　蜂鸟天蛾　　　　　　　　　　　图5-80　皇蛾

9）白女巫蛾 *Thysania agrippina*（图5-81）

图5-81　白女巫蛾

又称强喙夜蛾、鸟翼蛾、鬼蛾和巨灰女巫蛾，英文名 white witch、birdwing moth、ghost moth、great grey witch、great owlet moth，属裳夜蛾科 Erebidae。它们是翅展最宽的昆虫，可达 30cm。其翅通常乳白色或浅棕色，黑色和棕色的"Z"形线条贯穿于全翅，形成非常规则的图案。这种颜色和图案可使其隐身于栖息的环境中，有时人们会误认为它是一只蝙蝠。分布于墨西哥和中南美洲。

10）大黄蜂蛾

大黄蜂蛾是透翅蛾科 Sesiidae 的一种俗称，英文名 clearwing moth。该科昆虫体中型，狭长，黄蜂状，白天活动。触角棒状，末端有毛。翅狭长，除边缘及翅脉外，大部分透明，无鳞片。后翅 Sc+R$_1$ 脉藏在前缘褶内。除了体型比大黄蜂大一些之外，外观几乎一模一样，飞行起来很是吓人，如欧洲大黄蜂蛾（图 5-82）。

国内常见的种有白杨透翅蛾 *Parathrene tabaniformis*、杨干透翅蛾 *Shecia siningensis* 等，均是杨树的害虫。

11）希神蛾 *Antheraea polyphemus*（图5-83）

英文名 Polyphemus moth，属天蚕蛾科 Saturniidae。其最明显的特征是后翅上有 1 个略带紫色的大眼斑，这也是其名称的来源——希腊神话中吃人的独眼巨人波吕斐摩斯（Cyclops Polyphemus）。当受到惊吓时，希神蛾会张开它的翅膀，然后露出两只大眼睛把对方吓跑。主要分布于北美大陆。

图5-82 欧洲大黄蜂蛾

图5-83 希神蛾

5.10 常见观赏性甲虫

鞘翅目昆虫统称甲虫，是昆虫纲中最大的一个目。全世界目前已知近 50 万种，我国目前已知 3.5 万余种。甲虫不像蝴蝶那样惹人注目，却也有不少种类颜色艳丽、形态奇特，具有观赏价值，如虎甲、萤火虫、锹甲、天牛、丽金龟、吉丁虫、叩头虫等。

1）步甲科 Carabidae

步甲科中的虎甲亚科 Cicindelinae 昆虫，通称虎甲，英文名为 tiger beetle。它们中等大小，体色一般比较鲜艳，常具闪烁的金属光泽。鞘翅常具金色或黄色的条纹，斑点十分美丽，但无沟或刻点行。体长形，头下口式，略宽于前胸。上颚十分发达，不但强壮有力，而且弯曲有齿，如同一对大钳子。触角长于复眼间。图5-84 所示为中华虎甲 *Cicindela chinensis*。身体各部位具有强烈的金属光泽，头及前胸背板前缘为绿色，背板中部金红色或金绿色。复眼大而外突；触角细长呈丝状。鞘翅底色深绿。翅前缘有横宽带。翅鞘盘区有 3 个黄斑；其基部、端部和侧缘呈翠绿色。足翠绿色或蓝绿色，但前、中足的腿节中部呈红色。

图5-84 中华虎甲

2）吉丁甲科 Buprestidae

也称吉丁虫，英文名 jewel beetle 或 metallic wood-boring beetle。成虫有美丽的金属光泽，外形似叩头虫，头下口式，嵌入前胸。触角 11 节，多为锯齿状。鞘翅长，侧缘向末端渐狭。前胸背板后侧角圆钝不突出，第 1、2 节腹板愈合。图5-85 所示为吉丁甲 *Castiarina cupida*。

吉丁虫是一类极为美丽的甲虫，一般体表具多种色彩的金属光泽，大多色彩绚丽异常，似娇艳迷人的淑女，也被喻为"彩虹的眼睛"。幼虫体长而扁，乳白色，大多蛀食树木，亦有潜食于树叶中的，为林木、果木的重要害虫。虫害严重时能使树皮爆裂，故名"爆皮虫"。

3）金龟科 Scarabaeidae

统称金龟子，英文名 scarab beetle。体卵圆形或长形，背凸，触角鳃叶状，8～11 节，末端 3 节或 4 节侧向膨大。前足开掘式，跗节 5 节。金龟科是一个大科，其下的丽金龟亚科、鳃金龟亚科、犀金龟亚科和花金龟亚科中都有具有观赏价值的种类（Smith，2006）。

（1）丽金龟亚科 Rutelinae：英文名 shining leaf chafer。体小至中型，有鲜艳的金属光泽。触角 9～10 节，鳃叶部 3 节。后足胫节有 2 枚端距，爪 1 对，不等长，外爪大于内爪，较短者不分裂。鞘翅往往有膜质边缘。图5-86 所示为丽金龟 *Mimela specularis*。

成虫危害植物地上部分，幼虫（蛴螬）食害作物、植物地下部分，是重要的地下害虫。国内常见种类有铜绿异丽金龟 *Anomala corpulenta*、红脚异丽金龟 *Anomala rubripes*、苹毛丽金龟 *Proagopertha lucidula* 等。

（2）鳃金龟亚科 Melolonthinae：英文名 May beetle 或 June bug。体色多暗，体型偏于圆，触角 8～10 节，鳃叶部 3 节。各足 2 爪通常等长。腹部气门位于腹板侧上方，最后 1 对气门露出鞘翅边缘。最新的分类系统将原长臂金龟科 Euchiridae 的彩臂金龟属 *Cheirotonus* 和臂金龟属 *Euchirus* 也归入该亚科。这两个属的前足极长，雄虫尤甚。图5-87 所示为鳃金龟 *Anoxia orientalis*。

图5-85　吉丁甲　　　　　图5-86　丽金龟　　　　　图5-87　鳃金龟

（3）犀金龟亚科 Dynastinae：犀金龟亦称独角仙，头部和前胸背板大多有明显突出的分叉角，形似犀牛角，故得名。英文名 rhinoceros beetle。多大型至特大型种类，许多属具性二型现象。雄虫额、前胸背板有角突、瘤突或凹陷，雌虫则简单或仅有矮突起。触角 9～10 节，鳃片部 3 节。上颚展开成叶片状，从外面可见。小盾片正常，跗爪通常大小相同。图5-88 所示为犀金龟 *Eupatorus gracillicornis*，多分布在热带地区，尤以南美洲种类最为丰富，非洲和大洋洲种类较多，亚洲种类相对较少（王成斌，2010）。在云南已发现有 7 属 12 种。据报道，世界上最重的昆虫是热带美洲的巨大犀金龟。这种犀金龟从头部突起到腹部末端长达 155mm，身体宽 100mm，比一只最大的鹅蛋还大，其重量竟有约 100g，相当两个鸡蛋的重量。

图5-88　犀金龟

（4）花金龟亚科 Cetoniinae：英文名 goliath beetle 或 flower beetle。体中至大型，颜色鲜艳。触角 10 节，鳃叶部 3 节。体背一般较扁而阔，小盾片大型。头部两侧于复眼前明显内凹，背面观可见到触角的基部。鞘翅两侧近肩角处显著收狭，致此处腹板外露。图5-89 所示为波丽菲梦斯花金龟 *Mecynorhina polyphemus*。

国内常见种有白星花金龟 *Protaetia brevitarsis*、多纹星花金龟 *Potosia famelica*、东方星花金龟指名亚种 *Protaetia orientalis orientalis*（即凸星花金龟 *Protaetia aerata*）、绿萝花金龟 *Rhomoborrhina unicolor* 等。

图5-89　波丽菲梦斯花金龟

4）绒毛金龟科 Glaphyridae

体较狭长、多毛，多有金属光泽。头面、前胸背板无突起。触角 10 节，鳃片部 3 节，光裸少毛。头前口式，上唇、上颚发达外露，背面可见。前胸背板狭于翅基。小盾片舌形。鞘翅狭长，有纵肋 2～3 条或缺如。臀板多少外露，腹部可见 6 个腹板。体腹面密布具毛刻点。足较细长。新的分类系统将原长臂金龟科 Euchiridae 的棕臂金龟属 *Propomacrus* 归入该科。图5-90 所示为绒金龟 *Eulasia vittata*。

5）锹甲科 Lucanidae

体型一般较大，雄虫有极为发达的上颚，有些种类的上颚比头还长，像一对钳子伸在头部前方，看上去十分威武气派。下唇很小，不能活动。触角末端鳃状，但不明显。

（1）彩虹锹甲 *Phalacrognathus muelleri*：英文名 rainbow stag beetle，是锹甲中最美丽的种类（图5-91）。体色有多种变化，粉色斑纹鞘翅居多，绿色的比较少，黑胸的很珍贵。分布于澳大利亚北部及新几内亚岛。自 1973 年起，一直作为昆士兰昆虫学会的会徽。

（2）巴布亚金锹 *Lamprima adolphinae*：又称印尼金锹，分布于印度尼西亚和巴布亚新几内亚，也是非常美丽的种类。无论雄虫还是雌虫，色彩变化都非常多。雄虫前足胫节有一对扇形物体，其用途是切断当地一种植物的草茎，然后吸食其汁液。

（3）澳洲花锹 *Rhyssonotus nebulosus*：分布于澳大利亚东部，外形可以说是锹甲科中十分奇特的种类，斑纹也很美观。

（4）长牙锹甲属 *Chiasognathus*：产于南美，色泽亮丽，最著名的应属智利长牙锹甲 *Chiasognathus granti*（图5-92）。本属多数生活在高海拔山区。

图5-90 绒金龟　　　　图5-91 彩虹锹甲　　　　图5-92 智利长牙锹甲

图5-93 琉璃锹甲

（5）琉璃锹甲属 *Platycers*：在我国中部、东北、欧洲大陆均有分布，是一类色泽亮丽的锹甲。图5-93 所示为琉璃锹甲 *Platycerus caraboides*。

（6）深山锹甲属（锹甲属）*Lucanus*：最大的特征就是头部有两个突起，大多数种类都要在海拔 800m 以上的地区才能见到。在"昆虫爱好者"论坛上有该属各种的介绍。

（7）圆翅锹甲属（新锹属）*Neolucanus*：一个显著特征就是牙短体大（当然也有例外），而且本属幼虫化蛹时会制作土茧。

（8）细身赤锹甲属 *Cyclommatus*：主要分布在东南亚群岛地带，头部巨大，身体细长，颈部特别细，有些品种拥有超过本身体长的大颚及漂亮的金属色光泽。

（9）艳锹属（奥锹属）*Odontolabis*：多数种类鞘翅上有黄色、褐色的斑纹，头部两侧的复眼之后具角突，雄虫的上颚较长大。中华奥锹甲 *Odontolabis cuvera sinensis*（图5-94），更亲切地称其为"红边鬼艳"，分布于广西、湖北、湖南、贵州、江西、福建、安徽、上海、北京、河北、天津、辽宁等地。

（10）孔夫子锯锹甲 *Prosopocoilas confucius*，身长 59～106mm（雄性），是我国虫体最长的甲虫，分布于南方，尤以湖南、海南等地较多。体色呈光亮的黑色，雄虫上颚发达，共有两个较大齿突，小齿突较多，其前胸背板两侧各生有一个小刺突。

图5-94　中华奥锹甲

6）天牛科 Cerambycidae

小至大型，体多长圆筒形，略扁。触角长，11 节，着生于额突上，常超过体长，至少超过体长的一半。天牛的触角都可以伸向后方，并能折向身体背面两侧。复眼发达，多为肾形，围绕触角的基部。各足胫节有 2 个距，跗节"似为 4 节"。图5-95 所示为马来西亚天牛 *Pachyteria equestris*。

7）萤科 Lampyridae

统称萤火虫（fireflies or lightning bug）。成虫小到中型，体细长而扁平，体壁和鞘翅柔软。头部很小，前胸背板极大而扁平，盖住头部，触角锯齿状。雄虫有翅，雌虫无翅。足细长，跗节 5 节；通常在腹末端有发光器，因而称为萤火虫（图5-96）。雌虫腹部倒数第 2、3 节整节都能发光，看起来似为宽带状，末节只在体节两侧形成点状发光，从背面也可看见。雄虫只有腹部末节可以发光，与雌虫腹部末节相同，呈 2 个点状光。卵、幼虫、蛹均可发光。卵在刚产下时不能发光，在临近孵化时，从卵壳外可见 2 个光点，是已形成的幼虫发的光。有的类群有群居性。

图5-95　马来西亚天牛

图5-96　萤火虫

5.11　昆虫观赏与生物安全

目前，喜爱观赏昆虫的人越来越多。一些爱好者已不再满足身边的昆虫，而是将目光瞄准了海外的一些著名观赏种类。

2023 年 3 月 6 日，苏州海关在进境邮件中查获的 344 只蝴蝶标本，分属于优雅灰蝶、英雄翠凤蝶等 3 个物种。目前该邮件已做退运处理。

2023 年 3 月 4 日，大连海关所属丹东海关在对进境邮件查验时，发现一申报为玩具的包裹内有幼虫卵壳 2 枚。经鉴定为魔花螳螂活体卵鞘，属于螳螂目锥头螳科。目前，丹东海关已对该魔花螳螂卵鞘予以截留处置。根据《生物安全法》《进出境动植物检疫法》及其实施条例等法律法规，未经批准，不得擅自引进外来物种，禁止携带、寄递活体动植物进境。违反规定的，海关将依法追究法律责任。

2023 年 3 月 2 日，青岛邮局海关在申报为玩具的进境邮件中截获昆虫标本 102 只，分属大兜虫属、象兜虫属和奥锹甲属等，包含 2 只世界最大甲虫——长戟大兜虫标本。根据《中华人民共和国禁止携带、寄递进境的动植物及其产品和其他检疫物名录》规定，昆虫标本为禁止寄递进境物品。

2023 年 2 月 27 日，长沙邮局海关的工作犬示警一申报为玩具邮件，现场关员开箱查验发现，内件含有 6 只活甲虫，其中 4 只甲虫为苏门答腊巨扁锹甲、2 只为欧洲深山锹甲犹太亚种，均为我国尚未分布的外来物种。

以上行为违反了我国的《生物安全法》《进出境动植物检疫法》《中华人民共和国禁止携带、寄递进境的动植物及其产品和其他检疫物名录》规定。

2020 年 10 月 17 日，第十三届全国人民代表大会常务委员会第二十二次会议通过了《中华人民共和国生物安全法》。其中，第三十四条规定，国家加强对生物技术研究、开发与应用活动的安全管理，禁止从事危及公众健康、损害生物资源、破坏生态系统和生物多样性等危害生物安全的生物技术研究、开发与应用活动。第六十条规定，任何单位和个人未经批准，不得擅自引进、释放或者丢弃外来物种。第八十一条规定，违反本法规定，未经批准，擅自引进外来物种的，由县级以上人民政府有关部门根据职责分工，没收引进的外来物种，并处五万元以上二十五万元以下的罚款。违反本法规定，未经批准，擅自释放或者丢弃外来物种的，由县级以上人民政府有关部门根据职责分工，责令限期捕回、找回释放或者丢弃的外来物种，处一万元以上五万元以下的罚款。第八十四条规定，境外组织或者个人通过运输、邮寄、携带危险生物因子入境或者以其他方式危害我国生物安全的，依法追究法律责任，并可以采取其他必要措施。

《进出境动植物检疫法》第十条规定，输入动物、动物产品、植物种子、种苗及其他繁殖材料的，必须事先提出申请，办理检疫审批手续。第十七条规定，输入植物、植物产品和其他检疫物，经检疫发现有植物危险性病、虫、杂草的，由口岸动植物检疫机关签发《检疫处理通知单》，通知货主或者其代理人作除害、退回或者销毁处理；经除害处理合格的，准予进境。

我国制定这些法律法规的目的是为了维护国家安全，防范和应对生物安全风险，保障人民生命健康，保护生物资源和生态环境，促进生物技术健康发展，推动构建人类命运共同体，实现人与自然和谐共生。非法引进观赏昆虫有可能引起生物入侵。19 世纪中叶，哈佛大学有一位"分心"的天文学家，名叫艾蒂安·利奥波德·特鲁夫洛。他在搞天文学的同时又喜欢上了昆虫学研究。出于想寻找新的丝源改良材料这一目的，他把原产于欧亚和北非的一种叫舞毒蛾的昆虫引进到北美。1868 年，特鲁夫洛用舞毒蛾做实验时，有几只蛾子偷偷地从他位于波士顿郊区的家中逃了出去。但 20 多年后，这种蛾子在美国铺天盖地地发生，并毁掉了大片森林，现已是北美最具有破坏力的森林害虫之一（鞠瑞亭，2022）。

生物入侵会使本地种的生物多样性降低、生态系统的结构和功能遭到破坏，也给各国农业、林业等国民经济重要的支柱性产业带来巨大损失。最近的一项评估表明，全球仅农业生产，每年因入侵种危害而导致的经济损失就高达约 3.5 万亿元，其中，中国遭受的农业经济损失约 7000 亿元/年，位列全球第一（鞠瑞亭，2022）。

世界自然保护联盟的物种生存委员会入侵物种专家小组（ISSG）公布的《世界百大外来入侵物种》，其中包含昆虫 14 种。因此，我们在赏虫的同时，一定要遵守法律法规，自觉维护我国的生物安全。

参 考 文 献

白雅. 2006. 三种蟋蟀鸣声特征的比较. 南阳师范学院学报(社会科学版), 6(9): 27-29.

陈天嘉. 2013. 中国传统蟋蟀谱研究. 中国典籍与文化, 85(2): 146-154.

高怀柱. 2011. 秋蝉. 中华诗词, 18(9): 28.

鞠瑞亭. 2022 .生物入侵：人类社会新面临的生态环境危机. 科技视界, 12(19): 1-3.

李恺, 郑哲民. 1999. 棺头蟋属六种常见蟋蟀鸣声特征分析与种类鉴定(直翅目：蟋蟀总科). 昆虫分类学报, 21(1): 20-24.

李伟男. 2016. 如闻秋声再现虫趣——河南南阳发现唐长沙窑蟋蟀罐. 收藏界, 17(2): 54-55.

林存銮, 李素真, 王延鹏, 等. 1994. 山东省常见蟋蟀鸣叫习性与鉴别. 山东农业科学, 32(2): 41-42.

刘书龙. 2005. 咏蝉诗话. https://tieba. baidu. com/p/19751723[2017-04-30].

马丽滨. 2011. 中国蟋蟀科系统学研究(直翅目：蟋蟀总科). 杨凌：西北农林科技大学博士学位论文.

马丽滨, 何祝清, 张雅林. 2015. 中国油葫芦属 *Teleogryllus* Chopard 分类并记外来物种澳洲油葫芦 *Teleogryllus commodus* (Walker) (蟋蟀科, 蟋蟀亚科). 陕西师范大学学报(自然科学版), 43(3): 57-63.

石志廉. 1997. 蛐蛐罐中的几件珍品. 收藏家, 5(3): 7-11.

寿建新, 周尧, 李宇飞. 2006. 世界蝴蝶分类名录. 西安: 陕西科学技术出版社.

王成斌. 2010. 中国犀金龟亚科分类研究及区系分析(鞘翅目, 金龟科). 武汉: 华中农业大学硕士学位论文.

韦林. 2010. 昆虫——有待开发的森林资源. 广西林业, 29(2): 32-33.

吴福桢, 冯平章, 何忠. 1986. 北京及银川常见蟋蟀鸣叫习性与种类鉴定(直翅目：蟋蟀总科). 昆虫学报, 37(1): 62-66, 125, 126.

吴继传. 1989. 中国斗蟋. 北京: 华文出版社.

吴继传. 2001. 中华鸣虫谱——中国蟋蟀学鸣虫卷. 北京: 北京出版社.

吴伟忠. 2013-08-17. 一件蟋蟀罐拍出近 300 万元. http：//www. yznews. com. cn/yzwb/html/2013-08/17/content_478857. htm[2013-9-17].

肖冲. 2012-10-27. 蟋蟀罐拍卖迷人眼. 中国文化报.

熊莉，席德慧，樊佳，等. 2019. 昆虫琥珀标本制作实验引入通识课程的探索. 实验室科学, 22(2): 9-13.

杨平世. 1991. 台湾昆虫资源的保育、利用与回顾. 科学月刊, 22: 909-924.

易向. 2015-07-06. 齐白石的蝉意和虫趣. 今日头条. http：//www. toutiao. com/a4644946166/ [2015-7-30].

余光仁. 2007. 结缘蛐蛐罐. 收藏界, 8(2): 112-113.

张建递，邢艳萍，李倩，等. 2015.环氧树脂 AB 胶制作叶、花类药用植物标本的研究. 现代中药研究与实践，29(4): 24-26.

中国科学院中国动物志编辑委员会. 2001. 中国动物志昆虫纲第二十五卷鳞翅目凤蝶科. 北京: 科学出版社.

朱巽. 2007. 湖南观赏昆虫资源的利用研究. 湖南第一师范学报，7(4): 170-172.

Bejcek JR，Curtis-Robles R，Riley M，et al. 2018. Clear resin casting of arthropods of medical importance for use in educational and outreach activities. Journal of Insect Science，18(2): 34.

Miyan K，Khan S. 2021. Plastic embedding：A Noble technique for preserving specimens in museum. International Journal of Science and Research (IJSR)，10(9): 923-925.

Prud'homme B，Minervino C，Hocine M，et al. 2011. Body plan innovation in treehoppers through the evolution of an extra wing-like appendage. Nature，473(7345): 83-86.

Smith ABT. 2006. A review of the family-group names for the superfamily scarabaeoidea (coleoptera) with corrections to nomenclature and a current classification. The Coleopterists Bulletin，60(5): 144-204.

第6章 天 敌 昆 虫

昆虫在长期的自然进化中，分化出了不同的生存方式：一些昆虫为植食性，靠取食植物生存，约占昆虫种类的 48.2%；一些昆虫为肉食性，主要以寄生和捕食的方式生存，约占 30.4%，其中寄生性昆虫约占 2.4%，捕食性昆虫约占 28.0%，寄生和捕食的对象大多数是昆虫；还有一些昆虫以腐烂的植物和动物为生，称为腐食性昆虫，约占 17.3%（图 6-1）。昆虫的食性决定了昆虫在生态系统中的重要性。在食物网中，昆虫既是消费者，又是捕食者和被捕食者，扮演着多重角色。

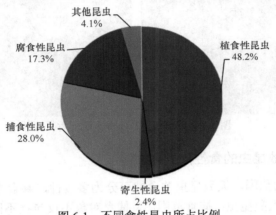

图 6-1　不同食性昆虫所占比例

在人类生活中，与人类争夺生存资源的大多是植食性昆虫，被人类称为害虫；另一类以寄生和捕食方式生存的肉食性昆虫，在自然界中通过捕食和寄生性行为能够杀死植食性昆虫，降低其繁殖潜力，减少其种群数量，这类昆虫称为天敌昆虫。天敌昆虫主要包括两种类型，即捕食性天敌昆虫和寄生性天敌昆虫。

天敌昆虫是自然界制约害虫危害的重要力量，昆虫纲约 30%的种类是农林害虫及其他有害生物的重要捕食性或寄生性天敌昆虫。正是这些天敌昆虫，无时无刻不在自然界中发挥着它们的重要生态功能，才将绝大多数害虫的危害控制在一定范围之内，使得能造成较大经济损失的害虫种类占昆虫总数的不到 1%，从而有效地维护了各种生态系统的稳定和平衡。天敌昆虫是人类控制害虫危害时可以利用的生物资源。

6.1　捕食性天敌昆虫

捕食性天敌昆虫指以捕食其他昆虫或动物作为食物的昆虫。这类天敌昆虫直接蚕食虫体的一部分或全部，或者刺入害虫体内吸食害虫体液使其死亡。捕食性天敌昆虫一般较其寄主猎物大，在其发育过程中要捕食许多寄主，而且通常情况下，一种捕食性天敌昆虫在其幼虫和成虫阶段都是肉食性，独立自由生活，都以同样的寄主为食，如螳螂目的螳螂和鞘翅目瓢虫科的绝大多数种类（图6-2左）。当然，也有幼虫和成虫食性不一样的，如多数食蚜蝇幼虫为捕食性，而成虫则很少捕食。目前，国内广泛应用的捕食性天敌昆虫主要有捕食螨、草蛉、瓢虫等。

图6-2　螳螂（左）和食虫虻（右）

6.1.1　捕食性天敌昆虫的食性分类

按捕食对象的范围，天敌昆虫的食性可分为多食性、寡食性和单食性三类。

（1）多食性天敌昆虫：捕食范围广，捕食对象不仅包括不同目的昆虫，还有其他动物。蜻蜓和螳螂多属于这一类（图6-3）。

图6-3　蜻蜓（左）和螳螂（右）成虫

（2）寡食性天敌昆虫：捕食范围与多食性天敌昆虫相比较窄，它们往往选择一些生活习性相似的或近缘的类群捕食。例如，盔唇瓢虫亚科 Chilocorinae 以盾蚧和蜡蚧为主要食料，如异红点唇瓢虫 *Chilocorus esakii*；食螨瓢虫主要捕食叶螨等，如深点食螨瓢虫 *Stethorus punctillum*（图6-4）。

（3）单食性天敌昆虫：往往只捕食一种昆虫，或仅取食同属中的几个近缘种，取食其他种时往往发育不良。例如，澳洲瓢虫 *Rodolia cardinalis* 捕食吹绵蚧 *Icerya purchasi*，当饲以同属的其他种时发育不良（图6-5）。

图6-4 深点食螨瓢虫　　　　　　图6-5 澳洲瓢虫成虫

6.1.2 捕食性天敌昆虫食性分类的意义

在天敌昆虫引进工作中，常常重视单食性或寡食性天敌昆虫。食性较窄的种类与其捕食对象的关系比较密切，容易观察其控制的效果。单食性或寡食性天敌昆虫的数量，往往随着捕食对象密度的大小而增减，成为害虫数量控制的关键因素；但有时也会出现"跟随现象"，不能控制害虫早期数量的增长。

食性较广的天敌昆虫类群，在捕食对象密度较低时，可以取食其他昆虫或其他生物而赖以繁衍，在生境内保持相当的数量，控制害虫于早期数量增长的阶段，其控制作用与食性较窄的天敌昆虫类群互相补充（林乃铨，2010）。

6.1.3 捕食性天敌昆虫的取食方式

捕食性天敌昆虫的取食方式多种多样，大多数以捕食对象的体液为食。捕食性半翅目是典型的吸食体液的类型；脉翅目幼虫和龙虱幼虫以双刺吸式口器捕食，也是吸食体液的类型；步甲、瓢虫的口器为典型的咀嚼式，但也以捕食对象的体液为主要食料，常在食后将其余大部分虫体弃掉。还有一些捕食性天敌昆虫不但取食体液，被捕食对象的其余部分也被咬碎吞入消化道中，如一些捕食性的螽蟖、螳螂及蜻蜓成虫等。

捕食性天敌昆虫在猎取捕食对象时，往往吐出唾液或消化液，进行肠外消化，或与取食的物质混合后再进入口腔之内。一些种类的唾液或消化液，对猎物具有毒性，因而在捕获的同时，可即刻将猎物麻醉或杀死（林乃铨，2010）。

6.1.4 捕食性天敌昆虫的主要类群

（1）螳螂目：全世界已知 2400 多种，我国已记载 170 种。螳螂目绝大多数种类都为捕食性，其成、若虫均能猎食各种昆虫，特别喜食蝗虫、鳞翅目幼虫及半翅目昆虫等（图 6-6）。

图 6-6　螳螂目成虫（左）和若虫（右）

（2）蜻蜓目：全世界已知 6600 多种，我国已知 780 余种，蜻蜓稚虫与成虫虽然生活的环境不同，但均为捕食性昆虫。稚虫在水中捕食孑孓、蜉蝣幼虫、纤毛虫、轮虫、线虫等；成虫在空中捕食各种善飞的蚊、蝇、虻、飞虱、叶蝉、小型蜂类和小型蛾蝶类（图 6-7）。

图 6-7　蜻蜓目成虫

（3）捕食性半翅目：半翅目是不完全变态类昆虫中种类、数量最多的目，全世界已记载 92 000 多种，我国已记载 12 200 多种。其中，有些是肉食种类，捕食害虫和害螨，如盲蝽、猎蝽、花蝽、姬蝽等（图 6-8）。

（4）脉翅目：全世界已知 5700 多种，我国已记载约 900 多种。成虫、幼虫多为肉食性，捕食蚜虫、介壳虫、木虱、叶蝉和叶螨，以及鳞翅目、鞘翅目的低龄幼虫和多种昆虫的卵（如粉蛉、草蛉、褐蛉）（图 6-9）。

图 6-8　半翅目花蝽（左）和猎蝽（右）成虫

图 6-9　脉翅目草蛉（左）和褐蛉（右）成虫

（5）捕食性鞘翅目：鞘翅目是昆虫纲乃至动物界最大的一个目，全世界已知
39 万种以上，我国已记载约 36 000 种。其中，天敌昆虫类群大多数隶属于肉食亚
目和多食亚目，其捕食性种类占已知捕食性天敌昆虫种类的一半，如瓢虫、虎甲、
步甲、隐翅虫等（图 6-10）。

图 6-10　鞘翅目瓢虫（左）、虎甲（中）和隐翅虫（右）成虫

（6）捕食性双翅目：全世界已知双翅目 16 万多种，中国已记载约 15 600 种。
其中，不少类群在成虫期或幼虫期捕食各种昆虫，如食虫虻、食蚜蝇、虻、瘿蚊
等（图 6-11）。

图 6-11 双翅目食虫虻（左）、食蚜蝇（右）成虫

（7）捕食性膜翅目：全世界已知膜翅目 15 万多种，但据估计至少应有 25 万种，我国已知约 12 500 种。大多数为益虫，与人类关系十分密切。捕食性类群如胡蜂、螺蠃蜂、泥蜂、蚁等（图 6-12）。

图 6-12 膜翅目泥蜂（左）、胡蜂（右）成虫

（8）捕食性鳞翅目：全世界已知鳞翅目约 16 万种，中国已记载约 9000 种。灰蝶科 Lycaenidae、举肢蛾科 Heliodinidae、夜蛾科 Noctuidae 中一些种类的幼虫为捕食性的，如食蚜小灰蝶 *Taraka hamada* 幼虫、北京蓝展足蛾 *Cyanarmostis vectigalis* 幼虫、猎夜蛾属 *Eublemma* 幼虫等。

6.2 寄生性天敌昆虫

寄生性天敌昆虫指在生活史的某一时期或终生附着在其他昆虫或寄主的体内或体表，吸取寄主的营养物质以维持生存的一类昆虫。寄生性天敌昆虫几乎都是以其幼虫体寄生，其幼虫不能脱离寄主而独立生存，并且在单一寄主体内或体表发育，随着寄生性天敌昆虫幼体的发育完成，寄主则缓慢地死亡和毁灭。而绝大多数寄生性天敌昆虫的成虫则是自由生活的，以花蜜、蜜露为食，如膜翅目寄生蜂（图 6-13）和双翅目寄生蝇。

图 6-13 膜翅目寄生性天敌昆虫

6.2.1 寄生性天敌昆虫的寄生类型

6.2.1.1 单期寄生和跨期寄生

1）单期寄生

单期寄生指寄生性天敌昆虫只寄生寄主的某一虫态，并能完成发育，又分为以下四种类型。

（1）卵寄生：指寄生性天敌昆虫寄生于寄主卵内，如松毛虫赤眼蜂 *Trichogramma dendrolimi*、荔枝蝽卵平腹小蜂 *Anastatus japonicas*（图 6-14）等。

图 6-14 松毛虫赤眼蜂（左）和荔枝蝽卵平腹小蜂（右）成虫

（2）幼虫寄生：指寄生性天敌昆虫寄生于寄主的幼虫或若虫体内或体表，以寄主幼虫营养生存，如椰甲截脉姬小蜂 *Asecodes hispinarum*（图 6-15）、椰心叶甲啮小蜂 *Tetrastichus brontispae* 等。

（3）蛹寄生：指寄生性天敌昆虫寄生于寄主的蛹内，如广大腿小蜂 *Brachymeria lasus*、蝶蛹金小蜂 *Pteromalus puparum*（图 6-16）等。

图 6-15　椰甲截脉姬小蜂成虫

图 6-16　广大腿小蜂（左）和蝶蛹金小蜂（右）成虫

（4）成虫寄生：指寄生性天敌昆虫寄生于寄主的成虫体内或体表，以寄主成虫营养为生，如暗绿截尾金小蜂 *Tomicobia seitneri*（图 6-17）等。

图 6-17　暗绿截尾金小蜂成虫

2）跨期寄生

跨期寄生指寄生性天敌昆虫需经过寄主的 2～3 个虫态才能完成发育，分为如下三种类型。

（1）卵-幼虫寄生：指寄生性天敌昆虫产卵于寄主卵内，寄主孵化为幼虫后，寄生昆虫卵才孵化，并在寄主幼虫体内完成发育，如台湾甲腹茧蜂 *Chelonus*

formosanus、稻瘿蚊黄柄黑蜂 *Platygaster oryzae*
（图 6-18）等。

（2）卵-幼虫-蛹寄生：指寄生性天敌昆虫
产卵于寄主卵内，但直至寄主的蛹期才孵化出幼
虫，并取食寄主完成发育，如潜蝇反颚茧蜂
Symphya agromyzae 等。

（3）幼虫-蛹寄生：指寄生性天敌昆虫产卵
于寄主幼虫体内，但寄主可以继续发育到蛹期，
寄生性天敌昆虫在寄主蛹期完成发育，如广黑点
瘤姬蜂 *Xanthopimpla punctata*（图 6-19）等。

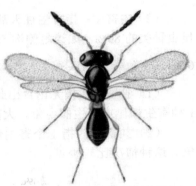

图 6-18 稻瘿蚊黄柄黑蜂成虫

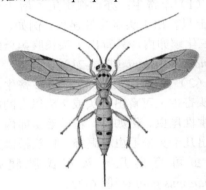

图 6-19 广黑点瘤姬蜂成虫

6.2.1.2 外寄生和内寄生

（1）外寄生：指寄生性天敌昆虫生活于寄主体表，如螟黑纹茧蜂 *Bracon onukii*、麦蛾茧蜂 *Habrobracon hebetor*（图 6-20）等。

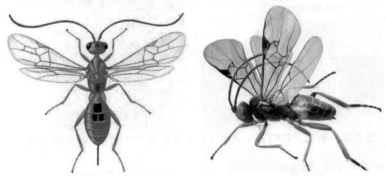

图 6-20 螟黑纹茧蜂（左）和麦蛾茧蜂（右）成虫

（2）内寄生：指寄生性天敌昆虫的幼虫生活于寄主体内。内寄生约占寄生性昆虫种类的 80%，如淡足侧沟茧蜂 *Microplitis pallidipes* 等。

6.2.1.3 独寄生和共寄生

（1）独寄生：指无论育出此种寄生性昆虫个体数有多少，1 个寄主体上只有 1 种寄生性昆虫寄生的现象。大部分寄生性昆虫均属于这种情况。

（2）共寄生：指 1 个寄主体上有 2 种或 2 种以上寄生性昆虫同时寄生的现象。这种情况比较少见。

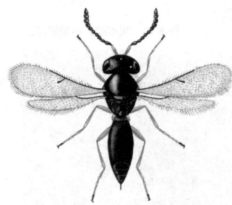

图 6-21 长腹黑卵蜂成虫

6.2.1.4 单寄生和聚寄生

（1）单寄生：亦称孤寄生，指 1 个寄主上只育出 1 头寄生性昆虫。例如，在 1 粒三化螟卵内，只育出 1 头长腹黑卵蜂 *Tenlenomus rowani*（图 6-21）。

（2）聚寄生：过去常称为多寄生，指 1 头寄主上可育出 2 头或 2 头以上的同种寄生性昆虫。例如，1 粒松毛虫卵内，可育出几十头松毛虫赤眼蜂；1 头松褐天牛幼虫可育出几十头管氏肿腿蜂 *Sclerodermus guani*（图 6-22）。

图 6-22 管氏肿腿蜂无翅成虫（左）及其幼虫寄生天牛幼虫状（右）

6.2.1.5 完寄生和过寄生

（1）完寄生：指寄生性昆虫在寄主上能完成发育。

（2）过寄生：指寄生性昆虫在同一寄主上子代个体数过多，寄主体内营养不能满足需要，导致一部分或全部寄生性昆虫不能完成发育而死亡，或发育不良失去繁衍后代的能力。

6.2.1.6 原寄生和重寄生

（1）原寄生：也称初寄生，指直接寄生寄主昆虫。

（2）重寄生：指以寄生性昆虫为寄主，即一种寄生性昆虫寄生在另一种寄生性昆虫体上。重寄生分为二重寄生、三重寄生、四重寄生，甚至五重寄生。

6.2.1.7 单主寄生、寡主寄生和多主寄生

（1）单主寄生：也称单食性寄生或单择性寄生，指寄生性昆虫限定在一种寄主上寄生的现象，如苹果绵蚜蚜小蜂 *Aphelinus mali*（图 6-23）。

（2）寡主寄生：也称寡食性寄生或寡择性寄生，指寄生性昆虫只能在少数近缘种类上寄生的现象。

（3）多主寄生：也称多食性寄生或多择性寄生，指寄生性昆虫可在多种寄主上寄生的现象，如广大腿小蜂。

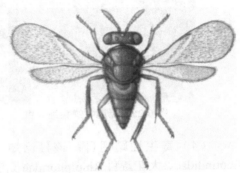

图 6-23 苹果绵蚜蚜小蜂成虫

6.2.2 寄生性天敌昆虫的主要类群

（1）寄生性膜翅目：通称寄生蜂，是一类十分重要的天敌昆虫，其中大部分属于细腰亚目 Apocrita，广腰亚目 Symphyta 中仅尾蜂科 Orussidae 是寄生性的，如松毛虫赤眼蜂、丽蚜小蜂 *Encarsia formosa*（图 6-24 左）、广旗腹蜂 *Evania appendigastet*、松毛虫黑卵蜂 *Telenomus dendrolimusi*、管氏肿腿蜂、黄喙蜾蠃 *Rhynchium quinquecinctum*（图 6-24 右）等。

图 6-24 丽蚜小蜂（左）和黄喙蜾蠃（右）成虫

（2）寄生性双翅目：泛称寄生蝇，主要有 21 科，其防控农林害虫的作用仅次于寄生性膜翅目，是一个重要天敌类群，如黑尾叶蝉头蝇 *Tomosvaryella oryzaetora*（图 6-25）、松毛虫狭颊寄蝇 *Carcelia matsukarehae* 等。

（3）捻翅目：通称捻翅虫，亦称蝎（图 6-26），全世界已知约 600 种，中国已记录 27 种，主要寄主为蜂、蚁、叶蝉、飞虱等昆虫，但对一些捕食性或传粉昆虫具有一定危害性，利用价值不大。

图 6-25　黑尾叶蝉头蝇成虫　　　　图 6-26　捻翅目雄成虫

（4）寄生性鞘翅目：该目已知 12 科具有寄生习性，其中仅寄居甲科 Leptindidae、大花蚤科 Rhipiphoridae（图 6-27）和羽角甲科 Rhipiceridae 昆虫具有典型的寄生习性，主要寄主为天牛幼虫、蜂、蝉和蚧蠊等昆虫。

图 6-27　大花蚤科成虫

（5）寄生性鳞翅目：该目仅寄蛾科 Epipyropidae（图 6-28）昆虫具有典型的寄生习性，如蝉寄蛾 *Epipomponia oncotympana*，主要的寄主昆虫为蝉、叶蝉、蜡蝉和飞虱等；此外，举肢蛾科和夜蛾科的少数种类为寄生性。

图 6-28 寄蛾科成虫（左）和蝉被寄蛾幼虫寄生状（右）

6.3 天敌昆虫的保护

根据天敌昆虫与害虫的生物学习性及其相互关系的特点，可以设计天敌保护与助长的适宜方法。

1）直接保护天敌昆虫

广谱性杀虫剂的使用是引起天敌昆虫大量死亡的一个重要因素，应用选择性杀虫剂和采用科学的施药方法能够降低农药对天敌昆虫的伤害。

此外，利用直接保护天敌昆虫的方法，也可减少天敌昆虫的死亡率。例如，在冬季采集害虫越冬卵，将其放在室内保护越冬，到翌年春季寄生蜂羽化时再送到田间散放；或采集害虫的卵、幼虫及蛹放入寄生蜂保护器中，羽化出来的寄生蜂可以自由飞回到田间，而害虫孵化或羽化后不能出保护器或被杀死。湖南采用地窖保护大红瓢虫 *Rodolia rufopilosa*（图6-29）越冬，可以降低其越冬死亡率。

2）补充天敌昆虫的数量

大量繁殖和散放当地天敌昆虫是助长天敌昆虫的一个方法。许多天敌昆虫往往于冬季大量死亡，早春时，其控制作用就会受到限制。在这种情况下，如果早春大量散放这些天敌昆虫，补充其种群基数的不足，能尽早把害虫种群数量控制住。

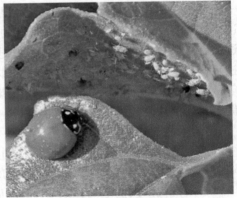

图 6-29 大红瓢虫成虫

3）补充天敌昆虫的食料及寄主

除捕食对象或寄主外，天敌昆虫往往还要取食蜜露、花蜜或其他食物来补充营养。在作物附近种植蜜源植物，往往有助于提高姬蜂、茧蜂和一些小蜂的寄生率。例如，在美国加利福尼亚州，种植者有意识地在葡萄园内种植、保留部分黑莓，使缨小蜂能在葡萄园内黑莓叶蝉的卵内顺利越冬，从而有效提高冬后葡萄园内缨小蜂的种群数量，使得春季葡萄斑叶蝉的危害得到有效控制。

6.4 天敌昆虫的引进、移殖与助迁

1）天敌昆虫的引进

天敌昆虫的引进一般指针对外地传入的害虫，从害虫原产地引进害虫的天敌昆虫，并通过少量的繁殖释放，使天敌昆虫在害虫入侵地定居并持续地控制这些害虫。引进天敌昆虫防治害虫一度成为害虫生物防治的核心内容，被称为传统生物防治。这项策略和技术的迅速发展是从引进澳洲瓢虫防治吹绵蚧的成功实践开始的。

100 多年来的生物防治历史充分证明，引进天敌昆虫是丰富本地天敌昆虫资源、改善本地昆虫的群落结构，从而经济、安全、持续有效地控制入侵害虫的一个最佳策略。我国天敌昆虫的引进工作取得了举世瞩目的成就，在害虫尤其是外来入侵害虫的生物防治中起到了显著作用。

2）天敌昆虫的移殖

在天敌昆虫分布区的边缘，往往由于一些生境条件未能满足其生存的要求，因而成为天敌昆虫分布的限制因素。例如，我国一些起源于南方的天敌昆虫，其分布的北限往往与冬季的低温相关。在分布区的外缘，并不是每年冬季的低温都足以引起这些天敌昆虫大量死亡，只有一些特别低温的年份才限制其分布。在这种情况下，天敌昆虫就可能在分布区的外缘生存一段时间，起着抑制害虫的作用。

移殖天敌昆虫的注意事项：在移殖地点为天敌昆虫的活动创造最适条件；在一次释放中尽量使用足够数量的天敌昆虫；在每一地点连续进行这种释放；建立许多针对目标害虫的地理区或生态区的移殖点。例如，1993 年，新西兰从国外引进微红绒茧蜂 *Apanteles rubecula*（膜翅目茧蜂科）以增强天敌昆虫对小菜粉蝶的控制作用，但其扩散速度较慢。为了帮助该蜂在新西兰尽快普遍定殖，1993～1998年从新西兰北部到南部，先后在 10 个地理区或生态区的 50 个释放点进行释放，促进其广泛成功定殖。

3）天敌昆虫的助迁

把天敌昆虫从一个生境人工迁移到另一个生境内，加强天敌昆虫的控害作用，降低害虫发生的数量，即为天敌昆虫的助迁。

中国古代，人们把黄猄蚁 *Oecophylla smaragdina* 连巢移放到柑橘园中，用于防治柑橘害虫，是人工助迁最早的例子。福建和台湾利用红蚂蚁防治甘蔗害虫，利用竹管或芦苇管引诱这种红蚂蚁营巢，而后把巢连同红蚂蚁移放到蔗田中，此方法也有相当长的历史。

招引和收集越冬的天敌昆虫成虫，然后人工迁放到田间，也是一种有效的助迁方法。七星瓢虫 *Coccinella septempunctata* 和异色瓢虫 *Harmonia axyridis* 都有群集越冬的习性，在越冬前迁移、群集于山的南坡，在石缝、石洞或土缝中越冬。河南等省的棉区利用七星瓢虫防治棉蚜，其方法是采集麦田的七星瓢虫幼虫、蛹及成虫放到棉田去。在欧洲，也有七星瓢虫常年越冬的地点，于其越冬迁飞之前，放置诱集器诱集成虫，然后移入室内保持适当的温度保护瓢虫越冬，待翌年春，作物生长季开始时，移放到田间防治蚜虫。

6.5 天敌昆虫的繁殖与释放

6.5.1 天敌昆虫繁殖的基本方法

天敌昆虫大量繁殖的方法多种多样，归纳起来有如下几个基本方法。

（1）利用天敌昆虫自然寄主或猎物繁殖天敌昆虫：对于一些寄主比较专一的天敌昆虫，可以利用天敌昆虫的自然寄主大量繁殖，生产足够散放数量的天敌昆虫。例如，利用从美国引进金黄蚜小蜂 *Prospaltella aurantii*、双带巨角跳小蜂 *Comperiella bifasciata* 等寄生蜂来防治红圆蚧 *Aonidiella aurantii*，主要以原寄主红圆蚧作为自然寄主进行室内大量繁殖。

（2）利用替代寄主或猎物繁殖天敌昆虫：对于一些寄主或食性范围较广的天敌昆虫，可以选择容易大量饲养的替代寄主进行培养。例如，赤眼蜂的寄主范围较广，常用麦蛾 *Sitotroga cerealella*、米蛾 *Corcyra cephalonica*、地中海粉螟 *Ephestia kuehniella* 等仓库害虫的卵作为替代寄主，进行大量繁殖；我国常用柞蚕 *Antheraea pernyi*、蓖麻蚕 *Philosamia cynthia ricini*、米蛾的卵进行大量繁殖。

（3）利用半合成人工饲料繁育天敌昆虫：在应用半合成人工饲料繁育天敌昆虫的研究过程中，部分天敌昆虫类群取得了一些成果，如双翅目寄生性天敌昆虫麻蝇、脉翅目捕食性天敌昆虫草蛉、鞘翅目捕食性天敌昆虫瓢虫、膜翅目寄生性天敌昆虫赤眼蜂等。

6.5.2 人工大量繁殖的天敌昆虫及其释放方法

6.5.2.1 赤眼蜂

1）简介

赤眼蜂属膜翅目 Hymenoptera 赤眼蜂科 Trichogrammatidae，其中以赤眼蜂属 *Trichogramma* 的种类应用最多、防治对象最广、防治面积最大，是一类很有利用价值的卵寄生性天敌昆虫。截至 1999 年，全世界共记录了 180 多种，我国记录了 29 种。

赤眼蜂的应用历史最早可以追溯到 1882 年，加拿大从美国引进微小赤眼蜂 *T. minutum* 防治害虫，1911 年利用自然寄主黄毒蛾 *Euproctis chrysorrhoea* 繁殖微小赤眼蜂，1927 年以麦蛾 *Sitotroga cerealella* 卵为中间寄主大量繁殖赤眼蜂获得成功，之后出现了较大规模的田间生物防治试验与示范。全世界已有 20 多种赤眼蜂可以进行人工大量繁殖，用于农林作物和牧草的近百种害虫的生物防治。我国近代生物防治的研究始于 20 世纪 30 年代初，50 年代初步解决了赤眼蜂寄主、人工繁育及田间释放等问题，60 年代开始大面积应用于防治甘蔗田害虫；70 年代由于中间寄主柞蚕 *Antheraea pernyi* 卵的应用，使赤眼蜂防治害虫在全国范围内迅速

图 6-30　松毛虫赤眼蜂成虫

推广，涉及 26 个省份的多种农林害虫。目前我国已成为世界上应用赤眼蜂防治害虫面积最大的国家，在东北地区，每年仅利用松毛虫赤眼蜂 *T. dendrolimi*（图 6-30）防治玉米螟的面积就达到 400 万 hm^2 以上。

2）释放方法

因赤眼蜂喜好在新鲜的害虫卵上寄生，所以只有在害虫产卵期开始释放才能收到好的防治效果。田间放蜂时间和放蜂次数，应根据田间靶标害虫的产卵时期、产卵持续时间，以及所释放赤眼蜂在当时田间条件下的羽化历期、存活寿命和世代历期等条件来决定。在初次放蜂时，由于田间卵量不大，放蜂量可少些；在卵始盛期，应加大放蜂量；产卵后期，放蜂量适当减少。

我国东北地区防治玉米螟常 5～7 天放蜂 1 次，连放 2 次，总放蜂数量控制在 1.5 万头/亩；中原地区防治棉铃虫，每隔 3～5 天放蜂 1 次，每代棉铃虫发生期放蜂 6～8 次，每次 7000～10 000 头/亩。

田间放蜂点的多少取决于赤眼蜂的扩散能力、害虫产卵的空间分布、放蜂时田间温湿度等。一般大田作物每亩设放蜂点 3～5 个，在林业上每亩设放蜂点 6 个。一般放蜂方法有卵卡式放蜂和散粒放蜂两种。

6.5.2.2　荔蝽卵平腹小蜂

1）简介

荔蝽卵平腹小蜂（图 6-31）属膜翅目旋小蜂科 Eupelmidae。荔枝蝽 *Tessaratoma papillosa* 是荔枝、龙眼的主要害虫，广泛分布在我国南方诸省及东南亚各国。20 世纪 60 年代初期，我国科技工作者在长期的调查研究中，发现并首创了应用荔蝽卵平腹小蜂防治荔枝蝽的方法，取得了显著的效果。在早春季节，荔枝蝽产卵始盛期，通过人工大量繁殖和散放荔蝽卵平腹小蜂，提早增加果园内荔蝽卵平腹小蜂的种群数量，是控制荔

图 6-31　荔蝽卵平腹小蜂成虫

枝蟥危害的有效办法。

2）释放方法

对于中等大小的荔枝树、龙眼树，平均每株有荔枝蟥成虫 200 头左右时，每棵树放蜂 1000 头即可控制荔枝蟥危害。放蜂时间于早春荔枝蟥产卵初期开始，分 2 次释放，间隔 8～10 天，能达到控制荔枝蟥危害的目的。

6.5.2.3 丽蚜小蜂

1）简介

丽蚜小蜂（图 6-32）属膜翅目蚜小蜂科 Aphelinidae，最早在美国温室天竺葵属植物的粉虱上发现，是粉虱类害虫的重要寄生蜂。应用丽蚜小蜂防治温室白粉虱 *Trialeurodes vaporariorum*，是世界各国生物防治的成功事例之一；用其防治烟粉虱

图 6-32　丽蚜小蜂成虫

Bemisia tabaci 也取得较好的成效。1978 年，我国从英国引进丽蚜小蜂，并进行了防治温室白粉虱的研究和应用推广。

2）释放方法

（1）增殖释放：在网笼或大棚内引入具有少量粉虱发生的作物，然后接入少量丽蚜小蜂，使其在此"作物-粉虱"系统上不断增殖，从而成为丽蚜小蜂自然繁殖的"工厂"。

（2）保护性释放：在作物定植 7 天后或在最后一次施用农药 21 天后，在田间引入丽蚜小蜂，密度 1 头/m²，每 7 天 1 次。在田间多点释放，更利于丽蚜小蜂的扩散。

（3）控制性释放：350 头/m²，每 7 天放蜂一次。

图 6-33　蚜茧蜂成虫

6.5.2.4　蚜茧蜂

1）简介

蚜茧蜂（图 6-33）是膜翅目蚜茧蜂科 Aphidiidae 蚜茧蜂亚科 Aphidiinae 的通称。此科广布全世界，是蚜虫的重要天敌昆虫，对蚜虫的自然控制作用显著。全世界已知蚜茧蜂 1000 属 19 000 种。国内外应用蚜茧蜂防治蚜虫已有许多成功的事例。例如，云南省应用烟蚜茧蜂 *Aphidius gifuensis* 防治烟田蚜虫效果可达 93.3%；美国从印度引进史密斯蚜茧蜂 *Aphidius smithi* 混合种防治苜蓿上的豌豆蚜 *Acyrthosiphon pisum* 获得成功。

2）释放方法

释放蚜茧蜂应选择田间寄主有翅蚜迁入初期，蚜虫呈点状分布，蚜虫群体多数处于若蚜期时，按蜂蚜比 1：50 左右的蜂量释放成蜂。在释放前，成蜂应饲以10%～15%葡萄糖或蜜糖水，以补充营养，延长寄生蜂的寿命。

图 6-34　白蛾周氏啮小蜂成虫

6.5.2.5　白蛾周氏啮小蜂

1）简介

白蛾周氏啮小蜂（图 6-34）属膜翅目姬小蜂科 Eulophidae 周氏啮小蜂属 *Chouioia*，是美国白蛾*Hyphantria cunea*蛹期优势寄生性天敌昆虫，具有寄生率高、繁殖能力强、雌雄性比大等优点。该寄生蜂发现于美国白蛾蛹内，由中国昆虫学家杨忠岐教授定名。利用这种天敌昆虫防治美国白蛾取得了良好效果（魏建荣等，2003；杨忠岐等，2005；杨忠岐和张永安，2007）。

2）释放方法

老熟幼虫期和化蛹初期为防治美国白蛾的最佳放蜂期。按 3 倍于美国白蛾的数量释放白蛾周氏啮小蜂。要严格掌握好放蜂时间，在美国白蛾老熟幼虫期和化蛹初期各按总放蜂量的 50%分 2 次释放。必须要释放足够量的白蛾周氏啮小蜂，才能达到有效控制美国白蛾的防治效果。放蜂次数采用每代美国白蛾放蜂 2 次，一年共放蜂 4 次。

6.5.2.6　肿腿蜂

1）简介

肿腿蜂是林木蛀干害虫的重要寄生性天敌昆虫类群，属膜翅目肿腿蜂科Bethylidae。目前，以硬皮肿腿蜂属 *Sclerodermus* 的种类研究利用最多，如管氏肿腿蜂 *S. guani*、川硬皮肿腿蜂 *S. sichuanensis*（图 6-35）和白蜡吉丁肿腿蜂 *S. pupariae*等。北京西山林场经多年研究，解决了管氏肿腿蜂人工大量繁殖的技术问题，已在许多地区广泛用于防治危害侧柏、柏木的双条杉天牛 *Semanotus bifasciatus* 和危害杨树的青杨天牛 *Saperda populnea*，取得良好的控制效果（杨忠岐等，2014）。

2）释放方法

由于管氏肿腿蜂雌蜂无翅，释放后很难自行飞翔扩散，放蜂防治时，需要逐株进行。放蜂前，需要先调查天牛的虫口数量，然后根据其数量计算放蜂量。

防治青杨天牛、双条杉天牛的中老龄幼虫，以 1 头天牛幼虫释放 2～3 头肿腿蜂为宜；防治松褐天牛 *Monochamus alternatus*、光肩星天牛 *Anoplophora glabripennis*、桑天牛 *Apriona germari*、云斑天牛 *Batocera horsfieldi* 等中大型天牛时，必须掌握在天牛 1～3 龄幼龄期释放，才能获得良好的防治效果。放蜂时，应选择晴天无风的天气，林间温度为 22～28℃最适宜。放蜂时间宜选择在上午 9：00～11：00 和下午 3：00～6：00 进行。

图 6-35 川硬皮肿腿蜂无翅及有翅成虫（引自杨忠岐等，2014）

6.5.2.7 草蛉

1）简介

草蛉属脉翅目 Neuroptera 草蛉科 Chrysopidae，全世界已知 82 属约 1400 余种。我国的草蛉种类和数量均很丰富，已记载有 27 属 250 种。常见的种类有中华草蛉 *Chrysoperla sinica*、普通草蛉 *Chrysopa carnea*、大草蛉 *C. pallens*、丽草蛉 *C. formosa*（图 6-36）等，主要捕食蚜虫、粉虱、一些鳞翅目的卵和低龄幼虫及一些螨类。

2）释放方法

（1）释放时期：草蛉的释放时期要在害虫发生的初期，最好在早晨或傍晚散放。

（2）释放数量：一般按益害比 1：30～1：50，或者温室作物 10 头/m²，14～21 天散放 1 次；大田作物 6000 头/亩，每 5 天释放 1 次，连放 3 次。

图 6-36 丽草蛉成虫

（3）释放虫态：草蛉散放的虫态以成虫、卵、幼虫均可，但一般以卵或初孵幼虫为主。

（4）释放方法：散放卵时，将已变灰色的草蛉卵剪成小条卵卡，将卵卡固定在棉株枝条和叶片上；散放低龄幼虫时，把将要孵化的灰色卵刮下，用小塑料袋或罐头瓶装入锯末，同时放入适当的饲料，即可在早晨或傍晚散放，均匀撒在棉株嫩尖和上部张开的叶片上即可；散放成虫时，一般先将成虫移到黑暗的容器内，早晨在田间均匀布点，打开封口，让成虫飞到田间。

6.5.2.8 小黑瓢虫

1）简介

小黑瓢虫 *Delphastus catalinae*（图 6-37）是烟粉虱、温室白粉虱等粉虱的重要捕食性天敌昆虫，属鞘翅目 Coleoptera 瓢虫科 Coccinellidae。该瓢虫原产于北美洲，现已被多个国家和地区引种利用，我国于 1996 年引进。小黑瓢虫捕食量大、搜寻能力强，可捕食粉虱的卵、若虫及成虫，且不取食被丽蚜小蜂等寄生蜂寄生的粉虱，可与寄生蜂一起释放应用，尤其在粉虱大发生时，释放小黑瓢虫可以较好地控制粉虱的危害。

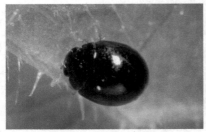

图 6-37　小黑瓢虫成虫

2）释放方法

小黑瓢虫可以捕食粉虱的各个虫态，因此该虫的释放可在粉虱发生初期进行，为达到早期控制的效果，也可以在粉虱其他发生期释放。在粉虱发生初期释放，可以较快发挥小黑瓢虫的控制作用，尽早将粉虱种群控制在产生危害之前；选择粉虱种群数量发生多的田块，点状释放，使其在控制粉虱害虫的同时，扩大自身种群数量。在粉虱大暴发的田块，要加大小黑瓢虫的释放量，或连续释放几次，达到较好的控制效果。

6.6　天敌昆虫在害虫生物防治中的应用

1）利用黄猄蚁防治柑橘害虫

黄猄蚁可谓历史名蚁，又名黄柑蚁，属膜翅目蚁科 Formicidae。1700 多年前，中国就利用黄猄蚁进行生物防治，这是人类进行生物防治的最早记录。嵇含于公元 304 年撰写的《南方草木状》卷三中，记述了有人在街上出售黄猄蚁巢，用于柑橘园害虫的防治。可见，当时人们已经认识到黄猄蚁是社会昆虫，治虫效能全在于群体的力量，所以不是收集单个蚁，而是"并巢而卖"。"并巢而卖"亦便于运输和贩卖，其中一些使用方法一直沿用至今。20 世纪 60 年代初，广州市郊罗岗在集市上贩蚁仍相当盛行，广东四会等地在柑橘园释放黄柑蚁已历时三百余年，现仍继续用其防治柑橘害虫。

2）利用澳洲瓢虫防治柑橘吹绵蚧

澳洲瓢虫属鞘翅目瓢虫科，原产于澳大利亚。1868 年，吹绵蚧在美国加利福尼亚州门罗公园的金合欢苗圃中首次被发现，很快蔓延到附近的树木和柑橘上，1880 年已遍及整个加利福尼亚州，成为柑橘的重要害虫。1888～1889 年，美国先后自澳大利亚引进 5 批共 524 头澳洲瓢虫，释放到橘园，这些瓢虫迅速定居并大量增殖，在 1～2 年内就将吹绵蚧种群压低到了不引起经济损失的水平，此后一直持续有效地控制该虫的危害。随后的几十年内，澳洲瓢虫被引入亚洲、非洲、欧洲、南美洲的许多国家和地区，在热带、亚热带地区定殖，对引入地吹绵蚧种群数量起到不同程度的持续控制作用。

我国 1909 年第一次引进澳洲瓢虫，自美国加利福尼亚州和夏威夷引入中国台湾，引入后在台湾定殖，起到控制吹绵蚧的作用。1929 年，澳洲瓢虫被引进至上海防治海桐花上的吹绵蚧，获得成功。1932 年，浙江省昆虫局的任明道先生从台湾引入澳洲瓢虫至浙江黄岩，防治柑橘吹绵蚧获得成功。1955 年，澳洲瓢虫被引入广州，在这次繁殖散放之前，广东未发现过澳洲瓢虫，且吹绵蚧危害极其严重，澳洲瓢虫引进后，繁殖并散放于广州市及其郊区，防治橘树和木麻黄树上的吹绵蚧；1956 年，澳洲瓢虫被助迁于广东电白县。20 世纪 60 年代初，澳洲瓢虫被助迁到重庆北碚区，在这些散放和助迁地区，澳洲瓢虫都成功定殖，并持续有效地控制了吹绵蚧的危害。

3）利用赤眼蜂防治甘蔗螟虫

甘蔗螟虫俗称甘蔗钻心虫，为甘蔗重要害虫。常见种类有鳞翅目卷叶蛾科 Tortricidae 黄螟 *Tetramoera schistaceana*、螟蛾科 Pyralidae 条螟 *Chilo sacchariphagus* 和二点螟 *C. infuscatellus*。自 20 世纪 20 年代以来，许多国家和地区都进行了利用赤眼蜂防治甘蔗螟虫的大量研究。20 世纪 20～70 年代，美国曾进行过利用赤眼蜂防治甘蔗螟虫等试验，效果不理想；30～40 年代，印度和毛里求斯也曾用赤眼蜂防治甘蔗螟虫，初期成绩尚好，后来也未能用于生产；自 1929 年起，在西印度群岛的巴巴多斯岛上，连续 20 年利用赤眼蜂防治甘蔗螟虫，结果使甘蔗螟虫蛀节率比以前减少 1/3，每年产糖量也有提高。

1954～1958 年，我国广东省通过释放广赤眼蜂防治甘蔗螟虫，取得较好的效果。1956 年，在广州市郊河南农场进行大面积试验，放蜂区甘蔗螟虫卵寄生率达 60%～79%。1958 年，全国第一个赤眼蜂站在广东佛山顺德建立，随后在全国的许多蔗区也相继建立了赤眼蜂站，开展大面积的生物防治研究。1981～1985 年，广东省农业科学院植物保护研究所释放赤眼蜂防治甘蔗螟虫，防治效果达 80%，甘蔗螟虫蛀节率减少 71%。1975～1994 年，广东珠海红旗农场坚持放蜂防治甘蔗螟虫，累计放蜂面积 9.57 万 hm^2，将甘蔗枯心苗率和死株率均控制在 2% 以下，并产生巨大经济效益。广西、福建、云南、湖南和四川等蔗区，也相继进行赤眼蜂防治甘蔗螟虫的试验，均取得了良好的防治效果。

4）利用孟氏隐唇瓢虫防治粉蚧、蜡蚧和绵蚧

孟氏隐唇瓢虫 *Cryptolaemus montrouzieri* 属鞘翅目瓢虫科，原产于澳大利亚东部，主要捕食绒蚧和蜡蚧。它是引进研究最多的瓢虫之一，1888～1891 年自澳大利亚引入美国加利福尼亚州，连续饲养、散放 20 年；1892 年，在加利福尼亚州沿海地带定殖；1893 年，定殖于夏威夷；1939 年，定殖于佛罗里达；1980 年，

定殖于加利福尼亚州中部，对粉蚧的防治起着一定的作用。

该种也被引入欧洲各国，例如，1908 年引入意大利；1918 年引入法国；1924 年引入以色列；1928 年引入西班牙；1911～1913 年引入波多黎各防治垫囊绿绵蜡蚧 *Chloropulvinaria psidii* 和鳞粉蚧 *Nipaecoccus nipae*；1931 年引入智利；1938～1939 年引入毛里求斯防治新菠萝灰粉蚧 *Dysmicoccu neobrevipes*；1954～1955 年自夏威夷引入百慕大防治垫囊绿绵蜡蚧等。定殖后的孟氏隐唇瓢虫对防治蜡蚧和粉蚧起着一定的作用。

孟氏隐唇瓢虫的引进也是我国引进天敌昆虫定殖成功的例子之一。1955 年其被引入广州，1955～1964 年在原华南农学院和中南昆虫研究所（现为广东省昆虫研究所）进行繁殖散放。当时散放防治的对象包括橘臀纹粉蚧 *Planococcus citri*、柑栖粉蚧 *Pseudococcus calceolariae*，以及其他粉蚧、蜡蚧。1979 年，在广州和佛山等地的石栗树上发现其取食石栗粉蚧 *Pseudococcus* sp.，广东原来经常危害的粉蚧和绵蚧数量明显下降，即使偶尔发生，孟氏隐唇瓢虫随即出现，抑制着这类害虫的种群数量。

5）利用荔蝽卵平腹小蜂防治荔枝蝽

荔蝽卵平腹小蜂属膜翅目旋小蜂科，是荔蝽卵的重要寄生蜂。利用荔蝽卵平腹小蜂防治荔枝蝽是一个高效、省工、环保的方法。自 20 世纪 60 年代，广东省采用荔蝽卵平腹小蜂防治荔枝蝽取得了突破性的进展，在生物防治上取得了成功的经验。福建农业大学植物保护系自 1989 年以来，陆续在福建省的福州、闽侯、莆田等地大面积推广这一生物防治技术，均取得了较理想的防治效果，荔枝蝽卵的寄生率达到 94%～97.5%。1997 年以来，深圳、广州等地近 10 万棵荔枝树上，连续用荔蝽卵平腹小蜂防治荔枝蝽，蝽象卵寄生率达 89.32%～90.18%，而对照区仅为 0～11.5%；放蜂区蝽象若虫残留密度为 0～2 头/m²，而化学药剂防治区则达 30.9 头/m²。可见，此措施对蝽象起到了良好的控制作用，可大大减少农药使用次数，降低农药残留和防治成本，为荔枝的绿色食品生产创造条件。

6）利用花角蚜小蜂防治松突圆蚧

松突圆蚧 *Hemiberlesia pitysophila* 是 20 世纪 80 年代初传入广东的松树害虫，至 20 世纪 90 年代初，发生面积已达 71.8 万 hm²。松突圆蚧的原产地是我国台湾、日本的冲绳群岛和先岛诸岛，其优势天敌昆虫为膜翅目蚜小蜂科花角蚜小蜂 *Thyscus fulvus*。1986～1989 年，我国从日本共引入花角蚜小蜂 16 批，在广东马尾松林中释放获得成功。

根据花角蚜小蜂的生物学特性，为确保雄蜂的产生，第一次放蜂 10 天后，待雌蜂发育至老熟幼虫或蛹期时，在同一地点进行第二次放蜂，以此二次放蜂法，促进花角蚜小蜂的定殖和种群增长。1989 年，在广东省惠东县建立了林间蜂种基地 106hm²，至 1993 年放蜂面积达 6 万 hm²。通过人工助迁和寄生蜂本身的扩散，该蜂在广东成功定殖，并迅速建立了相对稳定的种群，有效地控制了松突圆蚧的危害，使松林恢复了生机。福建省 2002 年从日本引进花角蚜小蜂，用于防治沿海地区松树上的松突圆蚧；2003 年 7~10 月进行人工助迁，扩大了花角蚜小蜂的生防示范区并成功定殖，也取得了显著效果。

7）利用白蛾周氏啮小蜂防治美国白蛾、杨扇舟蛾、杨小舟蛾

白蛾周氏啮小蜂最初发现于世界级检疫对象——美国白蛾的蛹期，对控制美国白蛾的危害起着重要的作用。利用白蛾周氏啮小蜂防治美国白蛾时，在老熟幼虫期和化蛹初期分别放蜂 1 次，放蜂量为美国白蛾幼虫数量的 5 倍，连续放蜂防治两代美国白蛾，就可有效控制其种群数量，使有虫株率降到 1.25%，天敌昆虫总寄生率达到 92.67%。1999~2003 年，中国林科院连续 5 年放蜂防治后，共追踪调查 10 代美国白蛾的发生情况，发现这种小蜂具有良好的持续控制效果。美国白蛾在防治后第 2 年至第 5 年，有虫株率均保持在 0.1% 以下的低水平，天敌昆虫寄生率仍高达 92%，表明其对美国白蛾持续控制作用十分显著。

2009~2010 年，山东临沂林业局在杨扇舟蛾 *Clostera anachoreta* 和杨小舟蛾 *Micromelalopha troglodyta* 发生较为严重的杨树林内设立标准地，连续 4 代释放白蛾周氏啮小蜂，2 种害虫有虫株率由 69.5%~83.2% 降到 21.17%~27.5%；虫口密度由 174~240 头/株下降到 29~46 头/株；舟蛾蛹总寄生率由 11.32%~13.81% 上升到 63.8%~71.22%，控制害虫危害的效果显著。

2011 年，河南濮阳县林业局释放白蛾周氏啮小蜂防治杨扇舟蛾、杨小舟蛾。防治第 1 代幼虫，待其化蛹后室内观察杨扇舟蛾蛹寄生率为 37%，杨小舟蛾蛹寄生率为 22.6%；防治第 2 代幼虫，待调查第 3 代幼虫虫口密度时，杨扇舟蛾比释放前下降 57.1%，杨小舟蛾比释放前下降 34.0%。

8）利用紫胶白虫茧蜂防治紫胶白虫

广东省北部自 20 世纪 50 年代后期开始生产紫胶，在移殖紫胶虫 *Laccifer lacca* 的生产过程中，紫胶虫的天敌——紫胶白虫 *Eublemma amabilis*（紫胶猎夜蛾，鳞翅目夜蛾科）也一同随寄主被移殖进来。紫胶白虫成为紫胶虫的重要害虫，严重影响紫胶的产量。

在海南乌烈紫胶林场，有一种紫胶白虫幼虫的体外寄生蜂——紫胶白虫茧蜂 *Bracon greeni*（膜翅目茧蜂科）。该林场紫胶虫每年发生 2 代以上，且在不同季节分放 2 批种胶，每年至少 4 次放种及收获胶梗，收获后常留下相当数量的胶被。紫胶白虫可终年繁殖，世代相对重叠，这为紫胶白虫茧蜂终年繁殖提供了良好条件。

1972 年 6~7 月，广东省丰顺县虎局林场自海南乌烈紫胶林场移殖紫胶白虫茧蜂，散放到当地林区进行繁殖试验，散放后紫胶白虫经历了 3 个世代，至 1973 年 10 月，紫胶白虫茧蜂寄生率已达到 70% 以上。紫胶白虫茧蜂移殖成功，紫胶白虫的种群数量明显下降，消除了紫胶白虫的威胁，紫胶生产得到恢复和发展。

9）利用丽蚜小蜂防治温室白粉虱

温室白粉虱是一种世界性害虫，寄主范围极广。丽蚜小蜂是温室白粉虱若虫和蛹的寄生蜂，在荷兰等国已多年商品化生产，成功地用于温室害虫的生物防治。

1978 年，我国从英国引进丽蚜小蜂，在北京进行了简易繁蜂方法研究后，经人工繁殖，于北京、河北多个蔬菜基地进行温室放蜂防治温室白粉虱的试验，均取得良好效果。1984～1986 年，该项生物防治技术在北京、山东、河北、内蒙古、黑龙江等地大面积推广，对控制温室白粉虱、减少温室内化学杀虫剂的使用起到显著作用。1986～1990 年，在北京和大庆两地放蜂示范 41.5hm²，放蜂温室与不放蜂温室相比，农药用量下降 80%以上，作物产量得到有效保护。

10）利用微红绒茧蜂防治小菜粉蝶

小菜粉蝶 *Pieris rapae* 在 20 世纪 20 年代侵入新西兰，对十字花科蔬菜常造成严重危害。20 世纪 30 年代，新西兰从国外引进菜粉蝶绒茧蜂 *Apanteles glomeratus*（膜翅目茧蜂科），该蜂成功定居，并对小菜粉蝶种群起到一定的控制作用，但未能将该虫控制到不引起经济损失的水平。

1993 年，新西兰又从国外引进微红绒茧蜂，以增强天敌昆虫对小菜粉蝶的控制作用。该蜂引进后即定居成功，但扩散速度较慢，在定居成功的释放点仅以每年约 2km 的速度向四周扩展。为了帮助该蜂在新西兰尽快普遍定殖，1993～1998年从新西兰北部到南部，先后在 10 个地区的 50 个释放点释放，促进其广泛成功定殖。在这一过程中，新西兰昆虫学者对该蜂的扩散过程、田间控害作用做了系统调查，发现微红绒茧蜂在新西兰定居后，将绝大部分田间小菜粉蝶幼虫在能造成大量危害的 5 龄之前致死，改变了田间幼虫的龄期分布，有效地增强了对该虫的控制，且由于这一新的生物防治作用物的加入，小菜粉蝶已被自然天敌昆虫持续控制在经济损失水平以下。

6.7　天敌昆虫基因修饰的研究

基因修饰主要指利用生物化学方法修改生物 DNA 序列，将目的基因片段导入宿主细胞内，或者将特定基因片段从基因组中删除，从而达到改变宿主细胞基因型或者使得原有基因型得到加强的作用。在医学媒介昆虫蚊子中，CRISPR/ Cas9[成簇规律间隔短回文重复序列及其关联蛋白 9，clustered regularly interspaced short palindromic repeats（CRISPR）/CRISPR-associated protein 9（Cas9）]系统介导的基因编辑技术在降低蚊虫抗药性、控制蚊虫种群数量和蚊媒疾病传播等方面具有重要研究价值；在农业害虫研究中，利用基因编辑技术能够实现多种信号通路中关键分子靶标的体内功能研究，为害虫治理提供新思路；在有益昆虫的研究中，基因编辑技术主要应用于家蚕 *Bombyx mori* 性别调控、抗病毒和提高蚕丝质量等方面。这里简要介绍基因修饰对天敌昆虫寄主选择、抗逆境适应、生殖调控影响的相关研究。

1）天敌昆虫基因修饰对其寄主选择行为的影响

通过比较组学揭示了在植物-蚜虫-天敌昆虫互作关系中重要的化学线索反-β-法尼烯（EBF）的来源、生态学功能，以及该化学物质介导的天敌昆虫嗅觉识别的分子机制，发现大灰优蚜蝇 *Eupeodes corollae* 识别 EBF 的气味受体为 EcorOR3。利用 CRISPR/Cas9 技术敲除 EcorOR3 的基因后，大灰优蚜蝇雌、雄虫对 EBF、乙酸香叶酯、甲基-1, 3, 5, 7, 11-十三烯（TMTT）的电生理反应和趋向行为显著降低，而对阳性对照气味反-2-己烯醛的反应不变；进一步通过风洞行为试验发现 EcorOR3 基因敲除后，成虫丧失了对 EBF 的远距离定位行为，幼虫也丧失了对 EBF、乙酸香叶酯和 TMTT 的偏好性，证明了 EcorOR3 是大灰优蚜蝇成、幼虫识别 EBF 的关键受体，在大灰优蚜蝇成虫远距离定位及幼虫近距离搜寻蚜虫的过程中起到至关重要的作用。该研究从分子水平解析不同来源的信息素对天敌昆虫的调控作用，为充分利用信息素这一重要的化学线索、科学合理地开发天敌昆虫行为调控剂、实现蚜虫的绿色防控提供了新思路。

2）天敌昆虫基因修饰对其杀虫剂敏感性的影响

为探索天敌昆虫异色瓢虫 *Harmonia axyridis* 基因功能研究的新技术及遗传改良的新途径，刘帅等（2020）以其烟碱型乙酰胆碱受体 α6 亚基（*nAChRα6*）作为靶标基因，利用 CRISPR/Cas9 技术在异色瓢虫野生型品系 CAU-S 中对其进行敲除，并测定多杀菌素、吡虫啉及阿维菌素对敲除纯合品系 Haα6KO 和野生型品系 CAU-S 的毒力，发现异色瓢虫 Haα6KO 可能不是上述 3 种杀虫剂的作用靶标。此研究成功建立了 CRISPR/Cas9 介导的异色瓢虫基因编辑体系，可用于其基因功能研究及遗传改良。

3）天敌昆虫基因修饰对其生殖调控的影响

大草蛉作为重要的捕食性天敌昆虫，在农林害虫生物防治中具有非常广阔的应用前景。为了确定胰岛素信号通路在大草蛉生殖调控中的作用、明确胰岛素两个受体的功能，研究发现 *dsCpILP1*、*dsCpILP2* 和 *dsCpILP3* 在大草蛉胰岛素样肽信号通路上起主要作用；根据转录组获得大草蛉两个胰岛素受体 *CpInR1* 和 *CpInR2*，再通过对两个受体的干扰，推测 *CpInR1* 通过 PI3K/Akt 通路或 Ras/MAPK 通路调控卵黄发生，*CpInR2* 也通过两种途径中的一种或两种同时传递信号；干扰胰岛素信号通路的下游基因 *CpAkt* 和 *CperK* 在生殖调控中有显著性差异，*dsCpAkt* 和 *dsCperK* 的干扰中断了胰岛素信号，抑制了干细胞分化，限制了卵巢的发育。研究表明，胰岛素信号通路关键基因丝氨酸/苏氨酸蛋白激酶基因 *CLAkt* 参与了黑肩绿盲蝽 *Cyrtorhinus lividipennis* 的生殖调控，并且化学农药吡虫啉通过刺激胰岛素信号通路 *CLAkt* 基因的上调，从而刺激黑肩绿盲蝽的生殖。

4）天敌昆虫基因修饰对其抗逆境适应性的影响

热激蛋白（heat shock protein，HSP）是一类应激蛋白，是生物遇到不利的环境（如热胁迫、药物刺激等）自发产生的一种防御机制，能增强细胞对外界刺激的耐受能力和恢复能力，充当分子伴侣。其中热激蛋白 HSP70 的核酸与氨基酸序列在家族中最为保守。在生物体内监测热激蛋白 HSP70 的表达量变化，可以作为一种生物指标来对环境污染进行评价。田间化学农药使用量很多，在害虫防治的同时也对天敌昆虫产生影响，因此 HSP70 成为天敌昆虫对田间农药应激刺激的一种抵抗指标。在天敌昆虫饲养或者大量释放防治害虫方面，可以通过转基因等技术使天敌昆虫热激蛋白的表达量升高，从而增强天敌昆虫对外界不利环境的防御能力，使其能够抵御强烈的应激条件，从而在成功地防治害虫的同时保护了天敌昆虫，这也是从基因角度对天敌昆虫的保护。温度和药剂处理对叶色草蛉 *Chrysopa phyllochroma* HSP70 表达量的研究进一步表明，HSP70 是存在于机体的一种应激组成型蛋白，且在应激条件下能够被高度诱导。因此，HSP70 对叶色草蛉抵抗热胁迫和农药刺激起着重要的作用，不仅可以根据田间温度情况释放叶色草蛉，而且可以避开叶色草蛉对除草剂和杀虫剂的敏感时期喷施农药。

参 考 文 献

白耀宇. 2010. 资源昆虫及其利用. 重庆: 西南师范大学出版社.

彩万志, 庞雄飞, 花保祯, 等. 2011. 普通昆虫学(2 版). 北京: 中国农业大学出版社.

陈守坚. 1962. 世界上最古老的生物防治——黄柑蚁在柑桔园中的放饲及其利用价值. 昆虫学报, 11(4): 401-408.

陈晓明, 冯颖. 2009. 资源昆虫学概论. 北京: 科学出版社.

陈振耀. 2008. 昆虫世界与人类社会(2 版). 广州: 中山大学出版社.

董婉莹. 2020. 反-β-法尼烯介导大灰优蚜蝇定位蚜虫的嗅觉分子机制. 北京: 中国农科院植保所博士学位论文.

洪炳煌. 2009. 花角蚜小蜂繁育技术及林间扩散规律的初步研究. 福州: 福建农林大学硕士学位论文.

胡一平, 王利芳, 孙志贤, 等. 2011. 周氏啮小蜂防治杨扇舟蛾及杨小舟蛾田间试验. 河南农业, (12): 50-51.

蒋瑞鑫, 李姝, 郭泽平, 等. 2009. 孟氏隐唇瓢虫研究现状及其种质资源描述规范的建立. 环境昆虫学报, 31(3): 238-247.

雷朝亮, 荣秀兰. 2011. 普通昆虫学(2 版). 北京: 中国农业出版社.

李继虎, 管楚雄, 安玉兴, 等. 2011. 甘蔗螟虫生物防治的研究进展与应用概况. 甘蔗糖业, (4): 81-86.

李丽英. 1993. 我国孟氏隐唇瓢虫研究及应用展望. 昆虫天敌, 15(3): 142-150.

李孟楼. 2005. 资源昆虫学. 北京: 中国林业出版社.

林乃铨. 2010. 害虫生物防治(4 版). 北京: 科学出版社.

刘建琦. 2021. 胰岛素信号通路关键基因在吡虫啉刺撒黑肩绿盲蝽生殖中的功能研究. 扬州: 扬州大学硕士学位论文.

刘璐. 2014. 叶色草蛉热休克蛋白基因 HSP70 的克隆及表达分析. 哈尔滨: 东北农业大学硕士学位论文.

刘帅, 王兴亮, 施雨, 等. 2020. 异色瓢虫 nAChRα6 基因的敲除及其对杀虫剂敏感性的影响. 植物保护学报, 47(3): 478-487.

孟庆庭, 翟光耀. 林锦波. 2014. 利用白蛾周氏啮小蜂防治杨树舟蛾试验. 林业实用技术, (6): 39-40.

蒲蛰龙, 麦秀慧, 黄明度. 1962. 利用平腹小蜂防治荔枝蝽试验初报. 植物保护学报, 1(3): 301-306.

邱雨浩, 贾豫, 倪建泉, 等. 2022. 基因编辑技术在昆虫中的研究与应用. 昆虫学报, 65(2): 246-256.

任伊森. 1991. 澳洲瓢虫引入黄岩桔区之考证. 中国柑桔, 20(2): 32.

佘春仁, 潘蓉英, 古德祥, 等. 1997. 利用平腹小蜂防治荔枝蝽若干技术问题探讨. 福建农业大学学报, 26(4): 441-445.

汤才, 庞虹, 任顺祥, 等. 1995. 孟氏隐唇瓢虫捕食湿地松粉蚧的研究. 昆虫天敌, 17(1): 9-12.

王竹红, 黄建, 梁智生, 等. 2004. 松突圆蚧花角蚜小蜂的引种与利用. 福建农林大学学报, 33(3): 313-317.

魏建荣, 杨忠岐, 苏智. 2003. 利用生命表评价白蛾周氏啮小蜂对美国白蛾的控制作用. 昆虫学报, 46(3): 318-324.

伍苏然, 杨乃博, 杨本鹏, 等. 2013. 甘蔗螟虫综合防治技术研究进展. 热带生物学报, 4(3): 289-295.

杨沛. 1982. 黄柑蚁(Oecophylla smaragdina Fabr.)生物学特性及其用于防治柑桔害虫的初步研究. 中山大学学报, (3): 102-105.

杨沛. 2002. 黄猄蚁史料及其用于柑桔害虫防治的研究. 中国生物防治, 18(1): 28-32.

杨忠岐, 王小艺, 曹亮明, 等. 2014. 管氏肿腿蜂的再描述及中国硬皮肿腿蜂属 Sclerodermus (Hymenoptera：Bethylidae)的种类. 中国生物防治学报, 30(1): 1-12.

杨忠岐, 王小艺, 王传珍, 等. 2005. 白蛾周氏啮小蜂可持续控制美国白蛾的研究. 林业科学, 41(5): 72-80.

杨忠岐, 张永安. 2007. 重大外来入侵害虫——美国白蛾生物防治技术研究. 昆虫知识, 44(4): 465-471.

虞国跃. 2008. 黄猄蚁：忠实的侍卫. 森林与人类, (1): 90-95.

张宝鑫, 黄萍, 李敦松. 2007. 利用平腹小蜂防治荔枝蝽技术. 中国热带农业, (1): 50.

张格成, 黄良炉. 1963. 利用澳洲瓢虫防治吹绵蚧初步研究. 昆虫学报, 12(5-6): 688-700.

张俊杰, 阮长春, 臧连生, 等. 2015. 我国赤眼蜂工厂化繁育技术改进及防治农业害虫应用现状. 中国生物防治学报, 31(5): 638-646.

张婷婷. 2020. 胰岛素信号对大草蛉生殖调控的分子模式. 哈尔滨: 东北林业大学博士学位论文.

张小霞, 尹新明, 梁振普, 等. 2010. 害虫生物防治技术基础与应用. 北京: 科学出版社.

张兴. 2011. 生物农药概览. 北京: 中国农业出版社.

张雅林. 2013. 资源昆虫学. 北京: 中国农业出版社.

郑雅楠, 祁金玉, 孙守慧, 等. 2012. 白蛾周氏啮小蜂的研究和生物防治应用进展. 中国生物防治学报, 28(2): 275-281.

朱健雄. 2013. 寄生蜂花角蚜小蜂防治松突圆蚧的研究. 林业科技, 38(3): 20-23.

第7章 环保昆虫

在大自然中，有许多种类的昆虫对于加速地表有机物的分解和物质循环，以及增加土壤肥力都起着至关重要的作用。这类昆虫按照食性可以分为三类，即腐食性、粪食性和尸食性，占昆虫总种数的 17.3%。它们以动植物的遗体和排泄物为食，其活动能够加速微生物对生物残骸的分解，在大自然的能量循环中起着十分重要的作用。

7.1 清洁能手腐食性昆虫

7.1.1 腐食性昆虫的种类及习性

腐食性昆虫的种类包括石蛃目、衣鱼目、等翅目、纺足目、革翅目、鞘翅目及双翅目的部分种类。它们生活在阴暗潮湿的枯枝落叶层，多以植物的残枝、败叶及动物腐烂尸体等动植物的腐败物质为食，为地表物质转化和循环做出了巨大贡献。

石蛃目多栖息于热带、亚热带阴暗潮湿的森林枯枝落叶中，以腐败的高等动植物、藻类、地衣、苔藓、菌类为食。

衣鱼目部分种类喜欢栖息在温暖的土壤里或腐木、枯枝落叶处，以植物残枝败叶为食。

等翅目白蚁类以热带、亚热带森林、草地的活树老死树皮、根、枯草为食，对地表物质转化和循环起着重要作用。它同土栖环节动物蚯蚓一起对地表有机物的分解和物质循环起作用。

纺足目昆虫以枯死或腐烂的植物和菌类为主要食料。

革翅目属夜行性昆虫，日间栖息在土壤、树皮、杂草中；球螋亚科的许多种类为腐食性，以腐烂的植物尸体为食。

鞘翅目金龟总科、隐翅虫科、阎甲科等属腐食性。

双翅目中毛蚊科和鼓翅蝇科的幼虫，取食腐败动植物和粪便；蝇科、食蚜蝇科的迷蚜蝇亚科属腐食性，少数种类取食粪便。

7.1.2 石蛃目 Archaeognatha

石蛃属中小型昆虫，体长常短于 2cm，口器外露，具有原始的上颚，下颚须 7 节，眼大，在头部背侧相互接触。触角长，呈丝状。体近纺锤形，胸部较粗而背侧拱起，向后渐细。腹部末端有 3 根尾丝。体表常密被形状多样的鳞。成虫体色与生境接近，多为棕褐色，常具金属光泽。表变态（图 7-1）。

图 7-1　石蛃

石蛃是现存最原始昆虫的代表，通常生活在阴暗潮湿处，如潮湿的落叶、朽木、蚁巢中，以及苔藓和地衣上、石头缝隙中、石块下等，主要取食藻类、地衣、苔藓、真菌、腐败的植物。

7.1.3　衣鱼目 Zygentoma

衣鱼属中小型原始无翅昆虫。体柔软，长形，平扁，体表常有鳞片。有复眼。触角长，丝状，达 30 节以上，末端逐渐尖削。口器咀嚼式，露出头外。下颚须 5～6 节，下唇须 3 节。腹部末端有线状多节的尾须和中尾丝。雌性有发达的产卵器。表变态。

喜欢温暖的环境，一些种类生活在落叶下、土壤中，有的生活在蚁巢中，最常见的是生活在室内的衣服、报纸及橱柜中。多在夜间活动，主要取食腐殖质、菌类、地衣、纸屑等。

7.1.4　等翅目 Isoptera

通称为白蚁，咀嚼式口器，前口式，触角念珠状。体色由白色、淡黄色、赤褐色，直到黑色不等。前胸背板狭于头部，尾须 1～2 节，跗节 3～4 节。兵蚁前胸背板前缘翘起呈马鞍状，具囟，尾须 1～2 节，跗节 3～4 节。有翅成虫左上颚仅具 1～2 枚缘齿，前翅鳞稍大于后翅鳞，前、后翅鳞分开，径脉退化或缺。前、后翅的形状、大小几乎相等（图 7-2）。

图 7-2　白蚁

　　白蚁是多型性社会昆虫，在一个群体中常存在着大翅与无翅的雌蚁和雄蚁（繁殖蚁），以及大量无翅不育的工蚁、兵蚁和若虫（图 7-3）。栖息于野外的种类，在热带或亚热带森林、草地中，以枯枝落叶、伐后的树头和树根、活树的老死树皮和树根及枯草为食，对地表的物质转化和循环起着重要作用。

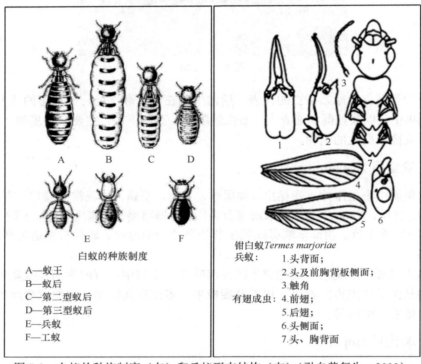

图 7-3　白蚁的种族制度（左）和兵蚁形态结构（右）（引自黄复生，2000）

7.1.5　纺足目 Embioptera

　　纺足目属中小型昆虫，通称"丝蚁"。体长而扁，体色大多数是棕色或黑色，体长 15～20mm，行动活泼。咀嚼式口器。复眼发达，肾形，无单眼。触角丝状或念珠状。雌虫无翅，状如若虫；雄虫一般有翅，前后翅相似。前足第一跗节膨大，有纺丝腺开口于此（图 7-4）。

　　以枯死或腐烂的植物及菌类为主要食料。不同物种之间，食物来源随不同的栖息地而变化。若虫和雌成虫是食草动物，以叶洞落物、苔藓、树皮和地衣为食。雄虫不吃东西（图 7-5）。

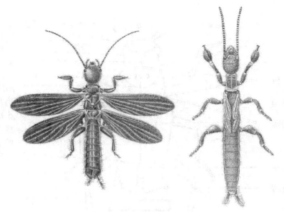

图 7-4　纺足目昆虫

左，雄成虫；右，雌成虫

图 7-5　足丝蚁

7.1.6　革翅目 Dermaptera

革翅目昆虫体型狭长，稍扁平。头部圆隆，复眼小，稍突出；触角丝状，15～36 节。前胸背板通常长稍大于宽，前部较窄，两侧向后稍变宽，后缘圆弧形，背面前部圆隆，后部平。中胸背板后缘截形。有翅或无翅，若有翅则前翅革质、短小，仅盖住胸部，具侧纵脊，表面平；后翅膜质，扇形或略呈圆形，休息时折叠于前翅下。腹部狭长，基部狭窄，两侧向后逐节扩宽；末腹背板宽大，雄虫两侧几平行，雌虫两侧向后收缩，背面拱形。臀板为三角形。雄虫尾铗中等长，呈弧弯形，末端尖，左右尾铗基部远离；雌虫左右尾铗内缘接近，末端尖，向后直伸，几不弯曲。雄性外生殖器具 2 个阳茎叶。足发达，腿节较粗（图 7-6）。

蠼螋发育属渐变态类，1 年发生 1 代。卵多产，雌虫产卵可达 90 粒；卵椭圆形，白色。若虫 4～5 龄，外形与成虫相似，唯尾铗细弱，呈尖钉状；翅芽于 2 龄时出现。以卵越冬。雌虫有护卵育幼的习性。雌虫在石下或土下作穴产卵，然后伏于卵上或守护其旁，低龄若虫与母体共同生活（图 7-7）。蠼螋属夜行昆虫，日间栖息在土壤、树皮杂草中。球螋亚科的许多种类属腐食性，以腐烂的植物和动物为食。

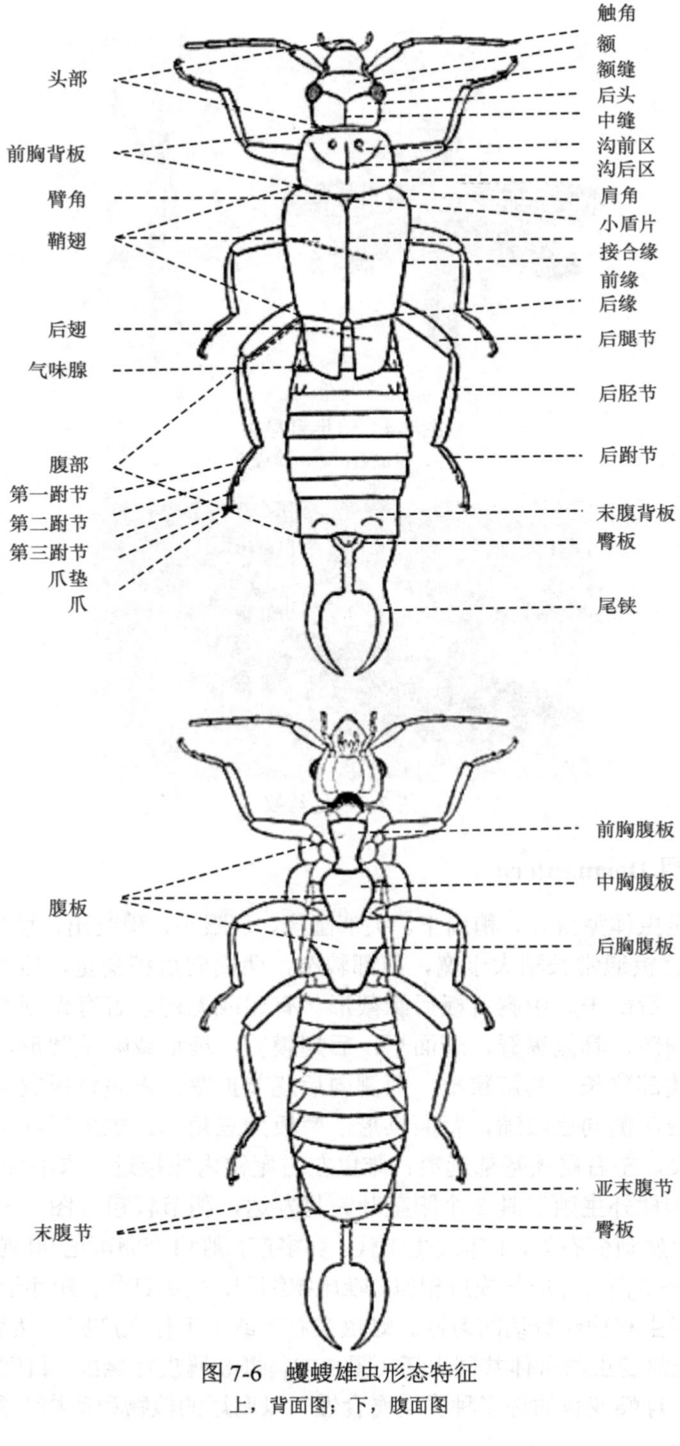

图 7-6　蠼螋雄虫形态特征

上，背面图；下，腹面图

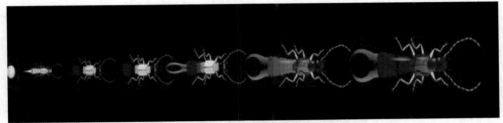

图 7-7　蠼螋生命周期

7.1.7　鞘翅目 Coleoptera

1）蜉金龟科 Aphodiidae

体型小到中型，以小型者居多，体常略呈半圆筒形。体多呈褐色至黑色，也有赤褐色或淡黄褐色等，鞘翅颜色变化较多，有斑点或与其余体部异色。头前口式，唇基十分发达，与发达的刺突连成半圆形骨片。触角 9 节，鳃角部由 3 节组成。前胸背板盖住中胸后侧片。小盾片发达。鞘翅多有刻点沟或纵沟线，臀板不外露。腹部可见 6 个腹板。足粗壮，前足胫节外缘多有 3 齿，中足、后足胫节均有端距 2 枚，各足有成对简单的爪（图 7-8）。

为粪食、腐食性类群，多栖息在家畜、野兽粪堆中及粪堆下的土中，在动物尸体、垃圾堆及仓库尘土堆中也有一些种类栖息。通常蜉金龟对人类无害而有益，能迅速处理牛、马等动物粪便，清洁环境，偶尔也有个别种类兼害作物幼芽的记载。

图 7-8　蜉金龟 *Aphodius pedellus*

2）锹甲科 Lucanidae

体中至特大型，多大型种类；长椭圆形或卵圆形，背腹颇扁圆。体色多棕褐色、黑褐色至黑色，或有棕红色、黄褐色等色斑，有些种类有金属光泽，通常体表不被毛。头前口式，上颚发达。性二态现象十分显著，雄虫头部大，接近前胸之大小，上颚异常发达，多呈鹿角状。复眼通常不大，有时刺突延达眼之后缘而将眼分为上、下两部分。触角肘状 10 节，鳃片部 3~6 节，多数为 3~4 节，呈栉状。前胸背板宽大于长。小盾片发达显著。鞘翅发达，盖住腹端，纵肋纹常不显或不见。腹部可见 5 个腹板。中足基节明显分开，跗节 5 节，爪成对简单。成虫多夜出活动，有趋光性，也有白天活动的种类。幼虫腐食，成虫食叶、食液、食蜜，栖食于树桩及其根部（图 7-9）。

3）黑蜣科 Passalidae

体较狭长扁圆，鞘翅背面常较平，全体黑而亮。头部前口式，头背面多凹凸不平，有多个突起，上唇显著，上颚有 1 枚可活动的小齿，下唇颏深深凹缺，下颚外颚叶钩状。触角 10 节，常弯曲不呈肘形，末端 3~6 节栉形。前胸背板大，小盾片不见。鞘翅有明显纵沟线。腹部背面全为鞘翅覆盖（图 7-10）。成虫、幼虫均以腐木为食。雌雄成虫与幼虫同穴而居，成虫啮碎朽木供幼虫食用。

图 7-9　巨陶锹甲 *Dorcus titanus*

图 7-10　黑蜣 *Popilius disjunctus*（左）和筒圆拟锹甲 *Sinodendron cylindricum*（右）

4）犀金龟科（独角仙科）Dynastidae

犀金龟科是一类特征鲜明的类群，多大至特大型。其上颚多少外露而于背面可见，上唇为唇基覆盖；触角 10 节，鳃片部 3 节；前胸腹板于基节之间生出柱形、三角形、舌形等垂突特征，易于识别。性二型现象在许多属中显著，其雄虫头面、前胸背板有强大角突或其他凸起或凹坑，雌虫则简单或可见低矮突起；成虫植食，幼虫多腐食或在地下危害作物、林木之根（图 7-11）。

5）隐翅虫科 Staphylinidae

多数细长、体小，两侧平行，头、翅和腹尾呈黑色，前胸、腹部及足为橘黄色，形似大蚂蚁，体长一般不到 3mm，最大可达 3cm。大多数种类鞘翅极短，长约等于宽，后翅发达，起飞时能迅速从鞘翅下展开，休息时靠腹部和足的帮助叠好，重新藏在鞘翅下面。大部分腹节外露。有些种类后翅退化，甚至鞘翅一并退化；有些种类鞘翅发达，完全盖住后翅及腹部。有些大型种类有美丽的黑色和黄色，像胡蜂；有的外形和行为均像兵蚁（图 7-12）。

图 7-11　双叉犀金龟 *Allomyrina dichotoma*
左，雄虫；右，雌虫

图 7-12　隐翅虫 *Ocypus* sp.（左）和 *Paederus littoralis*（右）

　　隐翅虫的生境复杂，在农田、林间、雨林、山地、河畔及海边均有分布，在某些哺乳动物的体表也有发现。杂食性，大部分以肉食为主，靠捕食农林害虫为生；一部分种类为腐食性、粪食性，可以促进自然界物质循环；另外一些种类以菌菇、植物的果实及花粉等为食物。

7.1.8　双翅目 Diptera

　　蝇科 Muscidae 成虫体中到大型，灰色、灰黑色或具金属光泽，体表被鬃和毛。头部大，能活动。复眼发达，通常为离眼，少数种类雄虫为接眼。触角 3 节，芒羽状。喙肉质，可伸缩。下颚须棒状，或侧扁而端部呈匙状。胸部常具黑纵条 4 个或黑宽条 2 个；下侧片一般无鬃，仅具若干散生毛。翅大，腋瓣发达，M_{1+2} 脉末端常向前呈弧形或角形弯曲，靠近 R_{4+5}。Cu_1+A_1 脉（第 6 纵脉）不达翅后缘。腹部有毛，气门在第 2～8 节背板上。腹部有时具可变色斑。幼虫圆柱形，前端尖，后端平截。前气门小，各有 6～8 个突起。后气门半圆形，每一气门有 3 个气门裂，呈放射状排列。

成虫按其栖息场所分为住区性、半住区性、亲家畜和野生蝇种。成虫食性极复杂，绝大部分为腐食性和粪食性，如重毫蝇属、腐蝇属和纹蝇属的成虫喜新鲜粪便和其他腐败的有机物；家蝇属的一些种类喜舐吸人畜的伤口，如逐畜家蝇舐吸牛身上被其他昆虫咬伤后流出的血液。

7.2 清粪功臣粪食性昆虫

7.2.1 粪食性昆虫的种类及习性

粪食性昆虫主要包括金龟科、皮金龟科、粪金龟科等。例如，我们比较熟悉的屎壳郎（蜣螂），它的成虫和幼虫均以哺乳动物的粪便为食。神农洁蜣螂是粪食昆虫中最具有代表性的种类。我们很难想象，地球上如果没有这些"清扫工"，世界将会变成什么样子！环球网曾有过这样的一篇报道，澳大利亚政府向当地牧民大力推广使用屎壳郎，以此帮助他们解决牲畜粪便堆积而造成的环境问题，同时养殖的成千上万的屎壳郎还将进军新西兰牧场。现如今，屎壳郎已经成为家喻户晓的大自然"清道夫"。

7.2.2 金龟科（蜣螂科）Scarabaeidae

体小至大型，卵圆形至椭圆形，体躯厚实，背腹均隆拱，尤以背面为甚，也有体躯扁圆者。体多黑色、黑褐色到褐色，或有斑纹，少数属种有金属光泽。头前口式，唇基与眼上刺突连成一片，似铲，或前缘多齿形，口器被盖住，背面不可见。触角 8～9 节，鳃片部 3 节。前胸背板宽大，有时占背面之半乃至过半。小盾片于多数属类不可见。鞘翅通常较短，多有 7～8 条刻点沟。臀板半露，即臀板分上臀板、下臀板两部分，由臀中横脊分隔，上臀板仍为鞘翅盖住，下臀板外露。腹部气门位于侧膜，全为鞘翅覆盖。前足为开掘足，后足靠近腹部末端，中足基节左右远隔，多纵位而左右平行，或呈倒"八"字形着生。后足胫节只有 1 枚端距。

成虫、幼虫均以动物粪便为食。不少属类，其成虫铲形的唇基刺突联片切取粪块，滚粪成球，运至土下，筑室，把粪块加工成育儿球，每球产卵 1 粒，孵化后幼虫即生活其中，直至羽化为成虫。成虫常在夜间活动，亦多有白天闻粪而动者，有趋光性（图 7-13）。

7.2.3 皮金龟科 Trogidae

小至中型甲虫，体长卵圆形，背面十分隆拱，腹面平坦或微隆。多全体一色，棕褐色、黑褐色，外观多粗糙、晦暗、污秽。头下口式或略向内收拢。触角 10 节，鳃片部 3 节，可并合。前胸背板常有左右对称的隆纹。小盾片显著，多呈或长或短的三角形，有的呈箭镞形。鞘翅多有成列瘤突及毛丛。臀板为鞘翅覆盖，腹部可见 5 个腹板。足较短，跗节部欠发达，尤以前足跗节最细弱，每足有简单的爪 1 对（图 7-14、图 7-15）。成虫、幼虫以动物粪便及其尸体为食，幼虫常在粪堆下筑穴而居。

图 7-13　神农洁蜣螂 *Catharsius molossus*（左）和蜣螂 *Copris lunaris*（右）

图 7-14　皮金龟 *Trox sabulosus*　　　　图 7-15　皮金龟 *Omorgus* sp.

7.2.4　粪金龟科 Geotrupidae

体多中到大型，多呈椭圆形、卵圆形或半球形。体色多呈黑色、黑褐色或黄褐色，不少种类有蓝色、紫色、青色、绛色等金属光泽，或有黄褐色、红褐色等斑纹。头大，前口式，唇基大，上唇横阔，上颚大而突出，背面可见。触角 11 节，鳃片部 3 节。前胸背板大而横阔。小盾片发达。鞘翅多有明显纵沟纹，也有纵沟纹消失者。臀板不外露，体腹面多毛。腹部可见腹板 6 个。前足胫节扁大，外缘多齿至锯齿形，内缘 1 距发达；中足、后足胫节外缘有 1～3 道横脊，各有端距 2 枚，跗节通常较弱，爪成对简单。有些属性二型现象显著，其雄虫头面、前胸背板有发达的角突及横脊状突（图 7-16）。成虫、幼虫均以哺乳动物粪便为食，亦有成虫为害葡萄的嫩芽、叶和藤的记载。

图 7-16　粪金龟 *Typhaeus typhoeus*（左）和 *Geotrupes egeriei*（右）

7.2.5　粪蝇科 Scathophagidae

体长 12mm 左右；黄色，被黄色绒毛；头较扁，复眼红棕色、发达，触角黑色；胸背板具黑色条纹；翅脉仅前缘脉和径脉明显，其余微弱。身体纤细，特别是雄性，通常具有细长的圆柱形腹部（图 7-17）。幼虫喜新鲜粪，常见于厩肥中。在牛粪中生活和繁育，加速粪的分解。

图 7-17　黄粪蝇 *Scatophaga stercoraria*

7.3　清尸能手尸食性昆虫

7.3.1　驼金龟科 Hybosoridae

体颇扁薄，长卵圆形，背面隆拱。头前口式，上唇外露，上颚弯曲，背面可见。触角 10 节，鳃片部 3 节，第 1 鳃片椭圆盆形，其余 2 节递小，叠置于"盆"内。前胸背板阔大，两侧常扩延成敞边。小盾片显著，臀板不外露，腹部可见腹板（雄 6 雌 5）。前足胫节外缘锯齿形，有大齿 3 枚及众多小齿。各足有成对爪，雄虫前足爪之外爪下缘深裂，呈指状或齿状。有趋光性，多以动物尸体为食。驼金龟科是鳃角类中一个小类群。多栖于热带、亚热带地区（图 7-18）。

图 7-18　驼金龟 *Hybosorus illigeri*

7.3.2　埋葬甲科 Silphidae

　　体长 7~45mm（一般 12~20mm），卵圆或较长，平扁。头后部至少有轻微的收缩，额唇基沟有时明显。触角膝状，柄节长，梗节退化，较小，触角着生点露出；触角末端 3 节组成的端锤表面绒毛状，第 9 和 10 节有时梳状。前胸背板有完整的侧边，有时侧边平展，背面光滑，前胸背板几乎从无被毛。前足基节横形突起，相互靠近，基腹连片大，露出，前足基节窝后方开口宽阔，内侧开放。中足基节一般相互远离，极少靠近。小盾片很大。后足基节大，相互邻接，向两侧不延伸至鞘翅边缘。胫节距有时变大。跗节 5 节。鞘翅端部截形或圆形，常露出端部 3 个腹节，腹部可见 6 或 7 节腹板，第 2 节两侧露出，基部 3 节背板膜质，第 5 节背板有时有成对的、用于摩擦发音的音锉。雄器基片退化，但仍明显可辨，侧叶发达、对称（图 7-19）。

图 7-19　埋葬甲 *Nicrophorus vespillo*（左）和 *Necrophila americana*（右：左雄右雌）

　　幼虫蛞型，背板极为硬化，或后侧有刺，或向两侧延伸超过腹板侧边，腹板骨化或膜质，触角 3 节，感觉圈很短。上唇由几块骨片组成，额唇基沟两侧部分明显，头侧有 6 个单眼或仅 1 个。上颚无臼齿或臼叶，上颚末端比较尖锐。下颚合颚叶端末分裂；外颚叶有大的刷状毛。唇毛分两叶。尾须一般短，多数种类的第 10 腹节上有几个可外翻的叶突。

多以动物尸体为食，也有捕食蜗牛、蝇蛆、蛾类幼虫或危害植物者。按习性可分为两类：一类是葬甲，以食尸甲属为代表，常是雌虫产卵于动物尸体，然后再与它的配偶一起"埋葬"该尸体，深度常达 30cm 左右，从而为其子代幼虫提供了充足的食物和较为安全的生活环境；另一类是尸甲，以扁葬甲属为代表，它们通常在动物尸体下、尸体内爬行和取食。

7.3.3 丽蝇科 Calliphoridae

体中至大型，常有蓝绿色光泽，或淡色粉被；雄虫合眼式，雌虫离眼式，触角芒羽状或栉状。前胸侧板和腹板具毛，最后的肩后鬃在缝前鬃的前面，中侧片和下侧片的鬃排列成行，腹侧片鬃前面 2 根，后面 1 根；前翅 M_1 急剧向前弯曲，使 R_{4+5} 室端部变窄或闭室；腹部短阔，末端有粗毛或鬃；雄虫第 5 腹板后缘分裂（图 7-20）。

图 7-20　月纹口鼻蝇 *Stomorhina lunata*（雄）

幼虫蛆形，近白色，头部不骨化，可伸缩，前侧区具感觉乳突，口沟深色，前气门具 6～12 个指状突起，后气门板近圆形，具 3 个纵向气门裂，腹部第 8～10 节有肉质乳头突起。幼虫生存在动物尸体、腐肉或粪便中。成虫多喜在室外活动，某些种类成虫系捕食性，如分布在东洋区及非洲区的孟蝇属，捕食蚁幼虫及白蚁。成虫除在肉、鱼、腐肉上产卵外，也可在人、畜的伤口内产卵，引起蝇蛆症，这种习性常为偶然现象，但在有些种类中则为固有的特性。一般卵生，少数卵胎生，即产生活的幼虫，繁殖数量极大。

7.4　环保昆虫在环境保护中的应用

澳大利亚畜牧业极其发达，是世界养牛王国，由此造成牛粪堆积如山，既毁坏了大批草地，又滋生了大量带菌的苍蝇，传染疾病。澳大利亚本地的蜣螂只会清除袋鼠的粪便。为此澳大利亚政府派出专家到世界各国去寻觅能清除牛粪的蜣螂。1979 年，一位昆虫学家来到中国求助，从我国引去了中国特有种类——神农洁蜣螂。此虫一到澳大利亚，立即"投入战斗"，在清除牛粪中大显身手，战果辉煌，一举成功，为当地人民做出了贡献。

埋葬甲掩埋尸体的深度和泥土硬度息息相关，在土层松软的地区，无论葬甲还是尸甲都能掘出将近半米的深坑；即使土层稍硬，埋葬甲也会利用强有力的腿爪和背甲，连挖带拱，迅速将尸体埋入地下。有埋葬甲栖息的地区，植被生态往往都要好一些。埋葬甲将尸体埋起来，改善了自然环境，减少了疾病的传播；其挖掘活动同时也增加了土壤的肥力和透气度。它们的独特习性不仅净化了环境，也使土壤得以改良。

尸食性昆虫以尸体为食物，从事着清理自然界中动物尸体的工作。在野外我们经常会发现各种动物的尸体，如果不将它们清除，污秽和臭气就会污染环境。幸好大自然中存在这样一类昆虫，当尸体刚刚一出现，小小收尸工便蜂拥而至，处理尸体，掏空肉质，直至只剩骨头。

环保昆虫无声无息地将大地上动植物残骸和有机碎片进行分解、掩埋，清除草原、牧场中大量的牲畜粪便，促进自然界物质和能量的大循环，同时又极大地净化了环境，减轻环境污染，减少疾病的发生。在我国，对环保昆虫的研究还比较少，至今还没有见到比较成功的实例报道。

7.5　环境监测昆虫

生物监测是利用生物的分子、细胞、组织器官、个体、种群和群落等对环境污染程度所产生的反应，以及其对特定污染物的抗性或敏感性综合地阐明环境状况，从生物学的角度为环境质量的监测和评价提供依据。长期生长在污染环境中的抗性生物，能够忠实地"记录"污染的全过程，反映污染物的历史变迁，提供环境变迁的依据；而对污染物敏感的生物，其生理学反应和生态学行为能够及时、灵敏地反映较低水平的环境污染，提供环境质量的实时信息。因而在污染监测中，生物监测是一种既经济、方便，又可靠、准确的方法。

生物监测与生态监测间有十分密切的联系，但生物监测是以活的生物作为指示器检测水和土质甚至大气质量的状况，评价其对生物生存的优劣程度。其中，用生物的方法评价水及土壤环境不只是描述其现状、说明其受污染后生物群落结构的变化趋势，还希望在有害物质未达到受纳系统之前，就能以最快的速度将其检测出来，以免破坏受纳系统的生态平衡；或是能侦察出潜在的毒性，以免酿成更大的公害。

7.5.1　水生昆虫与水质监测

水生生物群落结构的变化特征、物种类型、个体数量的变化和受损程度、水生生物体内毒物富集和积累等，均可作为受损水体的监测手段。以水生昆虫为主体的大型底栖无脊椎动物是水质生物评价中应用最为广泛的生物类群之一。水生昆虫的种类和数量在无污染或受污染极小的水体中都是最多的；在大多数淡水生境中，水生昆虫的种类和个体数常占大型底栖无脊椎动物的 60%～95%。即使是在污染较重的长江下游干流（南京至江阴江段）的底栖动物区系中，水生昆虫种类仍然占 44.8%。

水生昆虫（aquatic insect）是指某个或几个生活史阶段必须在水中或与水体有关的环境中完成的一类昆虫，水生昆虫约占昆虫总数的 3%，几乎在任何类型的淡水水体中都可找到水生昆虫。水生昆虫可分为全水生和半水生两大类。全水生的主要类群有：蜉蝣目、襀翅目、蜻蜓目、毛翅目、广翅目的全部种类，部分双翅目如摇蚊、蚊、水虻、蚋及大蚊等，部分鞘翅目如扁泥甲、长角泥甲、龙虱、水龟虫等，水生膜翅目如潜水姬蜂，部分半翅目如划蝽、仰泳蝽、蟾蝽、水黾蝽等，部分鳞翅目如草螟科 Crambidae、水螟亚科 Nymphulinae、禾螟亚科 Schoenobiinae、野螟亚科 Pyraustinae 等（尤平，2005）。半水生的类群有直翅目（如蚤蝼、菱蝗等）。按照水生昆虫在水体中的栖息位置，又可分为漂浮生物（如驰行于水面的黾蝽、尺蝽、豉甲）、自游生物（如生活于水中的龙虱、水龟虫、划蝽）、底栖生物（如爬行、匍匐、附着、穴居在水域底部石块间的蜉蝣、襀翅虫、石蛾、扁泥甲等），或攀缘在水生维管束植物上的蜻蜓、蚊虫等。

7.5.2 土栖昆虫与土质监测

栖息在各种土壤中的昆虫能够反映土壤环境的细微变化，可通过对不同地点土壤昆虫群落的调查和比较加以综合判断，依其群落的独特指数作为环境污染和土壤恶化的指标。昆虫在土壤动物中占有相当高的生物量和物种多样性，自成一个独特的生态群体。大多数昆虫类群在早期发育阶段都与土壤和枯枝落叶层有关，只有一部分类群才是真正生活在土壤之中，如石蛃目、衣鱼目、膜翅目的蚂蚁，以及鞘翅目中的步甲科和隐翅甲科。

对各种各样的污染环境，土壤中有些种类的昆虫是敏感型，有些种类则是耐污型。一般规律是：如果一个物种易受到一种污染物的伤害，那么通常情况下它也易受到其他污染物的伤害，即无脊椎动物类群对不同类型的化学污染物表现出或多或少的相同反应。

利用土壤昆虫监测被污染的环境，可在生物个体水平上比较其有机体化学组成的变化、形态的变异，以及生物体实际和潜在的生殖力；在种群水平上可重点观察种群基本特征，如密度、空间结构、性比、年龄结构等的改变；也可以利用遗传学、分子生物学技术对不同污染环境中种群的种内多样性进行分析，对比个体发育中死亡率的差异，或在群落水平上利用物种丰富度、相对多度（属、科、目等）等物种多样性指标等评价土壤环境质量。

7.6 餐厨垃圾处理昆虫

随着人民生活水平的提高和城市化进程的发展，餐厨垃圾处理难题日益凸显。2015 年，我国餐厨垃圾年产量达到 9910 万 t，并且逐年增加（杨森林等，2018）。全世界餐厨垃圾约占市政固体垃圾总量的 30%～50%（FAO，2015），大量的餐厨垃圾如处理不当，会严重影响生态环境和人们的身体健康（Li et al., 2017）。餐厨垃圾具有水分、有机物、油脂含量高等特点，有较高的生物转化利用价值（尹靖凯等，2021）。厨余垃圾转化昆虫蛋白技术，可直接服务于城镇餐厨垃圾、厨余垃圾、农贸市场垃圾、农村有机生活垃圾、畜禽养殖废弃物等不同来源的有机垃圾无害化处理和资源化处理（杨德明等，2020）。因此，利用环保昆虫分解转化餐厨垃圾，推动相关环保昆虫处理餐厨垃圾关键技术的研发，能够有力促进循环经济的发展。

7.6.1 黑水虻 *Hermetia illucens*

英文名 black soldier fly，学名亮斑扁角水虻或光亮扁角水虻，属于双翅目短角亚目水虻科扁角水虻属 *Hermetia*（滕星等，2019）。成虫体长 15～20mm，外表呈黑色并带有蓝紫色，触角宽扁而长，雌成虫腹部略显红色，第二腹节两端各具一白色半透明的斑点。雄成虫腹部偏青铜色。幼虫初孵化为乳白色，大约长1.8mm，经过 6 个龄期，末龄幼虫（预蛹）身体棕黑色，多毛，肥胖健壮，头部很小，表皮结实具有韧性，体长可达 27mm，体宽为 6mm，营腐生生活（安新城等，2007）。蛹呈长圆形，暗棕色，外表层偏硬革质，剖开可见蛹体。虫卵呈长椭圆形，起初为半透明，逐渐变为浅黄色，孵化前呈现 2 只红色的单眼（侯雪阳等，2022）。分布于我国华北、华中、华南以及东南沿海地区，具有产卵量大、繁殖迅速、世代间隔短（每个世代历期仅 35 天左右）等特点（李顺才等，2020）。

黑水虻已经成为自然界碎屑食物链中重要的组成部分，在农村的养殖场附近如鸡舍、猪舍较为常见，属于杂食性昆虫（魏亚茹，2020）。黑水虻幼虫在自然界以动物粪便、腐烂有机物（如腐肉、腐烂的水果、蔬菜）和其他植物性垃圾为食，可利用它消化、分解餐厨垃圾中的蛋白质、碳水化合物，合成新的昆虫蛋白及脂肪酸资源，黑水虻幼虫排出的粪便还可作为优质生物肥料（陈美珠，2017），并且养殖黑水虻不会污染人类居住环境（李顺才等，2020）。黑水虻幼虫个体大，便于与饲料分离，比较容易实现自动化和集约化的生产管理（柴志强和朱彦光，2016）。利用黑水虻处理餐厨垃圾的技术体系包括餐厨垃圾的预处理、黑水虻种群的繁育、黑水虻幼虫转化餐厨垃圾（柴志强和朱彦光，2016）。该技术具有效率高、兼容效果好、能耗低、产品价值高、经济收益高和污染较小等优点（粟颖，2020）。

黑水虻作为一种新型的餐厨垃圾处理媒介生物，在解决餐厨垃圾处理、养殖业粪便污染、病死畜禽处理等方面发挥着重要作用。黑水虻的养殖逐渐发展为一项新兴养殖项目（李顺才等，2020）。例如，企业将餐厨垃圾经除臭发酵后作为黑水虻食物，将餐厨残渣进行生物降解，实现餐厨垃圾的资源化（季江云，2019）。2015 年，在广东省惠东县铁涌镇建成的黑水虻养殖场当年幼虫产量就突破了

1.3t/d，平均日处理餐厨垃圾 7.8t，初步达到了规模化效应（安新城，2016）；黑水虻转化食品垃圾后产生的虫沙可促进植物生长（Choi et al.，2009）；黑水虻虫粪中含有较高的有机碳和矿质养分，可为土壤中微生物提供更多的营养物质，促进其生长发育、繁殖，提高了土壤酶活性和土壤养分含量，并且能促进水稻当季和后茬生长，提高水稻产量（王小波等，2021）；黑水虻幼虫还可以直接用来养鸡、鸭、鱼、蛙、龟等经济动物，也可以干燥粉碎替代鱼粉、豆粕等作为动物的蛋白饲料源（柴志强和朱彦光，2016）；黑水虻与家蝇形成有力的环境竞争，幼虫采食过的粪便不再适宜家蝇生长发育与产卵繁殖，可以减少家蝇滋生，营造良好的人类生存环境（柴志强等，2012）。因此，利用黑水虻处理餐厨垃圾，建立良性循环的餐厨垃圾处理产业链，将极大地改变我国以往餐厨垃圾处理需要财政补贴的局面，从而促使我国餐厨垃圾的回收和处理走向规范（柴志强和朱彦光，2016）。

7.6.2 蟑螂

蟑螂，泛指属于"蜚蠊目 Blattaria"的昆虫，英文名 cockroach。蜚蠊为不完全变态昆虫，其发育经历卵、若虫和成虫 3 个阶段。成虫为扁平的椭圆形，分头、胸、腹 3 部分，大小因种而异，小的仅 0.2～0.5cm，大的可达 10cm 左右，体色亦各不相同，多为淡棕色或棕褐色，有的种类体表还有油状光泽。有单、复眼各 1 对，口器咀嚼式，翅 2 对，但很少飞翔，足 3 对，强劲有力，善于疾走，雄虫腹部末节后缘两侧有 1 对腹刺，雌虫无腹刺（丁鸿娟和赵凯，2006）。若虫 6～12 龄。成虫翅有长、有短或无翅，有些种的雄虫有翅，而雌虫仅有小的翅垫（孙耘芹等，2004）。其繁殖能力强，分布广泛，我国目前已知的蜚蠊种类约 250 种（傅桂明等，2006）。德国小蠊 Blattella germanica、美洲大蠊 Periplaneta americana、澳洲大蠊 P. australasiae、褐斑大蠊 P. brunnea 和日本大蠊 P. japonica 等是我国室内蜚蠊的优势物种（吴海霞等，2018）。蟑螂常生活在垃圾堆、阴沟、厕所等潮湿的地面和阴暗的角落，以阴沟、垃圾和粪堆中的食品残渣、痰迹秽物为食（凌浩宇等，2021）。

蟑螂具有群居性、繁殖快、食性杂、食量大的特点，对餐厨垃圾具有很强的消化处理能力。美洲大蠊可将餐厨垃圾里面的固体废弃物和渗滤液全部消化干净，无污水排放，不需要二次处理，因此成为规模化、工业化生物处理餐厨垃圾的最佳选择之一。餐厨垃圾在蟑螂过腹过程中，蟑螂体内的抗菌肽会将不少病菌杀灭，消化道内的各种共生微生物也能帮助抵御外来病菌（陈婉，2019）。因此，利用美洲大蠊处理餐厨垃圾可最大限度地实现餐厨垃圾的资源化利用，具有较高的经济效益和社会效益。这种餐厨垃圾的处理方式不仅解决了餐厨垃圾处理难的问题，而且形成了投资少、附加值高、可快速复制的产业化模式（董家桥，2019）。

据相关报道，2017 年，山东省济南市章丘区的餐厨垃圾生物处理中心，养殖美洲大蠊来处理餐厨垃圾，美洲大蠊的年养殖量达 300 多吨，日处理餐厨垃圾 15t；2019 年扩建美洲大蠊养殖基地，年养殖量可达 4000t，美洲大蠊约 40 亿只，日处理餐厨垃 200t。利用美洲大蠊处理餐厨垃圾技术实现了产业化发展，充分肯定了利用美洲大蠊可高效、快速、无污染转化餐厨垃圾，实现餐厨垃圾高效循环利用，同时推动了美洲大蠊产业的规模化发展（容庭等，2020）。

参 考 文 献

安新城. 2016. 黑水虻生物处置餐厨废弃物的技术可行性分析. 环境与可持续发展，41(3): 92-94.

安新城，吕欣. 2007. 黑水虻的生物学特性及营养价值. 养殖与饲料，6(11): 67-68.

白明，杨星科. 2008. 粪食性金龟的行为及其适应演化. 应用昆虫学报，45(3): 499-505.

柴志强，王付彬，郭明昉，等. 2012. 水虻科昆虫及其资源化利用研究. 广东农业科学，39(10): 182-185，195.

柴志强，朱彦光. 2016. 黑水虻在餐厨垃圾处理中的应用. 科技展望，26(22): 321.

陈禄仕. 2012. 尸食性昆虫的调查与研究. 贵州警官职业学院学报，24(2): 5-8.

陈美珠. 2017. 黑水虻处理餐饮垃圾的技术分析与应用探讨. 广东科技，26(11): 59-61.

陈婉. 2019. "小强"化身餐厨垃圾"清洁工". 环境经济，16(6): 22-23.

丁鸿娟，赵凯. 2006. 蜚蠊及其危害和治理. 医学动物防制，22(12): 881-883.

董家桥. 2019. 打造餐厨垃圾处理新模式 助力提升生态环保新水平. 城乡建设，26(9): 26-27.

傅桂明，王伟，杨天赐，等. 2006. 德国小蠊抗药性及防制措施. 中华卫生杀虫药械，(5): 391-393.

侯雪阳，李林，许长峰，等. 2022. 黑水虻特性及应用研究进展. 特种经济动植物，25(4): 56-60.

黄复生. 2000. 中国动物志·昆虫纲第十七卷·等翅目. 北京：科学出版社.

黄人鑫，杜春华，张卫红. 1999. 新疆金龟甲的区系组成及食性(鞘翅目：金龟甲总科). 昆虫学报，42(1): 70-77.

季江云. 2019. 天府立宇环保公司破解泔水处理难题 用黑水虻把餐厨垃圾变成宝. 环境与生活，13(10): 30-38.

李孟楼. 2005. 资源昆虫学. 北京：中国林业出版社.

李顺才，吉志新，苏绯，等. 2020. 资源昆虫黑水虻的生长特性与科学利用. 科学种养，15(3): 55-57.

凌浩宇，沈润华，郭升阳，等. 2021. 我国口岸输入性蜚蠊现状与应对措施. 中国国境卫生检疫杂志，44(2): 142-144.

刘高强，魏美才. 2008. 昆虫资源开发与利用的新进展. 西北林学院学报，23(6): 142-146.

容庭，张洁，刘志昌，等. 2020. 经济昆虫和蚯蚓处理农业废弃物研究进展. 广东畜牧兽医科技，45(6): 11-15.

粟颖. 2020. 黑水虻处理厨余垃圾的前景——以广东省为例. 城乡建设，27(21): 47-49.

孙耘芹，李梅，何凤琴，等. 2004. 五种蜚蠊的生物学特性和综合治理. 昆虫知识，41(3): 216-222.

滕星，张永锋，温嘉伟，等. 2019. 黑水虻生物特性及其人工养殖的影响因素研究进展. 吉林农业大学学报，41(2): 134-141.

王小波，吴翔，郭雪琦，等. 2021. 黑水虻虫粪对水稻生长及土壤理化性质的影响. 植物营养与肥料学报，27(10): 1874-1882.

魏亚茹. 2020. 黑水虻对剩余污泥生态处理技术研究. 泰安: 山东农业大学硕士学位论文.

吴海霞, 鲁亮, 孟凤霞, 等. 2018. 2006—2015 年我国蜚蠊监测报告. 中国媒介生物学及控制杂志, 29(2): 113-119.

杨德明, 朱亮, 周挺进. 2020. 餐厨垃圾资源化处理技术研究进展. 广东化工, 47(22): 98-99.

杨森林, 王科林, 吴善苟, 等. 2018. 餐厨垃圾处置设施规划中对餐厨垃圾产生量的预测. 环境卫生工程, 26(3): 87-90.

尹靖凯, 龚小燕, 孙丽娜, 等. 2021. 黑水虻对餐厨垃圾养分转化研究. 中国农业科技导报, 23(6): 154-159.

尹新明, 王高平. 2002. 河南省昆虫学会编. 华中昆虫研究 第 1 卷. 北京: 中国农业科学技术出版社.

尤平. 2005. 水生鳞翅类——螟蛾科水螟亚科. 昆虫知识, 42(5): 595-598.

张古忍. 2016. 昆虫世界与人类社会(3 版). 广州: 中山大学出版社.

张加勇. 2005. 中国石蛃目昆虫的分类研究. 南京: 南京师范大学硕士学位论文.

张晶晶, 吴卫, 黄人鑫. 2008. 新疆有益昆虫的调查(三)——环保和观赏昆虫. 新疆农业科学, 45(1): 98-101.

Choi Y, Choi J Y, Kim J G, et al. 2009. Potential usage of food waste as a natural fertilizer after digestion by *Hermetia illucens*. International Journal of Industrial Entomology, 19(1): 171-174.

FAO. 2015. World fertilizer trends and outlook to 2018. http: //www.fao.org/3/a-i4324e. pdf [2017-9-12].

Li P Y, Xie Y, Zeng Y, et al. 2017. Bioconversion of welan gum from kitchen waste by a two-step enzymatic hydrolysis pretreatment. Applied Biochemistry and Biotechnology, 183(3): 820-832.

第8章 传粉昆虫

开花植物的花朵开放时，由花粉囊散发出成熟的花粉，借助一定的媒介，被传送到同一花或另一花的雌蕊柱头上的过程，称为传粉。传粉作用一般有两种方式，一种是自花传粉，另一种是异花传粉，这两种传粉方式在自然界中都普遍存在。与自花传粉相比，异花传粉是一种进化方式，其后代往往具有强大的生活力和适应性。

植物进行异花传粉，必须依靠各种外力的帮助，才能把花粉传到其他花的柱头上去。传送花粉的媒介有风、水、鸟和昆虫等，最为普遍的是风和昆虫。昆虫传粉是指昆虫在采蜜过程中，对植物进行的传粉作用。在开花的植物种类中，已知约65%是依靠昆虫传粉的，全世界被子植物有80%为虫媒传粉，被人食用的植物种类约有3000种。一般把访花昆虫中能够携带花粉且活动范围大、能进行异花传粉的昆虫视为传粉昆虫。

访花昆虫又称喜花昆虫，是指在显花植物上活动较为频繁的昆虫种类。根据访花昆虫访花目的不同，以及在植物传粉中发挥的作用及作用大小的差异，可将访花昆虫分为传粉昆虫、天敌昆虫和取食花朵的昆虫。访花昆虫在访花过程中，不同程度地接触花粉和柱头，可对植物起到传粉作用。例如，天敌昆虫食虫虻、胡蜂等，在花上等候或捕食猎物；鞘翅目甲虫在取食花朵的同时起到传粉的作用。

传粉昆虫与植物之间存在一种错综复杂的关系，植物依赖昆虫传授花粉，使植物充分得到选择受精的机会，提高杂交优势，提高果实和种子的产量及质量，并能增强植物的生活力。同时，传粉可以使昆虫获得花蜜、花粉等有用物质作为食物，两者形成密切的互惠共生关系。

8.1 传粉昆虫的种类

自然界中传粉昆虫的种类繁多，主要分属于膜翅目、双翅目、鞘翅目、直翅目、半翅目、缨翅目和鳞翅目。据统计，膜翅目占全部传粉昆虫的43.7%，双翅目占28.4%，鞘翅目占14.1%，半翅目、鳞翅目、缨翅目和直翅目所占比例极小（郭柏涛等，2001）。传粉昆虫通常包括蜜蜂、熊蜂、壁蜂、蝇、甲虫、蝴蝶和蓟马等。

在自然界中，膜翅目是传粉昆虫中种类最多、数量最大的一个类群。膜翅目中的蚁类和蜂类都具有传粉作用。蚁类由于其群居的特性和出色的爬行能力，具有一定的传粉作用。Hickman（1974）证实了蚁类为一年生蓼科植物 *Polygonum cascadense* 传粉，并发现通过蚁类传粉的植物一般生长在干旱炎热地区，蜜量很少，花很小、离地面很近且同时开放的数量很少，不足以吸引大型传粉昆虫。蜂类由于具有独特的形态结构和生物学特性，在传粉昆虫中占绝对的主导地位。在长期的自然选择压力下，植物为了吸引更多的蜜蜂，便于蜜蜂对花的采访，花的大小、形态结构和蜜腺的位置等常常与访花蜜蜂种类的大小、形态、口器类型及结构等相适应。蜂媒花的一般特征为：两侧对称（便于昆虫着落），色泽艳丽（常为黄色或蓝色），具花蜜，味清香而不浓烈等。蜜蜂为了更好地取食花蜜和花粉，其口器演化得与被访花朵的花冠管长度更加吻合，体毛更密，易沾花粉，而且一些种类蜜蜂的足上进化出花粉筐、花粉刷等多种携粉器官，其访花行为也更加复杂多变，并有着较高的访花频率和明显的传粉效果，对植物的传粉作用显著。蜜蜂与植物间的这种高度适应，是长期自然选择和漫长久远的协同进化的结果。蜜蜂对植物的交叉传粉还可以提高植物后代的遗传变异，使得植物能更好地适应环境，占据更合适的生态位，提高植物后代的生活力；显花植物为蜜蜂提供食物和能量。蜜蜂与显花植物之间相互依存、互惠互利。

双翅目长角亚目中的蕈蚊、瘿蚊、摇蚊、蠓、蚋等为原始的传粉昆虫。短角亚目中最特化的传粉昆虫为蚋亚科 Simuliinae 昆虫，它们具有极长的喙管，可吸食筒形花朵基部的花蜜。眼蝇科 Conopidae 和花蝇科 Anthomyiidae 善于取食花蜜，并以花粉作为蛋白质来源。它们体表多毛刺，便于携带和传播花粉，该类昆虫具有发达的颜色视角，对花朵颜色的选择能力很强。大多数双翅目昆虫喜采访带有臭味（吲哚）的十字花科及伞形花科植物，但传粉作用有限（钦俊德，1987）。

鞘翅目昆虫是古老的传粉昆虫，甲虫访花时，常栖息于花朵上，可以起到传粉作用。但甲虫体壁坚硬而光滑，不易携带花粉；咀嚼式口器虽然非常适合咀嚼花粉，但在访花时易伤害花朵，且不利于采食花蜜，因此，甲虫不利于植物授粉。甲虫缺乏对颜色的洞察力，以甲虫传粉的花通常为黄色和白色，很少带红色或紫色，几乎无蓝色。因此，以甲虫作传粉介体的花通常具有花朵较大、不特化、无蜜腺、气味强烈、花粉处于易于采食的位置等特征，如芍药花常由甲虫类昆虫传粉。常见的传粉甲虫主要属于叩头甲科 Elateridae、金龟甲科 Scarabaeidae、郭公甲科 Cleridae、露尾甲科 Nitidnfidae、叶甲科 Chrysomelidae、隐翅甲科 Staphylinidae、芫菁科 Meloidae 和天牛科 Cerambycidae。但有报道认为，拟天牛科 Oedemeridae、花蚤科 Mordellidae 及拟花蚤科 Melyridae 等的成虫亦在花上生活（钦俊德，1987）。

鳞翅目的蝶类和蛾类为虹吸式口器，能吸食深层花冠的花蜜，在访花吸蜜的同时，由身体携带和传播花粉。蝶类在白天活动，有敏锐的视觉，对红色或紫色等鲜艳的花色敏感，靠辨别颜色来确定花朵的位置；而蛾类多数在夜间活动，有敏锐的嗅觉和辨别颜色的能力。因此，蛾类传粉的花趋于夜间开放，颜色为白色、红色或黄褐色的花朵，这些花能够散发出浓郁的香气来吸引蛾类。例如，夜蛾可依靠气味辨别方向，在绝对黑暗的条件下，夜蛾也能访花。

半翅目中盲蝽科 Miridae、姬蝽科 Nabidae、长蝽科 Lygaeidae、缘蝽科 Coreidae 和蝽科 Pentatomidae 的种类常常访花，但趋花性不显著，通常以菊科、伞形科植物为主。

缨翅目的蓟马 Thrips tabaci 是喜花昆虫，其不对称口器适于取食花粉，对杜鹃科植物情有独钟（杨世诚，1997）。但由于其个体小，活动能力差，长时间停留于花中，虽然数量多，却只能在自花授粉的植物中起到一定的传粉作用。

尽管双翅目的蝇类、鳞翅目的蝶蛾类和鞘翅目的甲虫类等许多昆虫都可为植物传粉，但是，蜂类种类最丰富，采集花粉、花蜜的行为优于其他昆虫。全世界约 17 000 种蜂类的食物源是植物的花粉和花蜜，蜂类是植物最理想的传粉者。

8.2　蜜　　蜂

蜜蜂属膜翅目蜜蜂总科蜜蜂科蜜蜂属。蜜蜂是主要的传粉昆虫，其种群数量占传粉昆虫总量的 85% 以上。目前，中华蜜蜂 Apis cerana（简称"中蜂"）和意大利蜜蜂 A. mellifera（简称"意蜂"）是我国最主要的传粉蜂种。蜜蜂与植物经过长期的协同进化，二者形成了一系列协同关系，如蜜蜂的食物是花粉和花蜜，其采集花粉和花蜜属于主动过程，而传粉属于被动过程；植物依靠蜜蜂的传粉繁育后代，提高后代的生殖力。据统计，在人类所利用的 1330 种作物中，有 1100 多种需要蜜蜂传粉。如果没有蜜蜂传粉，植物将无法繁衍生息，动物就没有饲料。2004 年，美国在发表蜜蜂基因组序列的评论中称"如果没有蜜蜂，整个生态系统将会崩溃"。据专家测算，蜜蜂传粉每年给中国农业生产贡献 3042.2 亿元，相当于全国农业总产值的 12.3%。将蜜蜂传粉的习性运用到农业生产，是人们对自然规律认识实践的飞跃，也是现代农业发展的必然趋势。蜜蜂的数量多、分布广、个体小，是大多数农作物生产中使用的最重要也是最理想的传粉昆虫。

利用蜜蜂为农作物传粉具有如下明显的优越性。

（1）具有特殊的形态学结构。蜜蜂周身密生绒毛，呈分叉状，易于黏附花粉粒；足具有采集和携带花粉的特殊结构，如花粉刷和花粉筐。

（2）群居性。蜜蜂属于高级社会性昆虫，个体数量多，群体内的合作与分工是其他昆虫无法比拟的。

（3）可移动性。随着人们对蜜蜂生物学的认识，蜜蜂的搬运是一件很容易完成的事情，只需待傍晚蜜蜂归巢后，将蜂巢搬运到需要传粉的场地即可。

（4）可诱导性。利用蜜蜂的条件反射，可以泡过某一种花香的糖浆饲喂蜜蜂，引诱它们到需要授粉的农作物上传粉，达到训练蜜蜂为特殊作物传粉的目的。

（5）传粉专一性。蜜蜂每次出巢，仅采集同一种植物的花粉及花蜜，这种特性对于同种植物的传粉很有利，也比其他传粉昆虫更有优势。

（6）易于人工快速繁育。人类饲养蜜蜂已有数千年的历史，人工快速繁育技术成熟，利于传粉蜂群的快速培育，满足大量农作物的传粉需求。

我国是世界养蜂大国，蜂群数量和蜂产品产量多年来一直稳居世界首位。养蜂业发展对于满足蜂产品市场需求、促进农民增收、提高农作物产量和维护生态平衡做出了重要贡献。利用蜜蜂授粉可使水稻增产 5%，棉花增产 12%，油菜增产 18%，部分果蔬作物产量成倍增长，同时大幅减少化学坐果激素的使用，从而提高农产品质量安全。据农业部估计，每年蜜蜂授粉促进农作物增产的产值超过 660 亿元，蜜蜂为农作物授粉增产的潜力很大，还有待继续开发。

8.3　熊　　蜂

熊蜂（bumble-bee）隶属于膜翅目 Hymenoptera 蜜蜂科 Apidae 熊蜂属 *Bombus*，是温室作物理想的传粉昆虫。熊蜂性情温顺，形态酷似熊猫类动物，故称之为熊蜂。目前，全世界熊蜂的种类大约有 300 种，广泛分布于寒带及温带，在高纬度较寒冷的地区种类较为丰富。我国有丰富的熊蜂资源，已经确定的种类有 124 种，约占世界熊蜂种类总数的 43%，分布于全国各地，北方比南方种类丰富，在温带高海拔地区种类尤为丰富，是高山植物的主要传粉者。熊蜂终生以花蜜和花粉为食。

8.3.1　熊蜂的形态特征

熊蜂体粗壮，中至大型，体长 9～30mm，全身被有绒毛，有黑色、黄色或红色等各色相间的彩色条纹。复眼长，单眼几乎呈直线排列；膝状触角；嚼吸式口器，有发达上颚，吻长 9～17mm，因种类不同，吻长不一。翅长，前翅具 3 个亚缘室，第一室被 1 条伪脉斜割，第二室向基部尖出，翅痣小。雌性后足粗大，表面光滑，端部周围被长毛，形成花粉筐；后足胫节宽扁，内表面具整齐排列的毛刷。腹部宽圆，密被长而整齐的毛；雌性蜂腹部第 4 与第 5 腹板之间有蜡腺，其分泌的蜡是熊蜂筑巢的重要材料；腹部末端具有毒腺和尾针。雄性外生殖器强几丁质化，生殖节及生殖刺突均呈暗褐色。

8.3.2　熊蜂的蜂群组成

熊蜂是社会性昆虫，进化程度在蜜蜂和独居蜂之间，熊蜂的蜂群同蜜蜂蜂群一样也是由三型蜂即蜂王、工蜂、雄蜂组成。熊蜂群体内虫口数量少，每群由 1 只蜂王、若干只雄蜂及数十至数百只工蜂组成。

8.3.2.1　蜂王

蜂王由受精卵孵化后，食用足量的营养物质发育而成，是蜂群中唯一生殖器官发育完全的雌性蜂。蜂王的寿命一般为 1 年，有的可超过 1 年。蜂王个体比工蜂和雄蜂大，具螫针。授精的蜂王通过冬眠越冬，在春季蛰居醒来后，开始野外采食、筑巢、产卵和育虫，但当第一批工蜂出房后，巢内外工作均由工蜂承担，而蜂王则专司产卵，有时协助工蜂哺育幼虫和做些巢内工作。蜂王具有孤雌生殖能力，可产未受精卵培育雄蜂，产受精卵培育工蜂或蜂王。

8.3.2.2　工蜂

工蜂是由受精卵发育而成的、生殖器官发育不全的雌性蜂。工蜂个体最小，其职能包括泌蜡筑巢、饲喂幼虫、采集食物和守卫等各项工作。工蜂是熊蜂蜂群中的主要成员，传粉就是靠工蜂来完成的（图 8-1）。

图 8-1　熊蜂

虽然工蜂是性器官发育不完全的雌性个体，但当熊蜂群发展到后期，工蜂数量增加，食物丰富，较高的气温刺激一些工蜂卵巢发育，可产未受精卵，培育雄蜂。当工蜂产卵时，蜂群的协作开始失调，以致蜂群走向衰败。蜂王敌对产卵的工蜂，并常常试图吃掉工蜂产的卵，产卵的工蜂之间也常常互相攻击。工蜂具螫针，但螫针上无倒钩，不会像蜜蜂那样蜇刺后因螫针丧失死亡。工蜂的寿命为 2个多月。

8.3.2.3　雄蜂

由未受精卵发育而成。雄蜂体型稍胖，个体比工蜂大，但比蜂王小。雄蜂无螫针，头尾呈近圆形，腹端有抱握器，触角按体长比例较长，易于与蜂王和工蜂区别。另外，一些熊蜂种类的雄蜂与工蜂和蜂王的体色有明显的差异。在新蜂王产生之前，雄蜂已在蜂群中繁育，其职能是与新蜂王交尾。雄蜂出房后，食用巢内储存的蜂蜜，2～4 天后离巢自行谋生，并寻找处女王交尾。离巢的雄蜂常常夜里或白天下雨时寄宿于植物花朵的背面。交尾后的雄蜂不像蜜蜂的雄性蜂那样立即死去，而是非常活跃。雄蜂的寿命约为 30 天。

8.3.3 熊蜂的生物学习性

熊蜂生活周期与蜜蜂生活周期不同，通常是一年一代，也有一年两代的。

1）蜂王出飞

在春天，已交尾的越冬蜂王离开越冬巢穴，开始寻找合适的地方筑巢。熊蜂一般在干燥、能防雨的地方建巢。一些种的蜂王喜欢在地下（如土中的鼠洞、蛇洞或土穴等一些被老鼠或其他小哺乳动物废弃的洞穴）筑巢，如 *B. terrestis*、*B. lapidarius* 和 *B. lucorum*；另一些种类的蜂王喜欢在地表（如在土表、干草下或土缝隙中）筑巢，如 *B. muscorum*、*B. pascuorm* 和 *B. ruderarius* 等；还有一些种类的蜂王喜欢在地上建巢，它们常在一些废弃的鸟窝或村舍的茅屋顶等地方筑巢，如 *B. hortorum* 和 *B. pyatorum*（安建东等，1999）。

蜂王通常在巢中构建蜡质巢室，巢室呈罐状，大小因蜂种不同差异较大。有的蜂巢直径约 80mm，有的可达 230mm。蜂巢的形状由巢穴的内部形状决定。一个巢内有十几至几十个，甚至上百个巢室粘在一起，有些种类的熊蜂在同一地块筑巢，可形成较大的巢群，且年复一年在旧巢基础上筑新巢室。

2）蜂王产卵

蜂王将蜂蜜和花粉团储存于巢室中，花粉团中间凹陷，蜂王将卵产在花粉团里面或表面，再泌蜡将卵包裹起来。

3）幼虫发育

幼虫孵化后，在巢室中发育，以花粉为食。当幼虫长大时，蜂王打开蜡盖，用反刍吐出的方法加入更多的花粉和蜂蜜。幼虫的发育受环境条件影响，如温度、湿度和食物。幼虫成熟，结茧化蛹，蛹羽化成为第一代工蜂。第一代工蜂孵化时，由于只有一只蜂王采集饲料，食物匮乏，因此蜂体较小。当第一代工蜂出房后，即参与蜂巢的建设，采集花粉、花蜜，饲育幼虫。

4）成蜂

一般当好几批工蜂出房以后，群势达到高峰期，巢内有大量粉蜜储存时，蜂群开始培育雄蜂和蜂王，是该蜂群开始消亡的征兆，蜂王开始产它的第一批未受精卵，未受精卵可发育为雄蜂。同时，蜂群内出现王台，开始培育新蜂王。新蜂王通常在雄蜂羽化 7 天后出房，出房 5 天后性成熟开始婚飞。野生状态下的熊蜂，蜂王交尾均在野外进行，新蜂王的婚飞半径约 300m。据观察，在人工提供的交尾笼内，蜂王与雄蜂都能进行多次交尾，蜂王交尾时获得的精子储存于内生殖器的储精囊中，供来年繁殖用。一般蜂王经 1 次交尾即可满足终身产卵受精用，以后不再进行交尾。

新蜂王交尾后，仍迷恋母群，经常回到原群取食花蜜和花粉，待体内脂肪积累充分时，便离开母群，寻找适合的地方冬眠越冬。

5）蜂群的消亡

原群熊蜂培育新蜂王和雄蜂后，尽管老蜂王贮精囊中还有充足的精子，但它不再产卵培育工蜂，群势逐渐衰弱。随着天气变冷，食物日渐匮乏，原群老蜂王和其他工蜂也逐渐死亡。

8.3.4　熊蜂的传粉特性

熊蜂以其独特的形态特征和生物学特性成为温室作物的理想授粉者。冬季温室内温度低、光照少、缺少自然授粉昆虫而且花粉活力低，采用传统的人工授粉方法不但费工费时、增产不明显，而且果实品质也不理想。利用熊蜂作为一种有效的温室授粉方法，是冬季温室作物增产增质的关键，与传统授粉方法相比，可使作物的平均产量提高 15%～30%。

1）可周年繁育

在人工控制条件下，可以缩短或打破蜂王的滞育期，在任何季节，都可以根据温室内作物的授粉需要而繁育熊蜂群进行授粉，从而解决了冬季温室蔬菜应用昆虫授粉的难题。

2）传粉能力强

熊蜂个体大，飞行距离在 5km 以上，有旺盛的采集力，日工作时间长，对蜜源的利用比其他蜂种更为高效。

3）授粉效果好

熊蜂浑身绒毛，喙较长，9～17mm，能采集番茄、辣椒、茄子等深冠花朵，以及一些有异味的蜜粉源植物，且声震授粉效果显著。茄属植物的花朵为孔裂花朵，开花后需要振动才能使花粉释放，花粉从雄蕊上落到柱头上，完成授粉过程。熊蜂为茄属作物授粉时，其前足抓住雄蕊花药，同时上颚咬住花药，然后翅膀肌肉激烈收缩，发出尖锐的嗡嗡声，这种超声波可传到花药内部，使花粉释放，这就是所谓的"声震授粉"。花药被熊蜂上颚咬过的部位很快变成棕色斑点，熊蜂通过这些棕色斑点辨认是否采集过，这样提高了授粉效率。熊蜂通过调节音叉的方法来获取更多的花粉，这种交叉式爆炸的声音有助于花粉释放出来，当花朵上花粉不多或者已被采集过时，熊蜂发出的声震变小，然而，一些蜂类不具有这种声震获取更多花粉的功能，如蜜蜂。熊蜂为茄属植物授粉时比蜜蜂速度快几百倍，而且大部分声震授粉的植物都不分泌花蜜和独特的气味，因此，蜜蜂都不喜欢采集这种植物（黄家兴等，2007）。

4）耐低温、耐湿性强

熊蜂能够抵抗恶劣的环境，耐低温和耐湿性强，即使在蜜蜂不出巢的阴冷天气，熊蜂仍可以继续出巢采集。

5）趋光性差

熊蜂的趋光性差，可以很温顺地在花上采集，不会像蜜蜂那样向上飞，撞击温室玻璃。

6）信息交流不发达

熊蜂的进化程度低，信息交流系统不发达，对于新发现的蜜源不像蜜蜂那样互相传递信息，因此能专心地在温室内的作物上采集传粉，很少从通气孔飞出去。

由于具备上述这些传粉特性，熊蜂成为温室中理想的传粉昆虫，尤其为温室内蜜蜂不爱采集的、具有特殊气味的番茄传粉，效果更加显著。可应用熊蜂传粉的作物涉及多个科的蔬菜和果树，如茄科的番茄、茄子、甜椒，葫芦科的西瓜、黄瓜、冬瓜等，蔷薇科的桃、樱桃、杏、草莓等。利用熊蜂为温室作物授粉，不但可以提高产量、改善果实品质、减少畸形果率、增加果实籽数、缩短果实成熟期，还可以解决应用化学激素所带来污染问题，提高经济效益。

8.4 切 叶 蜂

切叶蜂是指蜜蜂总科切叶蜂科 Megachilidae 切叶蜂属 *Megachile* 的昆虫。其因切取植物的叶片作为筑巢材料而得名，是一种可以为作物传粉的野生蜂类。

切叶蜂单独生活，不像蜜蜂那样群居营社会性生活，但要求与同类住得很近。切叶蜂喜欢在人类提供的筑巢材料中筑巢，将植物叶片切为椭圆形片状，用来将巢隔成 10～12 个巢室，在巢室内储存花粉和花蜜的糊状混合物，供幼虫食用。它是少数几种能够大量家养的昆虫之一。

8.4.1 切叶蜂的生活史

切叶蜂的生活周期通常是 1 年 1 代，但在温暖地区可能 1 年有 2～3 代。其生活史如下。

（1）成熟幼虫：切叶蜂以成熟幼虫越冬，温度在 15℃时停止发育。

（2）蛹：当春天温度升高时，幼虫开始发育化蛹。温度在 30℃和相对湿度 65%～70%的条件下，第 19～20 天开始羽化，第 36 天左右结束。如果温度降低，羽化时间延长。整个蛹期持续 3～4 周。

（3）第一代成年蜂：咬破茧羽化为成蜂，雄蜂 18～20 天后首先飞出，雌蜂 21～24 天后飞出。雄蜂比雌蜂早羽化 2～3 天，雌蜂出现时，雄蜂已羽化 50%。

（4）卵：雌蜂羽化后即可与比它先羽化的雄蜂交尾，交尾后雌蜂适当取食些花粉和花蜜，之后到蜂箱中寻找合适的巢孔，开始切叶筑巢活动。首先用上颚在苜蓿或三叶草等植物下部比较衰老而柔软的叶片或花瓣上切取长圆形小片（图 8-2），然后用口器和足把切割的叶片抱在腹部带回巢洞做巢室，把不同叶片用唾液及分泌物黏合在一起，做一个巢室需 10～15 片叶。将叶片卷成中空的管，在中空的管中筑 1 个巢室。然后采集花粉与花蜜，混合成花粉团即"蜂粮"填于室内。当花粉团装满巢室的 2/3 时，采集少量花蜜放于其中并产 1 枚卵，最后切取 2～3 块圆形叶片封住巢室。以同样的方式和步骤做第 2 个、第 3 个巢室，各室头尾相接，1 个 100mm 长的巢孔最多可做 10～11 个巢室。最后在巢孔的入口处填一厚叠圆形叶片封住巢孔，防止天敌及恶劣环境的侵袭。1 只雌蜂能做 30～40 个巢室，但在田间条件下，一般只做 12～16 个巢室。

图 8-2 切叶蜂

（5）成熟幼虫：幼虫的成熟与温度有关，大约 3 周后发育成熟。然后滞育越冬，或继续发育产生第二代。

（6）蛹：当巢中幼虫化蛹后，将羽化为第二代成虫。在温暖气候条件下，40%～80% 的幼虫可能发育为第二代。

（7）成年蜂：卵产下大约 1 个月后，第二代成蜂出房。

（8）卵：第二代成年蜂筑巢几天后开始产卵。幼虫孵化后，大部分发育成熟化蛹进入滞育期，一小部分将继续发育产生第三代。滞育期的蛹需在低温下储存直到第二年春天才能羽化。

8.4.2 切叶蜂的授粉特点

切叶蜂与蜜蜂或其他授粉蜂类相比有许多突出的优点。

1）专一性强

切叶蜂是寡食性的，只采访少数植物，而且特别喜欢苜蓿，因此不易被附近的其他开花作物或杂草所吸引而分散授粉效果。

2）授粉效率高

雌蜂采访花朵的速度快，一般雌蜂每分钟可采访 11～15 朵花。在高温、晴朗和苜蓿花稠密的条件下，1min 可采访 25 朵花。在收集花粉的同时，能够迅速有效地为作物授粉。温度和光照度影响雌蜂一天飞行时间的长短和采花的早晚。

3）授粉强度大

该蜂绝大部分个体喜欢在蜂箱附近 30～50m 范围内进行采集活动，使苜蓿结实快，种子成熟且整齐一致。

4）饲养管理较容易

切叶蜂喜欢集聚，喜欢在地面及人工巢内做巢，这种蜂巢便于移动，可以在 1 个生长季节内为开花期不同的多个苜蓿品种授粉，提高蜂的利用率。切叶蜂只在苜蓿田中有限的范围内活动，几乎不受周围农田施用化学杀虫剂的影响，一年中在田间活动的时间只有 40～50 天，其余时间大都以相对静止的虫态在室内生活，因而相对容易管理。

5）使用方便

切叶蜂以预蛹状态滞育越冬，能在 0～10℃条件下储藏，经足够低温处理的蜂茧很容易打破滞育并能准确预测其羽化时期，在人工控制的条件下进行孵育，可在需要时及时放入田间为苜蓿授粉。

6）经济回报率高

养蜂设备不多，一次投入可以反复使用多年，经济效益可观（徐希莲等，2012）。

8.4.3 苜蓿切叶蜂

苜蓿切叶蜂 *Megachile rotundata* 外形和蜜蜂相似，营独栖生活，是具有群居习性的寡居蜂，个体之间几乎没有协调行为。

苜蓿是苜蓿属植物的通称，是多年生豆科开花植物，其中最著名的是作为牧草的紫花苜蓿。苜蓿多为野生草本植物，其产量高、品质好、营养丰富、适口性好，有"牧草之王"之美称，并且具有抗寒、耐旱、耐盐碱、抗逆性强、适应性广泛和改土固氮的优良特性。苜蓿为异花授粉植物，蝶状花，花器小，构造特殊，其龙骨瓣对于习惯采集开放型花的传粉昆虫采集花粉具有较大的阻碍。蜜蜂等一些体型较大的传粉昆虫不能从花的正面打开这类豆科牧草花的龙骨瓣，只是从花的侧面吸取花蜜，授粉效率较低。只有切叶蜂，其腹部绒毛组成的腹毛刷极易黏附花粉，能达到很好的传粉效果。

苜蓿切叶蜂每年繁殖 1～2 代，分为雄蜂和雌蜂两型。雄蜂的主要任务是与雌蜂交尾，没有采集授粉能力。雌蜂产卵繁殖后代，也是主要的授粉者。雌蜂的成虫期为 2 个月左右，在填充有花粉及花蜜的混合物即蜂粮的巢室里产卵。卵经过 2～3 天孵化成幼虫，幼虫乳白色，无足，体表多皱，取食巢室内的蜂粮，幼虫期 2 周。幼虫老熟时化蛹，蛹皮薄而透明；蛹初期为白色，后逐渐加深，变为灰黑色，蛹体被苜蓿叶包裹，又称蜂茧。苜蓿切叶蜂以蜂茧的方式越冬，第 2 年春季或夏季在适宜的条件下羽化为成虫（刘晨曦等，2004）。

苜蓿切叶蜂利用上颚切割苜蓿叶片卷成中空的管，在中空的管中筑 1 个巢室，巢室内的一半填充蜂粮，随后将 1 粒卵产在蜂粮上，巢室以 1 片圆形的叶片封闭。再在第 1 个巢室之上建造另 1 个巢室，直到管内充满巢室为止。

苜蓿切叶蜂喜欢阳光充足、温暖、少雨且具有灌溉条件的地区。在这样的地区，苜蓿切叶蜂的飞行能力强，授粉时间长，繁殖力高。苜蓿切叶蜂是目前少数可以人工大量繁殖、大面积用于授粉的昆虫，对蜜源花粉的选择性很强，专门采集豆科植物的花粉。

苜蓿切叶蜂是为苜蓿授粉最有效的昆虫，授粉效率是蜜蜂的 5.5 倍。由于此原因，在苜蓿开花期间，即使在苜蓿制种地内有大量体型较大的传粉昆虫活动，但缺少苜蓿切叶蜂时，苜蓿种子产量通常也很低。在苜蓿制种田人工释放苜蓿切叶蜂后，苜蓿种子产量急剧增加，一些地区的种子单产高达 1000kg/hm^2 以上，而不用苜蓿切叶蜂传粉的制种田仅为 50kg/hm^2。在北美畜牧业发达的国家，90%以上的苜蓿制种田都人工释放切叶蜂授粉，经苜蓿切叶蜂授粉的苜蓿，种子产量成倍增加，品质也有所改善。

在我国，目前苜蓿切叶蜂被用于大豆杂交育种的隔离授粉和田间制种授粉。利用苜蓿切叶蜂为苜蓿授粉是一项先进的科学技术，是提高苜蓿种子产量的重要手段和措施。扩大苜蓿的种植面积，可以解决畜牧业对粮食的依赖性，缓解苜蓿产品供不应求的矛盾。

8.5 壁 蜂

壁蜂隶属于蜜蜂总科 Apoidea 切叶蜂科 Megachilidae 壁蜂属 *Osmia*。全世界已知 70 余个壁蜂品种，但被人们驯化利用的不足 10 个品种。我国常见的壁蜂品种有紫壁蜂（*O. jacoti*）、凹唇壁蜂（*O. excavatu*）、角额壁蜂（*O. conifrons*）、叉壁蜂（*O. pedicornis*）、壮壁蜂（*O. taurus*）。其中，凹唇壁蜂是北方果园的主要传粉昆虫。

8.5.1 壁蜂的形态特征

成蜂下颚须 4 节，胸部宽而短，前翅有 2 个亚缘室，第 1 个亚缘室稍大于第 2 个亚缘室，6 足的端部都具有爪垫；雌性成蜂腹部腹面具有多排排列整齐的腹毛，称为腹毛刷（图 8-3）。

图 8-3 壁蜂

8.5.2 壁蜂的生活史及生物学特性

壁蜂一般 1 年 1 代，雄蜂在自然界中的活动时间为 20～25 天，完成交尾活动后死亡。雌蜂在自然界中活动时间为 35～40 天。壁蜂属中的大部分种类行独栖生活，以成虫在蜂巢中茧内越冬。成虫于果树开花时出茧活动，营巢产卵。卵、幼虫、蛹均在巢室内生长发育；幼虫有 4 个龄期，老熟幼虫作茧化蛹，8 月中下旬始在茧内继续休眠和越冬，翌年春季，随着气温上升，一般在 4 月上旬果树开花时成蜂才破茧出巢。

壁蜂除成虫外，其他各虫期均在巢内度过，因而便于收集保管，也可自然地避免果园喷药治虫与杀伤传粉昆虫的矛盾。壁蜂具有较强的记忆能力，当其巢管位置变动后，壁蜂仍按原记忆回巢，发现巢管位置变动后，就会在巢管附近不分颜色地乱进巢管，直到找到自己那只为止；如果再变动巢管位置，壁蜂仍会按记忆找到自己的巢管。在两三次误飞后，就会形成记忆而准确地一次飞进筑巢产卵。这为壁蜂的回收创造了条件。

人工自制纸巢管和用芦苇秆制成的天然巢管，管口要打磨平，每 50 支左右扎为一捆，外包塑料纸以防雨淋。架设在距地面 40～55cm、背风向阳地段。在 5 月底至 6 月初时即可将巢管拿回家中，吊于屋檐下通风干燥的地方，有条件的地方可在 2 月初将其置于冰箱内。在放入冰箱前，应将茧从巢管中分开单茧放置，以免放蜂时，巢管外茧死亡而影响管内蜂出巢。

壁蜂自然生存、繁殖力强，性温和，无须喂养。

壁蜂是早春活动的昆虫，主要适用于春天开花的果树，如苹果、杏树、梨树、桃树、樱桃等；此外，壁蜂也访问大白菜、油菜、草莓、萝卜等十字花科植物的花。除上述植物外，紫壁蜂还访问菊科、唇形科等植物的花。

除了在果园释放壁蜂为早春植物进行授粉外，随着人们生活水平的提高和设施栽培的发展，利用壁蜂在温室进行小面积授粉的应用也发展迅速。

8.5.3 壁蜂的传粉特点

壁蜂的访花方式为顶采式。壁蜂雌蜂访花时，直接降落在花朵的雄蕊上，头部向下弯曲，用喙管插入花心基部吸取花蜜，同时用腹部腹面的腹毛刷紧贴雄蕊，中、后足蹬破花药使花粉粒完全爆裂，通过腹部的快速运动进行花粉的收集。在采蜜和采粉的过程中，壁蜂的腹毛刷与雌蕊的柱头可完全接触，使腹部携带的大量花粉较易传播到雌蕊柱头上，起到为植物授粉的作用。研究表明，壁蜂雌蜂每次访花，腹毛刷与柱头的接触率达到 100%。

壁蜂与蜜蜂活动规律的异同：壁蜂的始飞温度较低，为 10～11℃，对早春开花的果树比较适应，而蜜蜂的活动适温是 20～30℃，低于 17℃不利于访花授粉。阴天不影响壁蜂的活动，而蜜蜂在阴天时活动显著减少。壁蜂和蜜蜂都不耐高温，超过 35℃后，出巢活动的蜂都减少。壁蜂授粉是以腹部腹面的绒毛携带大量花粉，通过与柱头接触达到传粉目的，而蜜蜂腹部的绒毛较少，主要通过后足采集和携带花粉，与柱头接触时传粉的效果比壁蜂差。壁蜂属独栖型昆虫，管理较为简单，只需将壁蜂巢、壁蜂管和泥湾准备好，隔 2～3 天在泥湾中加一次水；而蜜蜂在管理上较壁蜂复杂，需要管理人员定期喂水、喂蜜，查看蜂群内的情况（吴翠翠等，2015）。

应用壁蜂授粉应注意以下几个方面的问题。

（1）在放蜂前 10～15 天前进行杀虫剂和杀菌剂的喷施，放蜂期间严禁喷施任何药剂。

（2）蜂箱和巢管的规格要适当，选择壁蜂喜欢的材质和颜色。苇秆营巢比例最高，其次是纸管；红色巢管的营巢比例最高；巢管的直径为 7mm 左右，长 10～15cm。

（3）蜂箱的摆放位置和方向要恰当。蜂箱要放在地的中央，前面开阔，后面隐蔽在树下或靠近作物，且要与地面保持一定距离，最好用架子将蜂箱架起，这样有利于防止天敌对壁蜂及巢管内幼蜂的侵害。蜂箱内巢管开口朝向东南方向，可使壁蜂提早出巢访花。

（4）在果树或者作物盛花期前 3～7 天进行放蜂，放蜂时间一般选择在傍晚。壁蜂从茧中出来后，在蜂箱和巢管附近活动，傍晚放蜂有利于壁蜂对于蜂巢的熟悉。释放壁蜂后，蜂箱位置千万不能移动。对于释放后 5～7 天不能破茧的壁蜂，可以采用人工破茧的方法协助成蜂出茧，提高壁蜂利用率。

（5）利用壁蜂为早春果树授粉，在初花期和开花后期，由于花粉和花蜜较少，为防止壁蜂的流失，可在蜂箱周围空地处种植油菜、白菜、萝卜等花期较长的作物来补充蜜源，也利于种群繁殖。

（6）壁蜂的寿命平均为 35 天，在为开花期较长的作物授粉时，可以分批放蜂，使壁蜂充分为作物授粉。在开花期和盛花期，根据花量的多少决定放蜂的数量，提高壁蜂的有效利用率。

（7）应用壁蜂为网室作物制种授粉时，由于空间的限制，放蜂初期或者花粉、花蜜量少时，壁蜂会有逃离网棚和撞网的现象，为防止壁蜂飞出，需将网室的缝隙处理好，也可以预防天敌如鸟类等的进入。

（8）壁蜂在晴朗无大风的条件下，访花速度快，日工作时间长，授粉效率高。大风和阴雨天气会影响壁蜂的活动，在阴雨天和 4 级以上大风的天气，壁蜂出巢访花的数量会减少；如果遇到长时间的阴雨天气，将导致成蜂的死亡。为减少其死亡，可用塑料布等对蜂箱和巢管进行防潮处理。

（9）壁蜂出茧后，蚂蚁、蜘蛛、鸟类、寄生蜂、皮蠹和蜂螨等天敌都可能危害壁蜂。应加强对壁蜂天敌的防治工作，以减少对壁蜂的危害。

参 考 文 献

安建东, 彭文君, 梁诗魁. 1999. 熊蜂的生物学特性及其授粉应用前景. 蜜蜂杂志, 19(9): 3-5.

郭柏寿, 杨继民, 许育彬. 2001. 传粉昆虫的研究现状及存在的问题. 西南农业学报, 4(14): 102-107.

黄家兴, 安建东, 吴杰, 等. 2007. 熊蜂为温室茄属作物授粉的优越性. 中国农学通报, 23(3): 5-9.

刘晨曦, 秦玉川, 陈红印, 等. 2004. 苜蓿切叶蜂在我国的研究与应用现状. 昆虫知识, 41(6): 519-522.

钦俊德. 1987. 昆虫与植物的关系. 北京: 科学出版社.

吴翠翠, 李朋波, 曹美莲, 等. 2015. 壁蜂的行为特性及其在农作物传粉中的应用前景. 中国农学通报, 31(8): 40-44.

徐希莲, 王凤鹤, 杨甫, 等. 2012. 切叶蜂及其授粉管理技术. 黑龙江畜牧兽医, 21(11): 140-142.

杨世诚. 1997. 传粉昆虫——现代农业之翼. 科学中国人, 3(6): 21-23.

Hickman J C. 1974. Pollination by ants: a low-energy system. Science, 184(4143): 1290-1292.

第9章 法医昆虫

9.1 法医昆虫概述

自然界中，有些昆虫不仅取食尸体，而且帮助大量微生物进入尸体以加快尸体分解。取食尸体的昆虫种类繁多，要求、反应各异。从尸体出现到腐烂、分解等不同阶段，有不同种类的昆虫组成和数量变化，这种类群与数量的变化就是生态群落演替的典型范例。根据昆虫在尸体上的生态群落演替，可以帮助法医推断死后间隔时间（postmortem interval，PMI）、死亡方式、死亡现场，进而澄清案件事实真相，揭露犯罪，证实无辜。

昆虫的发生及其行为都有一定的规律，这些规律常能为案情判断提供重要依据。当人或动物死亡后，尸体成为一种短暂的昆虫食物来源。随着尸体内部的细菌分解和组织自溶，其不断地向空气中释放各种不同的化学气味分子，从而吸引各种昆虫及其他节肢动物到尸体上取食和繁殖。

昆虫的感觉灵敏，活动能力强，如绿蝇、丽蝇、麻蝇等一些尸食、腐食性昆虫，它们对尸体敏感，往往首先发现尸体，并且在死者死亡几个小时之内，这些来访者就可产卵于尸体上。由于它们是冷血动物，生长发育速率取决于环境，根据环境温度等条件可以比较准确地计算昆虫的发育历期，测定尸体上未成熟期蝇类的发育龄期往往是估计死后间隔时间（PMI）的关键。

随着尸体腐败的进展，尸体上昆虫的区系与类群也发生明显的变化，各个阶段特有的昆虫类群与种类相继出现。所以，根据尸体上昆虫的类群可以推测与估计死后间隔时间。

各种昆虫都有其一定的地理分布范围和适生场所，因而尸体上的昆虫种类可为推断死亡的地点、尸体是否曾被转移等提供科学依据。如果位于某地的尸体上一般应该存在的昆虫却未被发现，则表明可能存在着某些人为干扰因素，如尸体可能曾被冷冻、密闭隐藏或曾被深埋，从而为案件调查提供线索。如果从尸体上的昆虫种类估计出死亡时间较长，而据尸体下方土壤中的昆虫种类估出的时间又较短，那么这一典型现象就表示尸体曾被移动过。

化学药品可通过食物链而转移，甚至富集。毒物致死剂量与尸体内脏、肌肉内毒物含量和尸体上蝇类幼虫或蛹内毒物含量三者之间，呈现一定的数量关系，从而可以作为判断死亡原因的重要根据。

人体寄生昆虫和螨类溺水超过某一界限必然死亡，但一定时间内出水可以复苏，这可用于溺水时间的推断。

在腐败尸体上，生前伤与死后伤的鉴别相当困难，但通过研究发现，死后伤的创口很少有蝇类光顾，创口内蛆也较少，而生前伤的创口则聚集大量蝇类，创口内有大量蛆。利用蝇类昆虫飞聚在腐败尸体上聚集部位的区别及每种蝇类个体数目上的多少，可以推断生前伤和死后伤。

所以，昆虫在法医鉴定中的应用主要集中在估计死亡时间，以及推断死亡原因、死亡场所和抛尸场所等几个方面。

9.2 具有法医学意义的昆虫类群

9.2.1 具有法医学意义的双翅目昆虫

双翅目 Diptera 包括蚊、蠓、蚋、虻和蝇等，最主要的特征是：前翅发达，后翅退化为平衡棒。在法医上具有意义的双翅目昆虫，主要是下列各科：

长角亚目 Nematocera
　大蚊总科 Tipuloidea
　　冬大蚊科 Trichoceridae
　毛蠓总科 Psychodoidea
　　毛蠓科 Psychodidae
短角亚目 Brachycera
　虻总科 Tabanoidea
　　水虻科 Stratiomyiidae
环裂亚目 Cyclorrhapha
无缝组 Aschiza
　蚤蝇总科 Phoroidea
　　蚤蝇科 Phoridae
　食蚜蝇总科 Syrphoidea
　　食蚜蝇科 Syrphidae
有缝组 Schizophora
　无瓣类 Acalyptratae
　日蝇总科 Helomyzoidea
　　扁蝇科 Coelopidae
　　日蝇科 Helomyzidae
　　小粪蝇科 Sphaeroceridae
　沼蝇总科 Sciomyzoidea
　　圆头蝇科 Dryomyzidae
　　鼓翅蝇科 Sepsidae
　禾蝇总科 Opomyzoidea

酪蝇科 Piophilidae
叶蝇科 Milichiidae
果蝇总科 Drosophiloidea
水蝇科 Ephydridae
果蝇科 Drosophilidae
有瓣类 Calyptratae
蝇总科 Muscoidea
蝇科 Muscidae
麻蝇总科 Sarcophagoidea
丽蝇科 Calliphoridae
麻蝇科 Sarcophagidae

这些具有法医学意义的双翅目昆虫以丽蝇科、麻蝇科、蝇科等最为重要（胡萃，2000）。

9.2.2 具有法医学意义的鞘翅目昆虫

鞘翅目 Coleoptera 昆虫通称"甲虫"，是动物界种类最多的目，全世界已知约 35 万种，占昆虫纲的 40% 以上，我国已记载的大约 7000 种。甲虫分布极广，凡地上、地下、空中、水中、动植物体内和体外都能生存。鞘翅目下分为 4 个亚目，即原鞘亚目 Archostemata、菌食亚目 Myxophaga、肉食亚目 Adephaga 和多食亚目 Polyphaga，其中多食亚目 Polyphaga 昆虫具有法医学意义。

多食亚目共分为 19 个总科，其中出现在尸体上的有皮蠹科 Dermestidae、郭公甲科 Cleridae、阎甲科 Histeridae、埋葬甲科 Silphidae、露尾甲科 Nitidulidae、拟步甲科 Tenebrionidae、隐翅甲科 Staphylinidae、步甲科 Carabidae、水龟甲科 Hydrophilidae、金龟甲科 Scarabaeidae、粪金龟科 Geotrupidae、蜉金龟科 Aphodiidae、皮金龟科 Trogidae、蛛甲科 Ptinidae、蚁形甲科 Anthicidae 和喽蜡虫科 Rhizophagidae 等。

9.2.3 具有法医学意义的膜翅目昆虫

膜翅目 Hymenoptera 包括蜂类和蚁类昆虫，常见的如蜜蜂（bee）、胡蜂（wasp）、姬蜂（ichneumonid）、茧蜂（braconid）、小蜂（chalcid）和蚂蚁（ant）等。膜翅目昆虫是昆虫纲里面的一个大目，全世界已知约 12 万种，中国已知 2300 余种。它们是尸体昆虫演替中除了双翅目和鞘翅目之外最多的昆虫，膜翅目昆虫在尸体上频繁出现的种类超过 50 种。

膜翅目分为广腰亚目和细腰亚目，其中广腰亚目包括树蜂科 Siricidae、叶蜂科 Tenthredinidae 等昆虫，而细腰亚目则由蚁科 Formicidae、胡蜂科 Vespidae、蜜蜂科 Apidae 及寄生蜂等组成。按照生态学分类，可将在尸体上活动的昆虫分为嗜尸性昆虫、捕食与寄生性昆虫、杂食性昆虫和随机性昆虫。在各地的尸体演替中，许多种类的膜翅目昆虫均被报道，因胡蜂和蚂蚁既取食尸体组织也取食其他嗜尸性昆虫，故而将它们归类于杂食性昆虫，而其他一些蜂也会在尸体上寻找食物来源。

具有法医学意义的膜翅目昆虫主要有胡蜂科 Vespidae、蛛蜂科 Pompilidae、泥蜂科 Sphecidae、蜜蜂科 Apidae、蚁科 Formicidae 和寄生蜂。与尸体有关的寄生蜂主要有茧蜂科 Braconidae、姬蜂科 Ichneumonidae、寡节小蜂科 Eulophidae、金小蜂科 Pteromalidae、瘿蜂科 Cynipidae、环腹瘿蜂科 Figitidae、旗腹姬蜂科 Evaniidae、长腹细蜂科 Pelecinidae、细蜂科 Proctotrypidae、锤角细蜂科 Diapriidae 和蚁蜂科 Mutillidae。

9.2.4 具有法医学意义的鳞翅目昆虫

鳞翅目 Lepidoptera 包括蛾（moth）和蝴蝶（butterfly）两类，全世界已知约 20 万种，中国已知约 8000 余种，该目为昆虫纲中仅次于鞘翅目和双翅目的第三大目。

人们很早就知道尸体、粪便会吸引许多蝴蝶和蛾子，可以用这些物质来引诱它们。大多数到尸体上来的鳞翅目成虫用口喙吸取尸体渗出的汁液，但也有证据说明有些是专食尸体的。到目前为止，在鳞翅目中仅发现 2 个科（螟蛾科 Pyralidae 和谷蛾科 Timeidae）有规律地与尸体上动物区系演替相联系。

9.3 法医昆虫的研究历史与现状

我国具有悠久的法医学历史，后汉时期的《疑狱集·严遵疑哭》中记载，有死者头部有苍蝇聚集，怀疑外伤，结果发现是铁钉子钉进头部致死。这一利用苍蝇破案的典型例子，是将昆虫应用于法医的萌芽（黄瑞亭，1994）。

宋代宋慈所撰的《宋提刑洗冤集录》（1235 年）卷二之五《疑难杂说下》中记载，在某地路旁发现一具尸体，尸体上有镰刀砍伤痕迹，遂告示附近所有居民将家中镰刀带来检验，发现许多苍蝇聚集在其中一把镰刀上，经讯问，该镰刀的主人承认其杀人行为。美国学者 McKnight 将《洗冤集录》译成英文 "The Washing Away of Wrongs: Forensic Medicine in Thirteenth Century China"，因此 "镰刀血腥集蝇" 的故事也经常被国外法医昆虫学文章和著作引用，被国际上公认为有关法医昆虫最早的文献记载（胡丙杰等，1998）。

19 世纪后半叶，欧洲学者 Bergeret（1855）巧妙地将昆虫学应用于法医学实践中推断死亡时间：当一个婴孩的尸体在一所房子的壁炉架后被发现时，Begeret 根据尸体上聚集的昆虫，指出腐烂应在几年以前，由此推测，罪犯应该是这所房子的原居住者，而不是现在的主人。他和 Broudel 及 Yovanovitch 被并称为欧洲法医昆虫学的先驱。之后，Megnin 继承和扩展了他们的研究，他在 1894 年发表的 *La Faune des Cadarres: Application I' entomologie a La Medicine Legale* 中指出：暴露于空气中的尸体，要经历 8 个相互衔接的演替阶段，在每一阶段都有特定的昆虫种类有规律地接续出现，因此通过鉴定尸体上的昆虫种类就可以推断死亡时间。Megnin 的观点很快引起了其他学者的重视。加拿大学者 Johnston 和 Villeneuve 于 1897 年在蒙特利尔市对暴露于空气中的尸体进行观察，结果证实了 Megnin 提出的在不同时期昆虫有规律演替的观点，但其时间间隔比在巴黎要短，因此他们建议在使用 Megnin 的方法之前，必须对当地尸体进行实验和观察。

自 20 世纪 80 年代以来，法医昆虫得到了迅速发展。1988 年第 14 届国际法医学和社会医学大会上，法医昆虫学首次作为独立的分组讨论会出现；1996 年国际法医学大会上第一次出现了法医昆虫学讨论会；2003 年欧盟成立了专门的法医昆虫学会。2003 年 8 月在美国拉斯维加斯召开了第一届全北美法医昆虫学会议。2004 年 7 月第二届北美法医昆虫学大会又在美国加利福尼亚州戴维斯隆重召开，并建立了北美法医昆虫学协会（North American Forensic Entomology Association，NAFEA）（王江峰等，2004）。

20 世纪 90 年代后期，我国也开始了尸源性昆虫的生长发育规律研究，2000 年，由胡萃主编、重庆出版社出版的《法医昆虫学》问世，为我国填补了这一项空白。我国对法医昆虫的研究，尚无专门研究机构、专家、期刊、数据库和完整的实验资料，特别是地域昆虫学资料，以及尸体上昆虫生态学、行为学的资料。我国幅员辽阔，地形、气候、植被各异，昆虫资源丰富，法医昆虫工作者应对当地尸食性昆虫的种类、生物学、生态学、行为学及尸体上昆虫相演替规律进行系统研究，收集、积累大量第一手基础数据，建立各地自己的推测系统，以更好地为侦查实践服务。

目前，在广州、北京、浙江等地有部分学者对地域昆虫进行了深入研究，包括生态群落演替、发育形态学、DNA 分析技术、扫描电镜、病理学技术、毒理学技术及形态学等。随着先进技术手段的发展和应用，势必促进我国法医昆虫研究和应用的发展。

9.4　死亡时间与对应的昆虫类群

在一般的法医学中，将裸露在空气中的尸体变化分为五个阶段：新鲜期、肿胀期、腐败期、后腐败期和残骸期。与这五个阶段有关的法医昆虫种类如下。

（1）新鲜期，即人死后 1～2 天。这个阶段的尸体还没有开始肿胀，出现在尸体上的昆虫主要是双翅目的丽蝇科、麻蝇科和膜翅目的蚁科昆虫。

由于蝇类是尸体上最早出现的昆虫类群，利用蝇类的生长发育规律推断死亡时间是最有效的方法，目前国内外关于法医昆虫的研究也主要集中在与蝇类有关的方面。蝇的种类繁多，与法医学关系密切的是尸食性蝇类，如常见的绿蝇、伏蝇、麻蝇等。由于这些蝇类的分布呈地域性，可以由此推断尸体的地域性。

蝇类有季节消长的特性，因此可以用来推断死亡的时间。人死后，5～10min内，就可在尸体上发现苍蝇。这是由于蝇类的嗅觉特别灵敏，能在 500～1000m远的地方嗅到尸体所散发的气味，尤其在夏季，由于尸体腐败快、气味浓，在死后不久就可见苍蝇飞来。它们会在死者口角、鼻孔、眼角、外耳门、肛门、外阴部、外露创口等处产卵，每次产卵大约 150 粒。在 21～27℃的温度下，蝇卵经过12～24h 便能孵化成蛆虫；在 30℃时，蝇卵经过 8～14h 孵化成蛆虫；在 35℃以上时，蝇卵很快就可变成蛆，蛆经过数分钟至数小时后就可以爬行。待蛆虫长到1.2cm 长的时候，就潜入附近的泥土中化蛹，大约一星期左右破壳羽化为蝇。

（2）肿胀期，即人死后 2～7 天。这个阶段的尸体从轻微肿胀到完全隆起，并带有腐败液体流出，腐败液体浸润着尸体下方的土壤，使土壤呈碱性。此时尸体上的昆虫主要是：双翅目的丽蝇科、麻蝇科、酪蝇科、尖尾蝇科，鞘翅目的步甲科、隐翅甲科、埋葬甲科以及膜翅目的蚁科。

（3）腐败期，即人死后 4～13 天。这个阶段尸体爆裂，伴随着腐败气体的溢出。尸体上的昆虫主要是：鞘翅目的埋葬甲科、郭公甲科，鳞翅目的蛱蝶科以及膜翅目的蚁科，而先前的大部分麻蝇和丽蝇的幼虫都离开尸体化蛹了。

（4）后腐败期，也称高度腐败期，即人死后 10～23 天。这个阶段的尸体只剩下毛发、皮肤和骨骼。除了膜翅目的蚁科和鳞翅目的蛱蝶科外，各种鞘翅目甲虫也大量出现，主要有隐翅甲科、皮蠹科、露尾甲科、埋葬甲科、郭公甲科和步甲科，而双翅目的昆虫已基本离开了尸体。

（5）残骸期，也称干化期，即人死后 30 天以上。这时的尸体只剩骨头和毛发，尸体上的昆虫已经基本消失，而尸体下的土壤中生存着大量的螨类。

埋葬的尸体、水中的尸体和火场的尸体因存在的状态及环境不同，经历各阶段的时间、出现的昆虫种类也就各不相同。

9.5　法医昆虫的鉴定

法医昆虫学的研究对象是与尸体有关的昆虫，即嗜尸性昆虫，其中与尸体关系最为密切的是双翅目和鞘翅目昆虫。双翅目昆虫中的丽蝇科、麻蝇科、蚤蝇科、花蝇科、蝇科，以及鞘翅目昆虫中的埋葬甲科、隐翅虫科、皮蠹科与郭公甲科最为重要。嗜尸性甲虫全国性，甚至全球性分布的种、属都较少，仅有大隐翅虫 *Creophilus maxillosus*、白腹皮蠹 *Dermestes maculatus*、钩纹皮蠹 *D. ater* 及赤足郭公甲 *Necrobia rufipes* 等；且相对于嗅觉灵敏且能长途飞行的蝇类，甲虫通常侵袭尸体稍晚。因此，相比较而言，双翅目昆虫中的蝇类是法医昆虫研究和实际应用最多的类群。

嗜尸性蝇类是嗜尸性昆虫中的重要类群，隶属双翅目环裂亚目 Cyclorrhapha，容易出现在尸体微环境中，包括直接以尸体为食的尸食性蝇类，如丝光绿蝇 *Lucilia sericata*、大头金蝇 *Chrysomya megacephala*、棕尾别麻蝇 *Boettcherisca peregrine* 和家蝇 *Musca domestica*，还有以尸食性蝇类为取食对象的杂食性蝇类，如绯颜裸金蝇 *Achoetandrus rufifacies* 和厚环黑蝇 *Ophyra spinigera* 等（Early and Goff，1986；Greenberg，1991；Amendt et al.，2004）。

在机体死后不同阶段，到达尸体上的嗜尸性蝇类种类不同，呈现出较强的演替规律。这一规律已被广泛应用于推断死后间隔时间（PMI）。对嗜尸性蝇类的种属进行鉴定，还可用于推断死亡现场，因为不同地区生活的嗜尸性苍蝇种类有所不同，对于侦破案件非常重要。只有对嗜尸性蝇类种类做出准确鉴定，才能根据该种蝇类的生活特性推断 PMI。

9.5.1 昆虫形态学鉴定

形态学鉴定方法是根据蝇类形态学分类特征来鉴定嗜尸性蝇类的种类，主要是结合不同虫态的外部形态特征或解剖形态特征来进行鉴定。

9.5.1.1 蝇类成虫鉴定

将案发现场的嗜尸性蝇类幼虫带回并继续喂养，直到其发育为成虫，然后用形态学分类方法鉴定其种类。目前最常用的方法是在体视显微镜或放大镜下，观察蝇类翅脉形态、鬃毛排列、间额与侧额的宽度比例、触角形态与颜色、颊毛与下颚须颜色、上下腋瓣形态、背部颜色、体表粉被与纤毛颜色、前气门颜色、尾器形态等特征差异来进行鉴别。Wallman（2001）根据蝇类雄性个体的尾器形态，结合部分蝇种的触角芒类型、颊毛颜色、翅脉形态、中鬃与背中鬃的数量与排布、前顶鬃和足鬃的长短等特征，有效鉴定了澳大利亚南部地区常见的 5 属 25 种丽蝇科蝇类。

触角是有瓣蝇类最重要的嗅觉感受器官，不同蝇种的触角感受器超微形态可能存在一定的差异，可以作为形态学种属鉴定的参考标准之一。除触角外，成虫体表还有许多部位，如爪垫和唇瓣齿的超微结构也有种属鉴定价值。爪垫位于蝇类的前跗节腹面，是蝇类用于吸附在光滑表面上的特殊器官，不同种属的蝇类，该部位的超微结构存在细节特征上的差异。

随着扫描电子显微镜（scanning electron microscope，SEM）技术的成熟和升级，SEM 被广泛用于嗜尸性蝇类的超微形态学种类鉴定，逐渐形成了超微形态学种类鉴定这一子领域。SEM 技术的发展虽然大大促进了嗜尸性蝇类成虫形态学鉴定研究的发展，但也存在局限性：① SEM 技术主要适用于研究，在实践应用时有可能找不到需要重点观察的部位。②案件现场通常缺少普通光学显微镜或体视显微镜，该方法难以在公安一线推广普及。

翅的脉相图是一种能够简单、快速且准确地鉴定嗜尸性蝇类的新方法。这种方法通过精确测量嗜尸性蝇类的翅脉系统的长短、方向和排列方式，能够对一些常见的、具有法医学重要性的蝇类进行有效的种类鉴定。Lyra 等（2010）借用了其他科昆虫借助翅脉识别的思路，使用典型变量分析（canonical variate analysis，CVA），对巴西与乌拉圭地区常见的能引起蝇蛆症的新大陆螺旋锥蝇（嗜人锥蝇）*Cochliomyia hominivorax* 和次生锥蝇 *C. macellaria* 进行鉴别，可以 100%区分两种锥蝇。因此，翅脉的差异可以作为形态学指标用于蝇类种类鉴定。虽然该方法仅需在光学显微镜下对蝇类标本的翅脉相进行拍照并测量，但目前在种一级鉴定准确率仍然偏低，还需进一步改进和提高才能有效应用于法医昆虫学实践。

9.5.1.2 蝇类幼虫鉴定

蝇类幼虫俗称蝇蛆，在围绕动物尸体构建的嗜尸性昆虫群落中，蝇蛆在尸体腐败早期往往占据绝对数量优势，并且其发育时间往往与死者的真实死亡时间接近，因此其成为法医昆虫学研究者最常用于 PMI 推断的昆虫证据类型。

蝇类幼虫在取食阶段，躯体的长度是不断增长的，有规律可循，可以用幼虫体长推断幼虫年龄，从而推断死亡时间，此为体长法。但是蝇类幼虫具有离食期，此时虫体不会增长，有些还会缩短，而离食期与取食期的蝇类虫体很容易混淆，若误用离食期幼虫体长计算，则推断死亡事件的准确率很低，因此该法仍具有较大不确定性。

历期法是在现场采集昆虫，带回实验室中培养至可明确鉴别的某一生长阶段，如化蛹或羽化，再倒推出死亡时间，比体长法更准确，也更易于鉴定昆虫种类。但该方法耗时很长，容易延误破案时机。另外，现场收集到的样本很有可能会因在运输途中保存不当遭受破坏或死去。

采用形态学鉴定幼虫时，与成虫相比，幼虫体表除前后气门外，相对缺乏容易识别的形态特征，因此需要借助幼虫所独有的一些特殊器官的形态特征来鉴别。目前，对嗜尸性蝇类幼虫的鉴定主要依靠口咽器、气门的形态和细节特征。此外，幼虫胸部与腹部各节棘的形态和排布、各腹节是否有锥状肉突，以及是否有微棘、微毛、微疣等也是部分幼虫形态学鉴定的关键特征。有学者认为将口咽器与后气门、表皮变化及虫体其他形态特征结合，可提高确定死亡时间的精确度。

口咽器又称头咽骨，由成对的口钩、"H"形的下口骨、体积最大的分叉形咽骨及一些细小的骨片组成，是蝇蛆用于分解尸体组织的最主要器官。Krzysztof 和 Villet（2011）在普通光学显微镜下对红头丽蝇 *Calliphora vicina*、伏蝇 *Phormia regina* 和亮绿蝇 *Lucilia illustris* 的 1 龄幼虫的研究结果显示，3 种不同金蝇属蝇类幼虫的口咽器均具有特异性。这种特异性非常高的口咽器，可以作为嗜尸性蝇类幼虫种类鉴定的形态特征标准单独使用。

气门是蝇类幼虫的重要呼吸器官，前气门的大小、形状、孔突数目、排列方式，以及后气门的大小、形状、深度、两气门间距、气门环完整性，气门裂的形状、大小、排列方式，以及气门钮的有无等都是分类学上的重要依据。通过对家蝇的观察发现，其幼虫后气门、表皮等形态特点会随发育时间而呈现有规律的变化，可作为确定死亡时间的指标。后气门位于幼虫第 8 腹节背面，随幼虫的生长，会有 1 裂、2 裂、3 裂的明显变化，再加上气门环的有无、完整与否、颜色深浅、线条粗细等变化，可找到其明显的规律性（兰玲梅等，2006）。许世锷等（1999）用光镜及扫描电镜观察大头金蝇、家蝇等幼虫后气门体壁层上的气门裂、钮孔及气门肌的形态、数量、分布基本相似，仅气门肌的分枝数有所不同，而与气门板上各种结构的位置及形态并不一定相同。

除了口咽器和气门，嗜尸性蝇类幼虫的第三种较重要的形态特征是其第 8～10 腹节上着生的各种棘突和疣的形态及排列方式（陈禄仕，2013）。有些嗜尸性蝇类的整个幼虫阶段一直有较明显的棘突或疣状突起。Sanit 等（2017）在对中华绿蝇幼虫进行形态学研究时发现，该幼虫的第 8 腹节在一龄阶段已发育出长圆锥状的下侧突，二龄时第 8 腹节上的其他棘突也开始出现，到三龄时下侧突已形成肉眼可见的巨大角状棘突。即使幼虫化蛹后，仍然能在蛹壳后端肉眼观察到该棘突的残留突起。

9.5.1.3　蝇卵和蝇蛹鉴定

虽然蝇蛆一般是命案现场中数量最大的虫态，但有时在尸体上下表面、衣物上或附近泥土砂石中仅能见到蝇卵或蝇蛹。在这类情况下，如果等待幼虫从蝇卵中孵化或成虫从蛹中羽化再进行种类鉴定，可能会错过案件侦破最佳窗口期。与成虫和幼虫相比，蝇卵体积较小，其表面具有的种属特异性形态特征也相对较少。王江峰等（2000）对丝光绿蝇 *Lucilia sericata*、大头金蝇 *Chrysomya megacephala*、巨尾阿丽蝇 *Aldrichina grahami* 和厩腐蝇 *Muscina stabulans* 的卵表面超微结构进行了形态学分类研究，认为蝇卵的大小、表面形态、中区、孵出线、卵孔和垂柱等超微形态特征可用于区分常见的一些嗜尸性蝇类。该研究的蝇类对象分属 4 个不同的属，因此有足够的种属间形态差异来进行区分。然而，同一属的近缘蝇种是否还能借助这些超微形态特征差异来进行分类，仍然需要相关研究来验证。

嗜尸性蝇类的 3 龄幼虫在发育成熟后，往往会爬离尸体寻找隐蔽处化蛹（蔡继峰，2015）。在化蛹的过程中，幼虫表皮皱缩硬化，体长变短，体围变粗，头部往往会缩成钝圆锥状，最终形成围蛹（薛万琦和赵建铭，1996）。与蝇卵相比，蝇蛹的体积较大，且蛹壳表面仍然保留有许多源于老熟三龄幼虫的体表形态特征，如前后气门、第 8~10 腹节的棘突和疣等，此外有些蝇类蛹壳胸部表面还会向外突出演化成一对呼吸角。上述这些蛹壳表面超微形态特征与幼虫一样具有较高的特异性，因此其鉴定难度远远低于蝇卵。

9.5.2 昆虫分子生物学鉴定

由于嗜尸性蝇类的形态结构复杂，种间形态差异微小，尤其是蝇类幼虫和卵的形态学特征很相似，很难从形态学鉴定其种类，往往需经过一段时间的饲养，才能进行形态学种类鉴定，耗时费力，还会错过案件侦查的最佳时机。及时准确地对案发现场的嗜尸性昆虫进行种类鉴定，对于案件的侦破非常重要。寻找有效的遗传学标记，利用分子生物学方法对嗜尸性蝇类进行种类鉴定，是近二十年来发展起来的新技术，这种检测方法能有效地将嗜尸性蝇类鉴定到种的水平。

分子生物学方法对样本要求较低。首先，它不用考虑样本的完整性，单个翅膀或附肢就能提供足够的 DNA 样本，为珍稀样本的进一步形态研究和遗传学研究提供保障；其次，它不用考虑物种的生命周期，因为任何阶段的 DNA 都是一样的；再次，它对保存条件相对不敏感，干样本或酒精等保存液保存的样本都可以进行 DNA 提取。分子生物学鉴定方法，作为形态学鉴定的重要辅助方法，能够在 DNA 水平上对昆虫物种进行快速有效的鉴别，有助于法医对死亡时间和死亡现场做出正确的推断。

嗜尸性蝇类分子鉴定所用的方法主要有：限制性内切酶片段长度多态性（restriction fragment length polymorphism，RFLP）、扩增片段长度多态性（amplified fragment length polymorphism，ALFP）、随机扩增多态性 DNA 标记（random amplified polymorphic DNA，RAPD）、简单重复序列多态性（simple sequence repeat polymorphism，SSRP）、序列特异性扩增区域（sequence characterized amplified region，SCAR）及 DNA 序列分析（DNA sequence analysis）等。但由于方法本身的限制，如 RFLP 由于受酶切位点的限制、RAPD 受遗传方式和引物的限制、ALFP 引物需要使用同位素和非同位素标记等，目前应用最多的是 DNA 序列分析，与其他方法相比更加直观。

目前，法医实践中已经对许多昆虫的核糖体 DNA（rDNA）及线粒体 DNA（mtDNA）进行了序列测定。自 1994 年 Sperling（1994）利用 mtDNA 序列分析方法进行种类鉴定以来，国内外许多研究者在此基础上进行了大量的探索和研究。线粒体 DNA（mtDNA）与核 DNA 相比具有相对较高的碱基可变区，遵循严格的母系遗传，进化分歧率较高，加之有较少基因重组现象，更易提取和分离，且其对样本保存条件的要求也不苛刻。因此，mtDNA 作为重要的分子标记之一，其序列具有易于分析、含有丰富的进化信息和易获取等优点。理论上讲，利用已知成虫的 mtDNA 建立序列数据库，再将所得被检幼虫或成虫的 mtDNA 在数据库中进行搜索比对，就可鉴别出幼虫或成虫的种属，从而根据嗜尸性昆虫生长发育规律和尸体上昆虫演替规律推断出死亡时间。

蝇类是完全变态昆虫，卵、幼虫、蛹、成虫等各个阶段的 mtDNA 具有同一性。因此，mtDNA 序列分析方法，适用于对各种发育阶段的嗜尸性蝇类进行种类鉴定。结合现已成熟的 DNA 序列分析技术，利用不同蝇类 mtDNA 遗传信息的差异性进行嗜尸性蝇类鉴定，已被证实是一种快速、简便、高效、低耗的操作方法。世界上已有许多相关的研究报道，如亚洲的中国、日本，欧洲的英国、法国、德国、捷克，美洲的加拿大、美国和大洋洲的澳大利亚等。

截至目前，法医学中对嗜尸性蝇类 mtDNA 的细胞色素氧化辅酶 I（CO I）和细胞色素氧化辅酶 II（CO II）和 16S RNA 等基因序列碱基位点的差异进行了较多的研究。经常使用的基因有 CO I、CO II、ND5、ND1、12S DNA（线粒体编码），以及 Z8S、ITS I 和 II DNA（核编码）。如今，已有 400 多种昆虫 mtDNA 的大部分序列已经被测序，序列结果公布于 GOBASE（http://megasun.bch. umontreal.ca/gobase/）。

我国嗜尸性蝇类鉴定的研究虽起步较晚，但近十几年，随着蔡继峰、王江峰等很多研究者利用 mtDNA 基因序列分析技术在我国近 20 个省（自治区、直辖市），对约 30 种常见嗜尸性蝇类进行种属鉴定研究，大大拓展了标本采集的地域和种类，扩大了基因库的数据量，研究成果亦颇丰硕。陈庆等（2009）用从 229bp 至全序列不同长度的 CO I 片段，对北京地区红头丽蝇、大头金蝇、丝光绿蝇、肥须亚麻蝇、急钩亚麻蝇、棕尾别麻蝇和家蝇共 7 个优势蝇种进行分子鉴定，并且用与蔡继峰（2005）CO I 基因 278bp 序列中重合的 186bp 序列构建 UPGMA 系统发育树，得到了相同的分支模式。但在使用全序列或部分序列构建的系统发育树中，同一物种个体序列聚集的同时也有部分物种整体出现在和分类学结果不一致的位置。刘钦来（2013）采用 272bp 和 278bp CO I 片段成功鉴定了 70 多只嗜尸性丽蝇，其中包括一些难以区分的姐妹物种，如丝光绿蝇和铜绿蝇、亮绿蝇和叉叶绿蝇等，种类鉴别能力值得肯定，但这两个片段在 NJ 系统进化树上对于属以上高阶元的分类系统与形态学结果有一定出入，这可能与短片段序列所含信息太少有关。白鹏（2006）采用 DNA 序列分析方法，对嗜尸性蝇类 mtDNA 的 Cytb和 ND1 基因进行测序，应用统计学方法和系统进化学软件分析序列，建立系统进化树，利用进化树对中国不同地区的不同种嗜尸性蝇类进行鉴定。

微卫星（microsatellite）序列是由 2～7 个碱基对作为核心单位，串联重复形成的一类 DNA 序列，其片段可采用 PCR 技术扩增。微卫星主要由于核心重复单位数目的变化形成了基因座的遗传多态性，其等位基因可用银染、荧光标记和放射显影等技术分型，可为法医昆虫鉴定提供高信息基因座。微卫星遗传标记具有以下特点：①在法医常见昆虫基因组中分布广泛；②基因片段一般小于 400bp，易于扩增；③检测的灵敏度比小卫星可变串联重复序列（variable number tandem repeats，VNTR）基因座高 10 倍，适用于昆虫微量检材的鉴定；④同一微卫星遗传标记的不同等位基因之间片段长度差别不大，优势扩增不明显；⑤分析方法简便、判型准确，分型程序明确规范，分型结果图形简单，有利于实现 DNA 分型的标准化和自动化，有利于分型结果的计算机储存和交换。因此，微卫星遗传标记正逐渐应用于昆虫学种类鉴定。

邓建强等（2014）对取自家兔尸体动物模型获得的绿蝇进行研究，分别提取绿蝇头部、胸部、腿部组织基因组 DNA，设计特异性引物对其线粒体 CO I 和 16S rDNA 区进行扩增检测，利用高分辨率熔解曲线（high resolution melting，HRM）技术和 DNA 测序两种方法对昆虫种类鉴定中的有效性进行了研究。实验表明 HRM 方法和 DNA 测序对 CO I 基因区测序成功，检测结果证明 HRM 和测序两种方法具有较好的一致性，可用于法医昆虫的鉴定研究。HRM 是 SNP 及突变研究工具，通过实时监测升温过程中双链 DNA 荧光染料与 PCR 扩增产物的结合情况来判断是否存在 SNP，不同 SNP 位点是否为杂合子等也会影响熔解曲线的峰形。因此，HRM 分析能够有效区分不同 SNP 位点与不同基因型。这种检测方法不受突变碱基位点与类型的局限，无需序列特异性探针，在 PCR 结束后直接运行高分辨率熔解，即可完成对样品基因型的分析。该方法无须设计探针，操作简便、快速，成本低，结果准确，实现了真正的闭管操作。

9.6　死亡调查中影响昆虫学资料使用的主要因素

（1）昆虫种类的鉴定：在死亡调查中使用昆虫学资料首先遇到的问题是种类的鉴定，因为昆虫种类不同，其发育时间也不尽相同，在尸体上出现的时间也不同。尸体上昆虫的鉴定主要是不成熟阶段，尤其是卵及早期幼虫的种类鉴定，特征很少，鉴定非常困难。使用 DNA 探针等分子生物学技术与超微结构特征观察等技术，可以进行一些早期幼虫的分类鉴定，但由于价格昂贵，需要专门的仪器与设备，在实际工作中使用仍然受限。

（2）尸体腐败的程度：死亡调查中尸体的腐败过程与程度，是使用昆虫判断死后时间的基础。已有许多研究表明尸体腐败过程的类型与昆虫的活动有关，另外，尸体的被害方式和暴露程度不仅与腐败过程有关，而且与昆虫的活动也直接相关。影响尸体腐败的最重要因素是温度、埋藏的深度，以及与昆虫的接触。有些学者发现尸体大小对腐败过程与昆虫的活动及发育有关。

（3）环境条件：这里所说的环境条件最主要的就是前文所提到的"温度"，它不仅影响尸体腐败进程，而且影响到昆虫的活动与发育速度等。所以，在死亡调查中使用昆虫资料时，收集与参考当地气象资料如气温、湿度、降水等是十分必要的。另外，光线、遮盖程度等均与尸体腐败及昆虫的活动、发育变态等有一定的关系。

（4）人为因素：在死亡调查中，法医昆虫资料往往被忽视，因为这些工作主要是由警察及有关法医工作者进行，他们几乎都是没有经过训练与缺乏这方面知识的非昆虫工作者。法医工作人员不了解法医昆虫，从而限制了其应用。有个别人遇到一些昆虫也未被引起注意，或者收集的昆虫资料不全，并且破坏了现场有价值的法医昆虫资料，导致昆虫学家往往是收到一些残缺不全的标本或部分昆虫样品进行鉴定（薛瑞德，1992）。

参 考 文 献

白鹏. 2006. 应用昆虫分子系统学对法医嗜尸性蝇类种属鉴定的研究. 成都: 四川大学硕士学位论文.

蔡继峰. 2005. 苍蝇群落演替及 MtDNA 分子标记的法医学研究. 成都: 四川大学博士学位论文.

蔡继峰. 2015. 法医昆虫学. 北京: 人民卫生出版社.

陈禄仕. 2013. 中国尸食性蝇类. 贵阳: 贵州科技出版社.

陈庆, 白洁, 刘力, 等. 2009. 北京地区 7 种常见嗜尸性蝇类的 COI 基因序列分析及 DNA 条形码的建立. 昆虫学报, 52(2): 202-209.

邓建强, 李文慧, 李亮, 等. 2014. 应用 HRM 技术进行法医昆虫种属鉴定的初步研究. 中国热带医学, 14(1): 9-11.

冯贤, 罗广生, 陈乃中, 等. 2008. 分子生物学技术在昆虫系统发育地理学研究中的应用. 昆虫知识, 45(5): 712-717.

胡丙杰, 黄瑞亭, 陈玉川, 等. 1998. 法医昆虫学的发展与主要成就. 法医学杂志, 2(14): 117-123.

胡萃. 2000. 法医昆虫学. 重庆: 重庆出版社.

黄瑞亭. 1994. 法医昆虫学研究进展. 法律与医学杂志, 1(1): 35.

黄瑞亭. 2000. 宋慈《洗冤集录》与法医昆虫学. 法律与医学杂志, 7(1): 17.

兰玲梅, 廖志钢, 陈瑶清, 等. 2006. 我国法医昆虫学的研究进展. 法医学杂志, 26(6): 448-450.

李凯, 叶恭银, 胡萃. 2005. DNA 分析技术在法医昆虫学中的应用. 中国法医学杂志, 20(2): 126-128.

刘钦来. 2013. 嗜尸性丽蝇分子标记的检测及发育规律的研究. 长沙: 中南大学博士学位论文.

卢嘉平. 2001. 法医昆虫学在检案中应用 1 例. 法医学杂志, 3(17): 184-185.

吕宙, 唐瑞, 杨永强, 等. 2015. 嗜尸性昆虫群落演替及其法医学应用研究进展. 中国法医学杂志, 2(30): 167-170.

王洪琴, 蔡继峰, 葛燕, 等. 2008. 尸源性昆虫的法医学研究进展. 法医学杂志, 24(3): 210-213.

王江峰. 1999. 不同尸体材料上蝇类滋生与生长发育情况的比较. 寄生虫与医学昆虫学报, 6(1): 52-57.

王江峰，常鹏，廖明庆，等. 2012. 广东省室内、室外及中毒死亡案件中法医昆虫学的应用报道. 政法学刊，29(1): 116-121.

王江峰，陈玉川，胡萃，等. 2002a. 家蝇幼虫发育形态学用于死亡时间推断的基础研究. 中国法医学杂志，17(1): 30- 31.

王江峰，胡萃，陈玉川，等. 2000. 4 种尸食性蝇类卵的表面超微结构. 中山医科大学学报，41(S1): 10-12.

王江峰，胡萃，陈玉川，等. 2002b. 巨尾阿丽蝇幼虫发育形态学及其在死者 PMI 推断中的应用. 昆虫学报，45(2): 265-270.

王江峰，尹晓宏，陈强胜，等. 2004. 北美、欧洲法医昆虫学学术会议综述. 法律与医学杂志，11(4): 285-287.

王兴华. 2011. 16S rDNA 对中国常见嗜尸性丽蝇的种类鉴定及法医学意义. 长沙: 中南大学硕士学位论文.

许世锷，陆秀君，金立群. 1999. 蝇幼虫后气门结构的光镜和扫描电镜对照研究. 寄生虫与医学昆虫报，7(4): 227-232.

薛瑞德. 1992. 法医医学昆虫学的研究概况. 医学动物防治，8(4): 193-197.

薛万琦，赵建铭. 1996. 中国蝇类. 沈阳: 辽宁科学技术出版社.

叶鲁思，彭倩宜，蔡继峰. 2010. 嗜尸性昆虫分解尸体影响因素的研究进展. 环境昆虫学报，32(4): 538-543.

周红章. 1997. 北京地区法医昆虫学研究：尸体分解过程中的昆虫种类演替与死亡时间推断. 中国法医学杂志，12(2): 79-83.

周红章，杨玉璞，任嘉诚，等. 1997. 对北京地区法医昆虫研究：嗜尸性甲虫物种多样性及其地区分布. 昆虫学报，40(1): 62-69.

Amendt J，Krettek R，Zehner R. 2004. Forensic entomology. Naturwissenschaften，91(2): 51-65.

Bergeret M. 1855. Infanticide: Momification naturelle du cadaver. Ann Hyg Med Legale, (4)：442-452.

Early M，Goff M L. 1986. Arthropod succession patterns in exposed carrion on the island of Oahu，Hawaiian Islands，USA. Journal of Medical Entomology，23(5): 520-531.

Gaffs EP. 1992. Forensic entomology in criminal investigations. Annual Review Entomology，37: 253-272.

Greenberg B. 1991. Flies as forensic indicators. Journal of Medical Entomology，28(5): 565-577.

Keh B. 1985. Scope and applications of forensic entomololology. Annual Review Entomology，30: 137-154.

Krzysztof S，Villet M H. 2011. Morphology and identification of first instars of African blow flies (Diptera: Calliphoridae) commonly of forensic importance. Journal of Medical Entomology，48(4): 738-752.

Lyra M L，Hatadani L M，et al. 2010. Wing morphometry as a tool for correct identification of primary and secondary New World screwworm fly. Bull Entomol Res，100(1): 19-26.

McKnight BE. 1981. The Washing Away of Wrongs: Forensic Medicine in Thirteenth-Century China. Ann Arbor: Univ Michigan.

Sanit S，Sukontason K，Kurahashi H，et al. 2017. Morphology of immature stages of blow fly，*Lucilia sinensis* Aubertin (Diptera：Calliphoridae)，a potential species of forensic importance. Acta Tropica，73(176): 395- 401.

Sperling F A，Anderson G，S Hickey D A. 1994. A DNA-based approach to the identification of insect species used for postmortem interval estimation. Forensic Science International，39(2): 418-427.

Wallman J F. 2001. A key to the adults of species of blow flies in southern Australia known or suspected to breed in carrion. Medical & Veterinary Entomology，15(4): 433-437.

第 10 章　仿生与科学实验昆虫

10.1　仿　生　学

早在地球上出现人类之前，各种生物已在自然界中生活了亿万年，它们在为生存而斗争的长期进化过程中，形成了极其精确和完善的机制，使它们具备了适应内外环境变化的能力，从而得以生存和发展。人类在进化过程中神经系统高度发达，远远超过了生物界中的其他生物。人类可以通过劳动制造工具，从而获得更大自由。人类的智慧不仅仅停留在观察和认识生物上，而且还运用人类所独有的思维和设计能力去模仿其他生物，通过创造性的劳动增加自己的本领。

20 世纪 50 年代，人们认识到学习生物系统是开辟新技术的主要途径之一，开始把生物界作为各种技术思想、设计原理和创造发明的源泉。人们利用化学、物理、数学和技术模型对生物系统开展深入研究，促进了模拟生物学的极大发展。同时，生物学家和工程师们积极合作，将从生物界获得的知识用来改善旧的或创造新的工程技术设备。生物学从此跨入各行各业技术革新和技术革命的行列，而且首先在自动控制、航空、航海等军事部门取得了成功。于是，生物学和工程技术学科结合在一起，互相渗透，孕育出一门新生的科学——仿生学。

作为一门独立的学科，仿生学正式诞生于 1960 年 9 月，在美国的俄亥俄州空军基地——戴通召开了第一次仿生学会议。会议讨论的中心议题是"分析生物系统所得到的概念能够用到人工制造的信息加工系统的设计上去吗？"斯蒂尔为新兴的科学命名为"Bionics"，希腊文的意思代表着"研究生命系统功能的科学"。1963 年，我国将"Bionics"译为"仿生学"。确切地说，仿生学是研究生物系统的结构、特质、功能、能量转换、信息控制等各种优异的特征，并把它们应用到技术系统，改善已有的技术工程设备，并创造出新的工艺过程、建筑构型、自动化装置等技术系统的综合性科学。简言之，仿生学就是模仿生物的科学。从生物学的角度来说，仿生学属于"应用生物学"的一个分支；从工程技术方面来看，仿生学根据对生物系统的研究，为设计和建造新的技术设备提供了新原理、新方法和新途径。仿生学提供了最可靠、最灵活、最高效、最经济的接近于生物系统的技术系统，从而为人类造福。

10.2　仿　生　昆　虫

昆虫个体小，种类和数量庞大，占现存动物的 75%以上，遍布全世界。它们有着各自的生存绝技，有些技能连人类也自叹不如。以昆虫为对象的仿生研究一直是国内外的研究热点。昆虫仿生学是利用昆虫的某些生存特性，实现人类在科学及工业上的成功。目前，有关昆虫仿生研究的主要方向有：昆虫的形态仿生、昆虫的体表微结构和功能的仿生、昆虫感觉器官的仿生、昆虫运动功能的仿生，以及昆虫的其他特异能力的仿生等。昆虫的触角、翅膀、复眼等器官结构，以及昆虫的巢穴、行为方式等都是仿生学研究的内容。

10.2.1 蝴蝶

蝴蝶，有人把它称为"昆虫界的西施"。五彩的蝴蝶锦色粲然，并且在进化过程中形成了非常独特的体表微细结构，这些结构为仿生学家所关注。某些种类的蝴蝶，如荧光裳凤蝶（图 10-1）的翅膀颜色是黄色、蓝色，但看起来却是闪闪发光的绿色。原来是因为蝴蝶翅膀上布满的微型小坑对光线的反射，人眼无法将从坑底反射的黄色光与周围两次反射的蓝色光区分开来，从而感觉到的是绿色。研究如何模仿蝴蝶翅膀表面细微结构，开发新型防伪技术，如防伪纸币或信用卡（图10-2），已成为该领域研究的重要课题（伍一军等，2005）。

图 10-1 荧光裳凤蝶

图 10-2 蝴蝶翅膀鳞片与纸币和信用卡的防伪

人造卫星在太空中由于位置的不断变化可引起温度骤然变化，有时温差可高达两三百摄氏度，严重影响了仪器的正常工作。科学家们发现，蝴蝶的鳞片会随阳光的照射方向自动变换角度，从而调节体温。气温低时，鳞片平铺，阳光垂直射入；气温升高时，鳞片自动张开，通过减小照射角度，减少对热量的吸收。科学家们受它的启发，将人造卫星的控温系统制成了百叶窗式，叶片正反两面辐射、散热能力相差很大，在每个叶片的转动位置安装有对温度敏感的金属丝，可随温度变化调节叶片的开合，从而保持了人造卫星内部温度的恒定，解决了航天事业中的一大难题（马惠钦，2000）。

10.2.2　苍蝇

我们每个人都有过打苍蝇的经历，相对于蚊子、蛾类等会飞的昆虫，苍蝇是最难打的，为什么呢？

图 10-3　蝇的复眼

10.2.2.1　苍蝇的复眼

苍蝇的眼睛与人类的眼睛不一样，是复眼结构。复眼由许多小眼组成，每个小眼都是一个独立的感光单位。虽然这些小眼结构简单，但是数量巨大。苍蝇的复眼包含 4000 个可独立成像的单眼（图 10-3），因此能看清几乎 360° 范围内的物体，是人和哺乳动物的眼睛所不及的。在苍蝇复眼的启示下，人们制成了由 1329 块小透镜组成的蝇眼照相机，一次可拍 1329 张高分辨率照片。蝇眼不仅仅用于发明照相机，还有更高端的用途，如应用于现代军事技术。科学家在对复眼研究的基础上，发现家蝇具有快速、准确地处理视觉信息的能力，能实时计算出前面飞行物的方位与速度，同时发出指令控制并校正自己的飞行方向和速度，以便跟踪和拦截目标。据此科学家提出了目标自动识别技术。目前，世界各国都在加紧昆虫视觉仿生研究，试图模仿昆虫复眼成像机制及视觉信息处理过程，研制新型靶标自动制导系统。现在这种技术已经成为精确制导技术的发展方向（马惠钦，2000）。

10.2.2.2　苍蝇的嗅觉

很多昆虫具有高度灵敏的嗅觉。仿生学将令人讨厌的苍蝇与宏伟的航天事业紧密地联系起来。苍蝇的嗅觉特别灵敏，能闻到远在几千米外的气味，并且能对数十种气味进行快速分析和反应。但是苍蝇并没有"鼻子"，它靠什么来充当嗅觉器官呢？原来，苍蝇的"鼻子"被称为嗅觉感受器，分布在头部的一对触角上。每个"鼻子"都有很多个"鼻孔"与外界相通，内含有几个甚至上百个嗅觉神经细胞。若有气味进入"鼻孔"，这些神经立即把气味刺激转变成神经电脉冲，送往大脑。大脑根据不同气味物质所产生的神经电脉冲的不同，就可区别出不同气味的物质。因此，苍蝇的触角像是一台灵敏的气体分析仪。仿生学家由此得到启发，根据苍蝇触角的结构和功能，仿制成一种十分奇特的小型气体分析仪。这种仪器的"探头"不是金属，而是活的苍蝇。就是把非常纤细的微电极插到苍蝇的嗅觉神经上，将引导出来的神经电信号经电子线路放大后，传送给分析器；分析器一经发现气味物质的信号，便能发出警报。这种仪器已经被安装在宇宙飞船的座舱里，用来检测舱内气体的成分。这种小型气体分析仪，也可测量潜水艇和矿井里的有害气体。利用这种原理，还可用来改进计算机的输入装置和有关气体色层分析仪的结构，使科研、生产的安全系数更为准确、可靠（汪栋，1995）。

10.2.2.3 平衡棒

苍蝇虽小，但它的飞行本领却相当高超，能一直不停地飞好几个小时；还可以垂直上升和下降、急速掉头飞行、定悬空中。它的"特技飞行"在目前来说是任何飞机都做不到的，这不得不令人对它"刮目相看"。小苍蝇为何会有这么大本领呢？原来这都得益于它的楫翅。一般人们认为苍蝇有 1 对翅膀。其实，准确地说，它有 2 对翅膀，在前翅之后，还长着一对哑铃一样的小棒，这是退化的后翅形成的痕迹器官，称为平衡棒（图 10-4）。它像船的桨和舵一样，不但能使苍蝇直接起飞、控制飞行方向，还能控制身体平衡。苍蝇飞行时，平衡棒以每秒330 次的频率不停地振动。当苍蝇身体倾斜、俯仰或偏离航向时，平衡棒振动频率的变化便被其基部的感受器所感觉。苍蝇的"大脑"分析了这一偏离的信号后，便向有关部位的肌肉组织发出纠正指令，校正身体姿态和航向。因此，苍蝇等双翅昆虫平衡棒的重要功能是作为振动陀螺仪，是昆虫在飞行中保持正确航向的天然导航系统。

图 10-4　蝇的平衡棒

根据苍蝇平衡棒的导航原理，科学家们研制成功了一种新型振动陀螺仪。它的主要部件像支音叉，通过一个中柱固定在基座上。装在音叉两臂四周的电磁铁使音叉产生固定振幅和频率的振动，就像苍蝇振翅的振动那样。当飞机、舰艇或火箭偏离正确航向时，音叉基座和中柱会发生旋转，中柱上的弹性杆就会将这一振动转变成一定的电信号，传给转向舵，于是，航向便被纠正了。由于这种振动陀螺仪没有高速旋转的转子，因而体积很小，可以装在一只茶杯里，但准确性却相当于比它大 5 倍的普通陀螺仪。这种仪器已经应用在火箭和高速飞机上，实现了自动驾驶。

10.2.3　蜻蜓

1903 年，美国莱特兄弟发明了飞机，实现了人类飞上天空的梦想。但是飞机在高速飞行时，常会引起剧烈振动，甚至有时会折断机翼而引起飞机失事。生物学家在研究蜻蜓翅膀时，发现在每个翅膀的前缘都有一块深色的角质加厚区，称为翼眼或翅痣（图 10-5）。蜻蜓依靠加重的翅痣在高速飞行时安然无恙，如果把翅痣去掉，飞行就变得荡来荡去。实验证明，正是翅痣的角质组织使蜻蜓飞行的翅膀消除了颤振的危害。人们仿效蜻蜓在飞机的两翼加上了平衡重锤，消除了有害的振动，解决了飞机因高速飞行而引起振动这个令人棘手的问题。

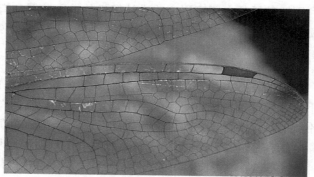

图 10-5　蜻蜓翅膀上的翅痣

蜻蜓是昆虫中的飞行冠军，蜻蜓通过翅膀振动可产生不同于周围大气的局部不稳定气流，并利用气流产生的涡流来使自己上升。蜻蜓能在很小的推力下翱翔，不但可向前飞行，还能向后和向左右两侧飞行，其向前飞行速度可达 72km/h。此外，蜻蜓的飞行行为简单，仅靠两对翅膀不停地拍打。受它的启示，人们开始幻想造出一种不需跑道，直接从地面升起的飞机。1939 年，伊戈尔·西科尔斯基建造了第一架真正成功的直升机。从此，直升机成为空中交通的重要工具，被广泛运用于军事、大地测量、森林防火、农业施肥撒药、海上救援等许多领域。

10.2.4　蜜蜂

蜜蜂蜂巢由一个个排列整齐的六棱柱形小蜂房组成，每个小蜂房的底部由 3 个相同的菱形组成，这种结构最节省材料，且容量大、极坚固，令许多专家赞叹不止。人们仿其构造，用各种材料制成蜂巢式夹层结构板（图 10-6），强度大、重

图 10-6　蜂巢与蜂巢板

量轻、不易传导声和热，是建筑及制造航
天飞机、宇宙飞船、人造卫星等的理想材
料。在一些大型建筑中，经常模仿蜜蜂巢
穴的六角形的架构设计，使建筑物具有高
强度力学支撑结构，既坚固、美观，又节
省建材。

美国开发人员设计的模仿蜂巢结构
的轮胎（图 10-7），具备较高的承重能力，
免充气，可抵御临时爆炸装置的袭击，能
够在遇袭后仍以 80km/h 的速度行驶。

图 10-7 蜂巢轮胎

10.2.5 萤火虫

在自然界中，有许多生物都能发光，如细菌、真菌、蠕虫、软体动物、甲壳
动物、昆虫和鱼类等，而且这些动物发出的光都不产生热，所以又被称为"冷光"。

在众多的发光动物中，萤火虫是其中的一类。萤火虫的发光器位于腹部，由
发光层、透明层和反射层三部分组成。发光层拥有几千个发光细胞，它们都含有
萤光素和萤光素酶两种物质。在萤光素酶的作用下，萤光素在细胞内水分的参与
下，与氧化合发出萤光。萤火虫的发光，实质上是把化学能转变成光能的过程。
萤火虫可将化学能直接转变成光能，且转化效率达 100%，而普通电灯的发光效率
只有 6%。人们模仿萤火虫的发光原理制成冷光源，将发光效率提高了十几倍，大
大节约了能量。

$$\text{萤光素} \xrightarrow[\text{萤光素酶}]{ATP} \cdots\cdots \xrightarrow{O_2} \cdots\cdots \xrightarrow{-CO_2} \text{氧化萤光素} +光$$

科学家先是从萤火虫的发光器中分离出了纯萤光素，后来又分离出了萤光素
酶，接着，又用化学方法人工合成了荧光素。由萤光素、萤光素酶、ATP（三磷
酸腺苷）和水混合而成的生物光源，可在充满爆炸性瓦斯的矿井中当闪光灯。由
于这种光没有电源，不会产生磁场，因而可以用其照明、清除磁性水雷等。现在，
人们已能用混合某些化学物质的方法得到类似生物光的冷光，作为安全照明用。
在航天上，可把从萤火虫身上提取的腺苷磷酸放置在火箭上，探测外太空是否有
生物存在。太空中如有任何微细生物存在，而它们又含有腺苷磷酸的话，哪怕是
千分之一克的腺苷磷酸，在太空的火箭即可侦察到。

10.2.6 气步甲

气步甲类属于鞘翅目 Coleoptera 步甲科 Carabidae，自卫时可喷射出具有恶臭

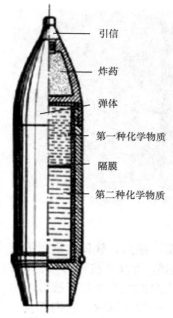

引信
炸药
弹体
第一种化学物质
隔膜
第二种化学物质

图 10-8　二元化学武器

的高温液体"炮弹"，以迷惑、刺激和惊吓对手。科学家将其解剖后发现甲虫体内有 3 个小室，分别储有二元酚溶液、过氧化氢和生物酶。二元酚和过氧化氢流到第三小室与生物酶混合发生化学反应，瞬间就成为 100℃的毒液，并迅速射出。

这种原理已应用于军事技术中。第二次世界大战期间，德国纳粹为了战争的需要，据此机制研制出了一种功率极大且性能安全可靠的新型发动机，安装在飞航式导弹上，使之飞行速度加快，安全稳定，命中率提高，英国伦敦在受其轰炸时损失惨重。美国军事专家受甲虫喷射原理的启发，研制出了先进的二元化武器。这种武器将两种或多种能产生毒剂的化学物质分装在两个隔开的容器中（图 10-8），炮弹发射后隔膜破裂，两种毒剂中间体在弹体飞行的 8～10s 内混合并发生反应，在到达目标的瞬间生成致命的毒剂以杀伤敌人。它们易于生产、储存、运输，安全且不易失效。

依据这种原理还研制出二元化汽油：两个油箱分储不能独立燃烧的汽油中间体，进入发动机前才混合；或将普通汽油混入某种流体，进入发动机前再用特殊装置将其分离还原成普通汽油。

仿生的例子还可以举出很多，例如，蛾类一般在夜间活动，用气味语言来寻找同伴，雌蛾用腹端腺体分泌出性外激素来召唤雄蛾；而雄蛾有一对羽毛状的大触角，像天线一样，可以前后左右摆动，接受并且感知几百米甚至几千米外的雌蛾发出的化学信号。科学家根据蛾类传递信号的原理制造了电视天线。昆虫能在飞行中参照周围物体以确定自身飞行速度，飞机对地速度表就是根据这个原理制成的。装甲车的履带是依据蝶蛾幼虫的爬行方式制成的。跳蚤的跳跃本领十分高强，航空专家对此进行了大量研究，英国一飞机制造公司从其垂直起跳的方式受到启发，成功制造出了一种几乎能垂直起落的鹞式飞机。蜜蜂复眼的每个小眼中相邻地排列着对偏振光方向十分敏感的偏振片，可利用太阳准确定位，科学家据此原理研制成功了偏振光导航仪，早已广泛用于航海事业中。

10.3　科学实验昆虫

随着生命科学技术研究的不断深入，对实验方法和实验材料的要求变得更加广泛、细致、严格和多样化。作为生命科学实验材料的实验动物，也随之发生了很大的变化，不仅限于哺乳动物的实验动物化，而且逐步扩大到鸟类、爬行类、两栖类、鱼类和无脊椎动物的实验动物化。目前，昆虫作为无脊椎动物的一种实验材料已应用于科学研究，在农业、医学和工业各个领域得到广泛的发展。对昆虫的应用从虫体利用逐渐扩展到昆虫机能、昆虫微生物和昆虫基因利用等各个方面。自 2000 年黑腹果蝇 *Drosophila melanogaster* 全基因组测序完成以来，至今已先后开展了 88 种昆虫全基因组测序工作，这标志着昆虫学研究进入了基因组时代。

首先，随着生物防治研究的不断深入，实验昆虫作为实验材料在生物杀虫剂的病原筛选、病毒增殖、毒力测定和模式昆虫建立等方面发挥着重要作用。其次，昆虫与人类的许多基本生物学、生理学和神经系统机能等方面相似，作为研究人类疾病的模式生物，在某些疾病的发病机制的研究中取得了很大进展。最后，以某些昆虫病毒作为载体，对人类疾病的基因治疗进行研究，也成为科学家们探索的热点。

10.4　模式昆虫

10.4.1　模式生物的概念

在分子生物学的研究中有一个被科学家们普遍认同的观点，即基础问题可以在最简单和最易获得的系统中回答。由于进化的原因，细胞在发育的基本模式方面具有相当大的同一性，因此，利用位于生物复杂性阶梯较低位置上的物种来研究发育的共同规律是可能的。特别是在不同发育特点的生物中发现共同形态的形成和变化特征时，发育的普遍原理也就得以建立。

生物学家通过对选定的生物物种进行科学研究，用于揭示某种具有普遍规律的生命现象，这种被选定的生物物种就是模式生物（model organism）。因为对这些生物的研究具有帮助我们理解生命世界一般规律的意义，所以称其为"模式生物"。

模式生物在基因组计划中扮演了重要角色，在后基因组时代的今天，模式生物更加突显了其重要性。通过对模式生物的研究，新技术及由此衍生的重大科研成果不断涌现。时至今日，模式生物已经成为功能基因组学、生物学、医学、药学等领域不可或缺的重要工具。当今，生命科学和医学的发展离不开模式生物。模式生物在对生命现象的揭秘和人类疾病治疗的探索中发挥着重要作用，是推动生命科学及医学进步不可替代的角色。

目前，在生命科学研究中常见的模式生物有噬菌体、大肠杆菌、线虫、酵母菌、果蝇、小鼠、斑马鱼、拟南芥和水稻等。它们有着各自的特点，在科研中发挥着不同的作用。其中，果蝇与哺乳动物的许多基本生物学、生理学和神经系统机能等方面比较相似，其作为研究人类疾病的模式生物，在遗传、发育、进化，以及分子生物学、细胞生物学等领域都有很广泛的应用。目前，除 24 种果蝇完成全基因组测序外，另有 6 个目的 29 种昆虫也完成了基因组测序，包括冈比亚按蚊

Anopleles gambiae、家蚕 *Bombyx mori*、意大利蜜蜂 *Apis mellifera*、赤拟谷盗 *Tribolium castaneum*、3 种金小蜂（丽蝇蛹集金小蜂 *Nasonia vitripennis*、吉氏金小蜂 *N. giraulti* 和长角金小蜂 *N. longicornis*）和埃及伊蚊 *Aedes aegypti* 等。

10.4.2　果蝇

果蝇属双翅目 Diptera 果蝇科 Drosophilidae 果蝇属 *Drosophila*，全球均有分布。其主要以酵母菌为食，而腐烂的水果易滋生酵母菌，所以果蝇喜好腐烂的水果及发酵的果汁。遗传学研究通常用黑腹果蝇 *Drosophila melanogaster*（图 10-9），因其幼虫腹部一侧可见黑色的消化道，由此得名。

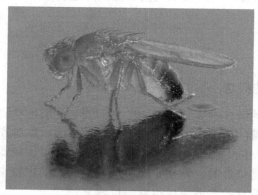

图 10-9　黑腹果蝇

自 1908 年托马斯·亨特·摩尔根（Thomas Hunt Morgan）用果蝇进行遗传学研究以来，因其具有的优势而受到越来越多的关注和青睐。黑腹果蝇已经成为在生物医学各领域中最受重视的模式生物之一。

科学家们不仅利用果蝇证实了孟德尔定律，而且发现了果蝇白眼突变的性连锁遗传，提出了基因在染色体上直线排列及连锁交换定律。1933 年，摩尔根因此被授予诺贝尔生理学或医学奖。1946 年，摩尔根的学生、被誉为"果蝇的突变大师"的米勒（Muller），证明 X 射线能使果蝇的突变率提高 150 倍，因而成为诺贝尔奖获得者。随后，美国的爱德华·B.刘易斯（Edward B. Lewis）和艾瑞克·F.威斯乔斯（Eric F. Wieschaus）与德国的克里斯汀·纽斯林-沃尔哈德（Christiane Nüsslein-Volhard）在研究果蝇的发育过程中，发现了控制果蝇早期胚胎发育的一些基因，后来的研究表明这些基因具有高度的保守性，控制着所有动物胚胎发育中的躯体结构设计。这三位科学家因此获得 1995 年的诺贝尔生理学或医学奖。

美国《科学》杂志 2000 年 3 月 24 日报道，果蝇基因组的测序工作已经结束，确定了果蝇细胞中包含约 13 600 个基因。这些工作是果蝇基因组计划的一个重要组成部分，是进一步确定果蝇基因的结构及其生物学意义的重要基础，为最终完成人类基因组计划提供了理论指导和技术支持。在对果蝇与人类基因的比较中发现，引发人类疾病的基因，有 2/3 在果蝇基因组中存在着相似基因。目前在神经退行性疾病发病机制的研究中取得了很大进展，已经建立人类神经系统退行性疾病的果蝇模型。近年来，人们利用果蝇这一强大的遗传学工具在研究肿瘤的发生、发展及转移机制方面取得了很大的进展，建立并完善了一套快速鉴定与肿瘤形成及发展相关的基因技术。这些发现说明以果蝇为模型进行基础研究对于最终战胜人类疾病有着巨大的实用价值。

果蝇作为生命科学和人类医学研究广泛使用的模式生物，具备以下优点。

（1）果蝇的发育经历胚胎期、幼虫期、蛹期和成蝇期，每个阶段可作为不同研究目的的模型。果蝇的胚胎通常用于基本发育研究，以检测发育模式形成、细胞命运决定、器官发生、神经元发育及神经轴突的正确形成。幼虫，特别是能够自由爬动的三龄幼虫，经常被用于研究发育和生理过程，以及觅食行为。果蝇的幼虫期对于药物的研究特别有用，因为幼虫连续进食，很少节制。果蝇幼虫体内包含有其成年后的结构，如成虫盘，成虫盘主要由未分化的上皮细胞组成。从三龄幼虫晚期到蛹期，这些结构经过形态学的变化，最后形成成年果蝇的结构。通过在蛹期对成虫盘发育过程的分子及遗传机制的研究，不仅为果蝇生物学提供了重要的理念，也为人类生物学研究提供了新的思路。蛹期结束后，新羽化的成年果蝇拥有许多进行遗传学研究的评分结构，如刚毛、翅膀、复眼、触角的类型等均可以在不致死的情况下发生突变，这就有利于分离到许多标志性的突变类型，是大多数遗传学研究的重要工具。成年果蝇是一种相对高等的复杂生物，其体内有类似哺乳动的心脏、肺、肾脏、胃肠和生殖道功能的结构。果蝇的大脑有 100 000 多个神经元，形成具体的神经环路和神经纤维网，调控复杂的行为，如昼夜节律、睡眠、学习和记忆、求偶、觅食、打斗、梳理和飞行等。

（2）果蝇的体型小，饲养管理简单，生活史短暂，繁殖高效，胚胎发育速度极快，可完全变态，在实验室温度为 25℃、相对湿度为 60% 的条件下，即可饲养成活。凡能培养酵母菌的基质，均可作为其养料。果蝇的生活周期为 10 天左右。一对生殖交尾果蝇可产生几百个遗传学上一致的后代，而传统的啮齿类动物模型每 3～4 个月只能获得极少数的后代。

（3）果蝇的性状表现极为丰富，突变类型众多，且果蝇具有许多易于诱变分析的遗传特征，如其复眼性状可分为白眼、朱砂眼、砖红眼、墨黑眼和棒眼等；其体色可分为黄身、灰身和黑檀身等；其翅膀可分为长翅、小翅、残翅、卷翅和无横隔脉翅等。对果蝇表型性状的遗传分析，为数量性状遗传规律和生物多样性的研究提供了丰富的素材。

（4）果蝇染色体数目极少，只有 4 对同源染色体，编码超过 14 000 个基因，第一对为性染色体，另三对为常染色体。在第二、第三两对常染色体上包含了近

80%的遗传信息，而第四对常染色体则只包含近 2%的遗传信息。果蝇基因组全序列的测序和标注均已完成，这使得极易对其进行操作分析。

简而言之，永恒飞翔的果蝇究竟还有多少秘密，仍有待人类进一步的深入探索。

10.4.3　家蚕

家蚕 *Bombyx mori* 属鳞翅目 Lepidoptera 蚕蛾科 Bombycidae 蚕蛾属 *Bombyx*。家蚕是鳞翅目昆虫的典型代表和重要的模式昆虫之一，而鳞翅目有 16 万多种昆虫，是昆虫纲中的第三大目。

作为唯一真正被驯化的昆虫，家蚕完全依赖人类存活和繁殖，因此，与其他鳞翅目昆虫相比，家蚕具有被人们充分掌握和了解的丰富品种、繁育系及突变体，是开展系统研究的良好实验材料。

家蚕因其发达的丝腺器官和合成蛋白质的强大能力，5000 年来一直与人类有着密切的联系。家蚕不仅是重要的经济昆虫，也因为丝和丝绸贸易，承载着人类艺术和文化的诸多元素。特别是随着千年"丝绸之路"的延伸，家蚕对于促进东西方文化的交流具有重要贡献。因此，家蚕被称为"对人类贡献最大的经济昆虫"。不仅如此，家蚕对于科学研究也有着同样重要的意义。

作为唯一产业畜牧化饲养的昆虫，在漫长的生产应用过程中，家蚕的解剖与生理特性得到非常深入和系统的研究，其形态解剖学和显微结构知识体系已经成熟，生理代谢特别是消化吸收、营养代谢等的研究也非常系统、深入。因此，家蚕作为重要的实验生物已经有 100 多年的历史，并一直是重要的教学和科研实验生物材料。早在 19 世纪初，家蚕就成为在微生物学、生理学和一定时期的遗传学的一种模式生物。对家蚕的经典遗传研究曾与果蝇并驾齐驱。目前，家蚕在养蚕业、生物学基础研究和生物技术三个领域扮演着主要角色，相应重点发展的科学领域是：蚕丝生物学、鳞翅目模式昆虫和生物反应器。在基因组时代，家蚕作为鳞翅目模式生物，对其遗传学、基因组结构和功能基因组的研究都取得了令人瞩目的进展。对家蚕突变的遗传研究，在遗传学发展的进程中，不仅帮助揭示了性状遗传的各种模型，而且创建了家蚕雌完全连锁、化性和眠性的母性遗传、卵色的母性影响遗传及卵壳性状的假母性遗传等。这些家蚕遗传学的重要理论，丰富了遗传学的内容。

家蚕基因组计划的完成，为家蚕模式生物的研究提供了关键的理论基础和技术平台。伴随着家蚕基因组改造技术的成熟，家蚕在基础生命体系、物质和能量代谢、遗传方式上与哺乳类呈现出更多的相似性，已经成为一个中国特色的生物学模型。

10.4.4　赤拟谷盗

赤拟谷盗 *Tribolium castaneum* 隶属于鞘翅目 Coleoptera 拟步甲科 Tenebrionidae 拟谷盗属 *Tribolium*（图 10-10），在世界范围内广泛分布于热、温带地区，在我国除西藏之外均有报道。赤拟谷盗是一种常见的农业储粮害虫，可造成严重的经济损失。同时，由于赤拟谷盗繁殖速度较快，是一种在遗传进化和发育研究方面易于驾驭的实验昆虫，故可用作模式昆虫。近年来，对赤拟谷盗在发育、遗传、免疫与生物防治等方面的研究均取得了显著进展，许多遗传育种试验就是以赤拟谷盗作材料的。同时，它也是研究寄生关系、性选择、种群遗传的模式动物。

图 10-10　赤拟谷盗

2008 年，由来自 14 个国家的 64 个科研小组组成的国际研究团体对赤拟谷盗进行了完整的全基因组测序。研究结果表明，赤拟谷盗基因组包括大约 2 亿个核苷酸，基因（或蛋白质）数量大约有 16 000 个。赤拟谷盗与其他昆虫一样拥有大致相当的保守基因，然而却拥有更多的非保守基因，其基因的高度变异性和非保守性也体现在进化与发育相关基因上。

赤拟谷盗基因组计划的完成将大大推动人类对该虫的进一步认识，有助于理解其他甲虫种类的生物学机制。赤拟谷盗也将像果蝇一样，成为甲虫研究的首选模式昆虫。新的测序结果对农业害虫的防治也具有重要意义，有望让科学家找到防御农业害虫的更好方法。

赤拟谷盗被作为模式昆虫，主要有以下原因。

（1）赤拟谷盗是世界性的粮食储藏害虫。其食性广，生活在干燥的环境中，多发生于粉屑、米糠中，也能在整粒的小麦中繁殖，尤其在面粉厂附近经常大量发生。除直接危害外，其成虫体表的臭腺可分泌含苯酚等致癌物质的臭液，使被害物结块、变色、发臭而不能食用，从而造成严重的经济损失。在澳大利亚，赤拟谷盗已成为油菜籽的重要害虫。而人类是"以食为天"的消费者，其危害关乎人类的切身利益。

（2）赤拟谷盗还是一种人畜共患寄生虫克氏伪裸头绦虫的中间寄主。克氏伪裸头绦虫主要寄生在猪、野猪和褐家鼠的小肠内，虫卵或孕节随猪粪排出后，被中间宿主赤拟谷盗吞食。赤拟谷盗可能窜入粮仓、卧室和厨房污染食物、餐具等，人不慎误食赤拟谷盗即引起感染。因而，对赤拟谷盗的防治，可以为有效防治克氏伪裸头绦虫引起的疾病提供科学依据。

（3）易于人工繁殖。赤拟谷盗的群体所占空间小，饲养简单，饲料一般不霉变，繁殖力强，世代间隔短，对复杂环境的适应力强，发病率低，易于进行管理、观测数量性状及遗传学的杂交。

（4）变异多样。赤拟谷盗的染色体包括 9 对常染色体和 1 对性染色体，其变异的复杂性更接近于高等生物，并且其突变位点丰富，可区分的位点约有 170 种之多，是杂交试验的好材料。赤拟谷盗作为一种通用的模式生物，可为其他真核生物尤其是昆虫相关基因研究提供信息基础。

（5）在发育研究方面，赤拟谷盗也比果蝇更具有代表性。赤拟谷盗幼虫具有完整的头部和三对胸足，其发育过程中经过一段时间的胚胎形成期，在这个阶段附加的基因片段被连续地从发育较晚的区域表达到昆虫体内。赤拟谷盗这种分段增殖作用的机制和果蝇模式不同，但与脊椎动物和一般的节肢动物（如马陆）更为相近。

果蝇为分子生物学的研究提供了便捷的基因操作，而赤拟谷盗的基因序列将为人类和果蝇的基因组研究提供联系。对赤拟谷盗分子生物学方面的研究，可以获得昆虫进化方面的信息，有可能找到人类和非人类基因信息方面的联系，尤其可以填补果蝇基因组研究中发现的空缺（安峰明等，2008）。

赤拟谷盗作为模式昆虫，不仅丰富了人们对赤拟谷盗相关生物学信息的认识，也为其他鞘翅目昆虫的研究提供了帮助。同时，赤拟谷盗作为一种具有较为原始基因的鞘翅目昆虫，基因序列的变化为我们提供了基因革新与高度复杂的外部形态进化的关系。基于鞘翅目昆虫的重要性，赤拟谷盗基因组计划的成功对于医学和经济学上的研究也具有重要的意义。该基因组的全面分析将对发现新的药品和抗生素提供帮助，为杀虫剂的药效以及生物药剂控制农业昆虫和病菌等提供帮助，最终为昆虫分子生态学、昆虫分类学和昆虫毒理学等各个学科的发展带来巨大的推动作用。

10.4.5　按蚊

按蚊隶属双翅目 Diptera 蚊科 Culicidae 按蚊亚科 Anophelinae 按蚊属 *Anopheles*，全世界记录了 7 个亚属共 537 种（Harbach，2013）。中国分布有 2 个亚属，即按蚊亚属 *Anopheles* 和塞蚊亚属 *Cellia*，《中国蚊虫志》中记载了 59 种（亚种）按蚊（陆宝麟，1997）；2008 年《中国按蚊校订名表》中记录了共 61 种（亚种）（瞿逢伊和朱淮民，2008）。按蚊属几乎遍布全球温带、亚热带和热带地区，只有少数种类在太平洋和大西洋中一些较孤立岛屿尚无记录（Harbach，2013）。

10.4.5.1　按蚊与疟疾

按蚊幼虫多在较清洁的水环境（如稻田、水流缓慢的溪流、清澈积水和植物积水等）进行水表取食；成蚊生活在阴暗环境，傍晚或黑夜活动，雌性吸食人畜或鸟类等动物血液。按蚊属内有很多种类是人类疟原虫的重要传播媒介，也有些种类能传播丝虫病等人类其他疾病。疟原虫配子体在按蚊吸血过程中随血液进入蚊虫肠道，迅速发育成雌雄配子，经进一步融合形成合子，合子发育成动合子，并穿过肠道上皮细胞到达基底膜发育成卵囊，再经过一定时间发育形成子孢子释放到血淋巴，并随血淋巴循环侵入蚊虫唾液腺，随蚊虫叮咬吸血进入下一宿主体内，完成其在按蚊阶段的生活史。在此过程中，疟原虫要和按蚊发生免疫、代谢等多方面的相互作用，才能完成对按蚊的感染，并在按蚊体内完成其生活史。

疟疾被世界卫生组织列为影响全球健康的三大公共卫生问题之一。在人类历史上，疟疾的发生和危害甚至影响一个国家的存亡。2000 年，全球因疟疾死亡 74 万人；2019 年，疟疾仍威胁着全球近一半人的健康安全，造成约 2.3 亿人感染、40 万人死亡，其中 2/3 以上为 5 岁以下儿童。我国曾经受疟疾的严重威胁，特别是云南、广东和安徽等南方省份或稻产区。目前大部分蚊类传播的疾病缺乏有效疫苗，且抗杀虫剂的蚊虫不断扩散，使得蚊媒传染病防控面临重大挑战，亟待研发新型的蚊虫防控手段。

70 多年来，我国在疟疾控制方面做出了卓越成绩。新中国成立之前，据估计我国每年至少有 3000 万疟疾感染病例，2017 年以来，我国再无本地感染病例报道。我国疟疾消除工作取得了举世瞩目的成就，成功实现了全面消除疟疾规划，并于 2021 年 6 月获世界卫生组织（WHO）认证为消除疟疾国家，为全球的抗疟疾事业贡献了巨大力量。疟疾的消除得力于有效的控制措施，也得力于相关的基础和应用科学研究。

目前，中国已经报道的可作为疟疾传播媒介的蚊虫包括中华按蚊 *Anopheles sinensis*、嗜人按蚊 *A. lesteri anthropophagus*、微小按蚊 *A.（Cellia）minimus*、大劣按蚊 *A. dirus*、凉山按蚊 *A. liangshanensis*、米赛按蚊 *A. messeae*、伪威氏按蚊 *A. pseudowillmori*、萨氏按蚊 *A. sacharovi*，共计 8 个种。其中，以中华按蚊分布最为广泛，成为中国乃至东南亚地区间日疟原虫的主要传播媒介，同时也是中国中部疟疾流行地区的主要传播媒介。因此，防控中华按蚊是中国多数地区控制疟疾传播的关键。

中华按蚊多滋生于稻田、苇塘等阳光充足、水质相对清澈温暖的水域，最适温度为 28℃左右，是目前我国最重要的传疟媒介生物，特别在高纬度地区成为按蚊优势种或唯一传疟媒介。按蚊在全国各地暴发的高峰有所不同，多集中在 6～7 月，8～9 月的种群数量变化全国不同地区有所不同，多数地区 6～8 月都是按蚊可能暴发的时间，也是疟疾等疾病的重发时段。

经研究发现，我国不同地理区域的中华按蚊在生态习性和传疟能力方面存在显著差异，为研究其遗传基础，国内外研究者分别对不同品系的中华按蚊多线染色体进行了比较分析。例如，叶炳辉等（1985）比较了中华按蚊徐州和宜兴两地品系唾液染色体，发现两地蚊虫唾腺染色体完全一致。许漱璧比较了赫坎种团内中华按蚊与赫坎按蚊 *A. hyrcanus* 及嗜人按蚊染色体的不同，进一步确定了它们在遗传学上的亲缘关系（许漱璧等，1990；1991）。另外，徐秀芬、马雅军等也对中华按蚊多线染色体图谱进行了相关的研究（马雅军，1997；徐秀芬等，1981）。但是，以上所有发表的中华按蚊染色体图谱分辨率都较低且都是手绘图，尽管作者对其进行了详细的描述，但是在实际应用过程中，蚊虫染色体带型识别难度大且现实情况同手绘图谱出入较大，给后续的研究交流带来诸多不便。

随着中华按蚊基因组数据的大量累积，中华按蚊物理图谱的构建也显得愈加重要。因此，中华按蚊高分辨多线染色体图谱，以及物理图谱的研究将会促进该物种基因组的染色体定位和组装、系统分类学、群体遗传学、生态遗传学等的进一步深入研究。

10.4.5.2 按蚊在生物学上的应用

近年来，由于有关疟疾等传染病报道的病例数目居高不下，人们开始投入大量人力、物力对相关疟蚊蚊种的基因组进行测序和分析。随着美国 "Anopheles Genome Cluster Sequencing" 项目的启动（https：//agcc.vectorbase.org/index.php/ Main-Page），16 个按蚊品种（其中包含我国重要疟疾媒介中华按蚊、大劣按蚊及微小按蚊）的全基因组序列被公布（Neafsey et al.，2015）。Zhou 等（2014）完成了中华按蚊中国品系的全基因组测序，并进行了相关分析。Chen 等（2014）也报道了中华按蚊中国品系的转录组测序结果。

按蚊不仅是重要的疟疾传播媒介，同时也是研究多线染色体的重要模式昆虫。按蚊染色体组共含有 6 条染色体：X 染色体、Y 染色体以及两对体染色体。Y 染色体由于其本身的异染色质性质而无法形成多线染色体，按蚊的多线染色体被划分为 5 条染色体臂：X、2L、2R、3L 和 3R（L 表示多线染色体左臂，R 表示多线染色体右臂）。多线染色体是一种巨大的线状染色体，通过有丝分裂时连续复制多次但不互相分开而纵向地密集在一起形成明暗相间的带型。它普遍存在于疟疾传播媒介蚊虫的多种组织内，如唾液腺、肠、马氏管上皮细胞和卵巢营养细胞等（Zhimulëv et al.，1996）。不同的物种或品系的按蚊，其多线染色体结构及相对大小、明暗带的数量、染色体缢缩、膨大区域等都是稳定且特异的，染色体的任何差别，包括染色体互换、易位和缺失等都会引起生物特性的变化。不同按蚊种间具有显著的染色体带纹特征差异，因此，细胞染色体是一种有效区分近似种或复合体中近缘种的重要分类手段。

按蚊的染色体图谱和物理图谱还常常用于在染色体中定位与流行病学相关的重要基因和基因簇，如与抗药性相关的基因。化学杀虫剂是长期以来防治蚊虫的有效手段之一，但是大量的、持续的化学杀虫剂的使用早已导致蚊虫抗药性能的显著增强。利用染色体图谱和物理图谱结合微卫星 DNA 定位的手段，在催命按蚊 A. funestus 中发现了一个与拟除虫菊酯抗药性相关的数量性状基因位点（Wondji et al.，2007a；2007b）。因此，按蚊染色体的研究也为蚊虫生态遗传学和抗性机理的相关研究提供了新的思路和方法。

随着荧光原位杂交技术（fluorescence *in situ* hybridization，FISH）的出现，人们开始能够将 DNA 探针精确定位到多线染色体上，染色体已被广泛应用于物理图谱的构建、全基因组组装、进化基因组学和基因克隆定位等的研究。

近年来，伴随着分子生物学、基因工程技术突飞猛进地发展，以及生物技术的不断完善，转基因技术（transgenic technology）作为一项用于基因功能研究和生物遗传改良的新型工具受到了大家的青睐。随着转基因技术的逐渐成熟，利用转基因的方式进行蚊虫防治已逐渐成为科研工作者关注的焦点。目前，所采用的基于遗传学的蚊虫防治措施有很多种，如种系转化和位点特异性基因组编辑技术、基于遗传学的昆虫不育技术（SIT）及种群替代技术等。遗传转化技术的发展极大地增加了基于遗传学的昆虫控制方法的可选择性，如使用 piggyBac 转座子已成功实现了冈比亚按蚊 *A. gambiae*、斯氏按蚊 *A. stephehsi*、白端按蚊 *A. albimanus*、中华按蚊、埃及伊蚊 *Aedes aegypti* 和白纹伊蚊 *A. albopictus* 等多个蚊种种系的转化。

参 考 文 献

安峰明，蒋红波，唐培安，等. 2008. 模式昆虫赤拟谷盗的研究概况//成卓敏. 植物保护科技创新与发展——中国植物保护学会 2008 年学术年会论文集: 133-136.

代方银. 2008. 家蚕突变基因的遗传与近等位基因系研究. 重庆: 西南大学博士学位论文.

代方银，鲁成. 2001. 家蚕基因资源持续保存的意义与我国的任务. 中国蚕业，22(3): 8-12.

顾国达. 2001. 世界蚕丝业经济与丝绸贸易. 北京: 中国农业科技出版社.

蒋欲龙. 1982. 家蚕的起源和分化. 南京: 江苏科技出版社.

李承军，王艳允，刘幸，等. 2011. 赤拟谷盗功能基因组学研究进展. 应用昆虫学报，48(6): 1544-1552.

鲁成. 1995. 家蚕突变基因研究. 重庆: 西南农业大学博士学位论文.

陆宝麟. 1997. 中国动物志. 昆虫纲. 第 9 卷. 双翅目: 蚊科(下卷). 北京: 科学出版社.

马惠钦. 2000. 昆虫与仿生学浅淡. 昆虫知识，37(3): 110-112.

马雅军，王菊生. 1997. 中国赫坎按蚊种团四种按蚊的幼虫唾腺染色体比较研究. 陕西师范大学学报(自然科学版)，25(4): 74-77.

秦俭，何宁佳，向仲怀. 2010 . 家蚕模式化研究进展. 蚕业科学，36(4): 645-649.

瞿逢伊，朱淮民. 2008. 我国按蚊分类进展和若干蚊种学名的订正. 中国寄生虫学与寄生虫病杂志，26(3): 210-216.

童晓玲，代方银，余泉友，等. 2005. 家蚕近交系遗传纯度的 RAPS 检测. 中国实验动物学报，13(3): 149-153.

万永奇，谢维. 2006. 生命科学与人类疾病研究的重要模型——果蝇. 生命科学，18(5): 425-429.

汪栋. 1995. 奇妙的仿生学. 生物学教学，20(10): 44-45.

吴卫国，吴梅英. 1997. 昆虫视觉的研究及其应用. 昆虫知识，34(3): 179-183.

伍一军，陈瑞，李薇. 2005. 昆虫仿生. 昆虫知识，42(1): 109-112.

席兴字. 2005 . 模式生物. 生物学教学，30(11): 58-60.

夏克祥，汤显春. 2003. 实验昆虫——未来实验动物的成员. 上海实验动物科学，23(2): 124-126.

徐秀芬，王仲文，苏寿纸. 1981. 郑州中华按蚊唾腺染色体图型. 昆虫分类学报，3(4): 281-285.

徐琰，颜树华，周春雷，等. 2006. 昆虫复眼的仿生研究进展. 光学技术，32(2): 10-12.

许漱璧，谭璟宪，薛景珉. 1990. 嗜人按蚊与中华按蚊多线染色体的比较. 遗传，12(5): 17-18.

许漱璧，谭璟宪，薛景珉，等. 1991. 赫坎按蚊与中华按蚊染色体的比较研究. 昆虫学报，34(3): 380-382.

杨红珍. 2006. 跟着昆虫前进——仿生昆虫改变了人类的生活. 森林与人类，25(6): 54-57.

叶炳辉，沈士弼，赵慰先，等. 1985. 徐州和宜兴两地株中华按蚊的唾腺染色体及三种同工酶的比较研究. 遗传学报，12(4): 289-294.

叶恭银，方琦. 2011. 基因组时代的昆虫学研究. 应用昆虫学报，48(6): 1531-1538.

张桂征，张雨丽，费美华，等. 2011. 家蚕模式在人类疾病与医药研究中的应用. 广西蚕业，48(4): 36-42.

Chen B，Zhang Y，He Z，et al. 2014. De novo transcriptome sequencing and sequence analysis of the malaria vector *Anopheles sinensis* (Diptera: Culicidae). Parasites & Vectors，7(1): 314-326.

Dominguez M，Casares F. 2005. Organ specification-growthcontrol connection: new in-sights from the *Drosophila* eye-antennal disc. Dev Dyn，232(3): 673-684.

Guo J，Guo A. 2005. Crossmodal interactions between olfactory and visual learning in *Drosophila*. Science，309(5732): 307-310.

Harbach R E. 2013. The phylogeny and classification of *Anopheles*//Manguin S. Anopheles mosquitoes—new insights into malaria vectors. Rijeka，Croatia: In Tech: 3-55.

Lengyel J A，Iwaki D D. 2002. It takes guts: the *Drosophila* hindgut as a model system for organogenesis. Dev Biol，243(1): 1-19.

Lewis E B. 1978. A gene complex controlling segmentation in *Drosophila*. Nature，276(5688): 565-570.

Neafsey D E，Waterhouse R M，Abai M R，et al. 2015. Mosquito genomics. Highly evolvable malaria vectors: the genomes of 16 *Anopheles* mosquitoes. Science，347(6217): 1-8.

Pan J Y，Zhou S S，Zheng X，et al. 2012. Vector capacity of *Anopheles sinensis* in malaria outbreak areas of central China. Parasites&Vectors，5(1): 136-144.

Rubin G M，Lewis E B. 2000. A brief history of *Drosophila*'s contributions to genome research. Science，287(5461): 2216-2218.

St Johnston D. 2002. The art and design of genetic screens: *Drosophila melanogaster*. Nature Reviews Genetics，3(3): 176-188.

Tang S，Guo A. 2001. Choice behavior of *Drosophila* facing contradictory visual cues. Science，294(5546): 1543-1547.

Volhard C N，Eric Wieschaus. 1980. Mutations affecting segment number and polarity in *Drosophila*. Nature，287(5785): 795-801.

Wade M J. 1976. Group selections among laboratory populations of *Tribolium*. Proceedings of the National Academy of Sciences，73(12): 4604-4607.

Wondji C S，Hemingway J，Ranson H. 2007a. Identification and analysis of single nucleotide polymorphisms (SNPs) in the mosquito *Anopheles funestus*，malaria vector. BMC Genomics，8(8): 5-17.

Wondji C S，Morgan J，Coetzee M，et al. 2007b. Mapping a quantitative trait locus (QTL) conferring pyrethroid resistance in the African malaria vector *Anopheles funestus*. BMC Genomics，8(1): 34-49.

World Health Organization. 2014. World malaria report. Geneva，Switzerland；World Health Organization.

World Health Organization. 2015. Disease burden. Geneva.

Zhimulёv I F. 1996. Morphology and structure of polytene chromosomes. Pittsburgh: Academic Press.

Zhou D，Zhang D，Ding G，et al. 2014. Genome sequence of *Anopheles sinensis* provides insight into genetics basis of mosquito competence for malaria parasites. BMC Genomics，15(1): 42-53.

第 11 章　昆虫与文化

昆虫不仅与人类的衣食住行密切相关，而且与人们的精神生活也息息相关。从文字到语言、从绘画到诗篇、从战争到政治、从衣食住行到恋爱婚姻……只要留心观察，生活中处处都有昆虫的身影。

文化昆虫学是美国文化昆虫学家 C. L. Hague 于 1980 年正式提出的一门文理交叉的新学科，1984 年在德国举行的第 17 届国际昆虫学大会上专门讨论了该学科的基本内容。Hague 在 1980 年、1981 年、1983 年和 1987 年所著的论文为该学科勾勒了框架；1990 年《文化昆虫学汇集》在美国创刊；1992 年，文化昆虫学网站设立；这些都极大地促进了各国文化昆虫学研究的开展。

中国历史悠久，自古就是农业大国，关于益虫的利用与害虫的防治是农业生产的重要方面，因此，中国昆虫文化的内容十分丰富，具体表现为：与昆虫有关的诗歌有一万多篇，与昆虫有关的民间节日有一百多个，以昆虫为地名的地方有一百多个，虫旁字的姓氏有四十多个。由此可见，在中国古老悠久的历史中，昆虫的存在为中国的历史文化留下了不可或缺的一页。

11.1　昆虫与中国古典文学

纵观中国文学发展史，昆虫是古代文学描述的重要题材。昆虫世界和昆虫现象成为神话、寓言、小说、戏曲、诗词创作的天然宝库。例如，我国第一部诗歌总集《诗经》中描绘了许多昆虫，在其 305 篇中，涉及昆虫描写的诗篇共 21 篇。其中的昆虫意象极其丰富，它们以各种各样的形态、意蕴出现在诗篇里，如螽斯、蟋蟀、蜜蜂、蚕、螟、螣、蝥、贼等，开创了古代吟咏昆虫的先河（康维波等，2012a）。

昆虫与人类的生产生活息息相关。《诗经·蟋蟀》中，"蟋蟀在堂，岁聿其莫"的意思是"蟋蟀进房天气寒，岁月匆匆近年知"。昆虫是周人季节变迁的物候指南，昆虫对于时序变迁的反应也成为周人农业生产的指导，引导着人们对于季节的判断（沈英英和陈良中，2015）。《诗经·七月》有"五月斯螽动股，六月莎鸡振羽，七月在野，八月在宇，九月在户，十月蟋蟀入我床下"，这里把昆虫的活动与季节变化的关系描述得十分清晰。

昆虫作为独立的咏颂题材受到历代文人们的喜爱，文人通过比兴的手法，将昆虫的形态、特征、功能写进了诗篇当中，透过对昆虫的描写，寄托着古人的喜怒哀乐。又因为昆虫具有指示的功能，成为文人托虫言志、以虫寓情的对象。许多妙趣横生的咏萤、咏蝉、颂蝶等有关昆虫的诗词文赋，以独特的审美情趣，出现在文学殿堂，逐渐形成了风格独特的咏虫诗赋，成为古代诗歌中的一大类别。

萤火虫因其具有能在夜晚发光的特性而引起人们无限遐想。骆宾王的《萤火赋》提到"况乘时而变，含气而生。虽造化之不殊，亦昆虫之一物。应节不愆，信也；与物不竞，仁也；逢昏不昧，智也；避日不明，义也；临危不惧，勇也"。作者以萤火虫的"五德"颂扬义、仁、智、信、勇的道德品质。虞世南《咏萤》"的历流光小，飘飘弱翅轻。恐畏无人识，独自暗中明"，歌颂了萤火虫虽然身体弱小，但不甘默默无闻，在暗夜中闪亮自己的光芒，顽强地表现自己的存在，执着地实现自己的人生价值。

"造化生微物，常能应候鸣。"蝉这个小小鸣虫，在中国古人的心目中是高洁、吉祥与灵通的象征，作为一种意象，从很早的时候就在中国诗歌中占有一席之地。《诗经》中有"四月秀葽，五月鸣蜩"，以及"如蜩如螗，如沸如羹"的句子（蜩和螗都是蝉的别名）。《楚辞·招隐士》中有"岁暮兮不自聊，蟪蛄鸣兮啾啾"（蟪蛄也是蝉的别名）。汉魏六朝出现了大量咏蝉小赋，除了描绘蝉的形象外，文人们更加注重对蝉的内在意义的挖掘。例如，曹植的《蝉赋》中有"实澹泊而寡欲兮，独怡乐而长吟……栖高枝而仰首兮，漱朝露之清流"，在对蝉的赞美中体现了诗人自己高洁的情怀。晋代文学家陆云在《寒蝉赋》中更是对蝉大加赞赏，称蝉具有文、清、廉、俭、信五德，是"至德之虫"。君子以蝉自立，进可以事君，退可以立身，使蝉一跃而成为谦谦君子的化身。这时，蝉的形象已经超越了它本来的生物学意义，有了更深刻的文化内涵。

金蝉脱壳被认为预示着生命的再生，参禅打坐的"禅"即源于此信仰。又因其具有"饮露而不食"和明亮叫声的特性，受到古代文人的推崇，有关蝉的题材作品异常丰富。《全宋词》中记录到有关蝉的词就有 248 首；《全唐诗》里"蝉"的概念共出现 920 余次，以"蝉"为题的诗作 80 余首。王维《辋川闲居赠裴秀才迪》中有"寒山转苍翠，秋水日潺湲。倚杖柴门外，临风听暮蝉。"诗人倚杖临风，伫立柴门之外，伴着寒山、秋水，听着暮蝉疏落断续的鸣声，静默遐思，这是一幅多么宁静淡远的画。而诗中呈现的苍茫惆怅的情绪和深邃悠远的意境，已经远远超出具体的物象。白居易两首咏蝉的诗表达的却是失意之愁和思乡之情，充斥着悲秋之音。《早蝉》中有"一催衰鬓色，再动故园情。西风殊未起，秋思先秋生"；《闻新蝉赠刘二十八》中有"蝉发一声时，槐花带两枝。只应催我老，兼遣报君知。"小小鸣蝉，到了文人笔下，有的气势昂扬，有的清高华贵，有的楚楚可怜，有的无耻卑鄙。诗人们或借它来娱情，或借它来抒愤，还有的借它来叙事或说理。唐代诗人戴叔伦《画蝉》"饮露身何洁，吟风韵更长。斜阳千万树，无处避螳螂。"诗人以蝉自比，本以为自身高贵，却被无情的现实所粉碎，夕阳来已，不知前方还有什么无法预料之祸等待自己，有前途未卜、日暮途穷之感。

咏蝉诗或体现着诗人高雅的情怀，或寄托着他们远大的志向，或蕴含着他们满腔的愤懑，内容虽然千差万别，但都形神兼备，余韵无穷。

千姿百态的蝴蝶，展现给人们一个五彩缤纷的世界，常常引发人们的情思并被赋予美好的寓意。杜甫《曲江二首》中有"穿花蛱蝶深深见，点水蜻蜓款款飞"。诗人将蝴蝶在花丛中飞舞觅食、交尾、产卵，以及蜻蜓点水产卵、一触即飞之状，描绘得栩栩如生。

庄子作为道家的代表人物，其《庄子·齐物论》以"庄周梦蝶"的故事让蝶梦成为人生美梦的代名词，"不知周之梦为蝴蝶与，蝴蝶之梦为周与？"庄子独特的道家思想给后人留下了深刻的印象，自此蝴蝶成为文人墨客借物咏志的重要题材之一。由蛹化蝶，破茧而出，羽化而成仙，在文人的笔下，这种完全变态的昆虫生长过程，被赋予了全新的意义。这不是普通意义上的生命递进，更是一种精神生命的升华，意味着生命的转态和重生（王佳宝，2009）。

我国古典名曲《梁山伯与祝英台》是家喻户晓的作品，它描述了梁山伯与祝英台二人凄婉、悲壮的爱情故事，最终以二人化蝶双飞而成为千古绝唱。一千多年来，这个故事不断地被改编为各种艺术形式，广为流传。然而，它引起人们关注的不仅仅是故事本身，而是它美丽的结局：爱情悲剧并没有以生命的最后死亡为结束，而是以化蝶作为结束。在这里，古人以蝴蝶来寄托思绪，蝴蝶被视为新的生命形象，它代表着生命的超越、自由的超越和精神的超越，更代表着中国人对于生命过程生生不息的恒久信念（王梅芳，1995）。

据初步统计，在目前已有的成语中，涉及昆虫的成语有 200 余条。昆虫成语的大量产生，使中国古代文学作品的形象性得到进一步加强。从起源上看，成语中有很大一部分是从古代相承沿用下来的。其中有古书上的成句，也有从古人文章中压缩而成的或是典故性的词组，更多的是人们口中常说的习用语。由于昆虫的形态和习性各不相同，于是，昆虫的生物多样性与人类社会的复杂性就有了比照。成语中涉及的昆虫种类约有 12 目 20 多种，根据昆虫不同的生活习性，对事物进行描述和比喻，如蜻蜓点水、蚕食鲸吞、飞蛾扑火、蜂拥而至、作茧自缚、蜂合蚁聚等。古代文人表达对事物的认识，巧妙地借助了昆虫形态的特殊性，使描述更加鲜明，如蚕头燕尾、薄如蝉翼、蝉衫麟带、螓首蛾眉、蜉蝣之羽、蝇头小利、无头苍蝇、蜂腰猿背、楚腰蛴领、蝉腹龟肠等。这些与昆虫有关的成语，使文学作品形象生动，让人读来兴趣盎然。

总而言之，在中国古典文学的长河中，昆虫给人类进行文学创作提供了丰富的想象空间和创作源泉，昆虫所具有的形态之美和特有的生活习性，使文学作品中的意象更加鲜明、寓意更加深远。昆虫学家对昆虫世界的不断探索和科学解读，帮助文学家从更高的层面去进一步挖掘昆虫语言及昆虫形象，增强了文学作品的丰富性和生动性。

11.2 昆虫与民俗文化

民俗是民间约定俗成并传承于世的风俗习惯，是人们在长期的生产和生活实践中形成的行为文化。它具有民族性、社会性和集体性等特点，可以对人民的生活进行规范引导。昆虫虽个体微小，但承载着丰富的民俗文化，昆虫民俗文化深深扎根于中国传统文化厚重土壤之中，契合了中华民族崇尚自然、物我相融的文化心理和思想情感。昆虫民俗文化历史悠久、渊源深厚，是中华古老农耕文明的重要组成部分，对我们认识中华民族特有的文化心理、思想意识和审美观念都有重要意义（翟荣惠，2019）。

早期人类对自然力量充满敬畏，为了取悦于神灵，古人通过祭祀、巫术、图腾崇拜等方式乞求神灵的恩典。中国先民也和其他国家的人民一样，很早就有了对动物的崇拜，五千年前的红山文化中的"龙"就是蚕的变形。鹿角、蛇身、鹰爪、麒麟头——"龙"实际上是多图腾融合的产物，中华文明的恢宏大度与涵容互摄可见一斑。

11.2.1 昆虫崇拜

中国自古以农立国，农业大国的性质决定了中国先民对农业神祇的普遍崇拜，丰富多彩的昆虫民俗与诸多昆虫崇拜如"蚕神""蚕花娘娘""刘猛将军"等表达了先民朴素的自然观。在各种由原始崇拜衍生而来的节庆活动中就有对虫神崇拜的内容，对虫神的崇拜很好地反映了中国先民内心世界对自然的敬畏。禁忌和迷信同样存在于各种民俗活动之中，主要是以消极回避的方式在各方面实行自我抑制，人们希望通过举行某些祭祀活动来抑制自己的一些行为，达到祈祷农业生产丰收、消除虫灾和虫害的美好愿望。

蚕神即中国古代司蚕桑的神祇形象。传说中身份尊贵的蚕神有两位：女性蚕神嫘祖为黄帝正妻西陵氏女，《蚕经》载"黄帝元妃西陵氏始蚕"；另一位男性蚕神即蚕丛氏，是首位蜀王，因其常着青衣巡行郊野，故名青衣神。正因为蚕神的出现，亲桑并劝课农桑，才使中国的蚕桑文化得以发展传播，辉耀华夏，闻名世界，促进了早期人类社会的发展。民间通常都把他们作为神祇形象加以立祠祭祀，备受百姓爱戴。

杭嘉湖平原一带的蚕农会在清明节上含山祭拜蚕神、轧蚕花。他们对神灵的信奉带有实用主义的意味，为了当年的蚕桑养殖有个好收成，便将蚕神马鸣王称为蚕神马鸣王菩萨，也称蚕花娘娘，并于清明日带着供品上含山来祭拜，祈求蚕神保佑今年养蚕一切顺利，获得丰收，具有精神崇拜的功能。清朝乾隆年间，乌程县人沈焯所作《清明游含山》和同一时期石门县人倪大宗所作《清明竹枝词》，描绘了清明节上含山拜蚕神的事件。这一习俗延续至今，逐渐形成了现在的蚕花庙会。

早期的农业生产对自然条件有很强的依赖性，而中国的地形复杂，自然条件并不是十分优越，各种自然灾害时常发生。徐光启在《农政全书》四十四卷中指出："凶饥之因有三，曰水，曰旱，曰蝗。地有高卑，雨泽有偏被。水旱为灾，尚多幸免之处；惟旱极而蝗，数千里间草木皆尽，或牛马毛幡帜皆尽，其害尤惨，过于水旱也。"虽然水、旱、蝗并称三大灾，但是从徐光启的论述可以看出，蝗灾给农业生产和人民生活带来的危害无疑是最大、最恶劣的。防虫、治虫是重要的农事活动，那时的防虫、治虫水平低下，人们没有更好的办法解决虫灾和虫害，只能通过最原始的办法来祭祀虫神，希望能够得到虫神的保佑，祈求农产品丰收。

虫神信仰最早可以追溯到上古三代的蜡祭之礼。蜡祭是中国远古时期最重要的农业祭祀活动之一，一般在农历腊月举行，是为"八蜡"。《礼记》中的"八蜡"之神为先啬、司啬、农、邮表畷、猫虎、坊、水庸、昆虫，"八蜡以记四方。四方年不顺成，八蜡不通，以谨民财也。""八蜡不通"不是指八蜡造成灾害，而是没有保护好农事，所以祭奉八蜡神，祈求确保农业丰收（龚光明，2010）。昆虫作为与农业相关的八种神灵之一受到祭祀，成为祭奉的对象。《礼记·郊特牲》中伊耆氏的蜡辞"土反其宅，水归其壑，昆虫毋作，草木归其泽"，是祈祷昆虫灾害不要发生，目的在于减轻虫害。古人认为蝗虫就是神虫，需要请神虫享受祭祀，来年不要扰乱人间。蜡祭自夏代即已存在，以后历代传承。至宋代，全国各地遍布八蜡庙和虫王庙，最多的是"刘猛将军"庙。

南宋年间，江浙一带民间出现了另一种与虫灾有关的信仰——刘猛将军信仰，传说中的刘猛将军是一位专司驱蝗的神灵。宋理宗年间（1225～1264年），淮南江东浙西制置使刘锜，因驱蝗有功被敕封为扬威侯天曹猛将军。他毕生活动于江淮之间，曾屡胜西夏，大败金兵，是闻名远近的民族英雄。另外还有传说，信仰原型是刘锜之弟刘锐，或者刘宰，或者刘鞈。三人均为南宋人。刘锐同样是抗击外敌的英雄，因抗击蒙古兵而死难；刘鞈则是不愿二臣金人，自缢而亡；刘宰是因为治蝗有功，为乡邻谋福，死后被传为神。三人的另一个共同特点是都姓刘，故能附会在一起。因刘锜敕封天曹猛将军，所以被称为刘猛将军（李志英，2019）。之所以把驱蝗神附会为武将，大概与蝗虫来时，犹如外族入侵，铺天盖地，所到之处寸草不存，亟须孔武有力之神灵来掌控捍御有关。刘猛将军信仰的出现，寄托了江南人民的美好愿望，百姓希望风调雨顺、五谷丰登，其中还饱含了对抗击外敌的民族英雄的敬仰，虫王祭祀完成了从自然神到人格神的过渡。

昆虫民俗是伴随着中国古代农业经济而产生的文化现象，它具有农业生产的季节性和周期性的特点。随着对自然规律的认知，形成了禁忌风俗。但是，这些迷信活动并非一味地盲目崇拜，而是有着明确的动机。人们所祭拜的不是所有图腾，只是那些能够控制百虫的神灵。人们希望专司害虫的神灵在享受了人间的供奉之后，能够约束害虫的破坏行为，保证人畜平安、五谷丰登。《山海经·中山经》中说有一种叫骄虫的神灵，它是一切蜇虫的首领，祭祀他用一只雄鸡，祈祷后把鸡放生而不要杀掉，这里显然是把雄鸡看成是蜇虫的天敌了。人们用尊敬其天敌的办法来达到止息虫害的目的，对付危害人类的毒虫。这种思维方式反映了先民们在无法控制自然的条件下，力图调和人与自然冲突的方式，即"人-虫神-害虫"。在此过程中，古人没有简单地把防治害虫问题看成是人与自然的对抗，而是利用彼此之间的关系，采取了符合现代生态学思想的方式，即变对抗为利用、变控制为调节的防治思路。

11.2.2　萤火虫的传说

在夜间发光的萤火虫，色彩绚丽，明暗闪烁，与星光交相辉映，带给人们的不仅有视觉刺激，更有精神上的各种感受而产生的复杂情感。因此，人们在自己的物质生产和生活实践中赋予了萤火虫厚重的文化内容，形成了博大精深的萤火虫民俗文化。在萤火虫民俗文化中，最为精彩和生动的莫过于古代广泛流行的解释萤火虫来源的"腐草化萤"说。

古人之所以有这种认识，是因为萤火虫栖息的环境，以潮湿腐败的草丛为主，古人往往会看到萤火虫从其中出入，于是便凭直觉产生了"腐草化萤"的说法。《礼记·月令》记载："季夏之月……腐草为萤。"《逸周书》记载："大暑之日，腐草化为萤……腐草不化为萤，谷实鲜落。"《本草纲目》中对此记载："萤有三种，一种小而宵飞，腹下光明，乃茅根所化也。吕氏《月令》所谓腐草化为萤者也。一种长如蛆蝎，尾后有光，无翼不飞，乃竹根所化也。一名蠲，俗名萤蛆。《明堂月令》所谓腐草化为蠲者是也，其名宵行。茅竹之根夜视有光，复感湿热之气，遂变化成形尔。一种水萤，居水中。唐李子卿《水萤赋》所谓彼何为而化草，此何为而居泉是也。"《本草纲目》中提到的无翼萤火虫，实际上是萤火虫的幼虫。而对于萤火虫的生成，李时珍则认为它们是由在夜晚看起来发亮光的茅、竹之根，在潮湿闷热的环境中腐化而成（刘铭和翟荣惠，2017）。

俗言"七月半，鬼乱窜"。农历七月十五中元节又叫送衣节、过月半、盂兰盆会、盂兰会等，俗称鬼节。在中国大部分地区，农历七月正是萤火虫成虫出现的盛期。对此，古代诗文及地方志中均有记载，如清代嘉庆二十年，四川《三台县志》中对当地七月有这样的记载："是月也，金风至，白露降，萤火见，寒蝉鸣，枣梨熟，禾尽登场。"

中元节是我国古老的礼俗节日，主要活动为祭祖，经过数百年的演变，人们的俗信俗行已融合了儒教、佛教、道教的意志，始终以仁慈、孝顺为主导，其实质为中国传统文化的一个重要组成部分，许多地区会在中元节期间举办祭祀活动来祈祷平安。鬼节前后，忽明忽暗的流萤很容易使古人联想到"鬼火"。

彩万志（2005）认为七月多鬼之说与能发光的萤火虫有关。小小的萤火虫却能发光，令先民们颇为不解与敬畏，在中元节这天不能外出，不能随便乱指、乱抓萤火虫。

萤火虫在古文中除了夜光、夜照、耀夜、照、熠耀、景天、救火、据火、挟火、宵烛、宵行、丹鸟、丹良等名称外，还称磷。磷的古意是士兵死后血液所产生的火，即民间所称的鬼火。曹植曾对萤火与鬼火相联相混的原因有客观的解释，他认为："磷者，鬼火之名；非萤火。说者徒以熠耀有可畏之语，故以鬼火解之。今旷野中萤乃甚大，夏夜乱飞，煌煌乃实有可畏之象，故与鬼火同名。"有人认为萤火虫是鬼魂变成的，也有的认为是死人的指甲变成的（彩万志，2005）。

《酉阳杂俎》记载："登封尝有士人客游十余年，归庄，庄在登封县。夜久，士人睡未著。忽有星火发于墙堵下，初为萤，稍稍芒起，大如弹丸，飞烛四隅，渐低，轮转来往，去士人面才尺馀。细视光中，有一女子，贯钗，红衫碧裙，摇首摆尾，具体可爱。士人因张手掩获，烛之，乃鼠粪也，大如鸡栖子。破视，有虫首赤身青，杀之。"既然萤火虫与鬼联系在一起，人们对萤火虫的心态也多少与对鬼的心态有相似之处。

萤火虫身上的神秘色彩，使民间百姓对它产生了迷信。在某些民间传说中，人们把萤火虫的出现视为凶兆，它飞到谁家，谁家就会倒霉，不是生病就是死亡。也有些民间传说认为萤火虫的出现是吉兆，它们的出现预示着佳客登门、仕途顺利等。《山阴县志》记载："萤，一名挟火，越人谓入室则有客。"有些地方的民俗中还用萤火虫占卜丰年，但方式有些残酷：人们把萤火虫放在地上，用脚一拖，然后根据地上出现的萤光来判断年景丰歉，线粗且长便象征稻穗肥大，可望丰收；反之，就会歉收（刘铭，2021）。

11.2.3 蝴蝶与轮回化生的思想观念

人死后，会变成各种各样的动物或者其他的东西，这是中国人的一种十分普遍的轮回观念，特别是在佛教传入以后，这种观念就越来越深入人心。人死后会变成什么？明代《五杂俎》之五"人部一"记载："人化为虎者，牛哀、封邵、李微、兰庭雍之妹也；化为鼋者，丹杨宣骞母也；化为狼者，太原王含母也；化为夜叉者，吴生姜刘氏也；化为蛾者，楚庄王宫人也；化为蛇者，李势宫人也。若郗氏之化蟒，则死后轮回，以示罚耳。"中国人传统观念中有一种因果报应的思维定式，即好人死后就会变成相应好的动物或人，而坏人死后就会变成另一类动物以示惩罚。这是一种生死轮回的思想观念，而且根深蒂固地存在于人们的脑海之中。

《梁山伯与祝英台》是中国传统的民间故事，在中国流传甚广，它特别引人关注的不仅仅是故事本身，而是它的美丽结局——化蝶。化蝶是梁祝故事的一个核心内容，即人死后变化成为蝴蝶。这种化蝶的文化意识在古代就十分流行，是一种轮回观念的表现形式，反映了人们对自然现象的朴素理解，以及对未知世界的朦胧认识。民俗学视野中的化蝶及蝶化与蝴蝶的自然特征是分不开的，这便是蝴蝶羽化、迁徙、成双结对、自在悠闲、恋花、色彩瑰丽、柔弱的特征。化蝶使得爱情悲剧并没有以生命的死亡为结束，而是以生命的开始、生命的升华、生命的新旧更替为结束。

古希腊人认为，从蛹中羽化出来的蝴蝶，代表人的灵魂离开了躯体，这是表示经过痛苦和艰难，得到了升华的一种表现。在基督教文化里，蝴蝶也常常是人的灵魂复活的象征。因为在人们的观念中，蝴蝶是美好的，能够给人带来无限的想象，而且蝴蝶又是具有梦幻一般色彩的东西，用这样一种文化象征来表现男女之间的爱情，体现一种朦胧和飘忽不定的感觉，是再恰当不过了（楚小庆，2011）。

在人们的头脑中，蝴蝶是可以转化的。人可以转化成为蝴蝶，蝴蝶也可以转化成为人或者其他动物。先秦人认为昆虫万物都由它物化生而来。"化生"指一物转化成另一物，其化生范围较广，既包括同一类别事物的互化，如一种鸟化为另一种；也包括一个物种转化为另一物种。古人有这种认识，与他们所认为的世间万物在一定条件下，皆可以互相转化的哲学思想有关。"化生"说强调昆虫生于自然，因此启发了后人朴素的唯物主义害虫观，并对人们从万物平等的角度思考人虫关系有所影响。

《庄子·至乐》记载："乌足之根为蛴螬，其叶为胡蝶。胡蝶胥也化而为虫，生于灶下，其状若脱，其名为鸲掇。鸲掇千日为鸟，其名为干余骨。干余骨之沫为斯弥……"叙述了一连串的化生现象，由植物类的乌足根化为地下害虫蛴螬，叶则化为飞舞的蝴蝶，蝴蝶又化为虫，虫再化为鸟，如此循环不止。在庄子看来，所有事物都是化生而来，即"万物皆化"。

《古今图书集成·博物汇编·禽虫典》第一百七十卷中就有这方面的文字记载。《搜神后记》记载："晋义熙中，乌伤葛辉夫，在妇家宿。三更后，有两人把火至阶前。疑是凶人，往打之。欲下杖，悉变成蝴蝶，缤纷飞散。有冲辉夫腋下，便倒地，少时死。"《祭辛杂识》记载："杨昊字明之，娶江氏少艾，连岁得子。明之客死之明日，有蝴蝶大如掌，徊翔于江氏旁，竟日乃去。及闻讣，聚族而哭，其蝶复来绕江氏，饮食起居不置也。盖明之未能割恋于少妻稚子，故化蝶以归尔。"如此看来，蝴蝶作为一种可以转化成为其他昆虫或动物的观念，不是一朝一夕就产生出来的，而是人们在长期文化积淀的过程中慢慢形成的。

在志怪小说和民间故事中，有许多讲述蝴蝶的内容，除了人变化成为蝴蝶之外，还有某些东西变成蝴蝶的内容。《罗浮旧志》记载："罗浮山有蝴蝶洞，在云峰岩下，古木丛生，四时出彩蝶，世传葛仙遗衣所化。"（徐华龙，2002）

在中国民俗观念中，我们可以看到在各种精怪的化生观念中，人死后心有不甘，期望能够羽化成蝶、迁徙寻觅的"异性情思"，已经成为中国人十分普遍的"情感圆满"情结，这种情结以梁祝故事在民间广泛流传。"梁祝"可谓民间关于蝴蝶传说的"终结者"。

在广西当地人的服饰和手工艺品上，经常出现蝴蝶、蜜蜂等有美好祝福和寓意的昆虫形象。蝴蝶通常象征着浪漫、美好的爱情，如梁山伯与祝英台双双化蝶的具有浪漫色彩的民间故事。但在水族人眼中，对蝴蝶的寓意有着不同的解读，他们将蝴蝶视为具有神力的保护者，水族妇女喜欢在背带的视觉中心部位绣制一只展翅起舞的蝴蝶，这样就能保佑自己的孩子健康成长，免受危害（柳国强和王宏付，2014）。这也体现出水族独特的民俗文化，客观真实地反映了水族人民热爱生活、祈福保平安的精神寄托。

11.3　昆虫与节日文化

我国的传统节日种类繁多，内容丰富多彩，这些节日的习俗反映了中华民族的传统习惯、道德风尚和宗教信仰，强调人与自然和谐、万物平等的观念，具有很强的内聚力和广泛的包容性。中国传统节日以自然为本，依据农业生产活动对自然节气的规律性掌握，随着自然物候的变化而变化，以物借喻，寄托着人们对美好生活的愿望与憧憬。因此，这些传统节日在某种程度上体现了先民对自然规律的认知，凸显了中华传统文化中"天人合一"的哲学思想。

昆虫与我们的生产、生活密切相关，自古以来，对益虫的利用、对害虫的防治和对玩虫的娱乐鉴赏等行为，都对人们的生产生活产生了深刻的影响。在众多的传统节日中，仅与昆虫有关的节日就多达 100 多个。昆虫与人类的关系无非是害和益的关系，因此，与昆虫有关的节日，也必然围绕这两个主题，但在不同地区，昆虫节日的形式和内容差异极大。

每年的清明节前后，南通一带乡间的风俗"送百虫节"，将"清明送百虫，一走定无踪"的红纸条贴在墙上，同时，在田边地头燃火灭虫。山东《邹县续志》记载，元宵节的晚上，当地农民拿着灯，从大门走遍家中各处来驱赶害虫，称为"照五谷"。不仅我国有"送虫"的习俗，日本也深受中国文化的影响，农历正月十五，日本人会把门前所饰的松枝、稻草绳烧掉，进行以火照田等类似的活动，并在守路神的祭场上放置驱虫牌，以送虫、祀农。陕西省《同州县志》记载，农历正月十七，以残烛送道旁，谓之"送毒虫"。

农历四月初八，湖北、湖南、四川、贵州和福建的人们在这天在纸上写字贴在墙上。《汉书》记载："裁红笺，狭不及寸，长四寸许，颠倒其两端，纵横交互如十字，贴壁柱间。"四月天气逐渐炎热，各种害虫已经苏醒，进入为害期。旧时人们心目中，佛祖法力无边，所以，在四月初八佛祖诞辰时"借佛驱虫"，被认为是防虫最有效的方法。关于此习俗的名称最普遍的叫法是"嫁毛虫"。

每年农历九月二十，浙江余姚一带群众举行迎大旗活动，大旗即是蚱蜢将军的军旗，九月二十被余姚人认为是蚱蜢将军的生日，在这天如果打出旗子，蚱蜢就会因为害怕而逃走，农作物就得到了保护。

大多数情况下，人们对待害虫采取驱赶、恐吓、咒骂等方式，取代杀害的手段，这也是古人敬畏自然、追求人与自然和谐相处的最好体现。对于害虫，除了驱赶以外，还可以将它们吃掉，以达到消灭害虫的目的。农历六月初二，是贵州和广西山区仡佬族一年一度的传统节日"吃虫节"，在这一天，户户设宴，将捕捉来的害虫制成各种美食，有油炸蝗虫、腌酸蚂蚱、甜炒蝶蛹等，目的是祈求灭害虫获丰收。

农历二月初二，正值惊蛰前后，春回大地，万物复苏，正所谓"二月二，虫抬头"。浙江丽水一带的农民，在二月初二这天不仅家家户户都吃炒豆，还要吃炒花生及炒米，名曰过"炒虫米"节。当地群众把豆子、花生和米想象成各种害虫，把这些粮食炒熟，害虫自然都被炒死了。山东招远的群众在这天要用蜜拌豆子炒之，名曰"炒虫儿"（李媛媛，2011）。广东阳西一带的群众在农历三月初三的这天要"吃蚊虫脚"（米和黑豆），通常把米和黑豆放到锅里翻炒，把米当成蚊子、黑豆当成苍蝇吃掉。

我国古代对虫灾虫害敬治并施，祈福与人力防治并行不悖，这种防治虫灾虫害的民俗传统有着重要的文化启示。绵延数千年的昆虫节日文化，不仅包含着人们极其丰富的生产、生活智慧，而且在敬畏自然、敬畏生命、保持生态和谐等诸多方面给了我们有益的启示。

昆虫不仅是古人的物候指南，古人对昆虫更是寄予了浓厚的原始宗教信仰。自古以来人们对昆虫产生了浓厚的宗教崇拜情绪，昆虫也因此成为祭祀的对象。与昆虫有关的节日内容，很多都具有祭祀的含义。例如，祭虫节、虫王节等都是祭神、消虫灾、望丰收的昆虫节日。

昆虫节日还体现出劳动人民祈丰祈福的心理和愿望，其中与蚕有关的节日尤为突出。"蚕"的字面写法是"天虫"，意思是上天赐予人类的一种虫子，表达了远古时期尚在茹毛饮血的人类，对这种天赐的纺织原料的感恩、敬畏之心。蚕丝不仅可以纺丝做衣服，而且做成的丝织品可以拿到集市上出售，给家庭带来收入。因此，家蚕的养殖和蚕茧的产量对蚕农们的生活具有重要的影响。涉及家蚕的节日多达 17 个，足见人们对家蚕的喜爱，以及家蚕在人们心目中的位置和经济上的重要性。

不同地区的蚕农会以不同的形式和内容祭祀蚕神，以祈求保佑来年蚕茧的丰收。四川南充一带的蚕农在每年除夕夜带着香烛、酒肉、饭菜和纸钱等祭祀供品，来到附近的蚕丝庙中烧香许愿，祈求蚕神保佑蚕茧丰收，名曰"许蚕花愿"。浙江海盐一带农村要在农历腊月二十三祭灶这天把蚕花和灶神像一起焚烧，让蚕神回到天上，等到正月初一再把蚕神接回来，这样一来，来年就能获得蚕茧的大丰收。浙江其他地区的蚕农，在清明节期间多有祭蚕神保丰收的活动，通常用豆腐干等素食品祭供。山东蚕农则在每年农历正月十五元宵节时杀鸡设宴，举行隆重的祭蚕神活动。"送蚕花"在江南蚕乡颇为盛行，在春节期间，乡间时常可听到"送蚕花"的民歌声和问候声，养蚕户往往还要给送歌上门者送些米、糕等"年货"，而且在春节当天清晨，养蚕女都要依俗"扫蚕花地"，即从外向里清扫蚕房，意在扫进来蚕花、蚕茧以获丰收。

如果蚕茧大获丰收，蚕农们往往要把这归功于蚕神的保佑。因此，在蚕茧收获之时，总要举行谢蚕神的仪式，人神共娱。每年农历五月十三的"吃蚕娘饭"，是江苏娄东一带的蚕农们庆贺蚕茧丰收的活动，在这一天蚕农们家家要备酒请客，以感谢蚕神的庇佑。

除了以上这些昆虫节日，民间还有观赏类的昆虫节日。例如，在我国云南大理，一个美丽的泉边有一株古老的合欢树，繁茂的枝叶像一把巨伞，覆盖泉面。每年四月中旬当古树开花时便引来成千上万只彩蝶。每年的农历四月十五，便是白族的"蝴蝶会"，是白族民间传统的社交游乐节日，这个泉就是著名的旅游胜地——"蝴蝶泉"。

11.4　昆虫与地名

地名是人们赋予某一特定空间位置上自然或人文地理实体的专有名称，是某地历史、地理、文化、语言、社会及民俗的反映。在丰富多样的地名中，无处不有、无时不在的昆虫自然也加入了其中的行列。

中国是蚕丝的发源地。栽桑、养蚕、缫丝、织绸是古代中国人的伟大发明，与蚕和丝有关的地名有很多，如举世闻名的连接东西方文化、科技、贸易的重要桥梁——丝绸之路。古代的蜀国就在今天四川省境内，所以该省简称蜀，而"蜀"字在甲骨文中形似家蚕的幼虫。古时蜀国有一个国王名蚕丛，经常亲自教民养蚕，被后人尊为"蚕神"。古往今来，被称为"丝城""丝都""丝绸之乡"等的城市至少有 7 个，如苏州、杭州、湖州、丹东、无锡、南充、福州。还有一些以"蚕丝"命名的地方，如蚕丝山、蚕华山、蚕陵县等（彩万志，2000）。

在中国传统文化中，蝴蝶是美丽、自由、幸福、吉祥、浪漫、忠贞的象征，所以，以蝴蝶为名的地方有很多。例如，蝴蝶岛，是我国台湾省的别称；蝴蝶洞位于广东省罗浮山；还有之前提到的蝴蝶泉，位于云南省的苍山云弄峰下，居中国八大名泉之首。

还有许多地名是直接由昆虫的名字命名的，例如，位于浙江省的蚂蚁岛；位于北京市海淀区的北蜂窝村；位于北京市门头沟区妙峰山风景区西北部的蝉房村；

位于北京市密云区密云水库东南部的蚂螂谷村；还有在北京市东城区内的蚂螂胡同。这些村落与胡同的命名也彰显了昆虫在历史中的重要地位。

11.5　昆虫与姓氏

11.5.1　中国的昆虫姓氏

据统计，文献中记载的中国姓氏有 5600 多个，其中以虫字部为姓者有 46 个，包括单姓 35 个、复姓 11 个。这些姓氏与昆虫的关系可分为以下 5 类。

（1）以昆虫的总称为姓：如虫在《通志·氏族略》中有"虫氏，汉功臣曲成侯虫达"。

（2）以常见昆虫为姓：如蝉、蚕、蛾、蝈、蚁、蜇等。虫姓在中国历史上不乏杰出之士，如后魏有平东将军蛾青。

（3）以昆虫的某一虫态为姓：这种情况，共有 2 个，即代表蚁卵的"虫氏"和代表蚊子幼虫的"虫绢"。

（4）以昆虫的产物为姓：如茧、蜜二姓。

（5）皇帝赐姓：封建时代，皇帝赐姓多用于褒奖笼络，而与虫有关时赐姓往往与迫害镇压有关。例如，蛸姓，原为萧，南北朝时齐武帝因巴东王萧响反叛，令萧氏改姓，赐以蛸，故《通志·氏族略》中有"以凶德为蛸氏"。在众多的姓氏中，亦有昆姓，但该姓则与真正的昆虫没有关系。

11.5.2　国外的昆虫姓氏

在国外的文化昆虫学档案中，与虫有关的外国姓氏有 12 个，依字母顺序依次为 Ant、Bee、Beetle、Boatman、Fliege、Fly、Hopper、Looper、Mothes、Scales、Schnake 和 Worm。这些姓的英语或德语单词作为昆虫时分别为蚂蚁、蜜蜂、甲虫、仰泳蝽、蝇子、苍蝇、跳虫、尺蠖、蛾子、介壳虫、大蚊和蠕虫（包括部分鳞翅目幼虫）。在这些姓氏中，英国姓氏有 Bee、Beetle、Boatman、Fly、Looper、Scales；德国姓氏有 Fliege、Mothes，是按英语意思列入；Hopper、Schnake 既为英国姓氏又为德国姓氏；Ant 为芬兰姓氏；Worm 为德国姓氏和丹麦姓氏，亦按英语意思列入。

11.6　昆虫与美学

以昆虫为题材的绘画与昆虫诗歌一样，在昆虫文化中占有重要分量。古今中外的艺术家们以昆虫为题材，运用他们的灵感和画笔，为人类与昆虫之间构筑情感交流的桥梁。

自史前文明时期起，人们通过现实生活中同昆虫的频繁接触与认知，并赋予其特有的人文因素，以昆虫作为绘画题材加以描绘与歌咏，随着历史文化的不断发展，逐步形成我国特有的绘画艺术作品——草虫画。草虫画作为绘画艺术的一种表现形式和内容，经久不衰，并不断得以发展。画家们以现实为基础，抓住对象的特征，借助丰富的想象，把多姿多态的生物刻画得惟妙惟肖。许多经典作品中不仅反映出诗情画意般的美好生活，更包含了对中国传统文化的理解。

首先，草虫画体现了人们对种族繁衍的渴望和生殖崇拜的延续。例如，故宫紫禁城内延西路四六宫区域的西二长街南端，与北端百子门相对的螽斯门，始建于明代，据说螽斯能生一百个后代，人们借以对它的崇拜而乞求多子多福，这种以螽斯为原型的生殖崇拜一直延续了整个中国封建社会的发展过程。螽斯也是众多草虫画家们所喜欢表现的对象，并借以表达人们对种族繁衍的渴望与追求。流传下来的有关螽斯的绘画作品也比比皆是。林椿的《葡萄草虫图》（图 11-1），其中涉及的昆虫有蜻蜓、螳螂、螽斯、蝽象等数种。

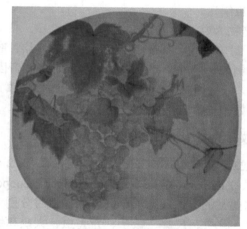

图 11-1　林椿《葡萄草虫图》

其次，虫草画表达了人类对美好生活的追求，以及改善生存环境、享受娱乐和延长生命的渴望。这些方面主要体现在人们对鸣虫、斗虫及色彩艳丽的昆虫的驯养与收集，甚至发展到对昆虫自身的名字及其特征所引申而来的寓意的推崇。所有这些在中国的草虫绘画中均有体现。在生活中经常见到那些对人们有极大影响的昆虫的刻画，如对蝉、蚕蛾、蝗虫、蚊、蝇和蟋蟀等昆虫的刻画，是中国传统画作中经常表现的绘画题材。清代方薰《心静居画论》对钱选的《草虫卷》（图 11-2）的评论为"三尺许，蜻蜓蝉蝶蜂蜢类皆点簇为之，物物逼肖。其头目翅足，或圆或角，或泼墨，或破笔，随手点抹，有蠕蠕欲动之神，观者无不绝倒"。

图 11-2　钱选《草虫卷》

宋代赵昌的《写生蛱蝶图》（图 11-3）中所绘土丘一隅，野花杂卉数枝，三只蝴蝶翩翩穿越花草之间，蚱蜢于草叶上欲跳又止。画面设色明润，笔迹柔美，构图疏密得当，意境空灵，形态逼真生意盎然，可谓宋代草虫绘画之精品。

图 11-3　赵昌《写生蛱蝶图》

在封建社会，人们对官场仕途的追求和对升官发财的渴望都在古代的绘画与玉雕方面有所体现，画家在马的背上画只猴子，而于旁边再添加一只胡蜂，寓其意思"马上封侯"（图 11-4）。而把马同苍蝇组合成画面则意取"马上赢"，把飞蝗与藤本植物组合则寓意"飞黄腾达"。在中国传统绘画中，常见猫和蝴蝶的组合为内容的画作（图 11-5），"猫蝶"之谐音"耄耋"，而"耄耋图"常被用来表达对老年人高寿的祝福。此外，瓜蝶图也有长寿与多子多孙之意，可见蝴蝶展翼、须顶南瓜，瓜上枝叶缠绕，茂盛异常，象征子孙繁多、家族兴旺。《诗经·大雅·绵》云："绵绵瓜瓞，民之初生，自土沮漆。"朱熹《诗经集传》曰："大曰瓜，小曰瓞。""瓞"与"蝶"谐音，故用蝴蝶来表示"瓞"之意。"瓜蝶"即是"瓜瓞"，"瓜瓞绵绵"有长寿与子孙不断之意，常在绘画、雕刻和瓷器等不同艺术形式上体现。

图 11-4　马上封侯

再次，草虫绘画的深刻内涵还表现在通过对与昆虫有关的传说和典故进行绘画创作，借以表达对各种事物的看法，以物言志，进而起到维护社会安定、倡导与宣扬社会道德和行为规范的作用。例如，传统题材《车胤囊萤夜读》，讲述的是晋朝人车胤儿时利用萤火虫的萤光代替油灯勤学苦读，最终成为一位博学多才的人（图11-6），启示人们应该努力学习，广泛涉猎各种知识，并且要学会利用周边的事物。齐白石曾画搓动前足的苍蝇，则是取古代传说来倡导知足常乐之意。

草虫画的创作主题从古至今经历了点缀画面到以物言志的改变，显示出其独特的艺术魅力。齐白石的绘画无论从所表现的草虫种类上，还是从其作品自身的品位上都把草虫绘画这一题材推到一个新的高度。在过去中国文人眼里，和昆虫打交道，是"雕虫小技"，但是在齐白石的眼里，昆虫是充满情趣的小生命（图11-7），是他寄托乡情和爱心的芸芸众生（王萌长，2010）。

国外关于昆虫的绘画作品也很多，具有代表性的如德国现实主义画家艾尔布雷希特·丢勒（1471—1528）的《鹿角锹甲》。丢勒生活在文艺复兴时代后期，与达·芬奇齐名，他精于油画创作和绘画理论研究，注重透视和三维形象，画风简朴，追求自然，因此他画的锹甲昂首挺立，神采飞扬。17世纪尼德兰-弗兰德斯画派代表人物扬·勃吕盖尔（1568—1625）的名作是《一瓶鲜花》（图11-8）。扬·勃吕盖尔擅长花卉，笔触细腻，追求光线与质感，其花卉色彩艳丽，蝴蝶和甲虫充满动感。19世纪荷兰画家凡·高（1853—1890）是后期印象派画家，所用色调强烈而鲜亮，特别偏爱黄色，他的《黄粉蝶与罂粟花》（图11-9），画面上黄粉蝶与罂粟花，给人全新的色调和一种少见的和谐。

图 11-5　猫蝶图

图 11-6　车胤囊萤夜读

图 11-7　齐白石《莲蓬蜻蜓》

图 11-8　《一瓶鲜花》　　　　　　　图 11-9　《黄粉蝶与罂粟花》

11.7　昆虫与邮票

昆虫邮票是以邮票为载体的一种昆虫文化，是专题邮票的一个独立门类。昆虫邮票有的以昆虫为主体，称纯昆虫邮票；有的昆虫处于从属地位，甚至只是一些模拟昆虫，称为准昆虫邮票，如明信片上的蜜蜂机器人、梵蒂冈教皇的蜂箱皇冠、夏威夷女皇的蝶形发饰等。

世界上第一枚邮票——黑便士出现后 10 年，也就是 1850 年，澳大利亚新南威尔士州发行了 1 枚描写悉尼风情的邮票，邮票中有一个产业女神的座像，周围飞着几只小蜜蜂，身旁还有巢脾。这是最早与昆虫有关的邮票，但蜜蜂实在太小，难以辨认。

昆虫邮票集中了来自 200 多个国家和地区的 1500 多种昆虫，最常见的有跳虫、蟋蟀、豆娘、石蝇、蜉蝣、白蚁、螳螂、竹节虫、蝗虫等。涉及的内容包括昆虫的形态、分类、生态、生殖和发育。无论头、胸、腹部和 6 足 4 翅都能见到特写镜头；触角和足的类型也一个不少；从邮票中还可以知道许多昆虫及它们的近缘种；它们的寄主或天敌、以昆虫为主体的食物链及食虫植物；它们的栖息地和分布地区。此外，邮票中也可看到某些特殊的习性和行为，如趋光性、防卫、打斗、交尾和迁飞等。方寸之内能获得如此丰富而形象的信息，邮票自然比一般昆虫科普书籍精彩得多。

据不完全统计，到 2005 年，纯昆虫邮票已达 8000 多枚，准昆虫邮票 1300～1500 枚。从第一枚邮票诞生到现在只有 170 多年历史，从第一枚昆虫专题邮票诞生至今还不到 70 年，它是邮票家族中年轻的一员，也是昆虫文化中最年轻的一员。

作为收藏品，它有明确的时间界限，大多有目录可以查考（王萌长，2005）。

邮票在方寸之间，对各种文化兼收并蓄，无所不包。众多邮票中不但有大量的蝴蝶、蛾类、甲虫、蝗虫、蝉和蚊子等世界广布种，而且有不少属地区性稀有物种，它们一旦进入邮票，很容易为集邮爱好者所接受。我国于1963年发行了1套20枚的蝴蝶邮票（图11-10），其中1枚是金斑喙凤蝶，后来该蝶被列为国家一级保护动物（图11-11）。

昆虫在邮票中频频作为主体，创造了无数新的昆虫文化，昆虫邮票浓缩了世界各地与昆虫有关的文学、艺术、民间故事、工艺美术和科技成就。邮票上一只蜣螂和昆虫学上所指的蜣螂相比，它的表现方式和给人的感受完全不一样。在地中海沿岸国家，特别是埃及，把会推粪球的蜣螂当成是"圣甲虫"（图11-12），认为它有推动星球的智慧。同时，埃及昆虫学会也以它为标志。

昆虫千姿百态，五彩缤纷，人们在趣味盎然地观赏昆虫的同时，也感受到了大自然的妙趣横生。让我们在昆虫邮票的方寸间，领略大自然的美丽和情趣，陶冶情操，升华情感，在大自然中畅想，在艺苑科海间遨游，热爱大自然，求索大自然、获取创造美好人生的知识、灵感和激情。

图 11-10　蝴蝶邮票

图 11-11　金斑喙凤蝶邮票

图 11-12　埃及新国王时期圣甲虫崇拜雕刻

参 考 文 献

彩万志. 2000. 与昆虫有关的中国地名. 昆虫知识, 37(6): 352-355.

彩万志. 2005. 中国人心目中的萤火虫. 第五届生物多样性保护与利用高新科学技术国际研讨会: 275-279.

彩万志, 王音, 周序国. 1996. 观赏昆虫大全. 北京: 中国农业出版社: 132-168.

陈智勇. 2010. 先秦时期的昆虫文化. 安阳师范学院学报, 12(1): 63-67.

楚小庆. 2011. 从物象到意象: 民俗文化视野中的蝴蝶艺术形态. 民族艺术研究, 24(6): 92-101.

龚光明. 2010. 中国古代害虫观念与防治技术研究. 南京: 南京农业大学博士学位论文.

关传友. 2005. 论中国的昆虫文化. 古今农业, 43(4): 12-21.

何永祥. 2014. 虫草画试论. 美与时代, 13(2): 53-54.

何芸. 2004. 高蝉多远韵 诗坛有余音. 陕西师范大学继续教育学报, 6(4): 46-48.

嵇宝中. 2003. 昆虫诗话. 南京林业大学学报, 9(1): 49-53.

贾国强. 2004. 传统绘画中的草虫题材. 北京: 中央美术学院硕士学位论文.

康维波, 郑方强, 张妍妍, 等. 2012a. 昆虫文化对中国古代文学影响初探. 山东农业大学学报, 14(2): 1-6.

康维波, 郑方强, 张妍妍, 等. 2012b. 昆虫对中国古代文学的贡献. 山东农业大学学报, 14(3): 1-5.

李芳. 2011. 从《小窗幽记》领悟昆虫文化. 华夏文化, 18(2): 48-51.

李芳. 2013. "蝴蝶" 意象的科学人文化观照. 自然辩证法研究, 29(6): 107-112.

李时珍(明). 2014. 本草纲目. 太原: 山西科学技术出版社.

李媛媛. 2011. 汉族虫节民俗研究. 南京: 南京农业大学硕士学位论文.

李志英. 2019. 从虫神的变化看中国民间信仰的人文性和历史性. 科学与无神论, 21(4): 54-56.

刘铭. 2021. 中国昆虫文化简论. 农业考古, 40(1): 237-243.

刘铭, 翟荣惠. 2017. 我国古代的萤火虫民俗文化. 山东农业大学学报, 19(2): 6-10.

柳国强, 王宏付. 2014. 马尾绣背带纹样的艺术构思与情感表达. 丝绸, 51(6): 63-67.

牛霞. 2015. 古埃及人的圣甲虫崇拜. 大众考古, 3(9): 45-47.

沈英英，陈良中. 2015. 《诗经》中的昆虫世界. 山西大同大学学报，29(4): 72-75.

王琛柱. 2010. 方寸之地的昆虫大世界. 昆虫知识，47(1): 219.

王佳宝. 2009. 蝴蝶意象与中华民族审美文化心理. 云南电大学报，2(11): 36-41.

王梅芳. 1995. 中国人生命意识的张扬——简析"梁祝化蝶"的深层美感心态. 中州学刊，16(5): 82-85.

王萌长. 2004. 方寸天地中的昆虫百科——漫谈昆虫邮票. 昆虫知识，41(2): 184-188.

王萌长. 2005. 邮票上的昆虫文化刍议//罗晨. 第五届生物多样性保护与利用高新科学技术国际研讨会暨昆虫保护、利用与产业化国际研讨会论文集: 261-282.

王萌长. 2010. 齐白石的昆虫画和相关邮品欣赏. 昆虫知识，47(1): 215 -218.

徐光启. 1975. 农政全书. 北京: 中华书局.

徐华龙. 2002. "蝴蝶"的文化因子解读. 民族艺术，18(4): 98-108.

杨沛. 2002. 香港邮票中的昆虫. 大自然，22(2): 21.

翟荣惠. 2019. 昆虫小世界 民俗大舞台-刘铭《山东昆虫民俗文化研究》述评. 山东农业大学学报，21(2): 156.

周静书. 1996. 梁祝"化蝶"成因及其文化意义. 宁波师范学报，18(2): 29-32.